H鸿蒙
HarmonyOS
应用开发
100 例

朱峰 著

北京大学出版社
PEKING UNIVERSITY PRESS

内 容 简 介

　　本书通过100个应用案例的实现过程，介绍了开发鸿蒙应用程序的知识，向读者展示了HarmonyOS的魅力。全书将100个案例分为7章，分别是基本UI组件开发，图形、图像开发，多媒体开发，网络开发，定位、地图开发，系统开发，AI开发。全书内容简洁而不失技术深度，内容丰富全面，历史资料翔实齐全。本书易于阅读，以极简的文字介绍了复杂的案例，是学习HarmonyOS应用程序开发的完美教程。

　　本书适用于已经了解HarmonyOS基础开发的读者，以及想进一步掌握这个强大系统的读者，也可以作为大专院校相关专业的师生用书和培训学校的专业性教材。

图书在版编目(CIP)数据

鸿蒙HarmonyOS应用开发100例 / 朱峰著. –– 北京：
北京大学出版社，2025.4. –– ISBN 978–7–301–36023–1

Ⅰ. TN929.53

中国国家版本馆CIP数据核字第2025Y9S883号

书　　　名	鸿蒙HarmonyOS应用开发100例	
	HONGMENG HarmonyOS YINGYONG KAIFA 100 LI	
著作责任者	朱　峰　著	
责任编辑	刘　云　姜宝雪	
标准书号	ISBN 978–7–301–36023–1	
出版发行	北京大学出版社	
地　　　址	北京市海淀区成府路205号　　100871	
网　　　址	http://www.pup.cn　　新浪微博：@北京大学出版社	
电子邮箱	编辑部 pup7@pup.cn　　总编室 zpup@pup.cn	
电　　　话	邮购部 010–62752015　　发行部 010–62750672　　编辑部 010–62570390	
印　刷　者	北京市科星印刷有限责任公司	
经　销　者	新华书店	
	787毫米×1092毫米　　16开本　　31.25印张　　752千字	
	2025年4月第1版　　2025年4月第1次印刷	
印　　　数	1–4000册	
定　　　价	119.00元	

前 言
INTRODUCTION

在数字化时代，操作系统作为智能设备的灵魂，承载着连接硬件与用户、构建数字世界的重任。随着全球科技竞争的加剧和信息技术的飞速发展，拥有一款自主可控、安全可靠的操作系统，已成为国家战略科技力量的重要组成部分。在这样的背景下，华为HarmonyOS应运而生，不仅标志着中国在全球操作系统领域迈出了关键的一步，更开启了万物互联的全新时代。

HarmonyOS的重要性和意义远不止一款操作系统的创新，它是华为面向5G和万物互联时代倾力打造的全场景分布式操作系统。HarmonyOS的核心价值在于其革命性的分布式架构，这一架构首次将传统操作系统的边界打破，实现了跨设备的无缝协同体验。它不仅能够为用户带来更加流畅、安全、智能的操作体验，还能为开发者提供更加广阔的创新空间。

在全球科技竞争的大背景下，HarmonyOS的战略意义尤为突出。它不仅是中国登上全球科技舞台的重要标志，更是推动全球科技生态多元化的关键力量。HarmonyOS的推出，有助于减少中国对外部技术的依赖，保障国家信息安全，同时也为全球用户提供了更多的选择，促进了全球科技生态的健康发展。

基于 HarmonyOS NEXT 编写

2024年10月22日晚，在原生鸿蒙之夜暨华为全场景新品发布会上，我国首个国产移动操作系统——华为原生鸿蒙操作系统（HarmonyOS NEXT，又称"纯血鸿蒙"）正式发布，这也是继苹果iOS和安卓系统后，全球第三大移动操作系统。

本书基于HarmonyOS NEXT版本编写，这是华为发布的纯国产操作系统，其优势主要体现在以下几个方面。

• 国产操作系统的里程碑：HarmonyOS NEXT的推出标志着国产操作系统发展历程中的又一里程碑，它彻底摒弃了传统的AOSP（Android Open Source Project，安卓开源项目）代码，采用完全独立自主的系统架构，为国产操作系统的自主化发展树立了新的标杆。

• 全栈自研的系统底座：HarmonyOS NEXT作为华为全栈自研的系统底座，不再兼容安卓应用，这推动了各大应用开发商推出基于鸿蒙系统的原生应用，如WPS、微博等，以充分发挥鸿蒙系统的优势，为用户提供更加优质、流畅的使用体验。

- 推动应用生态的多元化：随着微信鸿蒙原生版、WPS鸿蒙版与微博鸿蒙版等应用的公测，鸿蒙生态的多元化应用矩阵已经形成。这不仅丰富了鸿蒙生态，也为用户带来了前所未有的高效办公和社交体验。

- 性能和安全性的提升：HarmonyOS NEXT在性能上比前身提升了30%，在功耗方面减少了10%至20%。同时，它采用了全新的安全管理方法，强调数据管理而非传统的权限管理，这意味着用户的数据隐私得到了更好的保护。

- 全球市场的新选择：HarmonyOS NEXT的发布为全球市场提供了除安卓和iOS外的另一种选择，有助于打破垄断，促进全球市场的多元化。

- AI技术的深度融合：HarmonyOS NEXT创新地将AI（Artificial Intelligence，人工智能）能力融入其中，极大地提升了用户体验。系统不仅减少了冗余代码，还对处理速度、能效和安全性进行了优化。

- 加速国产系统的国际化：HarmonyOS NEXT已在部分海外市场进行探索，这对于推动国产系统的国际化具有重要意义。

- 促进产业链的合作与发展：华为的战略目标并非单一依赖手机，还希望通过智能家居、车载系统等多个场景，推动鸿蒙系统的全面应用。这进一步巩固了华为在智能设备领域的地位，并推动了相关产业链的发展。

- 激励开发者创新：华为坚持每年投入超过60亿元用于支持和激励鸿蒙开发者创新，这一举措不仅推动了鸿蒙生态的繁荣，也为整个科技产业的发展注入了新的活力。

总之，全新纯血HarmonyOS的推出不仅是华为在操作系统领域迈出的一大步，也是中国科技自主可控和全球化发展的重要里程碑。随着技术的不断进步和生态的持续完善，HarmonyOS有望在全球科技领域发挥更大的作用。

本书的特色

- **权威案例**：本书的大部分案例来自HarmonyOS开发者联盟，是华为工程师们的精心之作，确保内容的专业性和实用性，增强读者的信心和技能。

- **全面实用的案例**：本书通过100个案例，涵盖了UI组件、图形图像、多媒体、网络、定位、系统及AI开发等多个领域，确保读者能够全面掌握HarmonyOS应用开发的核心技能。

- **易于理解的教学风格**：每个案例均配有详细的步骤和解释，适合不同水平的开发者，尤其是初学者，能帮助他们迅速上手。

- **注重实践与创新**：本书中的案例不仅讲解了基本的功能实现，还鼓励读者探索创意与应用，将理论与实践相结合，激发创新思维。

- **多样化的技术应用**：从基础UI到复杂的AI系统，本书中展示了HarmonyOS的广泛应用，能够帮助读者理解如何将技术应用于真实场景中。

- **清晰的结构与组织**：本书的目录设计逻辑清晰，章节划分合理，使读者能够轻松找到所需的内容并逐步深入学习。

- **结合现代开发趋势**：本书中的案例紧跟技术前沿，涉及最新的开发工具和技术趋势，能够帮助读者把握行业动态。

本书的内容

本书系统地介绍了HarmonyOS应用开发的核心知识和实践技能，共分为7个章节，每章包含多个案例，具体内容如下。

- **基本UI组件开发实战**：涵盖用户登录、留言板、各种按钮和进度条等基本界面元素的开发，帮助读者掌握UI组件的使用。

- **图形、图像开发实战**：介绍图像加载、几何图形绘制和动画效果等，提供个性化Canvas绘图系统和手机电子相册等实用案例。

- **多媒体开发实战**：涵盖音频播放器、拍照程序、视频播放等多媒体应用，展示如何处理音视频内容。

- **网络开发实战**：包括Web浏览器、聊天系统和网络性能分析等，帮助读者理解网络通信和数据处理。

- **定位、地图开发实战**：介绍地图定位和共享单车骑行系统等案例，展示如何集成定位服务。

- **系统开发实战**：涉及文件管理、安全检测和应用账号管理等系统级功能，提供多种实用工具和服务。

- **AI开发实战**：涵盖人脸识别、文字识别和语音识别等AI应用，展示如何将人工智能技术集成到应用中。

总之，本书通过丰富、实用的案例，旨在帮助读者全面掌握HarmonyOS的开发技能，提升开发实际项目的能力。

本书的读者对象

- **初学者**：对HarmonyOS开发感兴趣的入门级开发者，能够通过案例学习基本的编程技能和应用开发技巧。

- **有基础的开发者**：已经掌握Python或其他编程语言的开发者，希望扩展自己的技能，学习如何在鸿蒙平台上进行应用开发。

- **高校学生**：计算机科学、软件工程或相关专业的学生，作为学习教材或参考书，提高实践能力。

- 培训机构学员：参加鸿蒙应用开发培训课程的学员，本书中丰富的案例和实战经验能够辅助他们的学习。

- 行业工程师：在职的开发者和工程师，尤其是希望将鸿蒙系统应用于实际项目中的专业人士，能够从中获取实用的开发案例和技术指导。

本书为不同层次的学习者提供了系统而实用的开发知识，适合各种背景的读者深入理解和掌握 HarmonyOS 应用开发。

 ## 致谢华为开发者联盟

学习编程开发的最权威资料永远是官网，华为开发者联盟（HarmonyOS 开发者官网）提供了大量的开源例子，并且这些例子的数量一直在持续更新，权威例子越来越多。

本书中的一部分源码正是来源于此，并且得到了华为开发者联盟的允许和支持。在此感谢华为开发者联盟为学习者提供了如此丰富的学习资料，预祝华为产品遥遥领先。

本书在编写过程中得到了北京大学出版社各位专业编辑的大力支持，正是他们求实、耐心和高效的工作态度，才使本书能够在这么短的时间内出版。但是本人水平毕竟有限，书中难免存在纰漏之处，诚请读者提出宝贵的意见或建议，以便本人修订并使之更臻完善。

最后，感谢您购买本书，希望本书能成为您编程路上的领航者，祝您阅读快乐！

编者

▶ **特别提醒** 本书从写作到出版，需要一段时间，软件升级可能会有界面变化，读者在阅读本书时，可以根据书中的思路，举一反三地进行学习，不拘泥于细微的变化，掌握使用方法即可。

▶ **温馨提示** 本书附赠的资源，读者可以扫描封底的二维码，关注"博雅读书社"微信公众号，找到资源下载专区，输入本书第77页的资源下载码，根据提示获取。

目录
CONTENTS

第1章

基本UI组件开发实战

在华为HarmonyOS（鸿蒙系统）中，ArkUI组件是构建用户界面（UI）的基础模块，它提供了一系列高效且灵活的控件，帮助开发者快速创建现代化、流畅的应用界面。其核心组件包括按钮、文本、图片、容器、列表等，支持多种交互操作和动画效果，优化了跨设备的界面一致性和适配性。ArkUI组件还通过轻量级渲染引擎，提升了UI的响应速度，确保在各种屏幕尺寸和设备上都能为用户提供流畅的体验。

案例1 用户登录文本框

在 ArkUI 中，TextInput、TextArea 是输入框组件，通常用于响应用户的输入操作，比如评论区的输入、聊天框的输入、表格的输入等，也可以结合其他组件构建功能页面（如登录注册页面）。TextInput 为单行输入框，TextArea 为多行输入框。通过以下接口来创建多行输入框。

```
TextArea(value?:{placeholder?: ResourceStr, text?: ResourceStr, controller?:
TextAreaController})
```

在本案例中，我们将基于 ArkUI 技术实现一个用户登录文本框界面，包含用户名和密码的文本输入框及登录按钮。用户可以在文本输入框中输入用户名和密码，并通过按钮触发登录操作。在 HarmonyOS 中，TextInput 组件支持以下属性。

- type：设置输入框类型。
- placeholderColor：设置 placeholder 文本颜色。
- placeholderFont：设置 placeholder 文本样式。
- EnterKeyType：设置输入法回车键类型。
- caretColor：设置输入框光标颜色。
- MaxLength：设置文本的最大输入字符数。
- inputFilter：通过正则表达式设置输入过滤器。匹配表达式的输入允许显示，不匹配的输入将被过滤。目前仅支持单个字符匹配，不支持字符串匹配。其中，value 用于设置正则表达式，error 表示当正则匹配失败时返回被过滤的内容。
- copyOption：设置输入的文本是否可复制。当设置为 CopyOptions.None 时，当前 TextInput 中的文字无法被复制或剪切，仅支持粘贴。
- showPasswordIcon：设置密码输入模式时，输入框末尾的图标是否显示。
- TextAlign：设置输入文本在输入框中的对齐方式。

案例1-1 用户登录文本框（源码路径：codes\1\TextInput）

编写文件 src/main/ets/MainAbility/pages/index.ets，创建一个包含两个文本输入框（TextInput）和一个按钮（Button）的登录界面组件。

```
@Entry
@Component
struct TextInputSample {
  build() {
    Column() {
      TextInput({ placeholder: 'input your username' }).margin({ top: 20 })
        .onSubmit((EnterKeyType)=>{
```

```
        console.info(EnterKeyType+'输入法回车键的类型值')
    })
    TextInput({ placeholder: 'input your password' })
        .type(InputType.Password).margin({ top: 20 })
            .onSubmit((EnterKeyType)=>{
        console.info(EnterKeyType+'输入法回车键的类型值')
    })
    Button('Sign in').width(150).margin({ top: 20 })
}.padding(20)
}
}
```

对上述代码的具体说明如下。

● 第一个文本输入框：设置占位符（placeholder）为"input your username"，通过 margin 方法设置了上边距，通过 onSubmit 事件监听器监听输入法回车键的操作。

● 第二个文本输入框：设置占位符（placeholder）为"input your password"，通过 type 方法将输入框的类型设置为密码输入框，通过 margin 方法设置了上边距，通过 onSubmit 事件监听器监听输入法回车键的操作。

● 按钮：创建一个 Sign in 按钮，宽度设置为 150，上边距设置为 20。

代码执行效果如图 1-1 所示。

图 1-1　用户登录文本框

 案例2 **留言板发布系统**

在 ArkUI 中，TextArea 输入框组件用于响应用户的输入操作，比如评论区的输入、聊天框的输入、表格的输入等，也可以结合其他组件构建功能页面（如留言发布页面）。TextArea 为多行输入框，通过以下接口来创建。

```
TextArea(value?:{placeholder?: ResourceStr, text?: ResourceStr, controller?:
TextAreaController})
```

TextArea 组件支持以下属性。

● placeholderColor：设置 placeholder 文本颜色。

● placeholderFont：设置 placeholder 文本样式，包括字体大小、字体粗细、字体族、字体风格。目前仅支持默认字体族。

● TextAlign：设置文本在输入框中的水平对齐方式，默认值为 TextAlign.Start。

● caretColor：设置输入框光标颜色。

- inputFilter：通过正则表达式设置输入过滤器。匹配表达式的输入允许显示，不匹配的输入将被过滤。目前仅支持单个字符匹配，不支持字符串匹配。

- copyOption：设置输入的文本是否可复制，当设置为 CopyOptions.None 时，当前 TextArea 中的文字无法被复制或剪切，仅支持粘贴。

本案例使用 TextArea 组件实现了一个留言板发布系统。在案例中定义了一个名为 TextAreaExample 的组件，其功能是提供一个文本输入区域，允许用户输入留言内容，并在输入框下方显示当前输入的内容。

案例1-2　留言板发布系统（源码路径：codes\1\TextArea）

编写文件 src/main/ets/MainAbility/pages/index.ets，创建一个包含文本区域的发布留言表单界面，并通过按钮发布留言。所输入的文本内容也会实时显示在页面上。

```
@Entry
@Component
struct TextAreaExample {
  @State text: string = ''
  controller: TextAreaController = new TextAreaController()

  build() {
    Column() {
      TextArea({
        placeholder: '请输入你的留言内容',
        controller: this.controller
      })
        .placeholderFont({ size: 16, weight: 400 })
        .width(336)
        .height(100)
        .margin(20)
        .fontSize(16)
        .fontColor('#182431')
        .backgroundColor('#FFFFFF')
        .onChange((value: string) => {
          this.text = value
        })
      Text(this.text)
      Button(' 发布留言 ')
        .backgroundColor('#007DFF')
        .margin(15)
        .onClick(() => {
          // 设置光标位置到第一个字符后
          this.controller.caretPosition(1)
        })
```

```
  }.width('100%').height('100%').backgroundColor('#F1F3F5')
  }
}
```

本案例实现了以下功能。

● 状态管理：使用 @State 装饰器定义 text 变量，存储用户输入的内容，确保输入状态在组件的生命周期内保持一致。

● 文本区域：通过 TextArea 组件创建一个多行文本输入框，设置占位符和样式（如字体大小、颜色、背景颜色等），并使用 TextAreaController 管理输入框的行为。

● 实时更新：在输入内容变化时，通过 onChange 事件处理器更新 text 变量，确保文本区域中的内容与组件状态同步变化。

● 显示文本：使用 Text 组件显示当前输入的内容，提供实时反馈。

● 按钮交互：创建一个按钮，点击后将光标位置设置到文本的第一个字符后，以增强用户体验。

代码执行效果如图 1-2 所示。

图 1-2　用户登录文本框

 案例3　设置屏幕中的元素水平方向居中对齐

在 HarmonyOS 应用程序中，线性布局（LinearLayout）是最常用的布局方式之一，通过线性容器 Row 和 Column 构建。线性布局是其他布局的基础，其子元素在线性方向上（水平方向和垂直方向）依次排列。线性布局的排列方向由所选容器组件决定，Column 容器内子元素按照垂直方向排列，Row 容器内子元素按照水平方向排列。根据不同的排列方向，开发者可选择使用 Row 或 Column 容器来创建线性布局。Column 容器内子元素排列方向如图 1-3 所示，Row 容器内子元素排列方向如图 1-4 所示。

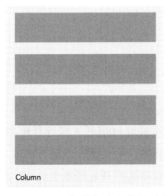

图 1-3　Column 容器内子元素排列方向

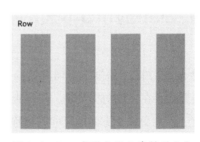

图 1-4　Row 容器内子元素排列方向

下面的案例演示了如何使用justifyContent(FlexAlign.Center)设置元素在水平方向居中对齐。在这个案例中，第一个元素与行首的距离与最后一个元素与行尾的距离相同。

案例1-3 设置屏幕中的元素水平方向居中对齐（源码路径：codes\1\LinearLayout）

编写文件src/main/ets/MainAbility/pages/index.ets，功能是使用LinearLayout创建一个行布局，其中包含三个列布局，每个列布局都有不同的宽度、高度和背景颜色。整个行布局的样式设置为特定的宽度、高度、背景颜色和主轴对齐方式。

```
Row({}) {
  Column() {
  }.width('20%').height(30).backgroundColor(0xF5DEB3)

  Column() {
  }.width('20%').height(30).backgroundColor(0xD2B48C)

  Column() {
  }.width('20%').height(30).backgroundColor(0xF5DEB3)
}.width('100%').height(200).backgroundColor('rgb(242,242,242)').
justifyContent(FlexAlign.Center)
```

在上述代码中，Column() {}用于创建列布局，并在其中设置了如下3个列布局。

● .width('20%').height(30).backgroundColor(0xF5DEB3)：第1个列布局设置宽度为父元素的20%，高度为30，背景颜色为0xF5DEB3。

● .width('20%').height(30).backgroundColor(0xD2B48C)：第2个列布局设置宽度为父元素的20%，高度为30，背景颜色为0xD2B48C。

● .width('20%').height(30).backgroundColor(0xF5DEB3)：第3个列布局设置宽度为父元素的20%，高度为30，背景颜色为0xF5DEB3。

代码执行效果如图1-5所示。

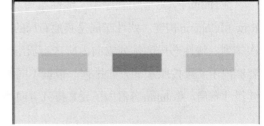

图1-5　水平方向居中对齐

 案例4 # 水平显示3本玄幻小说的名字

弹性布局（Flex）提供了更加有效的方式对容器中的子元素进行排列、对齐和剩余空间分配。Flex容器默认存在主轴与交叉轴，子元素默认沿主轴排列。其中，子元素在主轴方向的尺寸被称为主轴尺寸，而在交叉轴方向的尺寸则被称为交叉轴尺寸。弹性布局在开发场景中应用广泛，比如页面头部导航栏的均匀分布、页面框架的搭建、多行数据的排列等。图1-6展示了主轴为水平方向的Flex容器布局效果。

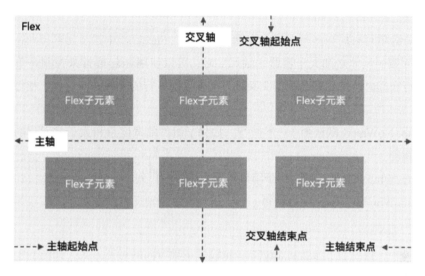

图1-6　主轴为水平方向的Flex容器布局效果

图1-6中涉及如下两个概念。

• 主轴：Flex组件布局方向的轴线，子元素默认沿着主轴排列。主轴开始的位置称为主轴起始点，结束位置称为主轴结束点。

• 交叉轴：垂直于主轴的轴线。交叉轴开始的位置称为交叉轴起始点，结束位置称为交叉轴结束点。

1. 布局方向

在弹性布局中，容器的子元素可以按照任意方向排列。通过设置参数direction，可以决定主轴的方向，从而控制子组件的排列方向。弹性布局的布局方向说明如图1-7所示。

在弹性布局中，关于布局属性的具体说明如下。

• FlexDirection.Row（默认值）：主轴为水平方向，子组件从起始端沿着水平方向开始排布。

• FlexDirection.RowReverse：主轴为水平方向，子组件从终点端沿着与FlexDirection.Row相反的方向开始排布。

• FlexDirection.Column：主轴为垂直方向，子组件从起始端沿着垂直方向开始排布。

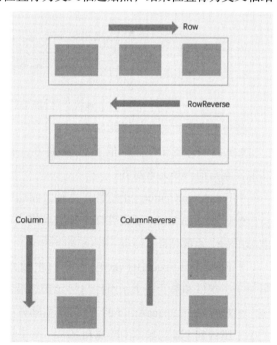

图1-7　弹性布局的布局方向说明

● FlexDirection.ColumnReverse：主轴为垂直方向，子组件从终点端沿着与 FlexDirection.Column 相反的方向开始排布。

2. 布局换行

弹性布局分为单行布局和多行布局。在默认情况下，Flex 容器中的子元素排列在一条线上，即主轴上。当子元素的尺寸之和大于容器主轴尺寸时，可以使用 wrap 属性来控制是单行布局还是多行布局。在多行布局时，子元素会根据交叉轴方向来确定新行的堆叠方向。关于换行属性的具体说明如下。

● FlexWrap. NoWrap（默认值）：不换行。如果子组件的宽度总和大于父元素的宽度，那么子组件会被压缩宽度。

● FlexWrap. Wrap：换行，每一行子组件按照主轴方向排列。

● FlexWrap. WrapReverse：换行，每一行子组件按照主轴反方向排列。

3. 主轴对齐方式

在弹性布局中，可以通过参数 justifyContent 设置主轴方向的对齐方式，如图 1-8 所示。

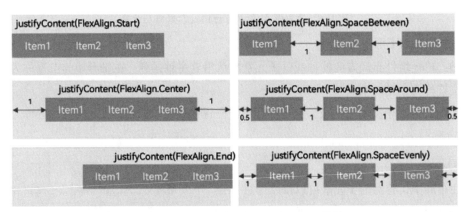

图 1-8　通过参数 justifyContent 设置主轴方向的对齐方式

各种对齐方式的具体说明如下。

● FlexAlign.Start（默认值）：子组件在主轴方向起始端对齐，第一个子组件与父元素边沿对齐，其他元素与前一个元素对齐。

● FlexAlign.Center：子组件在主轴方向居中对齐。

● FlexAlign.End：子组件在主轴方向终点端对齐，最后一个子组件与父元素边沿对齐，其他元素与后一个元素对齐。

● FlexAlign.SpaceBetween：在 Flex 主轴方向均匀分配弹性元素，相邻子组件之间距离相同。第一个子组件和最后一个子组件与父元素边沿对齐。

● FlexAlign.SpaceAround：在 Flex 主轴方向均匀分配弹性元素，相邻子组件之间距离相同。第一个子组件到主轴起始端的距离和最后一个子组件到主轴终点端的距离是相邻元素之间距离的一半。

● FlexAlign.SpaceEvenly：在 Flex 主轴方向元素等间距布局，相邻子组件之间的间距、第一个子组件与主轴起始端的间距、最后一个子组件到主轴终点端的间距均相等。

下面的例子演示了使用弹性布局水平显示3本玄幻小说的名字的过程。

案例1-4 水平显示3本玄幻小说的名字（源码路径：codes\1\Flex）

编写文件src/main/ets/MainAbility/pages/index.ets，使用弹性布局创建一个包含多个文本元素的界面，这些元素按照水平弹性布局的方式排列在一起，同时界面的布局结构由多个嵌套的列布局组成。

```
@Entry
@Component
struct FlexExample {
  build() {
    Column() {
      Column({ space: 5 }) {
        Flex({ direction: FlexDirection.Row, wrap: FlexWrap.NoWrap,
justifyContent: FlexAlign.SpaceBetween, alignItems: ItemAlign.Center }) {
          Text('《遮天》').width('30%').height(50).backgroundColor(0xF5DEB3)
          Text('《完美世界》').width('30%').height(50).backgroundColor(0xD2B48C)
          Text('《圣墟》').width('30%').height(50).backgroundColor(0xF5DEB3)
        }
        .height(70)
        .width('90%')
        .backgroundColor(0xAFEEEE)
      }.width('100%').margin({ top: 5 })
    }.width('100%')
  }
}
```

通过上述代码，在内部列布局中创建了一个水平弹性布局，其主轴方向为水平、不允许换行、主轴上的对齐方式为均匀分布、交叉轴上的对齐方式为居中。代码执行效果如图1-9所示。

图1-9　弹性布局的效果

 案例5 使用相对布局构建一个精美图案

在HarmonyOS中，相对布局（RelativeContainer）允许开发者在相对位置上组织和排列子组件。与其他布局方式不同，相对布局使子组件的位置可以相对于同一容器内的其他组件进行定义。这种灵活性使用户界面布局更加精确和可控，支持容器内部的子元素设置相对位置关系。其中的子元素既支持指定兄弟元素作为锚点，也支持指定父容器作为锚点，并基于锚点进行相对位置布局。

图1-10展示了一个相对布局的示意图，图中的虚线表示子元素与其锚点之间位置的依赖关系。图中涉及以下两个概念。

● 锚点：通过锚点设置当前元素基于哪个元素确定位置。

● 对齐方式：通过对齐方式，设置当前元素是基于锚点的上、中、下对齐，还是基于锚点的左、中、右对齐。

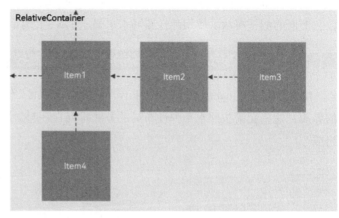

图1-10　相对布局示意图

下面的案例演示了使用相对布局构建一个精美图案的过程。

案例1-5 　使用相对布局构建一个精美图案（源码路径：**codes\5\RelativeContainer**）

编写文件src/main/resources/base/layout/main_ability_slice.xml，使用相对布局创建一个相对布局容器，其中包含多个水平行布局，每个行布局中又包含不同样式和位置的组件。

```
@Entry
@Component
struct Index {
  build() {
    Row() {
      RelativeContainer() {
        Row()
          .width(100)
          .height(100)
          .backgroundColor('#FF3333')
          .alignRules({
            // 以父容器为锚点，竖直方向顶头对齐
            top: { anchor: '__container__', align: VerticalAlign.Top },
            // 以父容器为锚点，水平方向居中对齐
            middle: { anchor: '__container__', align: HorizontalAlign.Center }
          })
          .id('row1')   // 设置锚点为 row1

        Row() {
          Image($r('app.media.icon'))
        }
        .height(100).width(100)
        .alignRules({
          // 以 row1 组件为锚点，竖直方向底端对齐
```

```
      top: { anchor: 'row1', align: VerticalAlign.Bottom },
      // 以 row1 组件为锚点，水平方向开头对齐
      left: { anchor: 'row1', align: HorizontalAlign.Start }
    })
    .id('row2')   // 设置锚点为 row2

  Row()
    .width(100)
    .height(100)
    .backgroundColor('#FFCC00')
    .alignRules({
      top: { anchor: 'row2', align: VerticalAlign.Top }
    })
    .id('row3')   // 设置锚点为 row3

  Row()
    .width(100)
    .height(100)
    .backgroundColor('#FF9966')
    .alignRules({
      top: { anchor: 'row2', align: VerticalAlign.Top },
      left: { anchor: 'row2', align: HorizontalAlign.End },
    })
    .id('row4')   // 设置锚点为 row4

  Row()
    .width(100)
    .height(100)
    .backgroundColor('#FF66FF')
    .alignRules({
      top: { anchor: 'row2', align: VerticalAlign.Bottom },
      middle: { anchor: 'row2', align: HorizontalAlign.Center }
    })
    .id('row5')   // 设置锚点为 row5
  }
  .width(300).height(300)
  .border({ width: 2, color: '#6699FF' })
}
.height('100%').margin({ left: 30 })
}
}
```

上述代码通过 Row() 创建了一个垂直方向上的多行布局，具体说明如下。

- RelativeContainer()：创建一个相对布局容器，其中包含多个水平行布局。
- 第 1 个 Row()：创建一个水平行布局，设置宽度、高度、背景颜色和相对布局规则，使该行

布局顶头对齐、水平居中，并设置唯一标识符为row1。

● 第2个 Row()：创建一个包含 Image 组件的行布局，设置高度、宽度、相对布局规则，使其底端对齐row1的顶部、水平开头对齐，并设置唯一标识符为row2。

● 第3个至第5个 Row()：分别创建3个水平行布局，设置宽度、高度、背景颜色和相对布局规则，以 row2 为锚点，实现不同的位置关系，并分别设置唯一标识符为 row3、row4 和 row5。

● RelativeContainer 的样式设置：设置相对布局容器的宽度、高度，并添加边框样式。

● 外层 Row()设置外层垂直行布局的高度为 100%，并在左侧添加30的左边距，这个外层布局容纳了之前的相对布局容器。

相对布局效果如图 1-11 所示。

图 1-11　相对布局效果

 ## 案例6　使用栅格布局实现响应式颜色网格效果

在 HarmonyOS 中，栅格布局（GridRow/GridCol）是一种通用的辅助定位工具，特别适用于移动设备的界面设计。栅格布局以设备的水平宽度（屏幕密度像素值，单位为vp）为断点依据来定义设备的宽度类型，从而形成了一套断点规则。开发者可根据需求在不同的断点区间实现不同的页面布局效果。栅格布局默认将设备宽度分为 xs、sm、md、lg，并提供了相应的尺寸范围，如表 1-1 所示。

表1-1　栅格布局断点的取值范围

断点名称	取值范围/vp	设备描述
xs	[0, 320)	最小宽度类型设备
sm	[320, 520)	小宽度类型设备
md	[520, 840)	中等宽度类型设备
lg	[840, +∞)	大宽度类型设备

此外，GridRow栅格组件还允许开发者使用Breakpoints自定义断点的取值范围，最多可支持6个断点。除了表1-1中默认的4个断点，还可以启用xl、xxl断点，从而支持6种不同尺寸（xs、sm、md、lg、xl、xxl）设备的布局设置。

● xl：特大宽度类型设备。

● xxl：超大宽度类型设备。

本案例展示了实现响应式颜色网格效果的过程，该效果能够适配不同屏幕宽度的布局设计。我们使用栅格的默认列数为 12 列，并通过断点设置将应用宽度分为 6 个区间。在各区间中，每个栅格子元素占用的列数均不同。

案例1-6 使用栅格布局实现响应式颜色网格效果（源码路径：codes\5\GridRow）

编写文件 src/main/ets/MainAbility/pages/index.ets，使用栅格布局创建一个响应式的网格布局，每个网格元素包含一个垂直行布局，该布局中显示一个文本元素，该文本元素代表颜色在数组中的索引。网格的颜色和布局列数会根据屏幕宽度的不同而自适应地调整。

```
@Entry
@Component
struct Index {
  @State bgColors: Color[] = [Color.Red, Color.Orange, Color.Yellow,
    Color.Green, Color.Pink, Color.Grey, Color.Blue, Color.Brown];

  build() {
    GridRow({
      breakpoints: {
        value: ['200vp', '300vp', '400vp', '500vp', '600vp'],
        reference: BreakpointsReference.WindowSize
      }
    }) {
      ForEach(this.bgColors, (color: Color, index: number) => { // 指定类型
        GridCol({
          span: {
            xs: 2,
            sm: 3,
            md: 4,
            lg: 6,
            xl: 8,
            xxl: 12
          }
        }) {
          Row() {
            Text(`${index}`)
              .width("100%")
              .height('50vp');
          }
        }.backgroundColor(color);
      });
    }
  }
}
```

上述代码定义了一个状态变量 bgColors，其中包含多种颜色，并在 GridRow 组件内部实现了以下功能。

- 使用 GridRow 组件创建了一个网格行布局，并通过断点配置指定了不同屏幕宽度下栅格列的数量。

- 遍历了 bgColors 数组，为每种颜色创建一个网格列布局，并使用 GridCol 组件根据不同屏幕宽度设置了占据的栅格容器列数。

- 在每个列布局中创建了一个垂直行布局，其中包含一个文本元素，显示了当前颜色在 bgColors 数组中的索引。

- 设置了垂直行布局的宽度为100%，高度为50vp（屏幕窗口百分比）。

- 为每个列布局设置了背景颜色，颜色来自于遍历到的 bgColors 数组中的元素。

总之，整个案例的目的是创建一个响应式的网格布局，其中的每个网格元素都包含了一个显示索引的文本元素，并且根据不同屏幕宽度调整了显示列数和颜色。这种设计使布局能适应不同的屏幕尺寸和显示效果。响应式颜色网格效果如图1-12所示。

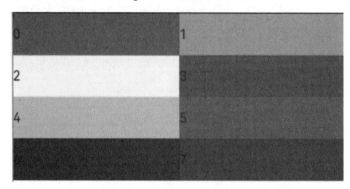

图1-12　响应式颜色网格效果

 创建一个通用网页布局模板

在 HarmonyOS 中，可以嵌套使用栅格组件来完成一些复杂的布局。在下面的案例中，栅格把整个屏幕空间分为12份。第一层 GridRow 嵌套 GridCol，分为中间大区域及 footer 区域。第二层 GridRow 嵌套 GridCol，分为 left 和 right 区域。子组件空间按照上一层父组件的空间划分，粉色的区域是屏幕空间的12列，绿色和蓝色的区域是父组件 GridCol 的12列，依次进行空间的划分。

案例1-7　创建一个通用网页布局模板（源码路径：codes\5\web）

编写文件 src/main/ets/MainAbility/pages/index.ets，使用栅格布局创建一个通用网页布局模板。在屏幕中创建一个网格布局，每个网格元素包含一个垂直行布局，该布局中显示一个文本元素，该文本元素代表颜色在数组中的索引。网格的颜色和布局列数会根据屏幕宽度的不同而自适应地调整。

```
@Entry
@Component
struct GridRowExample {
```

```
build() {
  GridRow() {
    GridCol({ span: { sm: 12 } }) {
      GridRow() {
        GridCol({ span: { sm: 2 } }) {
          Row() {
            Text('left').fontSize(24)
          }
          .justifyContent(FlexAlign.Center)
          .height('90%')
        }.backgroundColor('#ff41dbaa')

        GridCol({ span: { sm: 10 } }) {
          Row() {
            Text('right').fontSize(24)
          }
          .justifyContent(FlexAlign.Center)
          .height('90%')
        }.backgroundColor('#ff4168db')
      }
      .backgroundColor('#19000000')
      .height('100%')
    }

    GridCol({ span: { sm: 12 } }) {
      Row() {
        Text('footer').width('100%').textAlign(TextAlign.Center)
      }.width('100%').height('10%').backgroundColor(Color.Pink)
    }
  }.width('100%').height(300)
}
```

上述代码创建了一个内部网格行布局 GridRow()，具体说明如下。

● 在内部网格行布局中，使用了两个网格列布局，即 GridCol({ span: { sm: 2 } }) 和 GridCol({ span: { sm: 10 } })。

● 第一个内部网格列布局中包含一个垂直行布局 Row()，其中有一个文本元素 Text('left')，并设置了居中对齐、高度为 90%。该列布局的背景颜色为 #ff41dbaa。

● 第二个内部网格列布局中包含一个垂直行布局 Row()，其中有一个文本元素 Text('right')，并设置了居中对齐、高度为 90%。该列布局的背景颜色为 #ff4168db。

● 整个内部网格行布局的背景颜色为 #19000000，高度为 100%。

此外，上述代码还创建了一个网格列布局 GridCol({ span: { sm: 12 } })，其中包含一个垂直行布局 Row()，其中有一个文本元素 Text('footer')，并设置了宽度为 100%、高度为 10%，背景颜色为 Color.Pink。

通用网页布局模板效果如图 1-13 所示。

案例8 使用Button创建多个不同样式的按钮

在HarmonyOS中，按钮组件Button用于响应用户的点击操作，其类型包括Capsule（胶囊按钮）、Circle（圆形按钮）和Normal（普通按钮）。当Button被作为容

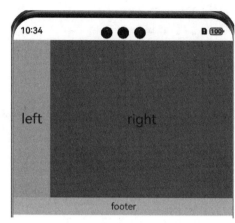

图1-13　通用网页布局模板效果

器使用时，可以通过添加子组件实现包含文字、图片等元素的按钮。这三种类型的按钮通过type进行设置。

- 胶囊按钮（默认类型）：此类型按钮的圆角自动设置为高度的一半，不支持通过borderRadius属性重新设置圆角。
- 圆形按钮：此类型按钮为圆形，不支持通过borderRadius属性重新设置圆角。
- 普通按钮：此类型的按钮默认圆角为0，支持通过borderRadius属性重新设置圆角。

下面的案例使用Button组件创建了多个不同样式的按钮。

案例1-8　使用Button创建多个不同样式的按钮（源码路径：codes\5\Button）

编写文件src/main/ets/MainAbility/pages/index.ets，通过弹性布局组织不同类型的按钮，并对每个按钮进行样式和状态的设置。

```
@Entry
@Component
struct ButtonExample {
  build() {
    Flex({ direction: FlexDirection.Column, alignItems: ItemAlign.Start,
      justifyContent: FlexAlign.SpaceBetween }) {
      Text('Normal button').fontSize(9).fontColor(0xCCCCCC)
      Flex({ alignItems: ItemAlign.Center, justifyContent: FlexAlign.
        SpaceBetween }) {
        Button('OK', { type: ButtonType.Normal, stateEffect: true })
          .borderRadius(8)
          .backgroundColor(0x317aff)
          .width(90)
          .onClick(() => {
```

```
            console.log('ButtonType.Normal')
          })
        Button({ type: ButtonType.Normal, stateEffect: true }) {
          Row() {
            LoadingProgress().width(20).height(20).margin({ left: 12
              }).color(0xFFFFFF)
            Text('loading').fontSize(12).fontColor(0xffffff).margin({ left: 5,
              right: 12 })
          }.alignItems(VerticalAlign.Center)
        }.borderRadius(8).backgroundColor(0x317aff).width(90).height(40)

        Button('Disable', { type: ButtonType.Normal, stateEffect: false
          }).opacity(0.4)
          .borderRadius(8).backgroundColor(0x317aff).width(90)
      }

      Text('Capsule button').fontSize(9).fontColor(0xCCCCCC)
      Flex({ alignItems: ItemAlign.Center, justifyContent: FlexAlign.
        SpaceBetween }) {
        Button('OK', { type: ButtonType.Capsule, stateEffect: true
          }).backgroundColor(0x317aff).width(90)
        Button({ type: ButtonType.Capsule, stateEffect: true }) {
          Row() {
            LoadingProgress().width(20).height(20).margin({ left: 12
              }).color(0xFFFFFF)
            Text('loading').fontSize(12).fontColor(0xffffff).margin({ left: 5,
              right: 12 })
          }.alignItems(VerticalAlign.Center).width(90).height(40)
        }.backgroundColor(0x317aff)

        Button('Disable', { type: ButtonType.Capsule, stateEffect: false
          }).opacity(0.4)
          .backgroundColor(0x317aff).width(90)
      }

      Text('Circle button').fontSize(9).fontColor(0xCCCCCC)
      Flex({ alignItems: ItemAlign.Center, wrap: FlexWrap.Wrap }) {
        Button({ type: ButtonType.Circle, stateEffect: true }) {
          LoadingProgress().width(20).height(20).color(0xFFFFFF)
        }.width(55).height(55).backgroundColor(0x317aff)

        Button({ type: ButtonType.Circle, stateEffect: true }) {
          LoadingProgress().width(20).height(20).color(0xFFFFFF)
        }.width(55).height(55).margin({ left: 20 }).backgroundColor(0xF55A42)
      }
    }.height(400).padding({ left: 35, right: 35, top: 35 })
```

```
    }
}
```

上述代码创建了3种类型的按钮。

（1）Normal button（普通按钮）：包含一个文本为 Normal button 的标题，其中又包含3个具有不同状态和功能的普通按钮。

- 第1个按钮标签为 OK，当点击时触发 onClick 事件，控制台会输出 ButtonType.Normal。
- 第2个按钮包含一个加载进度条和文本 loading，表示正在加载状态。
- 第3个按钮标签为 Disable，被禁用并设置了不透明度为 0.4。

（2）Capsule button（胶囊按钮）：包含一个文本为 Capsule button 的标题，其中又包含3个具有不同状态的胶囊按钮。

- 第1个按钮标签为 OK。
- 第2个按钮包含一个加载进度条和文本 loading。
- 第3个按钮标签为 Disable，被禁用并设置了不透明度为 0.4。

（3）Circle button（圆形按钮）：包含一个文本为 Circle button 的标题，其中又包含2个圆形按钮，每个按钮包含一个加载进度条。

多个不同样式的按钮效果如图1-14所示。

图1-14 多个不同样式的按钮效果

 用户喜欢的编程语言调查表

Radio 是单选框组件，通常用于提供相应的用户交互选择项。在同一组的 Radio 中，只有一个可以被选中。在 ArkUI 中，可以通过调用接口来创建 Radio，调用接口的语法格式如下。

```
Radio(options: {value: string, group: string})
```

该接口用于创建一个单选框，其中 value 是单选框的名称，group 是单选框所属的群组名称。checked 属性可以设置单选框的状态（false 和 true），设置为 true 时表示单选框被选中，设置为 false 表示单选框未被选中。Radio 仅支持选中和未选中两种样式，不支持自定义颜色和形状。

下面的案例创建了一个简单的用户界面，包含一个标题"用户喜欢的编程语言调查表"和3个单选按钮，分别代表编程语言 Java、Python 和 C 语言。用户可以在这3个选项中选择他们喜欢的编程语言。

案例1-9 用户喜欢的编程语言调查表（源码路径：codes\5\Radio）

编写文件src/main/ets/MainAbility/pages/index.ets，通过弹性布局展示3个带有文本标签的单选框。每个单选框都附带一个状态改变的事件监听器，用于在选中状态发生变化时输出相应的信息到控制台。

```
@Entry
@Component
struct RadioExample {
  build() {
    Flex({ direction: FlexDirection.Column, justifyContent: FlexAlign.Center,
      alignItems: ItemAlign.Center }) {
      // 添加标题文本
      Text('用户喜欢的编程语言调查表')
        .fontSize(20)
        .textAlign(TextAlign.Center)
        .padding({ bottom: 20 })

      Flex({ direction: FlexDirection.Row, justifyContent: FlexAlign.Center,
        alignItems: ItemAlign.Center }) {
        // Java 单选按钮
        Column() {
          Text('Java')
          Radio({ value: 'Java', group: 'radioGroup' }).checked(true)
            .height(50)
            .width(50)
            .onChange((isChecked: boolean) => {
              console.log('Java 选择状态：' + isChecked)
            })
        }

        // Python 单选按钮
        Column() {
          Text('Python')
          Radio({ value: 'Python', group: 'radioGroup' }).checked(false)
            .height(50)
            .width(50)
            .onChange((isChecked: boolean) => {
              console.log('Python 选择状态：' + isChecked)
            })
        }

        // C语言 单选按钮
```

```
      Column() {
        Text('C 语言 ')
        Radio({ value: 'C 语言 ', group: 'radioGroup' }).checked(false)
          .height(50)
          .width(50)
          .onChange((isChecked: boolean) => {
            console.log('C 语言  选择状态：' + isChecked)
          })
      }
    }.padding({ top: 30 })
  }.padding({ top: 30 })
  }
}
```

上述代码的具体说明如下。

• 标题部分：通过 Text 组件显示标题"用户喜欢的编程语言调查表"，设置字体大小和对齐方式，将标题放置在页面顶部。

• 布局设置：使用弹性布局，设置为垂直方向 (FlexDirection.Column)，并在水平方向和垂直方向居中对齐所有内容。

• 单选按钮组：3 个编程语言（Java、Python、C 语言）通过 Column 组件布局，每个语言包含一个 Text 显示编程语言的名称，以及一个 Radio 单选按钮。所有按钮都属于同一个组 radioGroup，从而确保用户只能选择一个选项。使用 checked(true) 设置 Java 为默认选中的选项。

• 事件处理：每个 Radio 按钮都绑定了 onChange 事件处理函数，当用户选择或取消选择时，会在控制台输出当前按钮的选择状态。

用户喜欢的编程语言调查表界面如图 1-15 所示。

图 1-15　用户喜欢的编程语言调查表界面

 案例10　**创建多种类型的进度条**

在 ArkUI 中，Progress 是进度条显示组件，用于显示某次目标操作的当前进度。Progress 通过调用接口来创建，接口调用语法格式如下。

```
Progress(options: {value: number, total?: number, type?: ProgressType})
```

通过上述语法格式调用接口，可以创建 type 样式的进度条，其中 value 用于设置初始进度值，total 用于设置进度总长度，type 决定 Progress 样式。例如，下面的代码，创建了一个进度总长为 100、初始进度值为 24 的线性进度条。创建的进度条效果如图 1-16 所示。

```
Progress({ value: 24, total: 100, type: ProgressType.Linear })
```

图 1-16 创建的进度条效果

Progress 有 5 种可选类型，在创建时通过设置 ProgressType 枚举类型来指定。其可选类型包括 ProgressType.Linear（线性样式）、ProgressType.Ring（环形无刻度样式）、ProgressType.ScaleRing（环形有刻度样式）、ProgressType.Eclipse（圆形样式）和 ProgressType.Capsule（胶囊样式）。下面的案例使用 Progress 创建了多种类型的进度条。

案例 1-10　创建多种类型的进度条（源码路径：codes\5\Progress）

编写文件 src/main/ets/MainAbility/pages/index.ets，创建 5 种类型的进度条。每种类型的进度条都通过 Progress 组件创建，并设置不同的属性，如总进度、颜色、当前值、宽度、高度等。

```
@Entry
@Component
struct ProgressExample {
  build() {
    Column({ space: 15 }) {
      Text('Linear Progress').fontSize(9).fontColor(0xCCCCCC).width('90%')
      Progress({ value: 10, type: ProgressType.Linear }).width(200)
      Progress({ value: 20, total: 150, type: ProgressType.Linear
}).color(Color.Grey).value(50).width(200)


      Text('Eclipse Progress').fontSize(9).fontColor(0xCCCCCC).width('90%')
      Row({ space: 40 }) {
        Progress({ value: 10, type: ProgressType.Eclipse }).width(100)
        Progress({ value: 20, total: 150, type: ProgressType.Eclipse
}).color(Color.Grey).value(50).width(100)
      }

      Text('ScaleRing Progress').fontSize(9).fontColor(0xCCCCCC).width('90%')
      Row({ space: 40 }) {
        Progress({ value: 10, type: ProgressType.ScaleRing }).width(100)
        Progress({ value: 20, total: 150, type: ProgressType.ScaleRing })
          .color(Color.Grey).value(50).width(100)
          .style({ strokeWidth: 15, scaleCount: 15, scaleWidth: 5 })
      }

      // scaleCount 和 scaleWidth 效果对比
      Row({ space: 40 }) {
```

```
    Progress({ value: 20, total: 150, type: ProgressType.ScaleRing })
      .color(Color.Grey).value(50).width(100)
      .style({ strokeWidth: 20, scaleCount: 20, scaleWidth: 5 })
    Progress({ value: 20, total: 150, type: ProgressType.ScaleRing })
      .color(Color.Grey).value(50).width(100)
      .style({ strokeWidth: 20, scaleCount: 30, scaleWidth: 3 })
  }

  Text('Ring Progress').fontSize(9).fontColor(0xCCCCCC).width('90%')
  Row({ space: 40 }) {
    Progress({ value: 10, type: ProgressType.Ring }).width(100)
    Progress({ value: 20, total: 150, type: ProgressType.Ring })
      .color(Color.Grey).value(50).width(100)
      .style({ strokeWidth: 20, scaleCount: 30, scaleWidth: 20 })
  }

  Text('Capsule Progress').fontSize(9).fontColor(0xCCCCCC).width('90%')
  Row({ space: 40 }) {
    Progress({ value: 10, type: ProgressType.Capsule }).width(100).
      height(50)
    Progress({ value: 20, total: 150, type: ProgressType.Capsule })
      .color(Color.Grey)
      .value(50)
      .width(100)
      .height(50)
    }
  }.width('100%').margin({ top: 30 })
  }
}
```

本案例的目的是演示不同类型的进度条及其样式和设置，上述代码创建了如下5种类型的进度条。

- Linear Progress（线性进度条）：包含两个线性进度条，一个是默认样式，另一个设置了总进度、颜色和当前值。

- Eclipse Progress（圆形进度条）：包含两个圆形进度条，一个是默认样式，另一个设置了总进度、颜色和当前值。

- ScaleRing Progress（环形有刻度进度条）：包含两个环形有刻度进度条，一个是默认样式，另一个设置了总进度、颜色、当前值及刻度的数量和宽度。

- Ring Progress（环形无刻度进度条）：包含一个环形无刻度进度条，默认样式，设置了总进度、颜色、当前值及刻度的数量和宽度。

- Capsule Progress（胶囊形进度条）：包含两个胶囊形进度条，一个是默认样式，另一个设置了总进度、颜色和当前值。

多种类型的进度条效果如图1-17所示。

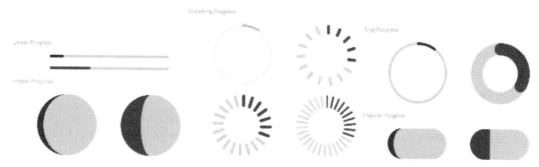

图1-17　多种类型的进度条效果

 案例11　创建蓝牙开关按钮

在HarmonyOS中，Toggle组件提供了状态按钮样式、勾选框样式及开关样式，一般用于两种状态之间的切换。Toggle通过调用接口来创建按钮，接口调用语法格式如下。

```
Toggle(options: { type: ToggleType, isOn?: boolean })
```

其中，ToggleType为枚举类型，包括Button、Checkbox和Switch，isOn为切换按钮的状态。下面的案例使用Toggle切换按钮组件创建了一个蓝牙开关按钮。

案例1-11　创建蓝牙开关按钮（源码路径：codes\5\Toggle）

编写文件src/main/ets/MainAbility/pages/index.ets，使用 Toggle 组件创建一个蓝牙开关按钮，并通过 promptAction.showToast 在状态变化时显示相应的提示信息。

```
import promptAction from '@ohos.promptAction';
@Entry
@Component
struct ToggleExample {
  build() {
    Column() {
      Row() {
        Text("Bluetooth Mode")
          .height(50)
          .fontSize(16)
      }
      Row() {
        Text("Bluetooth")
          .height(50)
```

```
      .padding({left: 10})
      .fontSize(16)
      .textAlign(TextAlign.Start)
      .backgroundColor(0xFFFFFF)
  Toggle({ type: ToggleType.Switch })
      .margin({left: 200, right: 10})
      .onChange((isOn: boolean) => {
        if(isOn) {
          promptAction.showToast({ message: 'Bluetooth is on.' })
        } else {
          promptAction.showToast({ message: 'Bluetooth is off.' })
        }
      })
    }
    .backgroundColor(0xFFFFFF)
  }
  .padding(10)
  .backgroundColor(0xDCDCDC)
  .width('100%')
  .height('100%')
  }
}
```

在上述代码中，第二个 Row 包含 Bluetooth 文本和一个切换按钮（Toggle），用于模拟蓝牙的开关状态。切换按钮的类型为 ToggleType.Switch，当切换按钮的状态变化时，通过 onChange 事件监听器触发相应的操作。如果切换按钮被打开，显示蓝牙打开的提示。如果切换按钮被关闭，显示蓝牙关闭的提示。蓝牙开关按钮效果如图 1-18 所示。

 案例12 程序员的一篇学习日记

在 ArkUI 中，Text 是文本组件，通常用于展示用户的视图，如文章、标题等。除了通用属性，Text 组件还支持如下属性。

• TextAlign：设置文本在水平方向的对齐方式，默认值为 TextAlign.Start。此组件虽然可通过 Align 属性控制文本段落在垂直方向上的位置，但不可通过 Align 属性控制文本段落在水平方向

图 1-18　蓝牙开关按钮效果

上的位置，即 Align 属性中 Alignment.TopStart、Alignment.Top、Alignment.TopEnd 效果相同，控制内容在顶部。

- textOverflow：设置文本超长时的显示方式，文本截断是按字或单词进行的，例如，英文以单词为最小单位进行截断，若需要以字母为单位进行截断，可以在字母间添加零宽空格（\u200B）。
- maxLines：设置文本的最大显示行数。
- decoration：设置文本装饰线样式及其颜色。
- baselineOffset：设置文本基线的偏移量，默认值为0。
- letterSpacing：设置文本字符的间距。
- minFontSize：设置文本最小显示字号。
- maxFontSize：设置文本最大显示字号。
- textCase：设置文本的大小写。
- copyOption：组件支持设置文本是否可复制粘贴，当设置copyOption为CopyOptions.InApp或CopyOptions.LocalDevice时，长按文本会弹出文本选择菜单，可选中文本进行复制、全选操作。

本案例使用Text组件实现了程序员的一篇学习日记，通过textAlign、textOverflow、maxLines、lineHeight设置了文本的显示样式。

案例1-12　程序员的一篇学习日记（源码路径：codes\5\Text）

编写文件src/main/ets/MainAbility/pages/index.ets，通过使用 Text 组件演示文本在不同样式设置下的显示效果，包括对齐方式、超长显示方式、行高及其他样式设置。

```
@Entry
@Component
struct TextExample1 {
  build() {
    Flex({ direction: FlexDirection.Column, alignItems: ItemAlign.Start,
      justifyContent: FlexAlign.SpaceBetween }) {

      // 日记标题部分
      Text('2024 年 10 月 12 日　星期六 ')
        .fontSize(20)
        .fontWeight(FontWeight.Bold)
        .fontColor(0x333333) // 深灰色标题
        .padding({ bottom: 10 })

      Text(' 今天的日记 ')
        .fontSize(16)
        .fontWeight(FontWeight.Bold)
        .fontColor(0x666666) // 次级标题颜色
        .padding({ bottom: 20 })

      // 正文部分
      Text(' 今天的天气很晴朗，阳光透过窗户洒在书桌上，我决定花一整天的时间学习新的技术。')
        .fontSize(14)
```

```
    .fontColor(0x000000) // 正文颜色
    .lineHeight(22)  // 行距设置
    .border({ width: 1, color: 0xCCCCCC }) // 边框
    .padding(10)
    .width('100%')

Text(' 下午，我深入研究了鸿蒙系统的组件布局，发现了许多有趣的用法，特别是在文本对齐和
溢出处理方面，收获满满。')
    .fontSize(14)
    .fontColor(0x000000) // 正文颜色
    .lineHeight(22)
    .border({ width: 1, color: 0xCCCCCC }) // 边框
    .padding(10)
    .width('100%')

Text(' 今天的学习让我更加了解如何灵活使用组件，并且掌握了处理文本显示的不同方式。明天，
我计划继续探索其他 UI 组件。')
    .fontSize(14)
    .fontColor(0x000000) // 正文颜色
    .lineHeight(22)
    .border({ width: 1, color: 0xCCCCCC }) // 边框
    .padding(10)
    .width('100%')

}.height(600).width(350).padding({ left: 35, right: 35, top: 35 })
    }
}
```

对上述代码的说明如下。

• 标题部分：使用较大字体 fontSize(20) 和加粗样式 fontWeight(FontWeight.Bold)，并设置颜色为深灰色 fontColor(0x333333)，模拟日记日期的显示。次级标题"今天的日记"使用稍小的字体，并且颜色更浅，突出层次感。

• 正文部分：使用统一的字体 fontSize(14)，设置颜色为黑色 fontColor(0x000000)，并设置行距 lineHeight(22) 使阅读更加舒适。每段正文都有边框和内边距，确保文字内容有良好的视觉层次。

程序员的一篇学习日记效果如图 1-19 所示。

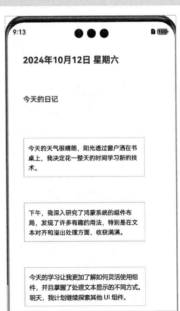

图 1-19　程序员的一篇学习日记效果

案例13 **基于Menu选择国庆假期的出行方式**

在ArkUI中，Menu是菜单接口，一般用于右击弹窗、点击弹窗等操作。Menu中的常用属性描述如下所示。

- bindMenu：用于给组件绑定菜单，当用户点击该组件后会弹出菜单。弹出的菜单项支持文本和自定义两种功能。

- bindContextMenu：用于给组件绑定菜单，触发方式为长按或右击，弹出的菜单项需要自定义。

本案例展示了使用ArkUI创建菜单（Menu）的过程，模拟实现了一个快捷键菜单，供用户选择国庆假期的出行方式。

案例1-13 **基于Menu选择国庆假期的出行方式（源码路径：codes\5\Menu）**

编写文件src/main/ets/MainAbility/pages/index.ets，创建一个简单的垂直菜单，每个菜单选项都包含一个图像和文本，点击菜单项会触发相应的事件。我们可以通过修改 listData 数组及菜单项的内容和样式，来适应我们的具体需求。

```
@Entry
@Component
struct MenuExample {
  @State listData: string[] = ['自驾', '高铁', '飞机']  // 将 listData 修改为
    出行方式的字符串数组

  @Builder MenuBuilder() {
    Flex({ direction: FlexDirection.Column, justifyContent: FlexAlign.Center,
      alignItems: ItemAlign.Center }) {
      ForEach(this.listData, (item: string, index: number) => {  // 为 item 显
        式声明为 string 类型
        Column() {
          Row() {
            Image($r("app.media.icon")).width(20).height(20).margin({ right:
              5 })
            Text(item).fontSize(20)   // 显示选项名称：自驾、高铁、飞机
          }
          .width('100%')
          .height(30)
          .justifyContent(FlexAlign.Center)
          .align(Alignment.Center)
          .onClick(() => {
            console.info(`${item} 菜单被点击了！`)   // 输出选中的出行方式
          })
```

```
        if (index != this.listData.length - 1) {
            Divider().height(10).width('80%').color('#ccc')
        }
      }.padding(5).height(40)
    })
  }.width(100)
}

build() {
  Column() {
    Text('请选择国庆假期的出行方式')    // 标题文本
      .fontSize(20)
      .margin({ top: 20 })
      .bindMenu(this.MenuBuilder)    // 绑定菜单
  }
  .height('100%')
  .width('100%')
  .backgroundColor('#f0f0f0')
  }
}
```

对上述代码的具体说明如下。

● 数据定义：使用 @State 装饰器定义了一个 listData 数组，包含 3 个字符串元素，即自驾、高铁和飞机，代表可选的出行方式。

● 菜单构建：MenuBuilder 函数用于创建菜单布局，并通过 Flex 布局将多个选项垂直排列。每个选项由图标和文本组成，图标在文本的左边。使用 ForEach 迭代 listData 中的每个元素，动态生成 3 个菜单选项。每个选项使用 Row 和 Column 布局，确保它们在界面上按照一定的间距和对齐方式排列。

● 点击事件：对每个菜单选项绑定了点击事件，用户点击任意选项时，会在控制台打印出相应的提示信息，显示选中的出行方式。

● 菜单布局：每个选项都有固定的宽度和高度，选项之间用 Divider 分隔，用来提高视觉上的区分度。选项的样式设计注重统一，包括文本大小和间距等。

● 界面显示：在 build 方法中，界面最上方显示标题"请选择国庆假期的出行方式"，然后绑定菜单布局 MenuBuilder，确保整个布局在屏幕上全屏显示，并设置了背景颜色，使界面更加简洁易读。

代码执行效果如图 1-20 所示。

图 1-20　快捷键菜单

基于TabBar的手机切换动画

在 HarmonyOS 中，Tabs 组件是一个用于通过页签切换不同内容视图的容器组件。它允许用户通过点击页签或滑动来切换不同的内容视图，每个页签对应一个视图。

1. Tabs 组件接口

● barPosition：指定页签的位置，它依赖于 vertical 属性的设置，支持在容器的顶部、底部、左侧、右侧显示。

● index：当前显示页签的索引。直接修改该索引可以切换页签，但不包含动画效果。使用 TabsController 的 changeIndex 方法可切换动画效果。

● controller：通过 TabsController 对 Tabs 组件进行控制。

2. BarPosition 枚举

● Start：默认值，当 vertical 为 true 时，页签位于容器左侧；当 vertical 为 false 时，页签位于容器顶部。

● End：当 vertical 为 true 时，页签位于容器右侧；当 vertical 为 false 时，页签位于容器底部。

3. 重要属性

● vertical：决定 Tabs 是横向还是纵向布局，默认值为 false（横向）。设置为 true 时变为纵向 Tabs。

● scrollable：是否支持通过滑动切换页面，默认值为 true，允许用户滑动切换页签内容。

● barMode：设置 TabBar 的布局模式。BarMode.Fixed 表示每个页签均匀分布，BarMode. Scrollable 表示可以滚动布局页签。

4. 布局和样式属性

● barWidth：设置 TabBar 的宽度，支持根据内容自适应宽度。

● barHeight：设置 TabBar 的高度，在横向模式时有效。

● divider：设置 TabBar 与内容视图之间的分割线样式。

● animationDuration：切换页签时的动画持续时间，单位为毫秒。

● animationMode：控制点击页签时切换动画的形式，默认动画是先加载目标内容，再执行切换动画。

● fadingEdge：当页签数量超过容器宽度时，设置是否显示渐隐效果，默认值为 true。

5. 高级功能属性

● barOverlap：当设置为 true 时，TabBar 变模糊并叠加在 TabContent 上，默认值为 false。

● barBackgroundColor：自定义 TabBar 的背景颜色。

- barBackgroundBlurStyle：设置TabBar的背景模糊样式。
- edgeEffect：设置边缘滑动的回弹效果。

下面的案例实现了一个自定义的选项卡组件，包含多个页面（绿色、蓝色、黄色、粉色），并且有一个可动画滑动的下画线指示器，用于表示当前选项卡的位置。通过监听选项卡的滑动、切换、动画开始和结束等事件，动态调整指示器的宽度和左边距，从而实现了与用户手势同步的动画效果。

案例1-14 　基于TabBar的手机切换动画（源码路径：codes\1\Hua）

案例文件 src/main/ets/pages/Index.ets 的具体实现代码如下。

```
@Entry
@Component
struct TabsExample {
  @State currentIndex: number = 0
  @State animationDuration: number = 300
  @State indicatorLeftMargin: number = 0
  @State indicatorWidth: number = 0
  private tabsWidth: number = 0
  private textInfos: [number, number][] = []
  private isStartAnimateTo: boolean = false

  @Builder
  tabBuilder(index: number, name: string) {
    Column() {
      Text(name)
        .fontSize(16)
        .fontColor(this.currentIndex === index ? '#007DFF' : '#182431')
        .fontWeight(this.currentIndex === index ? 500 : 400)
        .id(index.toString())
        .onAreaChange((oldValue: Area, newValue: Area) => {
          this.textInfos[index] = [newValue.globalPosition.x as number,
            newValue.width as number]
          if (this.currentIndex === index && !this.isStartAnimateTo) {
            this.indicatorLeftMargin = this.textInfos[index][0]
            this.indicatorWidth = this.textInfos[index][1]
          }
        })
    }.width('100%')
  }

  build() {
    Stack({ alignContent: Alignment.TopStart }) {
      Tabs({ barPosition: BarPosition.Start }) {
        TabContent() {
```

```
        Column().width('100%').height('100%').backgroundColor('#00CB87')
    }.tabBar(this.tabBuilder(0, 'green'))

    TabContent() {
        Column().width('100%').height('100%').backgroundColor('#007DFF')
    }.tabBar(this.tabBuilder(1, 'blue'))

    TabContent() {
        Column().width('100%').height('100%').backgroundColor('#FFBF00')
    }.tabBar(this.tabBuilder(2, 'yellow'))

    TabContent() {
        Column().width('100%').height('100%').backgroundColor('#E67C92')
    }.tabBar(this.tabBuilder(3, 'pink'))
}
.onAreaChange((oldValue: Area, newValue: Area)=> {
    this.tabsWidth = newValue.width as number
})
.barWidth('100%')
.barHeight(56)
.width('100%')
.height(296)
.backgroundColor('#F1F3F5')
.animationDuration(this.animationDuration)
.onChange((index: number) => {
    this.currentIndex = index // 监听索引 index 的变化，实现页签内容的切换
})
.onAnimationStart(((index: number, targetIndex: number, event:
    TabsAnimationEvent) => {
    // 切换动画开始时触发该回调。下画线跟着页面一起滑动，同时宽度渐变
    this.currentIndex = targetIndex
    this.startAnimateTo(this.animationDuration, this.
        textInfos[targetIndex][0], this.textInfos[targetIndex][1])
})
.onAnimationEnd(((index: number, event: TabsAnimationEvent) => {
    // 切换动画结束时触发该回调。下画线动画停止
    let currentIndicatorInfo = this.getCurrentIndicatorInfo(index, event)
    this.startAnimateTo(0, currentIndicatorInfo.left,
        currentIndicatorInfo.width)
})
.onGestureSwipe(((index: number, event: TabsAnimationEvent) => {
    // 在页面跟手滑动过程中，逐帧触发该回调
    let currentIndicatorInfo = this.getCurrentIndicatorInfo(index, event)
    this.currentIndex = currentIndicatorInfo.index
    this.indicatorLeftMargin = currentIndicatorInfo.left
    this.indicatorWidth = currentIndicatorInfo.width
```

```
    })

    Column()
      .height(2)
      .width(this.indicatorWidth)
      .margin({ left: this.indicatorLeftMargin, top:48})
      .backgroundColor('#007DFF')
  }.width('100%')
}

private getCurrentIndicatorInfo(index: number, event: TabsAnimationEvent):
  Record<string, number> {
  let nextIndex = index
  if (index > 0 && event.currentOffset > 0) {
    nextIndex--
  } else if (index < 3 && event.currentOffset < 0) {
    nextIndex++
  }
  let indexInfo = this.textInfos[index]
  let nextIndexInfo = this.textInfos[nextIndex]
  let swipeRatio = Math.abs(event.currentOffset / this.tabsWidth)
  let currentIndex = swipeRatio > 0.5 ? nextIndex : index // 页面滑动超过一半,
    tabBar 切换到下一页
  let currentLeft = indexInfo[0] + (nextIndexInfo[0] - indexInfo[0]) *
    swipeRatio
  let currentWidth = indexInfo[1] + (nextIndexInfo[1] - indexInfo[1]) *
    swipeRatio
  return { 'index': currentIndex, 'left': currentLeft, 'width': currentWidth
    }
}

private startAnimateTo(duration: number, leftMargin: number, width: number) {
  this.isStartAnimateTo = true
  animateTo({
    duration: duration,          // 动画时长
    curve: Curve.Linear,         // 动画曲线
    iterations: 1,               // 播放次数
    playMode: PlayMode.Normal,   // 动画模式
    onFinish: () => {
      this.isStartAnimateTo = false
      console.info('play end')
    }
  }, () => {
    this.indicatorLeftMargin = leftMargin
    this.indicatorWidth = width
  })
```

```
    }
}
```

上述代码的具体说明如下。

（1）初始化状态和变量：定义多个 @State 变量，用于控制当前选项卡索引、动画持续时间、指示器的左边距和宽度。同时，还定义了一些私有变量用于保存选项卡的宽度和文本位置信息。

（2）构建选项卡视图：使用 tabBuilder 方法构建选项卡标题，动态设置文本的颜色和字体权重。使用 onAreaChange 获取每个选项卡的文本位置和宽度，并保存到 textInfos 中。

（3）布局选项卡内容：使用 Tabs 组件生成多个页面内容，并绑定标题。通过 onChange 监听用户切换选项卡的操作，更新当前索引。

（4）下画线动画。

- 使用 onAnimationStart、onAnimationEnd 和 onGestureSwipe 监听动画事件，计算下画线指示器的位置和宽度，并实时更新。

- 通过 startAnimateTo 方法控制下画线的动画效果，随着用户的滑动或切换，指示器平滑过渡到目标位置。

- 指示器的动画计算：通过 getCurrentIndicatorInfo 方法，根据滑动的进度动态计算当前指示器的位置和宽度，实现流畅的视觉效果。

代码执行效果如图 1-21 所示。

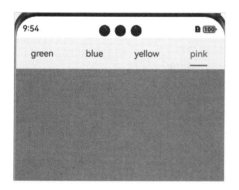 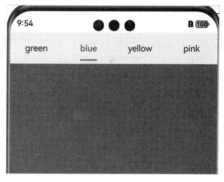

图 1-21　手机切换动画

 案例15　**实现精美的屏幕底部页签**

在 HarmonyOS 中，TabContent 组件是一个用于在标签页（Tabs）中显示内容的视图组件。它通常与 Tabs 组件配合使用，用于创建多个可切换的页面。TabContent 支持包含单个子组件，这个组件可以是系统内置组件、自定义组件，同时它还支持条件渲染和循环渲染。TabContent组件中的常用属性如下。

- TabBar：设置 TabBar 上显示的内容，可以是文字、图标或自定义内容。

- 宽高限制：在默认情况下，TabContent 组件会撑满 Tabs 组件的宽度，而其高度由 Tabs 组件和 TabBar 组件共同决定。

- 滑动支持：不支持内容过长时的滑动效果。如需滑动效果，可以嵌套使用 List 组件。

通过 TabContent 组件，开发者可以为每个标签页提供独立的内容视图，并根据需要自定义显示样式。下面的案例使用 Tabs 和 TabContent 组件实现了底部标签页切换效果。使用 BottomTabBarStyle 设置了每个标签页的图标和颜色，标签页的内容使用 Column 布局，不同的标签页背景色不同（如粉色、橙色、蓝色和绿色）。每个标签页的显示和隐藏都有相应的 onWillShow 和 onWillHide 回调函数，用于打印信息日志。此外，还使用了 Tabs 的其他属性，如垂直方向的标签滚动、固定模式等，在标签页切换时，系统还会输出当前标签页索引。

案例1-15 实现精美的屏幕底部页签（源码路径：codes\1\Hua）

案例文件 src/main/ets/pages/Index.ets 的具体实现代码如下。

```
import { SymbolGlyphModifier } from '@kit.ArkUI'

@Entry
@Component
struct Index {
  @State symbolModifier1: SymbolGlyphModifier = new
    SymbolGlyphModifier($r('sys.symbol.ohos_wifi'));
  @State symbolModifier2: SymbolGlyphModifier = new
    SymbolGlyphModifier($r('sys.symbol.ellipsis_bubble'));
  @State symbolModifier3: SymbolGlyphModifier = new
    SymbolGlyphModifier($r('sys.symbol.dot_video'));
  @State symbolModifier4: SymbolGlyphModifier = new
    SymbolGlyphModifier($r('sys.symbol.exposure'));
  build() {
    Column({space: 5}) {
      Text(" 底部页签样式 ")
      Column(){
        Tabs({barPosition: BarPosition.End}) {
          TabContent() {
            Column().width('100%').height('100%').backgroundColor(Color.Pink)
          }.tabBar(new BottomTabBarStyle({
            normal: this.symbolModifier1,
          }, 'Pink'))
          .onWillShow(() => {
            console.info("Pink will show")
          })
          .onWillHide(() => {
            console.info("Pink will hide")
```

```
      })

      TabContent() {
        Column().width('100%').height('100%').backgroundColor(Color.Orange)
      }.tabBar(new BottomTabBarStyle({
        normal: this.symbolModifier2,
      }, 'Orange'))
      .onWillShow(() => {
        console.info("Orange will show")
      })
      .onWillHide(() => {
        console.info("Orange will hide")
      })

      TabContent() {
        Column().width('100%').height('100%').backgroundColor(Color.Blue)
      }.tabBar(new BottomTabBarStyle({
        normal: this.symbolModifier3,
      }, 'Blue'))
      .onWillShow(() => {
        console.info("Blue will show")
      })
      .onWillHide(() => {
        console.info("Blue will hide")
      })

      TabContent() {
        Column().width('100%').height('100%').backgroundColor(Color.Green)
      }.tabBar(new BottomTabBarStyle({
        normal: this.symbolModifier4,
      }, 'Green'))
      .onWillShow(() => {
        console.info("Green will show")
      })
      .onWillHide(() => {
        console.info("Green will hide")
      })
    }
    .vertical(false)
    .scrollable(true)
    .barMode(BarMode.Fixed)
    .onChange((index:number)=>{
      console.info(index.toString())
    })
    .width('100%')
    .backgroundColor(0xF1F3F5)
```

```
    }.width('100%').height(200)
  }
 }
}
```

对上述代码的具体说明如下。

• 状态管理：使用 @State 装饰器定义多个 SymbolGlyphModifier 状态，分别对应不同的标签页图标（如 Wi-Fi、气泡、视频和曝光图标）。

• 构建界面：使用 Column 组件创建垂直布局，并设置子元素间距为 5。添加一个 Text 组件用于显示"底部页签样式"标题。

• 创建标签页：使用 Tabs 组件实现底部标签页，设置标签栏位置为 BarPosition.End。

• 定义内容区域：对于每一个 TabContent，定义内容区域，设置宽度和高度，并分别应用不同的背景颜色（粉色、橙色、蓝色、绿色）来区分每个标签页的内容区域。通过 tabBar 方法设置每个标签的样式，包含图标和颜色。为每个标签页设置 onWillShow 和 onWillHide 回调，打印相应信息到控制台。

• 配置标签页行为：设置标签页的布局为水平排列，允许标签滚动，并将标签栏模式设置为固定。在切换标签页时，使用 onChange 回调打印当前选中的标签页索引。

• 设置容器大小：通过设置容器的宽度和高度，使其适应整个页面布局。

代码执行后，实现了一个带有底部标签页的用户界面，每个标签对应不同的内容区域，用户可以通过点击标签进行切换，效果如图 1-22 所示。

图 1-22　屏幕底部页签

 案例16 **翻页阅读网络小说特效**

在 HarmonyOS 中，Navigation 组件是路由导航的根视图容器，一般作为 Page 页面的根容器使用。它内部默认包含标题栏、内容区和工具栏，其中内容区默认首页显示导航内容（Navigation 的子组件）或非首页显示（NavDestination 的子组件），首页和非首页通过路由进行切换。Navigation 中的主要属性如下。

- title：设置页面标题，支持不同的类型，如 ResourceStr、CustomBuilder 等，并允许调整标题栏显示模式。
- subTitle (deprecated)：设置页面副标题，已在 API Version 9 废弃，推荐使用 title 代替。
- menus：设置页面右上角的菜单，可以显示多个图标并自动处理超出显示的图标。
- titleMode：设置页面标题栏显示模式，如自由布局模式、最小化模式等，默认值为 NavigationTitleMode.Free。
- toolBar (deprecated)：已在 API Version 10 废弃，推荐使用 toolbarConfiguration 代替。
- toolbarConfiguration：设置工具栏内容，包括工具栏选项与布局，支持在不同屏幕方向下动态调整显示。
- hideToolBar：设置是否隐藏工具栏，支持带动画效果的显隐功能（从 API Version 14 开始）。
- hideTitleBar：设置是否隐藏标题栏，支持带动画效果的显隐功能（从 API Version 14 开始）。
- hideBackButton：设置是否隐藏标题栏中的返回键，针对最小化模式生效。
- navBarWidth：设置导航栏的宽度，支持自定义宽度的调整（双栏模式生效）。
- navBarPosition：设置导航栏的位置，默认值为 NavBarPosition.Start。
- mode：设置导航栏的显示模式，如 Stack、Split 和 Auto，默认值为 NavigationMode.Auto。
- backButtonIcon：设置标题栏中返回键的图标，支持多种图标类型。
- hideNavBar：设置是否隐藏导航栏，适用于多种显示模式，默认值为 false。
- navDestination：用于设置路由和导航目的地。
- navBarWidthRange：设置导航栏最小和最大宽度，适用于双栏模式。
- minContentWidth：设置导航栏内容区的最小宽度。
- ignoreLayoutSafeArea：控制组件布局是否扩展到非安全区域。
- systemBarStyle：设置系统状态栏的样式，根据页面状态动态调整。

下面的案例实现了翻页阅读网络小说特效。通过定义 DerivedNavPathStack 类扩展导航路径栈，增加了自定义属性 id 和相关方法。在 Index 组件中，设置了小说标题，并定义了页面跳转的按钮。PageOne 组件展示当前小说的信息，并在页面加载时获取导航栈的状态，实现滑动翻页效果，增强了用户的阅读体验。

案例1-16 ▌翻页阅读网络小说特效（源码路径：codes\1\Hua）

案例文件 src/main/ets/pages/Index.ets 的具体实现代码如下。

```
class DerivedNavPathStack extends NavPathStack {
  // 用户自定义属性 'id'
  id: string = "__default__"

  // 在派生类中新增函数
```

```
  setId(id: string) {
    this.id = id;
  }

  // 在派生类中新增函数
  getInfo(): string {
    return "这是一篇很好的小说：" + this.id
  }

  // 重写 NavPathStack 的函数
  pushPath(info: NavPathInfo, animated?: boolean): void
  pushPath(info: NavPathInfo, options?: NavigationOptions): void
  pushPath(info: NavPathInfo, secArg?: boolean | NavigationOptions): void {
    console.log('[derive-test] reached DerivedNavPathStack\'s pushPath');
    if (typeof secArg === 'boolean') {
      super.pushPath(info, secArg);
    } else {
      super.pushPath(info, secArg);
    }
  }

  // 重写并重载 NavPathStack 的函数
  pop(animated?: boolean | undefined): NavPathInfo | undefined
  pop(result: Object, animated?: boolean | undefined): NavPathInfo | undefined
  pop(result?: Object, animated?: boolean | undefined): NavPathInfo |
    undefined {
    console.log('[derive-test] reached DerivedNavPathStack\'s pop');
    return super.pop(result, animated);
  }

  // 基类的其他函数 ...
}

class param {
  info: string = "__default_param__";
  constructor(info: string) { this.info = info }
}

@Entry
@Component
struct Index {
  derivedStack: DerivedNavPathStack = new DerivedNavPathStack();

  aboutToAppear(): void {
    this.derivedStack.setId('遮天大帝');
  }
```

```
@Builder
pageMap(name: string) {
  PageOne()
}

build() {
  Navigation(this.derivedStack) {
    Button(' 下一页 ').margin(20).onClick(() => {
      this.derivedStack.pushPath({
        name: 'pageOne',
        param: new param(' 推送 pageOne 到主页时堆栈大小：' + this.
          derivedStack.size())
      });
    })
  }.navDestination(this.pageMap)
  .title(' 主页：雨夜作品 ')
}
}

@Component
struct PageOne {
  derivedStack: DerivedNavPathStack = new DerivedNavPathStack();
  curStringifyParam: string = "NA";

  build() {
    NavDestination() {
      Column() {
        Text(this.derivedStack.getInfo())
          .margin(10)
          .fontSize(25)
          .fontWeight(FontWeight.Bold)
          .textAlign(TextAlign.Start)
        Text(' 小说信息 ')
          .margin(10)
          .fontSize(25)
          .fontWeight(FontWeight.Bold)
          .textAlign(TextAlign.Start)
        Text(this.curStringifyParam)
          .margin(20)
          .fontSize(20)
          .textAlign(TextAlign.Start)
      }.backgroundColor(Color.Pink)
      Button(' 下一页 ').margin(20).onClick(() => {
        this.derivedStack.pushPath({
          name: ' 遮天大帝 ',
```

```
            param: new param('页码 ' + this.derivedStack.size())
        });
    })
}.title('Page One')
.onReady((context: NavDestinationContext) => {
    console.log('[derive-test] reached PageOne\'s onReady');
    // 从导航目标上下文中获取派生堆栈
    this.derivedStack = context.pathStack as DerivedNavPathStack;
    console.log('[derive-test] -- 获得派生堆栈: ' + this.derivedStack.id);
    this.curStringifyParam = JSON.stringify(context.pathInfo.param);
    console.log('[derive-test] -- 获得参数: ' + this.curStringifyParam);
})
    }
}
```

上述代码的具体说明如下。

• 定义导航路径栈：创建 DerivedNavPathStack 类，继承自 NavPathStack 类，并增加了一个用户自定义的属性 id 和相关方法（setId 和 getInfo）。

• 参数类定义：定义 param 类，用于存储页面间传递的参数。

• 主页组件 (Index)：创建 Index 组件，实例化 DerivedNavPathStack。在 aboutToAppear 方法中设置小说标题（如"遮天大帝"）。定义 build 方法，构建主页界面，添加"下一页"按钮，按钮被点击后将当前页面信息推送到导航栈中。

• 页面组件 (PageOne)：创建 PageOne 组件，实例化 DerivedNavPathStack。在 build 方法中构建页面界面，显示小说标题和参数信息。添加按钮以便在点击时将新的页面信息推送到导航栈中，以显示新的内容。

• 页面加载时的处理：在 PageOne 的 onReady 方法中，从导航上下文中获取 derivedStack，并更新当前参数信息。

代码执行后实现了小说的翻页效果，用户可以在页面间滑动并查看不同的小说内容，效果如图 1-23 所示。

图 1-23　翻页阅读网络小说特效

案例17 联系人列表快速索引条

索引条是一种快速定位和检索特定内容的用户界面组件，特别适用于按字母顺序排列的列表，如联系人列表、天气信息分类和世界时钟时区选择等。索引条旨在提高用户在大量数据中快速找到所需信息的效率，其主要功能和特性如下。

● 快速检索：用户可以通过点击字母索引，快速定位到对应的内容。例如，在联系人列表中，可以迅速找到以某个字母开头的联系人。

● 适配设备尺寸：在手机竖屏模式下，索引条内容可以完整地展示。在横屏模式下，优先显示字母索引，若空间不足，则使用缩略方式展示关键字母。

● 浮层窗口：在中文场景下，索引条支持使用浮层窗口来展示首字母，用户在滑动索引项时，可以看到对应字母的浮层，从而更容易地找到所需内容。

在 HarmonyOS 中，AlphabetIndexer 可以与容器组件联动实现索引条功能，按逻辑结构快速定位容器显示区域。下面是一个字母索引器的案例，允许用户快速浏览和选择特定的汉字联系人列表。通过 AlphabetIndexer 组件，用户可以查看以字母 A、B、C、L 开头的汉字，点击相应字母后，会弹出对应汉字的列表。在界面中，汉字列表和字母索引器以栅格形式排列，支持自定义样式，包括选中项的颜色、弹出框的背景色和字体样式等。用户选择字母后，控制台会输出所选字母的相关信息，同时弹出框展示对应的汉字列表，进一步提高了用户的交互体验。

案例1-17 联系人列表快速索引条（源码路径：codes\1\Suo）

案例文件 src/main/ets/pages/Index.ets 的具体实现代码如下。

```
@Entry
@Component
struct AlphabetIndexerSample {
  private arrayA: string[] = ['安']
  private arrayB: string[] = ['卜', '白', '包', '毕', '丙']
  private arrayC: string[] = ['曹', '成', '陈', '催']
  private arrayL: string[] = ['刘', '李', '楼', '梁', '雷', '吕', '柳', '卢']
  private value: string[] = ['#', 'A', 'B', 'C', 'D', 'E', 'F', 'G',
  'H', 'I', 'J', 'K', 'L', 'M', 'N',
  'O', 'P', 'Q', 'R', 'S', 'T', 'U',
  'V', 'W', 'X', 'Y', 'Z']


  build() {
    Stack({ alignContent: Alignment.Start }) {
      Row() {
        List({ space: 20, initialIndex: 0 }) {
          ForEach(this.arrayA, (item: string) => {
```

```
    ListItem() {
      Text(item)
        .width('80%')
        .height('5%')
        .fontSize(30)
        .textAlign(TextAlign.Center)
    }
  }, (item: string) => item)

  ForEach(this.arrayB, (item: string) => {
    ListItem() {
      Text(item)
        .width('80%')
        .height('5%')
        .fontSize(30)
        .textAlign(TextAlign.Center)
    }
  }, (item: string) => item)

  ForEach(this.arrayC, (item: string) => {
    ListItem() {
      Text(item)
        .width('80%')
        .height('5%')
        .fontSize(30)
        .textAlign(TextAlign.Center)
    }
  }, (item: string) => item)

  ForEach(this.arrayL, (item: string) => {
    ListItem() {
      Text(item)
        .width('80%')
        .height('5%')
        .fontSize(30)
        .textAlign(TextAlign.Center)
    }
  }, (item: string) => item)
}
.width('50%')
.height('100%')

AlphabetIndexer({ arrayValue: this.value, selected: 0 })
  .autoCollapse(false)
  .selectedColor(0xFFFFFF) // 选中项文本颜色
```

```
            .popupColor(0xFFFAF0)                   // 弹出框文本颜色
            .selectedBackgroundColor(0xCCCCCC)  // 选中项背景颜色
            .popupBackground(0xD2B48C)              // 弹出框背景颜色
            .usingPopup(true)                       // 是否显示弹出框
            .selectedFont({ size: 16, weight: FontWeight.Bolder }) // 选中项字体
              样式
            .popupFont({ size: 30, weight: FontWeight.Bolder })    // 弹出框内容
              的字体样式
            .itemSize(28)                           // 每一项的尺寸大小
            .alignStyle(IndexerAlign.Left)      // 弹出框在索引条右侧弹出
            .popupItemBorderRadius(24)              // 设置提示弹窗索引项背板圆角半径
            .itemBorderRadius(14)                   // 设置索引项背板圆角半径
            .popupBackgroundBlurStyle(BlurStyle.NONE)  // 设置提示弹窗的背景模糊样式
            .popupTitleBackground(0xCCCCCC)  // 设置提示弹窗首个索引项背板颜色
            .popupSelectedColor(0x00FF00)
            .popupUnselectedColor(0x0000FF)
            .popupItemFont({ size: 30, style: FontStyle.Normal })
            .popupItemBackgroundColor(0xCCCCCC)
            .onSelect((index: number) => {
              console.info(this.value[index] + ' Selected!')
            })
            .onRequestPopupData((index: number) => {
              if (this.value[index] == 'A') {
                return this.arrayA // 当选中 A 时，弹出框里面的提示文本列表显示 A 对应的
                  列表 arrayA，选中 B、C、L 时也一样
              } else if (this.value[index] == 'B') {
                return this.arrayB
              } else if (this.value[index] == 'C') {
                return this.arrayC
              } else if (this.value[index] == 'L') {
                return this.arrayL
              } else {
                return [] // 选中其余子母项时，提示文本列表为空
              }
            })
            .onPopupSelect((index: number) => {
              console.info('onPopupSelected:' + index)
            })
        }
        .width('100%')
        .height('100%')
      }
    }
}
```

对上述代码的具体说明如下。

- 字母索引器组件（AlphabetIndexer）：提供字母索引功能，使用户能够快速选择字母，进而查看对应的汉字列表。

- 动态数据展示：根据用户选择的字母（如 A、B、C、L），会显示不同的汉字列表。当选中字母时，弹出框会显示对应的汉字，增强了用户的互动体验。

- 自定义样式：允许设置选中项的颜色、字体大小、背景颜色等，以确保界面美观且对用户友好。

- 事件处理：实现了对用户选择的响应。当用户选择某个字母时，系统会通过控制台输出所选字母的信息以及弹出框的具体内容，增强了反馈机制。

- 适配性布局：使用栅格布局将字母索引和汉字列表整齐地排列在界面上，从而适应不同尺寸设备的显示需求。

代码执行效果如图 1-24 所示。

图 1-24　联系人列表
快速索引条

新邮件提醒

在手机应用中，为了向用户传达需要关注的重要信息，新事件提醒功能至关重要。该功能的设计主要包括以下几个方面。

- 提醒时机：新事件标记应在关键时刻出现，以有效提醒用户，而非持续显示以减少打扰。这常用于提示未读消息数量、通知数量、新功能或内容更新等。

- 信息聚合：为避免视觉混乱，新事件标记的使用应有明确的关联性，建议将信息聚合在一个列表项或页签中，通过统一入口告知用户。

- 简洁展示：新事件标记内的文本信息应简洁明了。数字标记通常用于显示未读数量，字符数量应控制在合理范围内，如中文不超过 3 个字，英文尽量使用一个单词。

- 标记类型：新事件标记分为数字标记和圆点标记。数字标记显示具体事件数量，适用于主要事件，通常以红色展示；而圆点标记则适用于次要事件，显示信息量小，干扰较少。

在 HarmonyOS 中，通过 Badge 实现新事件提醒功能是一种常见的做法。Badge 通常被用于信息标记的容器组件，可以附加在单个组件上。下面的案例实现了一个新邮件提醒界面，包含标签栏和邮件列表。标签栏显示当前邮件状态，特定标签上有新邮件提醒的徽章。邮件列表展示最新邮件的主题，其中未读邮件使用徽章标识，以突出显示状态。通过合理的布局和样式设置，界面美观且对用户友好。

案例1-18 新邮件提醒（源码路径：codes\1\Ti）

案例文件src/main/ets/pages/Index.ets的具体实现代码如下。

```
@Entry
@Component
struct BadgeExample {
  @Builder tabBuilder(index: number) {
    Column() {
      if (index === 2) {
        Badge({
          value: '',
          style: { badgeSize: 6, badgeColor: '#FA2A2D' }
        }) {
          Image('/common/public_icon_off.svg')   // 保留原有图标
            .width(24)
            .height(24)
        }
        .width(24)
        .height(24)
        .margin({ bottom: 4 })
      } else {
        Image('/common/public_icon_off.svg')     // 保留原有图标
          .width(24)
          .height(24)
          .margin({ bottom: 4 })
      }
      Text(' 邮件 ')   // 将 Tab 文本修改为 "邮件"
        .fontColor('#182431')
        .fontSize(10)
        .fontWeight(500)
        .lineHeight(14)
    }.width('100%').height('100%').justifyContent(FlexAlign.Center)
  }

  @Builder itemBuilder(value: string) {
    Row() {
      // 保留原有图标
      Image('common/public_icon.svg').width(32).height(32).opacity(0.6)
      Text(value)
        .width(177)
        .height(21)
        .margin({ left: 15, right: 76 })
        .textAlign(TextAlign.Start)
        .fontColor('#182431')
        .fontWeight(500)
```

```
      .fontSize(16)
      .opacity(0.9)
    Image('common/public_icon_arrow_right.svg').width(12).height(24).
opacity(0.6)
  }.width('100%').padding({ left: 12, right: 12 }).height(56)
}


build() {
  Column() {
    Text(' 新邮件提醒 ').fontSize(18).fontColor('#182431').fontWeight(500).
      margin(24)   // 标题修改为 "新邮件提醒"
    Tabs() {
      TabContent()
        .tabBar(this.tabBuilder(0))
      TabContent()
        .tabBar(this.tabBuilder(1))
      TabContent()
        .tabBar(this.tabBuilder(2))
      TabContent()
        .tabBar(this.tabBuilder(3))
    }
    .width(360)
    .height(56)
    .backgroundColor('#F1F3F5')

    Column() {
      Text(' 最新邮件 ').fontSize(18).fontColor('#182431').fontWeight(500).
        margin(24)   // 更改为 "最新邮件"
      List({ space: 12 }) {
        ListItem() {
          Text(' 邮件主题 1').fontSize(14).fontColor('#182431').margin({ left:
            12 })   // 示例邮件主题
        }
        .width('100%')
        .height(56)
        .backgroundColor('#FFFFFF')
        .borderRadius(24)
        .align(Alignment.Start)

        ListItem() {
          Badge({
            value: ' 新 ',   // 新邮件提醒
            position: BadgePosition.Right,
            style: { badgeSize: 16, badgeColor: '#FA2A2D' }
          }) {
            Text(' 主题 2').width(27).height(19).fontSize(14).
```

```
            fontColor('#182431')    // 示例邮件主题
      }.width(49.5).height(19)
       .margin({ left: 4 })
   }
   .width('100%')
   .height(56)
   .backgroundColor('#FFFFFF')
   .borderRadius(24)
   .align(Alignment.Start)
}.width(336)

Text('邮件数量提醒').fontSize(18).fontColor('#182431').fontWeight(500).
   margin(24)    // 新邮件数量提醒
List() {
   ListItem() {
      this.itemBuilder('邮件主题3')    // 示例邮件主题
   }

   ListItem() {
      Row() {
         Image('common/public_icon.svg').width(32).height(32).
            opacity(0.6)        // 保留原有图标
         Badge({
            count: 5,              // 示例未读邮件数量
            position: BadgePosition.Right,
            style: { badgeSize: 16, badgeColor: '#FA2A2D' }
         }) {
            Text('邮件主题4')  // 示例邮件主题
               .width(177)
               .height(21)
               .textAlign(TextAlign.Start)
               .fontColor('#182431')
               .fontWeight(500)
               .fontSize(16)
               .opacity(0.9)
         }.width(240).height(21).margin({ left: 15, right: 11 })

         Image('common/public_icon_arrow_right.svg').width(12).
            height(24).opacity(0.6)
      }.width('100%').padding({ left: 12, right: 12 }).height(56)
   }

   ListItem() {
      this.itemBuilder('邮件主题5')    // 示例邮件主题
   }
```

```
      ListItem() {
        this.itemBuilder(' 邮件主题 6')   // 示例邮件主题
      }
    }
    .width(336)
    .height(232)
    .backgroundColor('#FFFFFF')
    .borderRadius(24)
    .padding({ top: 4, bottom: 4 })
    .divider({ strokeWidth: 0.5, color: 'rgba(0,0,0,0.1)', startMargin:
      60, endMargin: 12 })
  }.width('100%').backgroundColor('#F1F3F5').padding({ bottom: 12 })
}.width('100%')
  }
}
```

对上述代码的具体说明如下。

• 标签栏（Tabs）：组件包含一个标签栏，其中每个标签可以显示邮件的相关信息。在当前标签索引为 2 时，会在图标旁边显示一个小红点以提示用户新邮件的到来。

• 邮件列表：界面显示了最新邮件的主题和数量提醒。邮件列表中的每一项都包含主题文本以及相应的图标。对于新邮件，使用徽章（Badge）来突出显示邮件的状态，如"新"字标记或未读数量。

• 布局设计：通过使用 Column 和 Row 等布局组件，确保内容以整齐的方式呈现。每个邮件主题和相关图标都被适当排版，并且具有一定的间距和边框，以提高可读性和视觉效果。

• 样式设置：通过设置字体、颜色、图标尺寸等样式，确保界面美观且符合设计规范。邮件主题和数量的显示方式，方便用户快速识别新邮件。

代码执行后实现了一个清晰直观的新邮件提醒界面，提供了友好的用户体验，效果如图 1-25 所示。

图 1-25　新邮件提醒界面

 案例19　实现气泡提示特效

气泡提示是一种临时性的、非模态的小型弹出框，用于向用户展示简短的提示信息或补充说明。它通常由一个小三角形指示器和一个矩形框构成，矩形框内包含文字或图标。气泡提示常用于对某个对象进行简短描述或补充说明，其指向对象通常是链接文字或图标，适用于那些不太受用户关注的元素场景。在 2in1 设备上，当鼠标悬停在某个控件上时，也可能会显示该控件的功能说明。

在 HarmonyOS 中，给目标组件绑定 popup 弹窗，并设置弹窗内容即可实现气泡提示效果。下面的案例实现了气泡提示特效：第一个按钮触发一个简单的弹窗，该弹窗采用渐变和移动的组合动画效果，内容包含提示信息；第二个按钮则触发一个自定义弹窗，其内容通过一个构造器生成，并使用缩放效果进行显示和退出。弹窗的显示位置和状态变化通过事件处理进行管理，从而提供了良好的用户交互体验。

案例1-19　实现气泡提示特效（源码路径：codes\1\Pao）

案例文件 src/main/ets/pages/Index.ets 的具体实现代码如下。

```
@Entry
@Component
struct PopupExample {
  @State handlePopup: boolean = false
  @State customPopup: boolean = false

  // popup 构造器定义弹窗内容
  @Builder popupBuilder() {
    Row() {
      Text('Custom Popup with transitionEffect').fontSize(10)
    }.height(50).padding(5)
  }

  build() {
    Flex({ direction: FlexDirection.Column }) {
      // PopupOptions 类型设置弹窗内容
      Button('PopupOptions')
        .onClick(() => {
          this.handlePopup = !this.handlePopup
        })
        .bindPopup(this.handlePopup, {
          message: 'This is a popup with transitionEffect',
          placementOnTop: true,
          showInSubWindow: false,
          onStateChange: (e) => {
            console.info(JSON.stringify(e.isVisible))
            if (!e.isVisible) {
              this.handlePopup = false
            }
          }
        },
        // 设置弹窗显示动效为透明度动效与平移动效的组合效果，无退出动效
```

```
        transition:TransitionEffect.asymmetric(
          TransitionEffect.OPACITY.animation({ duration: 1000, curve:
            Curve.Ease }).combine(
            TransitionEffect.translate({ x: 50, y: 50 })),
          TransitionEffect.IDENTITY)
      })
      .position({ x: 100, y: 150 })

    // CustomPopupOptions 类型设置弹窗内容
    Button('CustomPopupOptions')
      .onClick(() => {
        this.customPopup = !this.customPopup
      })
      .bindPopup(this.customPopup, {
        builder: this.popupBuilder,
        placement: Placement.Top,
        showInSubWindow: false,
        onStateChange: (e) => {
          if (!e.isVisible) {
            this.customPopup = false
          }
        },
        // 设置弹窗显示动效与退出动效为缩放动效
        transition:TransitionEffect.scale({ x: 1, y: 0 }).animation({
          duration: 500, curve: Curve.Ease })
      })
      .position({ x: 80, y: 300 })
  }.width('100%').padding({ top: 5 })
  }
}
```

对上述代码的具体说明如下。

● 弹窗管理：使用 @State 管理两个弹窗的可见性状态，即 handlePopup 和 customPopup。

● 弹窗构造器：定义了一个 popupBuilder 函数，用于创建自定义弹窗的内容。

● 按钮实现：两个按钮分别用于触发不同类型的弹窗，即 PopupOptions 按钮用于显示一个带有透明度和移动效果的简单弹窗，并在弹窗状态改变时更新其可见性。CustomPopupOptions 按钮用于显示一个自定义弹窗，该弹窗使用缩放效果进行显示和退出。

● 过渡效果：使用 TransitionEffect 设置弹窗的显示和退出动画，从而提升用户体验。

● 弹窗位置：使用 position 属性设定弹窗的显示位置，从而提供了灵活的布局控制。

代码执行后，通过状态管理和过渡效果来实现交互式的弹窗组件，效果如图 1-26 所示。

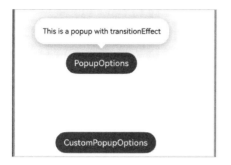
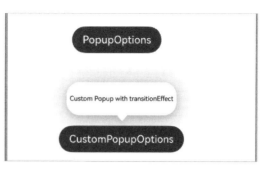

图 1-26　交互式气泡提示特效

案例20　可视化显示手机内存和CPU的使用率

在手机应用程序中，将传统数据转换为可视化的图形，可以把隐藏在数据中的信息以更加直观、友好、视觉化的方式呈现在用户面前，提升用户获取数据信息的效率。在 HarmonyOS 中，可以使用数据可视化类组件展示数据的分类处理结果，体现数据整体的参数或各种分类的参数。例如，可以展示某个指标在一段时间内的变化趋势，如股票走势图、天气温度变化图等，或者对比不同数据集在同一时间段内的变化情况，如不同产品销量对比图。

在 HarmonyOS 中，使用 DataPanel 实现环形进度数据的可视化功能，使用 Gauge 实现图标类数据的可视化功能。下面的案例展示了实现一个数据面板的过程，主要用于显示手机的内存和 CPU 使用率。通过两个圆形数据面板，分别展示内存使用率（30%）和 CPU 使用率（75%），并通过文本说明它们的具体值和单位。此外，底部还展示了一个线形数据面板，反映其他相关数值的变化情况。

案例1-20　**可视化显示手机内存和CPU的使用率（源码路径：codes\1\Ke）**

案例文件 src/main/ets/pages/Index.ets 的具体实现代码如下。

```
// xxx.ets
@Entry
@Component
struct DataPanelExample {
  public valueArr: number[] = [10, 10, 10, 10, 10, 10, 10, 10, 10]

  build() {
    Column({ space: 5 }) {
      Row() {
        Stack() {
          // 左侧图 - 手机内存使用率
          DataPanel({ values: [30], max: 100, type: DataPanelType.Circle
```

```
      }).width(168).height(168)
      Column() {
        Text('30').fontSize(35).fontColor('#182431')
        Text(' 内存使用率 ').fontSize(9.33).lineHeight(12.83).
          fontWeight(500).opacity(0.6) // 添加文本
      }

      Text('%')
        .fontSize(9.33)
        .lineHeight(12.83)
        .fontWeight(500)
        .opacity(0.6)
        .position({ x: 104.42, y: 78.17 })
    }.margin({ right: 44 })

    Stack() {
      // 右侧图 - 手机 CPU 使用率
      DataPanel({ values: [50, 12, 8, 5], max: 100, type: DataPanelType.
        Circle }).width(168).height(168)
      Column() {
        Text('75').fontSize(35).fontColor('#182431')
        Text('CPU 使用率 ').fontSize(9.33).lineHeight(12.83).
          fontWeight(500).opacity(0.6) // 添加文本
      }

      Text('%')
        .fontSize(9.33)
        .lineHeight(12.83)
        .fontWeight(500)
        .opacity(0.6)
        .position({ x: 104.42, y: 78.17 })
    }
  }.margin({ bottom: 59 })

  DataPanel({ values: this.valueArr, max: 100, type: DataPanelType.Line
    }).width(300).height(20)
  }.width('100%').margin({ top: 5 })
  }
}
```

对上述代码的具体说明如下。

• 数据面板展示：使用DataPanel组件以圆形和线形的方式直观地显示内存和CPU的使用率。

• 文本描述：在数据面板旁边添加文本，以明确标识显示的内容，比如"内存使用率"和"CPU使用率"。

- 布局设计：通过 Column 和 Row 组件合理布局，使界面清晰易读，信息展示有条理。

- 动态数据支持：通过 valueArr 可以支持动态变化，便于实时更新和展示不同的数据情况。

代码执行效果如图 1-27 所示。

 案例21 生成不同样式的二维码

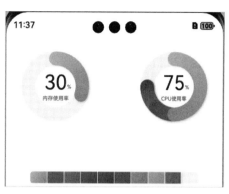

图 1-27　手机内存和 CPU 的使用率

在移动应用程序中，可以将链接转换为二维码的样式来展示，用户使用设备上的扫描二维码功能扫描这些二维码后，即可获取链接地址或对应的信息。在 HarmonyOS 中，QRCode 是一个用于显示单个二维码的组件，可以生成包含给定内容的二维码，方便用户扫描并获取信息。QRCode 提供了基础的二维码生成能力，并允许开发者通过修改二维码的对应色彩参数来适配不同的界面样式。

QRCode 中的常用属性如下。

- color(value: ResourceColor)：设置二维码的颜色，默认值为 #ff182431。

- backgroundColor(value: ResourceColor)：设置二维码的背景颜色，默认值为 #ffffffff（从 API version 11 开始，更早版本的默认值为 Color.White）。

- contentOpacity(value: number | Resource)：设置二维码内容颜色的不透明度，取值范围为 0 到 1，默认值为 1（从 API version 12 开始）。

本案例定义了一个名为 QRCodeExample 的组件，展示了使用二维码 (QRCode) 组件的不同属性来生成二维码的过程。案例中实现了多个二维码，分别演示了二维码的基本显示、颜色设置、背景颜色设置及内容的不透明度设置。每个二维码示例上方都有相应的文本标签，指明了其展示的效果。

案例1-21 生成不同样式的二维码（源码路径：codes\1\Qr）

案例文件 src/main/ets/pages/Index.ets 的具体实现代码如下。

```
@Entry
@Component
struct QRCodeExample {
  private value: string = 'hello world'
  build() {
    Column({ space: 5 }) {
      Text('normal').fontSize(9).width('90%').fontColor(0xCCCCCC).fontSize(30)
      QRCode(this.value).width(140).height(140)
```

```
    // 设置二维码颜色
    Text('color').fontSize(9).width('90%').fontColor(0xCCCCCC).fontSize(30)
    QRCode(this.value).color(0xF7CE00).width(140).height(140)

    // 设置二维码背景色
    Text('backgroundColor').fontSize(9).width('90%').fontColor(0xCCCCCC).
      fontSize(30)
    QRCode(this.value).width(140).height(140).backgroundColor(Color.Orange)

    // 设置二维码不透明度
    Text('contentOpacity').fontSize(9).width('90%').fontColor(0xCCCCCC).
      fontSize(30)
    QRCode(this.value).width(140).height(140).color(Color.Black).
      contentOpacity(0.1)
  }.width('100%').margin({ top: 5 })
  }
}
```

对上述代码的具体说明如下。

● 组件结构：使用 Column 容器排列多个二维码示例和标签，以增加空间并保持良好的视觉效果。

● 基本显示：第 1 个二维码示例展示了默认样式，内容为 hello world。

● 颜色设置：第 2 个二维码示例展示了如何通过 color 方法将二维码的颜色设置为金色 (0xF7CE00)。

● 背景颜色：第 3 个二维码示例使用 backgroundColor 属性将二维码的背景颜色设置为橙色 (Color.Orange)。

● 内容不透明度：第 4 个二维码示例通过 contentOpacity 方法将内容的不透明度设置为 0.1，使二维码变得更加透明，内容仍然可见。

代码执行后，生成不同样式的二维码，效果如图 1-28 所示。

图 1-28　不同样式的二维码

案例22　文本时钟系统

在 HarmonyOS 中，可以使用 TextClock 组件通过文本将当前系统的时间显示在设备上。该组件支持 12 小时制或 24 小时制的日期或时间显示。TextClock 组件支持的日期格式如表 1-2 所示。

表1-2　TextClock组件支持的日期格式

默认样式	格式	效果
样式1	yyyy 年 M 月 d 日 EEEE	2023 年 2 月 4 日 星期六
样式2	yyyy 年 M 月 d 日	2023 年 2 月 4 日
样式3	M 月 d 日 EEEE	2 月 4 日 星期六
样式4	M 月 d 日	2 月 4 日

　　下面的案例定义了一个名为 TextClockExample 的组件，实现了一个带有文本时钟的界面。通过 TextClock 控件，用户可以实时查看当前时间，并且可以使用按钮启动或停止时钟。

案例1-22　文本时钟系统（源码路径：codes\1\Time）

　　案例文件 src/main/ets/pages/Index.ets 的具体实现代码如下。

```
class MyTextClockStyle implements ContentModifier<TextClockConfiguration> {
  currentTimeZoneOffset: number = new Date().getTimezoneOffset() / 60
  title: string = ''

  constructor(title: string) {
    this.title = title
  }

  applyContent(): WrappedBuilder<[TextClockConfiguration]> {
    return wrapBuilder(buildTextClock)
  }
}


@Builder
function buildTextClock(config: TextClockConfiguration) {
  Row() {
    Column() {
      Text((config.contentModifier as MyTextClockStyle).title)
        .fontSize(20)
        .margin(20)
      TimePicker({
        selected: (new Date(config.timeValue * 1000 + ((config.contentModifier
          as MyTextClockStyle).currentTimeZoneOffset - config.timeZoneOffset)
          * 60 * 60 * 1000)),
        format: TimePickerFormat.HOUR_MINUTE_SECOND
      })
        .useMilitaryTime(!config.started)
    }
  }
```

```
}

@Entry
@Component
struct TextClockExample {
  @State accumulateTime1: number = 0
  @State timeZoneOffset: number = -8
  controller1: TextClockController = new TextClockController()
  controller2: TextClockController = new TextClockController()

  build() {
    Flex({ direction: FlexDirection.Column, alignItems: ItemAlign.Center,
      justifyContent: FlexAlign.Center }) {
      Text('Current milliseconds is ' + this.accumulateTime1)
        .fontSize(20)
        .margin({ top: 20 })
      TextClock({ timeZoneOffset: this.timeZoneOffset, controller: this.
        controller1 })
        .format('aa hh:mm:ss')
        .onDateChange((value: number) => {
          this.accumulateTime1 = value
        })
        .margin(20)
        .fontSize(30)
      TextClock({ timeZoneOffset: this.timeZoneOffset, controller: this.
        controller2 })
        .format('aa hh:mm:ss')
        .fontSize(30)
        .contentModifier(new MyTextClockStyle('ContentModifier:'))
      Button("start TextClock")
        .margin({ top: 20, bottom: 10 })
        .onClick(() => {
          // 启动文本时钟
          this.controller1.start()
          this.controller2.start()
        })
      Button("stop TextClock")
        .margin({ bottom: 30 })
        .onClick(() => {
          // 停止文本时钟
          this.controller1.stop()
          this.controller2.stop()
        })

    }
    .width('100%')
```

```
        .height('100%')
    }
}
```

对上述代码的具体说明如下。

● 自定义内容修改器：MyTextClockStyle 类实现了 ContentModifier 接口，用于修改 TextClock 的内容。它包含当前时区偏移和标题等信息，并通过 applyContent 方法返回构建函数。

● 时钟构建函数：buildTextClock 函数定义了如何构建 TextClock 的视觉表现，显示当前时间和标题，并支持时区调整。

● 组件状态：TextClockExample 组件使用 @State 装饰器来管理当前时间的毫秒数 (accumulateTime1) 和时区偏移 (timeZoneOffset)。

● 时钟控制：组件创建了两个 TextClock 控件，分别由不同的控制器 (controller1 和 controller2) 控制，允许独立启动和停止。

● 按钮功能：提供"启动时钟"和"停止时钟"按钮，以控制时钟的运行状态，增强用户交互。

代码执行后，创建了一个动态的时间显示界面，允许用户实时查看和控制时间，效果如图 1-29 所示。

图 1-29　动态的时间显示界面

案例23　富文本编辑器中的文本选择菜单

文本选择菜单是指选中的文本以高亮的文字块呈现，并且可以通过手柄来调整文本的选择范围。在 HarmonyOS 中，通过 SelectionMenu 组件来实现文本选择菜单功能。SelectionMenu 组件不支持作为普通组件单独使用，而是需要将其应用于富文本组件。通过 bindSelectionMenu 可以将自定义文本选择菜单绑定到富文本组件上，建议绑定鼠标右键或以鼠标选中方式弹出。

要使用 SelectionMenu 组件，需要导入相关模块，具体的导入语法如下。

```
import { SelectionMenu, EditorMenuOptions, ExpandedMenuOptions,
    EditorEventInfo, SelectionMenuOptions } from '@kit.ArkUI'
```

上述各个参数的具体说明如下。

（1）SelectionMenu(options: SelectionMenuOptions)：创建选择菜单，options 参数用于配置菜单选项，不能为空。

（2）SelectionMenuOptions：用于定义可选菜单项和配置参数，具体属性如下。

- EditorMenuOptions：编辑菜单选项，可以配置剪切、复制、粘贴等功能。
- ExpandedMenuOptions：扩展下拉菜单，用于添加更多的菜单选项。
- controller：富文本控制器，用于显示系统默认菜单。
- onCopy、onPaste、onCut、onSelectAll：自定义复制、粘贴、剪切和全选的事件回调。

当用户选择自定义菜单项时，可以执行特定的操作，如复制、粘贴或全选。自定义菜单在选中文本内容后显示，菜单项的高亮状态在执行操作后可以保留或清除。下面的案例实现了一个富文本编辑器，用户可以对文本进行格式化操作，如加粗、倾斜、加下画线、改变字体大小和颜色等。在这个案例中使用了富文本编辑器 RichEditor，并通过自定义的菜单和选项，使用户能够在编辑器中通过点击按钮或右键选择不同的文本操作，修改所选文本的样式。

案例1-23　富文本编辑器中的文本选择菜单（源码路径：codes\1\Ti）

案例文件src/main/ets/pages/Index.ets的具体实现代码如下。

```
import { SelectionMenu, EditorMenuOptions, ExpandedMenuOptions,
EditorEventInfo, SelectionMenuOptions } from '@kit.ArkUI'

@Entry
@Component
struct Index {
  @State select: boolean = true
  controller: RichEditorController = new RichEditorController();
  options: RichEditorOptions = { controller: this.controller }
  @State message: string = 'Hello word'
  @State textSize: number = 30
  @State fontWeight: FontWeight = FontWeight.Normal
  @State start: number = -1
  @State end: number = -1
  @State visibleValue: Visibility = Visibility.Visible
  @State colorTransparent: Color = Color.Transparent
  @State textStyle: RichEditorTextStyle = {}
  private editorMenuOptions: Array<EditorMenuOptions> =
    [
      { icon: $r("app.media.ic_notepad_textbold"), action: () => {
        if (this.controller) {
          let selection = this.controller.getSelection();
          let spans = selection.spans
          spans.forEach((item: RichEditorTextSpanResult |
            RichEditorImageSpanResult, index) => {
            if (typeof (item as RichEditorTextSpanResult)['textStyle'] !=
              'undefined') {
              let span = item as RichEditorTextSpanResult
              this.textStyle = span.textStyle
```

```
          let start = span.offsetInSpan[0]
          let end = span.offsetInSpan[1]
          let offset = span.spanPosition.spanRange[0]
          if (this.textStyle.fontWeight != 11) {
            this.textStyle.fontWeight = FontWeight.Bolder
          } else {
            this.textStyle.fontWeight = FontWeight.Normal
          }
          this.controller.updateSpanStyle({
            start: offset + start,
            end: offset + end,
            textStyle: this.textStyle
          })
        }
      })
    }
  } },
  { icon: $r("app.media.ic_notepad_texttilt"), action: () => {
    if (this.controller) {
      let selection = this.controller.getSelection();
      let spans = selection.spans
      spans.forEach((item: RichEditorTextSpanResult |
        RichEditorImageSpanResult, index) => {
        if (typeof (item as RichEditorTextSpanResult)['textStyle'] !=
          'undefined') {
          let span = item as RichEditorTextSpanResult
          this.textStyle = span.textStyle
          let start = span.offsetInSpan[0]
          let end = span.offsetInSpan[1]
          let offset = span.spanPosition.spanRange[0]
          if (this.textStyle.fontStyle == FontStyle.Italic) {
            this.textStyle.fontStyle = FontStyle.Normal
          } else {
            this.textStyle.fontStyle = FontStyle.Italic
          }
          this.controller.updateSpanStyle({
            start: offset + start,
            end: offset + end,
            textStyle: this.textStyle
          })
        }
      })
    }
  } },
  { icon: $r("app.media.ic_notepad_underline"),
    action: () => {
```

```
    if (this.controller) {
      let selection = this.controller.getSelection();
      let spans = selection.spans
      spans.forEach((item: RichEditorTextSpanResult |
        RichEditorImageSpanResult, index) => {
        if (typeof (item as RichEditorTextSpanResult)['textStyle'] !=
          'undefined') {
          let span = item as RichEditorTextSpanResult
          this.textStyle = span.textStyle
          let start = span.offsetInSpan[0]
          let end = span.offsetInSpan[1]
          let offset = span.spanPosition.spanRange[0]
          if (this.textStyle.decoration) {
            if (this.textStyle.decoration.type == TextDecorationType.
              Underline) {
              this.textStyle.decoration.type = TextDecorationType.None
            } else {
              this.textStyle.decoration.type = TextDecorationType.
                Underline
            }
          } else {
            this.textStyle.decoration = { type: TextDecorationType.
              Underline, color: Color.Black }
          }
          this.controller.updateSpanStyle({
            start: offset + start,
            end: offset + end,
            textStyle: this.textStyle
          })
        }
      })
    }
  }
},
{ icon: $r("app.media.app_icon"), action: () => {
}, builder: (): void => this.sliderPanel() },
{ icon: $r("app.media.ic_notepad_textcolor"), action: () => {
  if (this.controller) {
    let selection = this.controller.getSelection();
    let spans = selection.spans
    spans.forEach((item: RichEditorTextSpanResult |
      RichEditorImageSpanResult, index) => {
      if (typeof (item as RichEditorTextSpanResult)['textStyle'] !=
        'undefined') {
        let span = item as RichEditorTextSpanResult
        this.textStyle = span.textStyle
```

```
            let start = span.offsetInSpan[0]
            let end = span.offsetInSpan[1]
            let offset = span.spanPosition.spanRange[0]
            if (this.textStyle.fontColor == Color.Orange || this.textStyle.
              fontColor == '#FFFFA500') {
              this.textStyle.fontColor = Color.Black
            } else {
              this.textStyle.fontColor = Color.Orange
            }
            this.controller.updateSpanStyle({
              start: offset + start,
              end: offset + end,
              textStyle: this.textStyle
            })
          }
        })
      }
    } }]
  private expandedMenuOptions: Array<ExpandedMenuOptions> =
    [{ startIcon: $r("app.media.icon"), content: '词典', action: () => {
    } }, { startIcon: $r("app.media.icon"), content: '翻译', action: () => {
    } }, { startIcon: $r("app.media.icon"), content: '搜索', action: () => {
    } }]
  private expandedMenuOptions1: Array<ExpandedMenuOptions> = []
  private editorMenuOptions1: Array<EditorMenuOptions> = []
  private selectionMenuOptions: SelectionMenuOptions = {
    editorMenuOptions: this.editorMenuOptions,
    expandedMenuOptions: this.expandedMenuOptions,
    controller: this.controller,
    onCut: (event?: EditorEventInfo) => {
      if (event && event.content) {
        event.content.spans.forEach((item: RichEditorTextSpanResult |
          RichEditorImageSpanResult, index) => {
          if (typeof (item as RichEditorTextSpanResult)['textStyle'] !=
            'undefined') {
            let span = item as RichEditorTextSpanResult
            console.info('test cut' + span.value)
            console.info('test start ' + span.offsetInSpan[0] + ' end: ' +
              span.offsetInSpan[1])
          }
        })
      }
    },
    onPaste: (event?: EditorEventInfo) => {
      if (event && event.content) {
        event.content.spans.forEach((item: RichEditorTextSpanResult |
```

```
          RichEditorImageSpanResult, index) => {
          if (typeof (item as RichEditorTextSpanResult)['textStyle'] !=
            'undefined') {
            let span = item as RichEditorTextSpanResult
            console.info('test onPaste' + span.value)
            console.info('test start ' + span.offsetInSpan[0] + ' end: ' +
              span.offsetInSpan[1])
          }
        })
      }
    },
    onCopy: (event?: EditorEventInfo) => {
      if (event && event.content) {
        event.content.spans.forEach((item: RichEditorTextSpanResult |
          RichEditorImageSpanResult, index) => {
          if (typeof (item as RichEditorTextSpanResult)['textStyle'] !=
            'undefined') {
            let span = item as RichEditorTextSpanResult
            console.info('test cut' + span.value)
            console.info('test start ' + span.offsetInSpan[0] + ' end: ' +
              span.offsetInSpan[1])
          }
        })
      }
    },
    onSelectAll: (event?: EditorEventInfo) => {
      if (event && event.content) {
        event.content.spans.forEach((item: RichEditorTextSpanResult |
          RichEditorImageSpanResult, index) => {
          if (typeof (item as RichEditorTextSpanResult)['textStyle'] !=
            'undefined') {
            let span = item as RichEditorTextSpanResult
            console.info('test onPaste' + span.value)
            console.info('test start ' + span.offsetInSpan[0] + ' end: ' +
              span.offsetInSpan[1])
          }
        })
      }
    }
  }
}

@Builder sliderPanel() {
  Column() {
    Flex({ justifyContent: FlexAlign.SpaceBetween, alignItems: ItemAlign.
      Center }) {
      Text('A').fontSize(15)
```

```
      Slider({ value: this.textSize, step: 10, style: SliderStyle.InSet })
        .width(210)
        .onChange((value: number, mode: SliderChangeMode) => {
          if (this.controller) {
            let selection = this.controller.getSelection();
            if (mode == SliderChangeMode.End) {
              if (this.textSize == undefined) {
                this.textSize = 0
              }
              let spans = selection.spans
              spans.forEach((item: RichEditorTextSpanResult |
                RichEditorImageSpanResult, index) => {
                if (typeof (item as RichEditorTextSpanResult)['textStyle']
                  != 'undefined') {
                  this.textSize = Math.max(this.textSize, (item as
                    RichEditorTextSpanResult).textStyle.fontSize)
                }
              })
            }
            if (mode == SliderChangeMode.Moving || mode == SliderChangeMode.
              Click) {
              this.start = selection.selection[0]
              this.end = selection.selection[1]
              this.textSize = value
              this.controller.updateSpanStyle({
                start: this.start,
                end: this.end,
                textStyle: { fontSize: this.textSize }
              })
            }
          }
        })
      Text('A').fontSize(20).fontWeight(FontWeight.Medium)
    }.borderRadius($r('sys.float.ohos_id_corner_radius_card'))
  }
  .shadow(ShadowStyle.OUTER_DEFAULT_MD)
  .backgroundColor(Color.White)
  .borderRadius($r('sys.float.ohos_id_corner_radius_card'))
  .padding(15)
  .height(48)
}

@Builder
MyMenu() {
  Column() {
    SelectionMenu(this.selectionMenuOptions)
```

```
  }
  .width(256)
  .backgroundColor(Color.Transparent)
}

@Builder
MyMenu2() {
  Column() {
    SelectionMenu({
      editorMenuOptions: this.editorMenuOptions,
      expandedMenuOptions: this.expandedMenuOptions1,
      controller: this.controller,
    })
  }
  .width(256)
  .backgroundColor(Color.Transparent)
}

@Builder
MyMenu3() {
  Column() {
    SelectionMenu({
      editorMenuOptions: this.editorMenuOptions1,
      expandedMenuOptions: this.expandedMenuOptions,
      controller: this.controller,
    })
  }
  .width(256)
  .backgroundColor(Color.Transparent)
}

build() {
  Column() {
    Button("SetSelection")
      .onClick((event: ClickEvent) => {
        if (this.controller) {
          this.controller.setSelection(0, 2)
        }
      })

    RichEditor(this.options)
      .onReady(() => {
        this.controller.addTextSpan(this.message, { style: { fontColor:
          Color.Orange, fontSize: 30 } })
        this.controller.addTextSpan(this.message, { style: { fontColor:
          Color.Black, fontSize: 25 } })
      })
```

```
      .onSelect((value: RichEditorSelection) => {
        if (value.selection[0] == -1 && value.selection[1] == -1) {
          return
        }
        this.start = value.selection[0]
        this.end = value.selection[1]
      })
      .bindSelectionMenu(RichEditorSpanType.TEXT, this.MyMenu3(),
        RichEditorResponseType.RIGHT_CLICK)
      .bindSelectionMenu(RichEditorSpanType.TEXT, this.MyMenu2(),
        RichEditorResponseType.SELECT)
      .borderWidth(1)
      .borderColor(Color.Red)
      .width(200)
      .height(200)
    }
  }
}
```

对上述代码的具体说明如下。

● 富文本编辑器控制器（RichEditorController）：用于控制编辑器的行为，如选择文本、更新文本样式等。

● 编辑器菜单选项（EditorMenuOptions）：定义了多个编辑器菜单选项，如加粗、倾斜、加下画线、改变字体颜色和大小等。每个选项通过点击按钮来执行具体的样式操作。

● 文本样式更新：通过调用 controller.updateSpanStyle 来动态更新所选文本的样式属性，如改变字体大小、颜色、加粗、倾斜等。

● 自定义滑块面板（sliderPanel）：该面板构建了一个滑块，用来动态调整文本的字体大小，并在编辑器中实时反映变化。

● 菜单构建器：使用多个 @Builder 方法来定义不同的菜单布局（如 MyMenu, MyMenu2, MyMenu3），可以通过右键或文本选择绑定这些菜单，使用户能够方便地修改所选文本的样式。

● 文本选择与事件处理：在编辑器中监听文本的选择事件，允许用户对选中的文本区域进行样式调整或其他操作。

代码执行后，展示了一个功能丰富的富文本编辑器，用户可以自由地编辑文本、调整格式，并通过自定义菜单与滑块控制字体样式，效果如图 1-30 所示。

图 1-30　富文本编辑器界面

案例24　自定义样式的搜索表单

　　在HarmonyOS中，搜索框组件Search用于实现浏览器中的搜索表单效果，用户可以在表单中输入搜索内容，以便快速找到并定位所需的内容。Search搜索框组件不仅可以结合搜索历史记录自动补全输入，还可以结合语音输入等功能，方便用户快速输入查询。搜索框组件可以和业务功能相结合，例如，与扫一扫功能集成，为用户提供多样化的搜索和查询方式。在搜索框有输入内容时，可以点击搜索框内的清除按钮，一键清除输入内容。

　　本案例实现了一个简单的搜索框组件，用户可以在其中输入内容进行搜索。搜索框提供了自定义的图标样式，包括红色的放大镜图标和绿色的取消图标。同时，搜索框具有指定的占位符文本样式，在点击"SEARCH"按钮后可以执行搜索操作。

案例1-24　自定义样式的搜索表单（源码路径：codes\1\Sou）

　　案例文件src/main/ets/pages/Index.ets的具体实现代码如下。

```
@Entry
@Component
struct SearchExample {
  controller: SearchController = new SearchController()
  @State changeValue: string = ''
  @State submitValue: string = ''

  build() {
    Column() {
      Search({ value: this.changeValue, placeholder: 'Type to search...',
        controller: this.controller })
        .searchIcon(new SymbolGlyphModifier($r('sys.symbol.magnifyingglass')).
          fontColor([Color.Red]))
        .cancelButton({
          style: CancelButtonStyle.CONSTANT,
          icon: new SymbolGlyphModifier($r('sys.symbol.xmark')).
            fontColor([Color.Green])
        })
        .searchButton('SEARCH')
        .width('95%')
        .height(40)
        .backgroundColor('#F5F5F5')
        .placeholderColor(Color.Grey)
        .placeholderFont({ size: 14, weight: 400 })
        .textFont({ size: 14, weight: 400 })
        .margin(10)
```

```
        }
        .width('100%')
        .height('100%')
    }
}
```

对上述代码的具体说明如下。

- 搜索框功能：提供实时搜索输入和提交搜索请求的功能。
- 自定义图标：使用红色放大镜作为搜索图标，绿色"×"图标用于取消操作。
- 搜索按钮：提供自定义的"SEARCH"按钮。
- 样式配置：自定义搜索框的大小、背景色、占位符字体和输入文本样式。

代码执行后，显示一个搜索框，效果如图1-31所示。

图1-31　搜索框

 用图案解锁手机

手机和平板电脑等移动设备经常采用图案锁作为解锁方式。在HarmonyOS中，通过PatternLock组件实现图案密码锁功能，该组件以九宫格图案的方式让用户输入密码，适用于密码验证场景。用户手指在PatternLock组件区域按下时进入输入状态，手指离开屏幕时结束输入状态，完成密码输入。

PatternLock组件的常用属性如下。

- controller：控制组件状态的重置，通过该控制器既可以在组件输入完成后重置状态，又可以用于验证或设置图案密码的正确性。
- sideLength：设置组件的宽度和高度，宽度和高度需保持一致。
- circleRadius：设置九宫格中圆点的半径。
- backgroundColor：设置组件的背景颜色。
- regularColor：设置圆点在"未选中"状态下的颜色。
- selectedColor：设置圆点在"选中"状态下的颜色。
- activeColor：设置圆点在"激活"状态下的颜色。
- pathColor：设置用户绘制图案时连线的颜色。
- pathStrokeWidth：设置用户绘制图案时连线的宽度。
- autoReset：设置在完成密码输入后，是否自动重置组件状态，默认值为true，表示在输入完成后会自动重置。
- activateCircleStyle：设置圆点在"激活"状态下的背景圆环样式，包括圆环颜色、半径和是否启用波浪效果。

PatternLock组件的常用事件如下。

● onPatternComplete：在密码输入结束时触发，回调函数接收一个包含选中九宫格圆点的索引值的数组，索引值按选中顺序排列。

● onDotConnect：在密码输入过程中每连接一个圆点时触发，回调函数接收该圆点的索引值。

本案例展示了实现图案密码锁的过程，用户可以通过滑动九宫格的方式设置或验证密码。当用户输入密码时，图案锁组件会实时反馈状态，并在用户完成图案输入后进行验证。在密码长度不足时会提示重新输入。如果用户两次输入的密码一致，则密码设置成功；如果不一致，则提示用户重新输入。

案例1-25　用图案解锁手机（源码路径：codes\1\Shop）

案例文件 src/main/ets/pages/Index.ets 的具体实现代码如下。

```
import { LengthUnit } from '@kit.ArkUI'

@Entry
@Component
struct PatternLockExample {
  @State passwords: Number[] = []
  @State message: string = 'please input password!'
  private patternLockController: PatternLockController = new
    PatternLockController()

  build() {
    Column() {
      Text(this.message).textAlign(TextAlign.Center).margin(20).fontSize(20)
      PatternLock(this.patternLockController)
        .sideLength(200)
        .circleRadius(9)
        .pathStrokeWidth(18)
        .activeColor('#B0C4DE')
        .selectedColor('#228B22')
        .pathColor('#90EE90')
        .backgroundColor('#F5F5F5')
        .autoReset(true)
        .activateCircleStyle({
          color: '#90EE90',
          radius: { value: 16, unit: LengthUnit.VP },
          enableWaveEffect: true
        })
        .onDotConnect((index: number) => {
          console.log("onDotConnect index: " + index)
        })
        .onPatternComplete((input: Array<number>) => {
          // 输入的密码长度小于 5 时，提示重新输入
```

```
        if (input === null || input === undefined || input.length < 5) {
          this.message = 'The password length needs to be greater than 5,
            please enter again.'
          return
        }
        // 判断密码长度是否大于 0
        if (this.passwords.length > 0) {
          // 判断两次输入的密码是否相同，相同则提示密码设置成功，否则提示重新输入
          if (this.passwords.toString() === input.toString()) {
            this.passwords = input
            this.message = 'Set password successfully: ' + this.passwords.
              toString()
            this.patternLockController.setChallengeResult(PatternLockChalle
              ngeResult.CORRECT)
          } else {
            this.message = 'Inconsistent passwords, please enter again.'
            this.patternLockController.setChallengeResult(PatternLockChalle
              ngeResult.WRONG)
          }
        } else {
          // 提示第二次输入密码
          this.passwords = input
          this.message = "Please enter again."
        }
      })
      Button('Reset PatternLock').margin(30).onClick(() => {
        // 重置密码锁
        this.patternLockController.reset()
        this.passwords = []
        this.message = 'Please input password'
      })
    }.width('100%').height('100%')
  }
}
```

代码执行效果如图 1-32 所示。

 案例26　**创建动态广告组件**

下面的案例展示了如何在 HarmonyOS 的声明式 UI 中动态创建广告组件，包括图片广告和视频广告。通过模拟从云端初始化卡片列表，本案例使用 AdBuilder 构建广告组件，并根据广告数

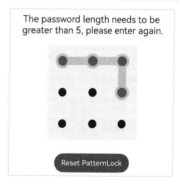

图 1-32　用图案解锁手机

据生成相应的节点。广告节点的渲染通过 NodeContainer 和 NodeController 来管理，当用户点击关闭按钮时，可以通知控制器移除广告，并触发组件重绘以隐藏广告。

案例1-26 创建动态广告组件（源码路径：codes\1\DynamicComponent）

本项目通过模块化的设计，将广告的创建和展示功能有效地分隔，使各个部分职责明确，易于维护和扩展。每个模块都有独立的功能，能够相互协作，共同实现动态广告组件的创建与管理。本项目中各个模块的具体说明如下。

（1）数据模型模块

- CardData：定义广告卡片的数据结构，包括卡片的 ID 和是否为广告卡的标志。
- CardDataSource：管理卡片数据的来源，支持数据的添加、删除和通知更新。

（2）广告控制模块

- AdController：负责管理广告节点的控制逻辑，包括广告的初始化、创建和管理。
- AdNodeController：负责具体广告节点的创建和状态管理，维护与 UI 的连接。

（3）广告组件模块

- AdBuilder：构建广告组件的主要函数，依据广告参数选择不同的广告展示方式（图片或视频）。
- AdComponent：广告组件的结构体，负责广告的呈现和交互，包括显示视频或图片广告，并提供关闭广告的对话框。
- CloseAdDialog：定义关闭广告时弹出的对话框，包含确认和取消按钮。

（4）卡片组件模块

- CardComponent：用于展示卡片的组件，显示卡片的缩略图和相关信息（标题和摘要），并通过异步资源获取动态内容。

（5）页面模块

- MainPage：主页面组件，负责生成广告和普通卡片的列表，利用懒加载的方式动态创建和渲染内容。
- Index：应用程序的入口点，负责构建整个页面布局，包括标题栏和主页面内容。

（6）公共工具模块

- TypeCasting：提供将资源转换为字符串的工具函数，供其他模块调用。

本项目的具体实现流程如下。

（1）文件 src/main/ets/common/TypeCasting.ets 中的函数 resourceToString 将资源对象转换为字符串，该函数接收一个 Resource 类型的参数 source，并使用上下文的资源管理器 (resourceManager) 来获取该资源的字符串值。返回值为 Promise<string>，表示异步获取的字符串结果。

```
export async function resourceToString(source: Resource): Promise<string> {
  return getContext().resourceManager.getStringValue(source);
}
```

（2）文件 src/main/ets/components/AdBuilder.ets 定义了一个广告组件构建器及其相关结构和功能。通过函数 adBuilder，广告组件 AdComponent 根据传入的 AdParams 参数动态生成广告内容，包括图片广告和视频广告。广告的关闭功能通过 CloseAdDialog 实现，用户可以选择关闭广告或屏蔽广告。在 AdComponent 中，根据广告类型调用不同的构建函数（picAdBuilder 和 videoAdBuilder）来渲染相应的广告布局。视频广告还定义了 VideoComponent，实现了播放控制功能，使用户可以点击播放或暂停视频。

（3）文件 src/main/ets/components/AdController.ets 实现了广告节点控制器 AdNodeController 及其管理功能，该控制器用于动态创建和管理广告组件的显示逻辑。AdNodeController 通过 makeNode 方法控制广告节点的渲染，如果广告被标记为移除，则返回 null。initAd 方法用于初始化广告节点，创建根节点和广告节点，并根据广告类型（图片或视频）构建相应的内容。通过函数 queryAdById 获取广告信息的模拟，根据 ID 判断广告类型。函数 getAdNodeController 用于获取和初始化 AdNodeController 实例，并将其存储在 nodeMap 中，以便后续管理。

（4）文件 src/main/ets/components/CardComponent.ets 定义了一个卡片组件 CardComponent，用于展示带有缩略图和文本信息的卡片界面。该组件包含以下主要功能。

● 状态管理：使用 @State 装饰器管理卡片标题 cardTitle 和摘要 cardAbstract 的状态，初始值为空。

● 数据初始化：在 aboutToAppear 方法中，通过函数 resourceToString 异步获取本地化字符串构建卡片的标题和摘要，使用 this.cardData!.getId() 作为动态内容。

● UI 结构：在 build 方法中，使用 Column 和 Row 布局，在左侧显示图片，在右侧显示标题和摘要。文本部分设置了样式，包括字体大小、行高和溢出处理，确保卡片内容整洁可读。

● 分隔线：在文本下方添加分隔线，提升视觉效果。

文件 CardComponent.ets 使 CardComponent 能够灵活展示不同内容的卡片，并保持一致的外观和感觉，适用于信息展示场景。

（5）文件 src/main/ets/model/CardData.ets 定义了一个表示卡片数据的类 CardData 和其数据源管理类 CardDataSource，其中类 CardData 中的成员如下。

● 属性 id：字符串类型，表示卡片的唯一标识符。

● 属性 mIsAdCard：布尔值，指示卡片是否为广告卡片。

● 构造函数：接受两个参数 isAdCard 和 id，用于初始化卡片的类型和 ID。

● 方法 isAdCard()：返回当前卡片是否为广告卡片的状态。

● 方法 getId()：返回卡片的 ID。

类 CardDataSource 实现了一个基础的数据源管理，处理数据监听器。类 CardDataSource 中的成员如下。

● 属性 listeners：存储数据变化监听器的数组。

● 属性 originDataArray：存储原始的 CardData 数组。

- 方法 totalCount()：返回数据源中卡片的总数（默认返回 0）。

- 方法 getData(index：number)：根据索引返回 CardData 对象。

- 方法 registerDataChangeListener(listener：DataChangeListener)：注册数据变化监听器。

- 方法 unregisterDataChangeListener(listener：DataChangeListener)：取消注册数据变化监听器。

- 方法 notifyDataReload()：通知所有监听器重新加载数据。

- 方法 notifyDataAdd(index：number)：通知所有监听器在指定索引处添加数据。

- 方法 notifyDataChange(index：number)：通知所有监听器指定索引的数据已改变。

- 方法 notifyDataDelete(index：number)：通知所有监听器在指定索引处的数据已删除。

类 CardDataSource 继承自 BasicDataSource，实现具体的卡片数据管理功能。类 BasicDataSource 中的成员如下。

- 属性 dataArray：存储实际的 CardData 数据的数组。

- 方法 totalCount()：返回卡片数据数组的长度。

- 方法 getData(index：number)：返回指定索引处的 CardData 对象。

- 方法 addData(index：number, data：CardData)：在指定索引处添加新数据，并通知相关监听器。

- 方法 pushData(data：CardData)：在数据数组末尾添加新数据，并通知相关监听器。

（6）文件 src/main/ets/pages/MainPage.ets 实现了一个主页面组件 MainPage，主要功能如下。

- 数据源管理：使用 CardDataSource 来管理卡片数据，其中存储了一系列的 CardData 对象。在 aboutToAppear() 方法中初始化数据，生成 101 个卡片 ID，其中前 100 个 ID 中每隔 7 个生成一个广告卡片（isAdCard 为 true），其余的卡片为普通卡片（isAdCard 为 false）。

- 动态界面构建：在 build() 方法中构建主界面的用户界面，使用 List 组件显示所有卡片数据。对于每个 CardData，如果是广告卡片，则使用 NodeContainer 生成对应的广告节点；否则，使用 CardComponent 来显示普通卡片。

- 动态渲染与性能优化：使用 LazyForEach 迭代 CardDataSource 中的数据，动态生成卡片视图以优化性能。设置列表的宽度和高度为百分之百，并允许缓存部分项以提高渲染效率。

（7）文件 src/main/ets/pages/Index.ets 实现了一个主入口组件 mainPageView，主要功能如下。

- 主入口定义：使用 @Entry 装饰器标识该组件为应用程序的入口点。

- 界面构建：在 build() 方法中构建用户界面，使用 Column 组件将界面元素垂直排列。首先调用 titleBar()，用于显示页面的标题栏。然后调用 MainPage()，以展示主页面的内容。

mainPageView 组件主要负责构建页面的基本布局，通过组合 titleBar 和 MainPage 组件，提供了一个整洁的用户界面结构，便于后续的扩展和维护。本项目初始执行效果如图 1-33 所示。用户可以屏蔽自定义创建的广告，效果如图 1-34 所示。

图1-33　本项目初始执行效果

图1-34　屏蔽自定义创建的广告

 案例27　卡片式计算器

　　服务卡片是HarmonyOS的一种原子化服务，提供了一种轻量化、免安装的服务形式，用户可以通过点击、碰一碰、扫一扫等方式直接触发服务卡片，从而快速获取服务。ArkTS卡片的优势在于提供了更丰富的UI组件和交互能力，支持动画和自定义绘制，允许在卡片内部运行逻辑代码，实现卡片的业务逻辑自闭环，拓宽了卡片的业务适用场景。

　　在本案例中，使用HarmonyOS的ArkTS语言开发了一个计算器服务卡片，允许用户直接在手机桌面上进行计算操作。这个计算器不仅提供了基本的加减乘除功能，还包括面积转换、长度转换、进制转换、称呼计算、大写数字转换和BMI计算等多种实用功能。

案例1-27　**卡片式计算器（源码路径：codes\1\Calculator）**

　　（1）文件src/main/ets/calc/pages/CardCalc.ets创建了一个包含数字和操作符按钮的计算器界面，用户可以通过点击这些按钮来进行基本的计算操作。页面中采用了多个行（Row）来布局排列按钮，每个按钮被封装在ForEach循环中，以动态生成按钮数组。用户在点击按钮时会触发onInputValue

方法，该方法负责将输入的值添加到计算器的表达式中。

```
// 导入本地存储类
let storage = new LocalStorage();

// 定义计算器卡片页面组件
@Entry(storage)
@Component
struct CardCalc {
  // 定义状态变量，用于存储计算结果和表达式
  @State result: string = '';
  @State expression: string = '';

  // 构建计算器页面的 UI 布局
  build() {
    Column() {
      // 显示当前的计算表达式
      Stack({ alignContent: Alignment.End }) {
        Text(this.expression)
          .maxLines(1)
          .opacity(0.38)
          .textAlign(TextAlign.Start)
          .fontSize('30')
      }
      // 设置内边距、宽度和高度
      .padding(1)
      .width('100%')
      .height('20%')

      // 动态生成第 1 行按钮
      Row() {
        ForEach(calcButton1(), (item: ImageList, index: number) => {
          Button({ type: ButtonType.Normal }) {
            Image(item.image)
              .height('100%')
              .aspectRatio(1)
              .objectFit(ImageFit.Contain)
          }
          .width('25%')
          .borderRadius(20)
          // 设置按钮背景颜色
          .backgroundColor(index < 3 ? '#33007DFF' : '#F0F0F0')
          // 点击按钮时触发 onInputValue 方法
          .onClick(() => {
            this.onInputValue(item.value);
```

```
    })
  })
}
// 设置行的高度和宽度
.height('16%')
.width('100%')


// 动态生成第 2 行按钮
Row() {
  ForEach(calcButton2(), (item: ImageList, index: number) => {
    // ... 省略重复的按钮生成代码 ...
  })
}
// 设置行的高度和宽度
.padding(1)
.width('100%')
.height('16%')


// 动态生成第 3 行按钮
Row() {
  ForEach(calcButton3(), (item: ImageList, index: number) => {
    // ... 省略重复的按钮生成代码 ...
  })
}
// 设置行的高度和宽度
.padding(1)
.width('100%')
.height('16%')


// 动态生成第 4 行按钮
Row() {
  ForEach(calcButton4(), (item: ImageList, index: number) => {
    // ... 省略重复的按钮生成代码 ...
  })
}
// 设置行的高度和宽度
.padding(1)
.width('100%')
.height('16%')


// 动态生成第 5 行按钮（操作按钮）
Row() {
  ForEach(calcButton5(), (item: ImageList, index: number) => {
    Button({ type: ButtonType.Normal }) {
```

```
        Image(item.image)
          .height('100%')
          .aspectRatio(1)
          .objectFit(ImageFit.Contain)
      }
      .width('100%')
      .height('100%')
      .borderRadius(20)
      .backgroundColor(index < 3 ? '#33007DFF' : '#F0F0F0')
      .align(Alignment.Center)
      .onClick(() => {
        this.onInputValue(item.value);
      })
    })
  }
  // 设置行的高度和宽度
  .padding(1)
  .width('100%')
  .height('16%')
  }
}


// 页面即将显示时调用
aboutToAppear() {
  console.error("ArkTSForm aboutToAppear");
}

// 页面即将消失时调用
aboutToDisappear() {
  console.error("ArkTSForm aboutToDisappear");
}
}
```

（2）文件 src/main/ets/pages/Index.ets 创建了一个用户界面，包含数字和运算符按钮，允许用户进行基本的数学计算。页面使用了多个行布局来排列按钮，并通过 ForEach 循环动态生成每个按钮，当用户点击按钮时，会触发 onInputValue 方法，更新计算器的表达式和结果。文件 Index.ets 中的核心功能如下。

- onInputValue：处理用户输入，根据用户点击的按钮更新计算器的表达式和结果。
- calc：执行计算逻辑，将中缀表达式转换为后缀表达式，并计算结果。
- parseInfixExpression：将输入的字符串表达式解析为后缀表达式。
- toSuffixExpression：将解析后的中缀表达式转换为后缀表达式。
- calcSuffixExpression：计算后缀表达式的结果。

- isOperator、isGrouping、isSymbol、isPrioritized：这些辅助函数用于判断运算符的类型和优先级，以支持表达式的正确解析和计算。

上述方法共同实现了计算器的核心功能，即接受用户输入、处理表达式并计算和显示结果。执行代码后显示计算器界面，如图1-35所示。

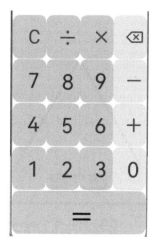

图1-35　计算器界面

第2章
图形、图像开发实战

在华为HarmonyOS中，图形和图像开发实战强调高性能和跨设备的图像渲染能力。开发者可以通过丰富的API接口，实现图形绘制、图像处理和特效渲染。HarmonyOS支持多种图形库和渲染技术，如2D绘图、3D渲染及GPU加速等，帮助开发者轻松构建复杂的图形界面。在实际开发中，开发者可以利用纹理映射、动画效果、滤镜处理等技术，制作出流畅且精美的用户界面和互动体验，确保在智能手机、手表、车机等多场景中实现一致的视觉效果。

案例1 **加载并显示4种不同类型的图片**

在HarmonyOS中，图片作为界面布局中填充内容的基础组件，常用于在应用中显示图片信息。HarmonyOS的图片支持加载 PixelMap、ResourceStr 和 DrawableDescriptor 类型的数据源，同时兼容PNG、JPG、JPEG、BMP、SVG、WEBP、GIF 和 HEIF 等多种图片格式。

在 HarmonyOS 中，Image 组件用于显示指定的图片，其语法格式如下。

```
Image(src: string | PixelMap | Resource)
```

参数src表示图片的数据源，支持本地图片和网络图片的加载。具体来说，可以使用如下格式的数据源。

（1）string格式：用于加载网络图片和本地图片。当使用相对路径引用本地图片时，如Image("common/test.jpg")，不支持跨包/跨模块调用该Image组件，建议使用Resource格式来管理需全局使用的图片资源。

• 支持Base64字符串格式：如 data:image/[png|jpeg|bmp|webp];base64,[base64 data]，其中[base64 data] 为Base64字符串数据。

• 支持file://路径前缀的字符串：用于读取本应用安装目录下 files 文件夹下的图片资源，需要保证目录包路径下的文件有可读权限。

（2）PixelMap格式：表示像素图，常用于图片编辑的场景。

（3）Resource格式：为跨包/跨模块访问的资源文件，是访问本地图片的推荐方式。

Image组件通过图片数据源参数src获取图片，然后进行渲染展示。当Image组件加载图片失败或图片尺寸为0时，图片组件大小将自动为0，不会跟随父组件的布局约束。从API version 9开始，该接口支持在ArkTS卡片中使用。

下面的案例定义了一个名为 ImageExample1 的组件，用于在鸿蒙系统的应用界面中展示不同格式的图片（如 PNG、GIF、SVG 和 JPG），并为每张图片添加了一些样式和布局属性。案例中使用了 Flex 布局和 Column、Row 结构，以便将图片垂直排列并分为两行显示。每张图片通过 Image 组件加载，并设置了大小、边距和叠加层的位置。

案例2-1 **加载并显示4种不同类型的图片（源码路径：codes\2\Tu）**

（1）首先在工程的"media"目录中准备4张素材图片，图片类型分别为PNG、GIF、JPG和SVG，如图2-1所示。

图2-1　4种不同类型的图片

案例文件 src/main/ets/pages/Index.ets 的具体实现代码如下。

```
@Entry
@Component
struct ImageExample1 {
  build() {
    Column() {
      Flex({ direction: FlexDirection.Column, alignItems: ItemAlign.Start }) {
        Row() {
          // 加载 PNG 格式图片
          Image($r('app.media.ic_camera_master_ai_leaf'))
            .width(110).height(110).margin(15)
            .overlay('png',
                    { align: Alignment.Bottom, offset: { x: 0, y: 20 } })
          // 加载 GIF 格式图片
          Image($r('app.media.loading'))
            .width(110).height(110).margin(15)
            .overlay('gif',
                    { align: Alignment.Bottom, offset: { x: 0, y: 20 } })
        }
        Row() {
          // 加载 SVG 格式图片
          Image($r('app.media.ic_camera_master_ai_clouded'))
            .width(110).height(110).margin(15)
            .overlay('svg',
                    { align: Alignment.Bottom, offset: { x: 0, y: 20 } })
          // 加载 JPG 格式图片
          Image($r('app.media.ic_public_favor_filled'))
            .width(110).height(110).margin(15)
            .overlay('jpg',
                    { align: Alignment.Bottom, offset: { x: 0, y: 20 } })
        }
      }
    }.height(320).width(360).padding({ right: 10, top: 10 })
  }
}
```

对上述代码的具体说明如下。

- 图片加载：支持多种图片格式（PNG、GIF、SVG、JPG）的加载。
- 布局：使用 Flex 布局，图片在两行中垂直排列。
- 样式设置：为图片设置了固定的宽度、高度、边距及叠加图层的位置和对齐方式。
- 组件结构：采用组件化设计，代码模块清晰，易于维护。

代码执行后的效果如图2-2所示。

 案例2 绘制各种各样的几何图形

在HarmonyOS中，Shape组件的功能是在页面中绘制图形。Shape是绘制组件的父组件，内置了所有绘制组件均支持的通用属性。在具体绘图时，可以通过以下两种形式创建绘制组件。

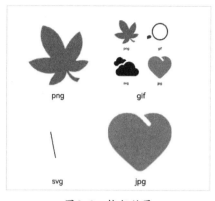

图2-2 执行效果

（1）绘制组件使用Shape作为父组件，实现类似SVG的效果。此时，调用接口Shape的语法格式如下。

```
Shape(value?: PixelMap)
```

接口Shape用于创建带有父组件的绘制组件，其中value参数用于设置绘制目标，可将图形绘制在指定的PixelMap对象中。若未设置，则在当前绘制目标中进行绘制。下面的代码创建了一个矩形（Rect），并设置其宽度为300，高度为50。

```
Shape() {
  Rect().width(300).height(50)
}
```

（2）单独使用绘制组件，用于在页面上绘制指定的图形。Shape支持7种绘制类型，分别为Circle（圆形）、Ellipse（椭圆形）、Line（直线）、Polyline（折线）、Polygon（多边形）、Path（路径）、Rect（矩形）。下面是绘制Circle（圆形）的语法格式。

```
Circle(options?: {width?: string | number, height?: string | number}
```

该接口用于在页面中绘制圆形，其中width用于设置圆形外接矩形的宽度，height用于设置圆形外接矩形的高度，圆形的直径由外接矩形的宽、高中的最小值确定。

下面的案例演示了使用Shape绘制各种样式图形的过程。首先，创建了一个包含基本形状（矩形、椭圆、直线路径）的界面，其中各种形状具有不同的边框、颜色和样式。其次，使用 Shape 组件绘制了不同位置和样式的矩形、椭圆和直线路径，同时演示了使用视口来调整形状的位置和大小。最后，展示了调整线条样式的方法，包括线宽、颜色、间隙、两端样式及拐角样式，同时还演示了开启抗锯齿和透明度功能的用法。

案例2-2 绘制各种各样的几何图形（源码路径：codes\2\Shape）

编写文件src/main/ets/pages/Index.ets，使用Shape组件绘制各种样式的图形，具体实现代码如下。

```
@Entry
@Component
struct ShapeExample {
  build() {
    Column({ space: 10 }) {
      Text('basic').fontSize(11).fontColor(0xCCCCCC).width(320)
      // 在 Shape 的 (-2, -2) 点绘制一个 300 * 50 带边框的矩形，颜色 0x317AF7, 边框颜色
         黑色，边框宽度 4, 边框间隙 20, 向左偏移 10, 线条两端样式为半圆，拐角样式圆角，抗锯
         齿（默认开启）
      // 在 Shape 的 (-2, 58) 点绘制一个 300 * 50 带边框的椭圆，颜色 0x317AF7, 边框颜色
         黑色，边框宽度 4, 边框间隙 20, 向左偏移 10, 线条两端样式为半圆，拐角样式圆角，抗锯
         齿（默认开启）
      // 在 Shape 的 (-2, 118) 点绘制一个 300 * 10 直线路径，颜色 0x317AF7, 边框颜色黑色，
         宽度 4, 间隙 20, 向左偏移 10, 线条两端样式为半圆，拐角样式圆角，抗锯齿（默认开启）
      Shape() {
        Rect().width(300).height(50)
        Ellipse().width(300).height(50).offset({ x: 0, y: 60 })
        Path().width(300).height(10).commands('M0 0 L900 0').offset({ x: 0, y:
          120 })
      }
      .viewPort({ x: -2, y: -2, width: 304, height: 130 })
      .fill(0x317AF7)
      .stroke(Color.Black)
      .strokeWidth(4)
      .strokeDashArray([20])
      .strokeDashOffset(10)
      .strokeLineCap(LineCapStyle.Round)
      .strokeLineJoin(LineJoinStyle.Round)
      .antiAlias(true)
      // 分别在 Shape 的 (0, 0)、(-5, -5) 点绘制一个 300 * 50 带边框的矩形，之所以将视
         口的起始位置坐标设为负值是因为绘制的起点默认为线宽的中点位置，因此若要让边框完全显
         示，则需要让视口偏移半个线宽
      Shape() {
        Rect().width(300).height(50)
      }
      .viewPort({ x: 0, y: 0, width: 320, height: 70 })
      .fill(0x317AF7)
      .stroke(Color.Black)
      .strokeWidth(10)

      Shape() {
        Rect().width(300).height(50)
      }
      .viewPort({ x: -5, y: -5, width: 320, height: 70 })
      .fill(0x317AF7)
      .stroke(Color.Black)
```

```
  .strokeWidth(10)

Text('path').fontSize(11).fontColor(0xCCCCCC).width(320)
// 在 Shape 的 (0, -5) 点绘制一条直线路径，颜色 0xEE8443, 线条宽度 10, 线条间隙 20
Shape() {
  Path().width(300).height(10).commands('M0 0 L900 0')
}
.viewPort({ x: 0, y: -5, width: 300, height: 20 })
.stroke(0xEE8443)
.strokeWidth(10)
.strokeDashArray([20])
// 在 Shape 的 (0, -5) 点绘制一条直线路径，颜色 0xEE8443, 线条宽度 10, 线条间隙 20,
//   向左偏移 10
Shape() {
  Path().width(300).height(10).commands('M0 0 L900 0')
}
.viewPort({ x: 0, y: -5, width: 300, height: 20 })
.stroke(0xEE8443)
.strokeWidth(10)
.strokeDashArray([20])
.strokeDashOffset(10)
// 在 Shape 的 (0, -5) 点绘制一条直线路径，颜色 0xEE8443, 线条宽度 10, 透明度 0.5
Shape() {
  Path().width(300).height(10).commands('M0 0 L900 0')
}
.viewPort({ x: 0, y: -5, width: 300, height: 20 })
.stroke(0xEE8443)
.strokeWidth(10)
.strokeOpacity(0.5)
// 在 Shape 的 (0, -5) 点绘制一条直线路径，颜色 0xEE8443, 线条宽度 10, 线条间隙 20,
//   线条两端样式为半圆
Shape() {
  Path().width(300).height(10).commands('M0 0 L900 0')
}
.viewPort({ x: 0, y: -5, width: 300, height: 20 })
.stroke(0xEE8443)
.strokeWidth(10)
.strokeDashArray([20])
.strokeLineCap(LineCapStyle.Round)
// 在 Shape 的 (-80, -5) 点绘制一条封闭路径，颜色 0x317AF7, 线条宽度 10, 边框颜色
//   0xEE8443, 拐角样式锐角（默认值）
Shape() {
  Path().width(200).height(60).commands('M0 0 L400 0 L400 150 Z')
}
.viewPort({ x: -80, y: -5, width: 310, height: 90 })
.fill(0x317AF7)
```

```
    .stroke(0xEE8443)
    .strokeWidth(10)
    .strokeLineJoin(LineJoinStyle.Miter)
    .strokeMiterLimit(5)
  }.width('100%').margin({ top: 15 })
  }
}
```

上述代码的具体说明如下。

● 首先，定义了一个名为 ShapeExample 的入口组件，通过 Shape 组件嵌套使用 Rect、Ellipse、和 Path 组件来绘制矩形、椭圆和直线路径。

● 其次，通过设置不同的视口和样式属性，调整了形状的位置、大小和样式。例如，通过设置 viewPort 调整了形状的起始点，通过 fill 和 stroke 设置了填充和描边颜色，通过 strokeWidth 设置了线宽，通过 strokeDashArray 设置了虚线的间隙，通过 strokeDashOffset 调整了虚线的起始位置。

● 最后，通过多个 Shape 组件的嵌套，展示了如何在不同位置和样式下创建多个形状，包括封闭路径的绘制以及对拐角样式的调整。

代码执行效果如图2-3所示。

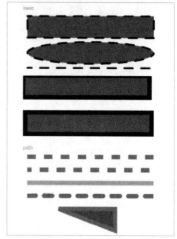

图2-3　绘制的几何图形

 ## 案例3　个性化Canvas绘图系统

在HarmonyOS中，画布组件Canvas用于绘制自定义图形，开发者通过使用CanvasRenderingContext2D对象和OffscreenCanvasRenderingContext2D对象，可以在Canvas组件上绘制不同样式、不同类型的图像，包括基础形状、文本、图片等。

下面的案例基于Canvas画布实现了个性化的绘图系统，其具备多种功能，包括画笔粗细、颜色、不透明度的选择以及绘制、缩放、撤回、重做、清除等操作。用户可以通过简单的交互界面自由绘制，并使用双指缩放操作来调整画布。Canvas绘图系统的核心功能和特点如下。

● 绘图功能：用户可以在画布上进行绘制，默认使用黑色不透明圆珠笔。

● 撤回与重做：支持撤回上一步笔画和重做撤销的笔画，撤回和重做功能通过存储绘制路径的列表实现。

● 画笔选择：用户可以选择不同类型的画笔（如圆珠笔、马克笔），并且可以调整笔刷的颜色、粗细，不透明度仅对马克笔有效。

- 橡皮擦与清除功能：用户可以切换到橡皮擦进行擦除，或者通过清空按钮清除整个画布的绘制内容。

- 缩放功能：用户可以通过双指操作缩放画布，进行捏合缩小或扩展放大操作，缩放不会影响当前绘制状态。

- 界面交互：提供一个半模态的弹窗，用户可以在弹窗中选择画笔类型、颜色和其他绘制属性。

案例2-3 个性化Canvas绘图系统（源码路径：codes\2\Album）

（1）文件src/main/ets/common/CommonConstants.ets定义了一个名为 CommonConstants 的类，用于存储在绘图应用中使用的各种常量，包括一些常用的数值常量（如 0、1、-1、3 等），以及特定的绘图参数（如画布宽度、颜色数组、黑色和白色的颜色代码）。此外，还包含与画笔和界面相关的常量，如百分比符号、100% 不透明度的表示，以及用于设置弹窗大小的 DETENTS。

（2）文件src/main/ets/viewmodel/Paint.ets定义了类 Paint，用于管理绘图过程中的画笔属性。类Paint包含画笔的粗细（lineWidth）、颜色（StrokeStyle）和透明度（globalAlpha）三个属性，并通过构造函数初始化这些属性。类中还提供了三个方法，用于动态修改画笔的颜色、粗细和透明度。

```
export default class Paint {
  lineWidth: number;
  StrokeStyle: string;
  globalAlpha: number;

  constructor(lineWidth: number, StrokeStyle: string, globalAlpha: number) {
    this.lineWidth = lineWidth;
    this.StrokeStyle = StrokeStyle;
    this.globalAlpha = globalAlpha;
  }

  setColor(color: string) {
    this.StrokeStyle = color;
  }

  setStrokeWidth(width: number) {
    this.lineWidth = width;
  }

  setGlobalAlpha(alpha: number) {
    this.globalAlpha = alpha;
  }
}
```

（3）文件src/main/ets/viewmodel/IDraw.ets定义了一个接口IDraw及一个实现该接口的类DrawPath，用于处理绘图路径的绘制逻辑。IDraw 接口包含一个 draw 方法，声明了在画布上进行绘制的命令。DrawPath 类实现了该接口，存储了画笔属性（Paint）和绘图路径（Path2D），同时通过 draw 方法将这些属性应用到 CanvasRenderingContext2D 上，设置画笔的宽度、颜色、透明度，并绘制出路径。

```
import Paint from './Paint';

export interface IDraw {
  draw(context: CanvasRenderingContext2D): void;
}

export default class DrawPath implements IDraw {
  public paint: Paint;
  public path: Path2D;

  constructor(paint: Paint, path: Path2D) {
    this.paint = paint;
    this.path = path;
  }

  draw(context: CanvasRenderingContext2D): void {
    context.lineWidth = this.paint.lineWidth;
    context.strokeStyle = this.paint.StrokeStyle;
    context.globalAlpha = this.paint.globalAlpha;
    context.lineCap = 'round';
    context.stroke(this.path)
  }
}
```

（4）文件 src/main/ets/viewmodel/IBrush.ets 定义了一个接口 IBrush 及实现该接口的类 NormalBrush，用于处理画笔在不同状态下的行为。接口 IBrush 声明了三个方法：down（当接触开始）、move（当接触移动）和 up（当接触结束）。这些方法负责响应触摸事件并相应地更新绘图路径。

（5）文件 src/main/ets/viewmodel/DrawInvoker.ets 定义了类 DrawInvoker，负责管理绘图命令的执行、撤回和重做。类 DrawInvoker 使用了两个列表：drawPathList 用于存储当前绘制的路径命令，redoList 用于存储被撤回的路径命令，以便实现重做功能。

```
import { List } from '@kit.ArkTS';
import DrawPath from './IDraw';

export default class DrawInvoker {
  private drawPathList: List<DrawPath> = new List<DrawPath>();
  private redoList: Array<DrawPath> = new Array<DrawPath>();

  add(command: DrawPath): void {
    this.drawPathList.add(command);
    this.redoList = [];
```

```
  }

  clear(): void {
    if (this.drawPathList.length > 0 || this.redoList.length > 0) {
      this.drawPathList.clear();
      this.redoList = [];
    }
  }

  undo(): void {
    if (this.drawPathList.length > 0) {
      let undo: DrawPath = this.drawPathList.get(this.drawPathList.length -
1);
      this.drawPathList.removeByIndex(this.drawPathList.length - 1);
      this.redoList.push(undo)
    }
  }

  redo(): void {
    if (this.redoList.length > 0) {
      let redoCommand = this.redoList[this.redoList.length - 1];
      this.redoList.pop();
      this.drawPathList.add(redoCommand);
    }
  }

  execute(context: CanvasRenderingContext2D): void {
    if (this.drawPathList !== null) {
      this.drawPathList.forEach((element: DrawPath) => {
        element.draw(context);
      });
    }
  }

  canRedo(): boolean {
    return this.redoList.length > 0;
  }

  canUndo(): boolean {
    return this.drawPathList.length > 0;
  }
}
```

（6）文件src/main/ets/view/myPaintSheet.ets定义了一个名为 myPaintSheet 的组件，主要用于提供一个绘图界面，用户可以选择不同的画笔、颜色、透明度和粗细。它使用了 @Link 和 @Consume 装饰器来管理组件的状态和依赖。对该组件的具体说明如下。

- isMarker：指示当前选择的画笔类型（是否为标记笔）。
- alpha：控制画笔的透明度。
- percent：显示透明度的百分比。
- color：当前选择的颜色。
- thicknessesValue 和 strokeWidth：用于控制画笔的粗细。
- ToggleThicknessColor()方法：用于更新画笔的属性，包括粗细、颜色和透明度。

（7）文件 src/main/ets/pages/Index.ets 实现了本绘图项目的主界面，其主要功能如下。

- 绘图功能：用户可以通过触摸屏幕绘制图形，支持不同颜色和透明度的设置。
- 撤销与重做：可以随时撤销或重做之前的绘图操作。
- 清空画布：提供清空画布的选项，让用户可以重新绘制。
- 缩放功能：支持用户通过捏合、扩展手势缩放画布，便于绘制细节。
- 用户界面：包含绘图工具的按钮和设置选项，提供友好的用户体验。

代码执行后，会实现一个灵活且易于使用的绘图系统，允许用户能够随时随地创作艺术作品，效果如图2-4所示。

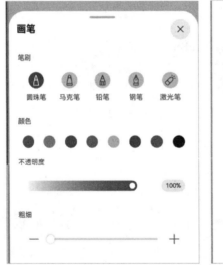
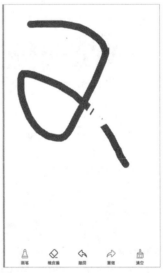

图 2-4　绘图系统

案例4　实现显式动画效果

在 HarmonyOS 中，实现动画效果的原理是在一个时间段内多次改变 UI 外观，由于人眼会产生视觉暂留，所以最终看到的就是一个"连续"的动画效果。按照页面的分类方式，可以将 ArkUI 中的动画分为页面内的动画和页面间的动画。

在 ArkUI 中，显式动画（animateTo）和属性动画（animation）是最常用的动画功能。在布局属性（如尺寸、位置）发生变化时，可以通过显式动画或属性动画，按照动画参数过渡到新的布局参数状态。这两种动画的特点如下。

- 显式动画：闭包内的变化均会触发动画，包括由数据变化引起的组件的增删、组件属性的变化等，适用于较为复杂的动画效果。
- 属性动画：动画设置简单，当属性发生变化时自动触发动画。

在 HarmonyOS 中，使用显式动画接口的语法格式如下。

```
animateTo(value: AnimateParam, event: () => void): void
```

其中，第 1 个参数指定动画参数，第 2 个参数为动画的闭包函数。下面是一个使用显式动画产生布局更新动画的案例，当 Column 组件的 alignItems 属性改变后，其子组件的布局位置结果发生变化。如果该属性是在 animateTo 的闭包函数中修改的，那么由其引起的所有变化都会按照 animateTo 的动画参数执行动画过渡到终点值。

案例2-4　实现显式动画效果（源码路径：codes\2\Xian）

编写文件 src/main/ets/pages/Index.ets，通过点击按钮触发动画，逐步改变嵌套的 Column 容器内按钮的布局方式（alignItems 属性），呈现水平对齐方式在开始、中间和末尾之间的平滑切换效果。

```
@Entry
@Component
struct LayoutChange {
  // 用于控制 Column 的 alignItems 属性
  @State itemAlign: HorizontalAlign = HorizontalAlign.Start;
  allAlign: HorizontalAlign[] = [HorizontalAlign.Start, HorizontalAlign.
    Center, HorizontalAlign.End];
  alignIndex: number = 0;

  build() {
    Column() {
      Column({ space: 10 }) {
        Button("1").width(100).height(50)
        Button("2").width(100).height(50)
        Button("3").width(100).height(50)
      }
      .margin(20)
      .alignItems(this.itemAlign)
      .borderWidth(2)
      .width("90%")
      .height(200)

      Button("click").onClick(() => {
        // 动画时长为 1000ms, 曲线为 EaseInOut
```

```
    animateTo({ duration: 1000, curve: Curve.EaseInOut }, () => {
      this.alignIndex = (this.alignIndex + 1) % this.allAlign.length;
      // 在闭包函数中修改 this.itemAlign 参数,使 Column 容器内部的子布局方式发生变化,
        使用动画过渡到新位置
      this.itemAlign = this.allAlign[this.alignIndex];
    });
  })
  }
  .width("100%")
  .height("100%")
  }
}
```

对上述代码的具体说明如下。

● 使用 Column 嵌套按钮 (Button) 组件,设置按钮以垂直方向排列,并设置了宽度、高度、边距等样式。

● 使用 @State 注解创建状态变量 itemAlign,控制 Column 的 alignItems 属性,初始值为 HorizontalAlign.Start。

● 使用数组 allAlign 保存所有可能的 HorizontalAlign 值,以及利用 alignIndex 记录当前选用的对齐方式的索引。

● 当按钮 "click" 被点击时,系统通过 animateTo 函数设置动画,切换 itemAlign 的值,使按钮所在的 Column 容器内部的子布局方式发生变化,实现平滑的动画过渡效果。

代码执行效果如图 2-5 所示。

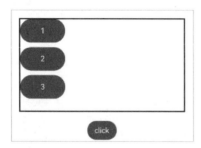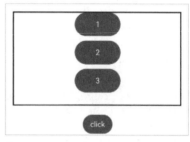

图 2-5　显示动画效果

 实现属性动画效果

在 HarmonyOS 中,可以使用属性动画产生布局更新动画,因为显式动画需要将执行动画的属性的修改放在闭包函数中触发动画,而属性动画则无须使用闭包函数,将 animation 属性加在要做属性动画的组件的属性后即可。在 HarmonyOS 中,使用属性动画接口的语法格式如下。

```
animation(value: AnimateParam)
```

若要指定组件随某个属性值的变化而产生动画，则该属性需要加在 animation 属性之前。如果不希望某些属性的变化通过 animation 产生动画，那么该属性可以放在 animation 之后。在下面的案例中，第 1 个 button 上的 animation 属性只对写在 animation 之前的 type、width、height 属性生效，而对写在 animation 之后的 backgroundColor、margin 属性则无效。程序运行的结果是 width、height 属性会按照 animation 的动画参数执行动画，而 backgroundColor 则会直接跳变，不会产生动画。

案例2-5 实现属性动画效果（源码路径：codes\2\Bu）

编写文件 src/main/ets/pages/Index.ets，通过按钮点击触发属性动画，实现按钮的宽度、高度和背景颜色在不同状态下的平滑过渡。其中，按钮 "text" 的宽和高会在点击时根据 flag 的状态切换，而颜色则会通过属性动画进行平滑过渡。按钮 "area: click me" 作为触发器，被点击后会改变属性值，触发按钮 "text" 的属性动画。

```
@Entry
@Component
struct LayoutChange2 {
  @State myWidth: number = 100;
  @State myHeight: number = 50;
  @State flag: boolean = false;
  @State myColor: Color = Color.Blue;

  build() {
    Column({ space: 10 }) {
      Button("text")
        .type(ButtonType.Normal)
        .width(this.myWidth)
        .height(this.myHeight)
        // animation 只对其前面的 type、width、height 属性生效，时长为 1000ms，曲线为 Ease
        .animation({ duration: 1000, curve: Curve.Ease })
        // animation 对后面的 backgroundColor、margin 属性不生效
        .backgroundColor(this.myColor)
        .margin(20)


      Button("area: click me")
        .fontSize(12)
        .onClick(() => {
          // 改变属性值，配置了属性动画的属性会进行动画过渡
          if (this.flag) {
            this.myWidth = 100;
            this.myHeight = 50;
            this.myColor = Color.Blue;
```

```
      } else {
        this.myWidth = 200;
        this.myHeight = 100;
        this.myColor = Color.Pink;
      }
      this.flag = !this.flag;
    })
    }
  }
}
```

代码执行效果如图 2-6 所示。

图 2-6　动画效果

 使用 if/else 语句实现组件内转场动画效果

在 HarmonyOS 中，组件的插入、删除过程即为组件本身的转场过程，组件的插入和删除动画称为组件内转场动画。通过组件内转场动画可以定义组件出现和消失时的效果。组件内转场动画接口的语法格式如下。

```
transition(value: TransitionOptions)
```

在上述格式中，transition 函数的入参为组件内转场的效果，可以定义平移、透明度、旋转、缩放等转场样式的单个或组合的转场效果。注意，transition 函数必须和 animateTo 一起使用才能产生组件的转场效果。

在 HarmonyOS 中，可以使用 if/else 语句控制组件的插入和删除操作。例如，在下面的案例中，通过点击按钮触发动画和条件语句控制，实现了图片的平滑出现和消失效果。

案例2-6　**使用if/else语句实现组件内转场动画效果（源码路径：codes\2\Tiao）**

编写文件 src/main/ets/pages/Index.ets，首先，通过 Button 的点击事件来控制 if 的条件是否满足，从而控制 if 下的 Image 组件是否显示。其次，使用 transition 参数来指定组件内转场的具体效果：在插入时应用平移效果，在删除时应用缩放和透明度效果。

```
@Entry
@Component
struct IfElseTransition {
  @State flag: boolean = true;
  @State show: string = 'show';

  build() {
    Column() {
      Button(this.show).width(80).height(30).margin(30)
        .onClick(() => {
          if (this.flag) {
            this.show = 'hide';
          } else {
            this.show = 'show';
          }

          animateTo({ duration: 1000 }, () => {
            // 动画闭包内控制 Image 组件的出现和消失
            this.flag = !this.flag;
          })
        })
      if (this.flag) {
        // Image 的出现和消失配置为不同的过渡效果
        Image($r('app.media.shui')).width(200).height(200)
          .transition({ type: TransitionType.Insert, translate: { x: 200, y:
            -200 } })
          .transition({ type: TransitionType.Delete, opacity: 0, scale: { x: 0,
            y: 0 } })
      }
    }.height('100%').width('100%')
  }
}
```

代码执行效果如图 2-7 所示。

 案例7 **使用ForEach语句实现组件内转场动画效果**

图 2-7　动画效果

在 HarmonyOS 中，和 if/else 类似，通过使用 ForEach 控制数组中的元素个数，可以控制组件的插入和删除操作。要想通过 ForEach 产生组件内转场动画，需要具备以下两个条件。

- ForEach 里的组件配置了 transition 效果。
- 在 animateTo 的闭包中控制组件的插入或删除，即控制数组的元素添加和删除。

下面的案例演示了使用 ForEach 语句实现组件内转场动画的过程。

案例2-7 使用ForEach语句实现组件内转场动画效果（源码路径：codes\2\ForEach）

编写文件 src/main/ets/pages/Index.ets，通过 ForEach 遍历字符串数组，为每个元素创建一个带过渡效果的文本组件，包括位移和缩放效果。通过按钮点击触发数组的动态修改操作，包括在列表的头部和尾部添加及删除元素。这些操作都带有平滑的过渡效果，展示了在不同操作下列表的动态变化。

```
@Entry
@Component
struct ForEachTransition {
  @State numbers: string[] = ["1", "2", "3", "4", "5"];
  startNumber: number = 6;

  build() {
    Column({ space: 10 }) {
      Column() {
        ForEach(this.numbers, (item: string) => { // 为 item 指定类型
          // ForEach 下的直接组件需配置 transition 效果
          Text(item)
            .width(240)
            .height(60)
            .fontSize(18)
            .borderWidth(1)
            .backgroundColor(Color.Orange)
            .textAlign(TextAlign.Center)
            .transition({ type: TransitionType.All, translate: { x: 200 },
              scale: { x: 0, y: 0 } });
        });
      }
      .margin(10)
      .justifyContent(FlexAlign.Start)
      .alignItems(HorizontalAlign.Center)
      .width("90%")
      .height("70%");

      Button(' 向头部添加元素 ')
        .fontSize(16)
        .width(160)
        .onClick(() => {
          animateTo({ duration: 1000 }, () => {
```

```
        // 往数组头部插入一个元素，导致 ForEach 在头部增加对应的组件
        this.numbers.unshift(this.startNumber.toString());
        this.startNumber++;
      });
    });
  Button(' 向尾部添加元素 ')
    .width(160)
    .fontSize(16)
    .onClick(() => {
      animateTo({ duration: 1000 }, () => {
        // 往数组尾部插入一个元素，导致 ForEach 在尾部增加对应的组件
        this.numbers.push(this.startNumber.toString());
        this.startNumber++;
      });
    });
  Button(' 删除头部元素 ')
    .width(160)
    .fontSize(16)
    .onClick(() => {
      animateTo({ duration: 1000 }, () => {
        // 删除数组的头部元素，导致 ForEach 删除头部的组件
        this.numbers.shift();
      });
    });
  Button(' 删除尾部元素 ')
    .width(160)
    .fontSize(16)
    .onClick(() => {
      animateTo({ duration: 1000 }, () => {
        // 删除数组的尾部元素，导致 ForEach 删除尾部的组件
        this.numbers.pop();
      });
    });
  }
  .width('100%')
  .height('100%');
  }
}
```

对上述代码的具体说明如下。

● 使用 ForEach 遍历字符串数组 numbers 中的元素，为每个元素创建一个带有过渡效果的文本组件，设置了位移和缩放效果。

● 通过点击按钮可以向头部添加元素、向尾部添加元素、删除头部元素、删除尾部元素，利用 animateTo 函数在动画过渡中改变数组的内容。这将触发 ForEach 动态更新列表，并实现平滑的过渡效果。

● 设置按钮的点击事件，分别在数组头尾添加元素和删除头尾元素，演示了列表动态变化时的平滑过渡效果。

代码执行效果如图 2-8 所示。

手机电子相册系统

本案例将基于 ArkTS 技术实现一个手机电子相册系统。该系统是一个基于鸿蒙操作系统的电子相册应用程序，旨在为用户提供直观、流畅的图片浏览和管理体验。该系统具备多项功能，包括主界面展示、图片列表、详细图片展示等，通过巧妙的页面设计和手势操作，用户能够轻松地浏览、分享和管理个人相册。

该系统的主要功能如下。

● 主界面展示：通过精心设计的主界面，呈现出清晰的分类标签和图片预览，让用户能够迅速定位到感兴趣的图片集。

● 图片列表和详细展示：支持水平滚动的图片列表，用

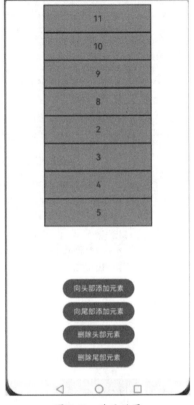

图 2-8　动画效果

户可以随心所欲地浏览多组图片。详细图片展示页面提供了手势缩放、拖曳等功能，使用户能够近距离地查看和管理图片。

● 智能导航和交互体验：基于鸿蒙操作系统的强大功能，该系统充分利用导航模块和手势控制技术，为用户提供了直观的交互体验。用户可以通过滑动、点击和手势缩放等方式，实现快速导航和详细浏览。

● 应用性能和适配：该系统充分考虑了不同设备类型，通过适配和性能优化，确保应用程序在各种设备上都能够流畅运行，为用户提供一致的使用体验。

总之，该系统旨在为用户提供一种轻松、高效的图片浏览和管理方式，使用户能够更好地组织、回顾和分享自己的珍贵瞬间。

案例2-8　手机电子相册系统（源码路径：codes\2\Album）

（1）编写文件 src/main/module.json5，这是一个典型的鸿蒙项目的 module.json5 文件，用于设置应用程序的模块信息。该文件主要定义了应用程序的入口模块及其入口文件的路径（./ets/entryability/EntryAbility.ts）。

```
{
  "module": {
```

```
    "name": "entry",
    "type": "entry",
    "description": "$string:module_desc",
    "mainElement": "EntryAbility",
    "deviceTypes": [
      "phone"
    ],
    "deliveryWithInstall": true,
    "installationFree": false,
    "pages": "$profile:main_pages",
    "abilities": [
      {
        "name": "EntryAbility",
        "srcEntry": "./ets/entryability/EntryAbility.ts",
        "description": "$string:EntryAbility_desc",
        "icon": "$media:icon",
        "label": "$string:EntryAbility_label",
        "startWindowIcon": "$media:icon",
        "startWindowBackground": "$color:start_window_background",
        "exported": true,
        "skills": [
          {
            "entities": [
              "entity.system.home"
            ],
            "actions": [
              "action.system.home"
            ]
          }
        ]
      }
    ]
  }
}
```

（2）在src/main/resources/base/media目录中准备需要的素材图片，这些图片将作为在手机电子相册中显示的图片，如图2-9所示。

图2-9　为手机电子相册准备的素材图片

（3）编写文件 src/main/ets/common/constants/Constants.ets，这是一个鸿蒙项目中的 TypeScript 类，用于定义项目中需要的常量和数组。这些常量和数组用于定义页面布局、动画、图片资源等。通过在整个应用程序中引用这些常量，可以更容易地对应用程序进行调整和维护。

（4）编写文件 src/main/ets/entryability/EntryAbility.ts，这个文件定义了一个鸿蒙应用程序类 EntryAbility，这个类继承自 UIAbility。类 EntryAbility 主要定义了在应用程序的生命周期中不同阶段需要执行的操作，包括创建、销毁、窗口阶段的处理及前台和后台的切换。hilog 被用来记录日志，方便开发者调试和了解应用程序的运行状态。

```typescript
import UIAbility from '@ohos.app.ability.UIAbility';
import hilog from '@ohos.hilog';
import Window from '@ohos.window';

export default class EntryAbility extends UIAbility {
    onCreate(want, launchParam) {
        hilog.isLoggable(0x0000, 'testTag', hilog.LogLevel.INFO);
        hilog.info(0x0000, 'testTag', '%{public}s', 'Ability onCreate');
        hilog.info(0x0000, 'testTag', '%{public}s', 'want 参数: ' + JSON.
          stringify(want) ?? '');
        hilog.info(0x0000, 'testTag', '%{public}s', 'launchParam: ' + JSON.
          stringify(launchParam) ?? '');
    }

    onDestroy() {
        hilog.isLoggable(0x0000, 'testTag', hilog.LogLevel.INFO);
        hilog.info(0x0000, 'testTag', '%{public}s', 'Ability onDestroy');
    }

    onWindowStageCreate(windowStage: Window.WindowStage) {
        // 主窗口创建，为该能力设置主页
        hilog.isLoggable(0x0000, 'testTag', hilog.LogLevel.INFO);
        hilog.info(0x0000, 'testTag', '%{public}s', 'Ability
          onWindowStageCreate');

        windowStage.loadContent('pages/SuoPage', (err, data) => {
            if (err.code) {
                hilog.isLoggable(0x0000, 'testTag', hilog.LogLevel.ERROR);
                hilog.error(0x0000, 'testTag', ' 加载内容失败。原因：%{public}s',
                  JSON.stringify(err) ?? '');
                return;
            }
            hilog.isLoggable(0x0000, 'testTag', hilog.LogLevel.INFO);
            hilog.info(0x0000, 'testTag', ' 成功加载内容。数据：%{public}s',
              JSON.stringify(data) ?? '');
        });
```

```
    }

    onWindowStageDestroy() {
        // 主窗口销毁，释放与 UI 相关的资源
        hilog.isLoggable(0x0000, 'testTag', hilog.LogLevel.INFO);
        hilog.info(0x0000, 'testTag', '%{public}s', 'Ability
          onWindowStageDestroy');
    }

    onForeground() {
        // 切换至前台
        hilog.isLoggable(0x0000, 'testTag', hilog.LogLevel.INFO);
        hilog.info(0x0000, 'testTag', '%{public}s', 'Ability onForeground');
    }

    onBackground() {
        // 切换至后台
        hilog.isLoggable(0x0000, 'testTag', hilog.LogLevel.INFO);
        hilog.info(0x0000, 'testTag', '%{public}s', 'Ability onBackground');
    }
}
```

对上述代码的具体说明如下。

● EntryAbility 类：继承自 UIAbility 类，表示应用程序的入口能力。

● onCreate 方法：当创建 EntryAbility 时被调用，使用 hilog 记录信息，包括 want 和 launchParam 的信息。

● onDestroy 方法：当 EntryAbility 销毁时被调用，使用 hilog 记录信息。

● onWindowStageCreate 方法：当窗口阶段创建时被调用，加载名为 pages/SuoPage 的页面内容，并在回调中处理加载结果。

● onWindowStageDestroy 方法：当窗口阶段销毁时被调用。

● onForeground 方法：当 EntryAbility 进入前台时被调用，使用 hilog 记录前台的信息。

● onBackground 方法：当 EntryAbility 进入后台时被调用，使用 hilog 记录后台的信息。

（5）编写文件 src/main/ets/pages/SuoPage.ets，这个文件定义了一个鸿蒙应用程序的入口页面 SuoPage，该页面包含轮播图、网格布局和标题栏。通过导入模块和使用注解，实现了页面的布局和用户交互逻辑。页面中的图片资源和跳转链接通过常量和路由进行管理。

```
import router from '@ohos.router';
import Constants from '../common/constants/Constants';
import PhotoItem from '../view/PhotoItem';

@Entry
@Component
struct SuoPage {
```

```
swiperController: SwiperController = new SwiperController();
scroller: Scroller = new Scroller();
@State currentIndex: number = 0;
@State angle: number = 0;

build() {
  Column() {
    Row() {
      Text($r('app.string.EntryAbility_label'))
        .fontSize($r('app.float.title_font_size'))
        .fontWeight(Constants.TITLE_FONT_WEIGHT)
    }
    .height($r('app.float.navi_bar_height'))
    .alignItems(VerticalAlign.Center)
    .justifyContent(FlexAlign.Start)
    .margin({ top: $r('app.float.grid_padding') })
    .padding({ left: $r('app.float.title_padding') })
    .width(Constants.FULL_PERCENT)

    Swiper(this.swiperController) {
      ForEach(Constants.BANNER_IMG_LIST, (item: Resource) => {
        Row() {
          Image(item)
            .width(Constants.FULL_PERCENT)
            .height(Constants.FULL_PERCENT)
        }
        .width(Constants.FULL_PERCENT)
        .aspectRatio(Constants.BANNER_ASPECT_RATIO)
      }, (item: Resource, index?: number) => JSON.stringify(item) + index)
    }
    .autoPlay(true)
    .loop(true)
    .margin($r('app.float.grid_padding'))
    .borderRadius($r('app.float.img_border_radius'))
    .clip(true)
    .duration(Constants.BANNER_ANIMATE_DURATION)
    .indicator(false)

    Grid() {
      ForEach(Constants.IMG_ARR, (photoArr: Array<Resource>) => {
        GridItem() {
          PhotoItem({ photoArr })
        }
        .width(Constants.FULL_PERCENT)
        .aspectRatio(Constants.STACK_IMG_RATIO)
        .onClick(() => {
          router.pushUrl({
```

```
                url: Constants.URL_LIST_PAGE,
                params: { photoArr: photoArr }
              });
          })
      }, (item: Array<Resource>, index?: number) => JSON.stringify(item) +
          index)
      }
      .columnsTemplate(Constants.INDEX_COLUMNS_TEMPLATE)
      .columnsGap($r('app.float.grid_padding'))
      .rowsGap($r('app.float.grid_padding'))
      .padding({ left: $r('app.float.grid_padding'), right: $r('app.float.
        grid_padding') })
      .width(Constants.FULL_PERCENT)
      .layoutWeight(1)
    }
    .width(Constants.FULL_PERCENT)
    .height(Constants.FULL_PERCENT)
  }
}
```

上述代码的具体说明如下。

● 导入了鸿蒙框架的一些模块，包括路由（router）、常量定义（Constants）和自定义的照片项组件（PhotoItem）。

● 定义了一个名为SuoPage的结构体，该结构体使用了@
Entry和@Component注解，表明它既是一个入口页面也是一个组件。结构体内部包含了一些状态变量，如当前索引（currentIndex）
和角度（angle），以及一些控制器实例，如轮播控制器（Swiper
Controller）和滚动控制器（Scroller）。

● 结构体SuoPage定义了一个 build 方法，用于构建页面布局。
这个方法创建了一个垂直方向的列（Column），包含页面的标题、
轮播图和网格布局。

● 通过 Row 和 Text 创建了页面的标题栏，并设置了字体大小、字体粗细等样式属性。随后，使用 Swiper 创建了一个轮播图，
加载了来自 Constants.BANNER_IMG_LIST 的图片资源，并设置
了自动播放、循环播放等属性。

● 通过 Grid 创建了一个网格布局，遍历了 Constants.IMG_
ARR 中的图片数组，并使用 GridItem 和自定义的 PhotoItem 组件
来展示图片。每个网格项都设置了点击事件，当点击时通过路由
跳转到指定的列表页面。

代码执行效果如图2-10所示。

图 2-10　手机电子相册系统主页

（6）编写文件 src/main/ets/pages/ListPage.ets，这个文件定义了一个名为 ListPage 的鸿蒙页面，作为应用程序的一个页面入口。页面包含了一个导航栏、网格布局和图片列表。

```
import router from '@ohos.router';
import Constants from '../common/constants/Constants';

@Entry
@Component
struct ListPage {
  photoArr: Array<Resource> = (router.getParams() as Record<string,
    Array<Resource>>)[`${Constants.PARAM_PHOTO_ARR_KEY}`];
  @StorageLink('selectedIndex') selectedIndex: number = 0;

  build() {
    Navigation() {
      Grid() {
        ForEach(this.photoArr, (img: Resource, index?: number) => {
          GridItem() {
            Image(img)
              .height(Constants.FULL_PERCENT)
              .width(Constants.FULL_PERCENT)
              .objectFit(ImageFit.Cover)
              .onClick(() => {
                if (!index) {
                  index = 0;
                }
                this.selectedIndex = index;
                router.pushUrl({
                  url: Constants.URL_DETAIL_LIST_PAGE,
                  params: {
                    photoArr: this.photoArr,
                  }
                });
              })
          }
          .width(Constants.FULL_PERCENT)
          .aspectRatio(1)
        }, (item: Resource) => JSON.stringify(item))
      }
      .columnsTemplate(Constants.GRID_COLUMNS_TEMPLATE)
      .rowsGap(Constants.LIST_ITEM_SPACE)
      .columnsGap(Constants.LIST_ITEM_SPACE)
      .layoutWeight(1)
    }
    .title(Constants.PAGE_TITLE)
    .hideBackButton(false)
```

```
        .titleMode(NavigationTitleMode.Mini)
    }
}
```

总之，整段代码实现了一个简单的图片列表页面，用户可以点击图片查看详细的列表信息。代码执行效果如图2-11所示。

（7）编写文件src/main/ets/pages/XListPage.ets，这个文件定义了一个鸿蒙页面 XListPage，该页面包含两个水平滚动的图片列表和底部导航栏。通过导入显示、路由模块和常量定义，实现了图片列表的联动显示和手势缩放功能。页面展示了小图和大图的交互效果，用户可水平滚动查看图片的详细信息。

图 2-11　图片列表页面

```
import display from '@ohos.display';
import router from '@ohos.router';
import Constants from '../common/constants/Constants';

enum scrollTypeEnum {
  STOP = 'onScrollStop',
  SCROLL = 'onScroll'
};

@Entry
@Component
struct XListPage {
  private smallScroller: Scroller = new Scroller();
  private bigScroller: Scroller = new Scroller();
  @State deviceWidth: number = Constants.DEFAULT_WIDTH;
  @State smallImgWidth: number = (this.deviceWidth - Constants.LIST_ITEM_
    SPACE * (Constants.SHOW_COUNT - 1)) /
  Constants.SHOW_COUNT;
  @State imageWidth: number = this.deviceWidth + this.smallImgWidth;
  private photoArr: Array<ResourceStr> = (router.getParams() as Record<string,
    Array<ResourceStr>>)[`${Constants.PARAM_PHOTO_ARR_KEY}`];
  private smallPhotoArr: Array<ResourceStr> = new Array<ResourceStr>().
    concat(Constants.CACHE_IMG_LIST,
    (router.getParams() as Record<string, Array<ResourceStr>>)[`${Constants.
      PARAM_PHOTO_ARR_KEY}`],
    Constants.CACHE_IMG_LIST)
  @StorageLink('selectedIndex') selectedIndex: number = 0;
```

```
@Builder
SmallImgItemBuilder(img: Resource, index?: number) {
  if (index && index > (Constants.CACHE_IMG_SIZE - 1) && index < (this.
    smallPhotoArr.length - Constants.CACHE_IMG_SIZE)) {
    Image(img)
      .onClick(() => this.smallImgClickAction(index))
  }
}

aboutToAppear() {
  let displayClass: display.Display = display.getDefaultDisplaySync();
  let width = displayClass?.width / displayClass.densityPixels ?? Constants.
    DEFAULT_WIDTH;
  this.deviceWidth = width;
  this.smallImgWidth = (width - Constants.LIST_ITEM_SPACE * (Constants.
    SHOW_COUNT - 1)) / Constants.SHOW_COUNT;
  this.imageWidth = this.deviceWidth + this.smallImgWidth;
}

onPageShow() {
  this.smallScroller.scrollToIndex(this.selectedIndex);
  this.bigScroller.scrollToIndex(this.selectedIndex);
}

goXPage(): void {
  router.pushUrl({
    url: Constants.URL_DETAIL_PAGE,
    params: { photoArr: this.photoArr }
  });
}

smallImgClickAction(index: number): void {
  this.selectedIndex = index - Constants.CACHE_IMG_SIZE;
  this.smallScroller.scrollToIndex(this.selectedIndex);
  this.bigScroller.scrollToIndex(this.selectedIndex);
}

smallScrollAction(type: scrollTypeEnum): void {
  this.selectedIndex = Math.round(((this.smallScroller.currentOffset().
    xOffset as number) +
    this.smallImgWidth / Constants.DOUBLE_NUMBER) / (this.smallImgWidth +
      Constants.LIST_ITEM_SPACE));
  if (type === scrollTypeEnum.SCROLL) {
    this.bigScroller.scrollTo({ xOffset: this.selectedIndex * this.
      imageWidth, yOffset: 0 });
  } else {
```

```
    this.smallScroller.scrollTo({ xOffset: this.selectedIndex * this.
      smallImgWidth, yOffset: 0 });
  }
}

bigScrollAction(type: scrollTypeEnum): void {
  let smallWidth = this.smallImgWidth + Constants.LIST_ITEM_SPACE;
  this.selectedIndex = Math.round(((this.bigScroller.currentOffset().
    xOffset as number) +
    smallWidth / Constants.DOUBLE_NUMBER) / this.imageWidth);
  if (type === scrollTypeEnum.SCROLL) {
    this.smallScroller.scrollTo({ xOffset: this.selectedIndex * smallWidth,
      yOffset: 0 });
  } else {
    this.bigScroller.scrollTo({ xOffset: this.selectedIndex * this.
      imageWidth, yOffset: 0 });
  }
}

build() {
  Navigation() {
    Stack({ alignContent: Alignment.Bottom }) {
      List({ scroller: this.bigScroller, initialIndex: this.selectedIndex })
        {
        ForEach(this.photoArr, (img: Resource) => {
          ListItem() {
            Image(img)
              .height(Constants.FULL_PERCENT)
              .width(Constants.FULL_PERCENT)
              .objectFit(ImageFit.Contain)
              .gesture(PinchGesture({ fingers: Constants.DOUBLE_NUMBER })
                .onActionStart(() => this.goXPage()))
              .onClick(() => this.goXPage())
          }
          .padding({
            left: this.smallImgWidth / Constants.DOUBLE_NUMBER,
            right: this.smallImgWidth / Constants.DOUBLE_NUMBER
          })
          .width(this.imageWidth)
        }, (item: Resource) => JSON.stringify(item))
      }
      .onScroll((scrollOffset, scrollState) => {
        if (scrollState === ScrollState.Fling) {
          this.bigScrollAction(scrollTypeEnum.SCROLL);
        }
      })
```

```
      .onScrollStop(() => this.bigScrollAction(scrollTypeEnum.STOP))
      .width(Constants.FULL_PERCENT)
      .height(Constants.FULL_PERCENT)
      .padding({ bottom: this.smallImgWidth * Constants.DOUBLE_NUMBER })
      .listDirection(Axis.Horizontal)

      List({
        scroller: this.smallScroller,
        space: Constants.LIST_ITEM_SPACE,
        initialIndex: this.selectedIndex
      }) {
        ForEach(this.smallPhotoArr, (img: Resource, index?: number) => {
          ListItem() {
            this.SmallImgItemBuilder(img, index)
          }
          .width(this.smallImgWidth)
          .aspectRatio(1)
        }, (item: Resource) => JSON.stringify(item))
      }
      .listDirection(Axis.Horizontal)
      .onScroll((scrollOffset, scrollState) => {
        if (scrollState === ScrollState.Fling) {
          this.smallScrollAction(scrollTypeEnum.SCROLL);
        }
      })
      .onScrollStop(() => this.smallScrollAction(scrollTypeEnum.STOP))
      .margin({ top: $r('app.float.detail_list_margin'), bottom: $r('app.
        float.detail_list_margin') })
      .height(this.smallImgWidth)
      .width(Constants.FULL_PERCENT)
    }
    .width(this.imageWidth)
    .height(Constants.FULL_PERCENT)
  }
  .title(Constants.PAGE_TITLE)
  .hideBackButton(false)
  .titleMode(NavigationTitleMode.Mini)
  }
}
```

上述代码的具体说明如下。

• 首先，定义了一个名为 XListPage 的鸿蒙页面，该页面包含两个水平滚动的图片列表和底部导航栏。导入了显示、路由模块和常量定义，并使用了一些枚举和状态变量。

• 其次，在页面结构体中，通过 @Entry 和 @Component 注解表明它是一个入口页面和组件。使用了两个滚动控制器（smallScroller 和 bigScroller）和一些状态变量来管理页面布局和状态。

● 最后，在 build 方法中，通过 Navigation 和 Stack 创建了页面的导航栏和图片列表。页面包含两个水平方向的滚动列表，通过 List 和 ForEach 遍历图片数组，展示了大图和小图，并设置了滚动事件和点击事件，实现了大图和小图的联动。

总之，上述代码实现了一个水平滚动的图片详情列表页面，用户可通过滑动或点击图片进行交互，并支持手势缩放查看大图。代码执行效果如图 2-12 所示。

（8）编写文件 src/main/ets/pages/XPage.ets，这个文件定义了一个名为 XPage 的鸿蒙页面，实现了水平滚动查看详细图片的功能。页面中既包含水平滚动的大图列表功能，也包含通过手势缩放的图片详细信息的功能。通过路由获取图片数组，实现了大图的滚动浏览、手势缩放和交互功能。

图 2-12　图片列表详情页面

 案例9　具有翻页功能的小说阅读器

本案例基于显式动画和 Canvas 组件，实现了小说阅读器的多种翻页（如覆盖、滑动和上下翻页）效果，让用户可以根据自己的喜好选择不同的阅读方式。该应用支持动态调整字体大小和背景颜色，同时具备系统状态栏的自适应功能，以提升用户体验。通过精心设计的界面和流畅的交互，用户能够轻松浏览和阅读内容，享受沉浸式的阅读体验。

该应用的功能模块如下。

● 翻页效果模块：提供多种翻页方式，如覆盖、滑动和上下翻页，满足不同用户的阅读习惯。

● 字体设置模块：允许用户动态调整字体大小，以便更好地适应个人的阅读需求。

● 背景颜色设置模块：支持用户选择不同的背景颜色，增强阅读体验和舒适度。

● 内容分页模块：根据屏幕尺寸、字体大小及内容排版自动计算页数和行数，确保内容的合理展示。

● 状态栏自适应模块：根据用户选择的背景色，动态调整系统状态栏和导航栏的颜色，以实现视觉上的统一。

● 日志记录模块：通过日志记录关键事件（如页面加载、状态变化等），帮助开发者调试和优化应用。

● 内容加载模块：负责主窗口的内容加载，确保应用启动时能够快速展示电子书内容。

● 用户交互模块：处理用户的点击事件，提供友好的提示和反馈，提升用户的使用体验。

通过这些模块的协同工作，该应用为用户提供了一个功能丰富且易于使用的电子书阅读平台。

案例2-9 具有翻页功能的小说阅读器（源码路径：codes\2\novel-page-flip）

（1）文件 src/main/ets/common/constants/Constants.ets 定义了一个名为 Constants 的类，其主要功能是集中管理应用中的常量和枚举值，以便在其他部分的代码中进行引用和使用。具体来说，Constants 类的主要功能如下。

- 常量定义：定义了一些静态只读的常量，如全屏百分比、初始化字体大小、屏幕亮度、翻页类型等。这些常量的统一管理有助于确保整个项目中相关值的一致性。

- 翻页类型枚举：枚举 FlipPageType 定义了三种翻页类型，即覆盖翻页、滑动翻页和上下翻页。这使翻页模式的选择更加清晰和可维护。

- 背景颜色类型及数组：枚举 BGColorType 定义了四种背景颜色类型，同时 BG_COLOR_ARRAY 数组列出了相应的颜色值，方便在应用中使用。

- 背景颜色标题：枚举 BGC_TITLE 提供了与背景颜色相对应的标题，便于在用户界面中显示选项。

整体而言，文件 Constants.ets 为多个功能模块提供了必要的常量和枚举定义，增强了代码的可读性和可维护性。

（2）文件 src/main/ets/common/utils/Logger.ets 定义了一个名为 Logger 的类，主要用于实现日志记录功能，方便在应用中进行调试和记录信息。通过不同级别的日志记录，开发者可以灵活地控制输出的信息量和类型，更好地维护和优化应用。

```
import { hilog } from '@kit.PerformanceAnalysisKit';

class Logger {
  private domain: number;
  private prefix: string;
  private format: string = '%{public}s, %{public}s';
  constructor(prefix: string) {
    this.prefix = prefix;
    this.domain = 0xFF00;
  }

  debug(...args: string[]): void {
    hilog.debug(this.domain, this.prefix, this.format, args);
  }

  info(...args: string[]): void {
    hilog.info(this.domain, this.prefix, this.format, args);
  }

  warn(...args: string[]): void {
    hilog.warn(this.domain, this.prefix, this.format, args);
  }
```

```
  error(...args: string[]): void {
    hilog.error(this.domain, this.prefix, this.format, args);
  }
}


export default new Logger('Novel');
```

（3）文件 src/main/ets/view/Reader.ets 定义了一个名为 Reader 的组件，该组件主要用于在画布上显示文本内容，并支持不同的翻页风格。组件 Reader 利用了响应式设计和消费模式，能够从应用的上下文中获取各种设置（如背景色、字体大小、翻页样式等），以动态更新文本的显示。

```
import { Constants, FlipPageType } from '../common/constants/Constants'
import { display } from '@kit.ArkUI';


@Component
export default struct Reader {
  @Consume('bgColor') @Watch('onPageChange') bgColor: string;
  @Consume('fontSize') @Watch('onPageChange') fontSize: number;
  @Consume('turnStyle') turnStyle: FlipPageType;
  @Consume('screenW') screenW: number;
  @Consume('screenH') screenH: number;
  @Consume('rowGap') rowGap: number;
  @Consume('sumRow') sumRow: number
  @Consume('rowWord') rowWord: number;
  @Prop @Watch('onPageChange') startIndex: number = 0;
  private settings: RenderingContextSettings = new RenderingContextSettings(true);
  private context: CanvasRenderingContext2D = new CanvasRenderingContext2D
    (this.settings);
  private wordWidth: number = 0;
  private wordHeight: number = 0;

  aboutToAppear(): void {
    this.drawText(this.startIndex);
    display.on('foldDisplayModeChange', () => {
      this.screenW = px2vp(display.getDefaultDisplaySync().width);
      this.drawText(this.startIndex);
    });
  }

  onPageChange() {
    this.drawText(this.startIndex);
  }

  aboutToDisappear(): void {
```

```
      display.off('foldDisplayModeChange');
}


drawText(startIndex: number) {
  this.wordWidth = this.fontSize;
  this.wordHeight = this.fontSize;
  this.context.fillStyle = this.bgColor;
  this.context.fillRect(0, 0, this.screenW, this.screenH);
  this.context.fillStyle = Color.Black;
  this.context.font = vp2px(this.fontSize) + Constants.CANVAS_FONT_SET;
  if (startIndex < 0) {
    startIndex = 0;
  }


  let gap = ((this.screenW - Constants.SCREEN_MARGIN_LEFT * 2) - this.
    wordWidth * this.rowWord) / (this.rowWord - 1);
  let realRowGap = (this.screenH - this.sumRow * (this.wordHeight + this.
    rowGap)) / (this.sumRow - 1);
  let currentX = Constants.SCREEN_MARGIN_LEFT;
  let currentY = this.wordHeight;
  for (let i = startIndex;; i++) {
    if (currentX + this.wordWidth > this.screenW - (Constants.SCREEN_
      MARGIN_LEFT - 1)) {
      currentX = Constants.SCREEN_MARGIN_LEFT;
      currentY = currentY + this.rowGap + this.wordHeight + realRowGap;
      if (currentY > this.screenH) {
        break;
      }
    }
    // 上下翻页模式中，不再无限重复读取文本
    let charPos = this.turnStyle === FlipPageType.UP_DOWN_FLIP_PAGE ? i : i
      % Constants.TEXT.length;
    this.context.fillText(Constants.TEXT.charAt(charPos), currentX,
      currentY);
    currentX += this.wordWidth + gap;
  }
}

build() {
  Flex({ direction: FlexDirection.Row, alignItems: ItemAlign.Start,
    justifyContent: FlexAlign.Start }) {
    Column() {
      Canvas(this.context)
        .width(Constants.FULL_PERCENT)
        .height(Constants.FULL_PERCENT)
        .onReady(() => {
```

```
                this.drawText(this.startIndex);
            })
        }
        .width(Constants.FULL_PERCENT)
    }
    .height(Constants.FULL_PERCENT)
  }
}
```

对上述代码的具体说明如下。

● 组件结构：该组件使用了 @Component 装饰器，标记为一个可复用的 UI 组件。

● 通过 @Consume 和 @Watch 注解，组件可以获取外部设置并监听页面变化，从而确保在设置改变时重新渲染文本。

● 生命周期方法aboutToAppear：在组件即将出现时，绘制文本并注册屏幕显示模式变化的事件监听器，以便在模式变化时更新屏幕宽度和重绘文本。

● 生命周期方法onPageChange：当页面发生变化时调用，负责重绘文本。

● 生命周期方法aboutToDisappear：在组件即将消失时，负责注销屏幕显示模式变化的事件监听器。

● drawText：根据当前的起始索引、背景色、字体大小等属性在画布上绘制文本。该方法可以计算文本的布局，并根据翻页样式决定文本的显示方式。

● build：定义组件的 UI 布局，使用 Flex 和 Canvas 组件，将文本绘制到画布上，确保其充满可用空间。

（4）文件src/main/ets/view/SheetView.ets定义了组件 SheetView，用于展示和调整阅读器的界面设置，包括亮度、字体大小、翻页样式和背景颜色等。组件SheetView通过用户界面元素（如按钮、文本、滑块和开关）提供了直观的操作方式，让用户可以方便地自定义阅读方式。

（5）文件src/main/ets/view/SlideFlipView.ets定义了组件 SlideFlipView，用于实现滑动翻页效果的阅读器视图。组件 SlideFlipView 允许用户通过滑动手势在页面间进行翻页，并提供视觉反馈以增强阅读体验。

```
import { promptAction } from '@kit.ArkUI';
import { Constants } from '../common/constants/Constants';
import Reader from './Reader';

@Component
export struct SlideFlipView {
  @Consume('offsetX') offsetX: number;
  @Consume('sumRow') sumRow: number;
  @Consume('rowWord') rowWord: number;
  @Consume('screenW') screenW: number;
  @Consume('currentPageNum') currentPageNum: number;
```

```
@Link currentStartIndex: number;
private isFirst: boolean = false;

build() {
  Stack() {
    Reader({ startIndex: this.currentStartIndex + this.sumRow * this.
      rowWord })
      .translate({ x: this.offsetX >= 0 ? this.screenW : this.screenW +
        this.offsetX, y: 0, z: 0 })

    Reader({ startIndex: this.currentStartIndex })
      .translate({ x: this.offsetX, y: 0, z: 0 })
      .width(this.screenW)

    Reader({ startIndex: this.currentStartIndex - this.sumRow * this.
      rowWord })
      .translate({ x: this.offsetX >= 0 ? -this.screenW + this.offsetX :
        -this.screenW, y: 0, z: 0 })
  }
  .gesture(
    PanGesture()
      .onActionUpdate((event?: GestureEvent) => {
        if (!event) {
          return;
        }
        if (this.currentPageNum <= 1 && event.offsetX > 0) {
          this.isFirst = true;
          return;
        }

        this.offsetX = event.offsetX;
      })
      .onActionEnd(() => {
        animateTo({
          duration: Constants.FLIP_DURATION,
          curve: Curve.EaseOut,
          onFinish: () => {
            if (this.offsetX > 0) {
              this.currentPageNum -= 1;
              if (this.currentStartIndex !== 0) {
                this.currentStartIndex -= this.sumRow * this.rowWord;
              }
            }
            if (this.offsetX < 0) {
              this.currentPageNum += 1;
              this.currentStartIndex += this.sumRow * this.rowWord;
```

```
          }
          if (this.isFirst) {
            promptAction.showToast({
              message: Constants.MSG_FLIP_OVER,
              duration: Constants.PROMPT_DURATION
            });
            this.isFirst = false;
          }
          this.offsetX = 0;
        }
      }, () => {
        if (this.offsetX > 0) {
          this.offsetX = this.screenW;
        }
        if (this.offsetX < 0) {
          this.offsetX = -this.screenW;
        }
      })
    })
  )
  }
}
```

（6）文件 src/main/ets/view/UpDownFlipView.ets 定义了组件 UpDownFlipView，用于实现上下翻页效果的阅读器视图。该组件允许用户通过上下滑动手势在书籍或文档的页面之间进行切换，提供流畅的翻页体验。该组件的主要功能和特点如下。

● 上下翻页：用户可以通过上下滑动手势翻页，动态展示当前页面、上一页和下一页的内容，提升阅读体验。

● 页面管理：组件跟踪当前页面索引 (currentPageNum) 和开始索引 (currentStartIndex)，根据用户滑动的方向和距离进行调整。

● 页面显示：使用多个 Reader 组件分别展示当前页及其前后页面，通过 translate 方法实现页面的上下移动。

● 手势处理：通过手势事件（如 PanGesture）实时更新页面的偏移量（offsetY），并根据滑动的情况进行翻页逻辑处理。

● 边界条件处理：组件实现了对第一页和最后一页的特殊处理，防止用户在这些页面继续滑动翻页，并提供相应的提示反馈。

● 动画效果：在滑动结束后，应用平滑的动画效果，确保翻页的视觉效果自然流畅。

（7）文件 src/main/ets/pages/NovelPage.ets 定义了一个名为 NovelPage 的组件，用于显示小说阅读界面。组件 NovelPage 的主要功能如下。

● 状态管理：使用状态和提供者（@State 和 @Provide）来管理页面的各种参数，如字体大小、背景颜色、屏幕尺寸、当前页码和内容的偏移量等。

- 页面内容计算：根据屏幕大小和字体设置计算每页的行数和单词数，进而确定总页数和当前页面内容的起始索引。

- 系统状态栏设置：通过 changeSystemBarStatue 方法，根据背景颜色更新系统状态栏的颜色。

- 翻页效果：根据用户选择的翻页样式（如覆盖翻页、滑动翻页、上下翻页），实现页面内容的翻转效果，并在翻页结束时更新当前页面的内容和索引。

- 点击事件处理：处理用户的点击操作，决定翻页的方向或展示其他界面（如设置面板）。

- 界面布局：使用 Row 和 Column 布局组件来组织页面内容，并通过 SheetView 提供一个弹出式的选项面板。

执行代码后，显示阅读界面，默认使用左右覆盖翻页效果，如图 2-13 所示。点击屏幕中部区域，弹出设置半模态窗口，允许用户设置屏幕亮度、字体大小、翻页类型及文本背景颜色，如图 2-14 所示。用户可以通过点击半模态窗口的关闭按钮、外部区域或进行下拉操作来关闭窗口。显示的文本以页为单位进行展示，当上下滑动切换为其他翻页模式时，以当前所在页的首字为基准进行变换；在更换字体时，也遵循这一原则。

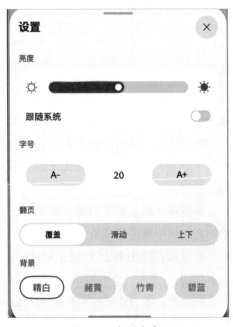

图 2-13　阅读界面　　　　　　　　图 2-14　半模态窗口

案例10　个性时钟系统

本案例实现了一个简单的时钟系统，展示了使用 Canvas 进行图形绘制和动态更新的基本方法。在具体实现过程中，通过使用 @ohos.display 接口和 Canvas 组件，动态绘制了时钟的表盘和指针。

时钟每秒刷新一次，实时显示当前时间，并且通过计算设备屏幕的大小实现了良好的适配性。整体上，该案例展示了如何使用 Canvas 技术在鸿蒙系统中构建一个简单而直观的时钟应用。

具体来说，该应用的主要功能模块如下。

● 界面刷新：通过 setInterval 实现每秒实时刷新显示时间，确保用户始终看到当前的时间。

● 时钟绘制：使用 Canvas 组件和 @ohos.display 接口绘制时钟。时针、分针和秒针的旋转角度通过数学计算动态生成，例如，秒针的旋转角度为 2 * Math.PI / 60 * second。

● 表盘设置：通过 display.getDefaultDisplay() 获取设备的宽和高，以计算和设置表盘的大小，确保在不同设备上都能有良好的展示效果。

● 时间获取：调用 updateTime 函数获取当前小时、分钟和秒，利用 new Date() 对象获取系统时间。

● 内容绘制：通过 CanvasRenderingContext2D 绘制表盘的背景、时针、分针、秒针、圆心及表盘下方的文本，从而提供良好的用户体验。

● 应用结构：应用文件结构清晰，包含代码、日志工具和应用资源，便于维护和扩展。

案例2-10　个性时钟系统（源码路径：codes\2\Clock）

（1）文件 src/main/ets/common/CommonConstants.ets 定义了一组常量，用于在时钟系统中提供基本的数值和配置，以提高代码的可读性和可维护性。

```
export default class CommonConstants {
  static readonly NUMBER_TWO: number = 2;
  static readonly NUMBER_THREE: number = 3;
  static readonly NUMBER_FOUR: number = 4;
  static readonly NUMBER_TEN: number = 10;
  static readonly DEFAULT_WATCH_SIZE: number = 300;
  static readonly DEFAULT_WATCH_RADIUS: number = 150;
  static readonly FULL_PERCENTAGE: string = '100%';
  static readonly INTERVAL_TIME: number = 1000;
  static readonly HEIGHT_ADD: number = 150;
  static readonly CONVERSION_RATE: number = 0.6;
  static readonly HOURS: Array<string> = ['3', '4', '5', '6', '7', '8', '9',
    '10', '11', '12', '1', '2'];

}
```

对上述代码的具体说明如下。

● NUMBER_TWO、NUMBER_THREE、NUMBER_FOUR、NUMBER_TEN：代表数字 2、3、4 和 10，用于其他计算或逻辑判断。

● DEFAULT_WATCH_SIZE：设定表盘的默认大小为 300 像素。

● DEFAULT_WATCH_RADIUS：设定表盘的默认半径为 150 像素。

- FULL_PERCENTAGE：字符串 '100%'，用于设置组件的宽度或高度为全屏显示。

- INTERVAL_TIME：设置定时器的时间间隔为 1000 毫秒（1 秒），用于定期更新时钟显示。

- HEIGHT_ADD：设置画布高度的附加值为 150，用于调整绘图区域的高度。

- CONVERSION_RATE：设定转换比率为 0.6，用于在绘制时进行尺寸转换。

- HOURS：包含字符串形式的小时数字（从 3 到 12，再从 1 到 2），用于时钟的小时标记。

（2）文件 src/main/ets/utils/Logger.ets 实现了一个简单的日志记录工具类 Logger，用于在应用中统一处理不同级别的日志输出。此文件使用 @kit.PerformanceAnalysisKit 提供的 hilog 接口，支持以下日志级别。

- debug：记录调试信息。

- info：记录一般信息。

- warn：记录警告信息。

- error：记录错误信息。

（3）文件 src/main/ets/utils/DrawClock.ets 实现了类 DrawClock，该类提供了一系列方法用于在 Canvas 上绘制简单的时钟。其主要功能如下。

- 绘制时钟表盘：通过 drawBackGround 方法绘制时钟的背景、外圈、时钟刻度及时间文字。

- 绘制指针：分别通过 drawHour、drawMinute 和 drawSecond 方法绘制时针、分针和秒针。指针的旋转角度根据当前时间计算得出以反映真实的时间。

- 绘制中心点：使用 drawDot 方法在时钟中心绘制一个小圆点，以增强时钟的视觉效果。

- 显示当前时间：通过 drawTime 方法在表盘下方绘制当前时间，以字符串形式展示，便于用户直接读取。

```
import CommonConstants from '../common/CommonConstants';

export default class DrawClock {
  drawClock(context: CanvasRenderingContext2D, radius: number, canvasWidth:
    number, hour: number, minute: number,
    second: number, time: string) {
    this.drawBackGround(context, radius, canvasWidth);
    this.drawHour(context, radius, hour, minute);
    this.drawMinute(context, radius, minute);
    this.drawSecond(context, radius, second);
    this.drawDot(context);
    this.drawTime(context, radius, time);
  }

  drawBackGround(context: CanvasRenderingContext2D, radius: number,
    canvasWidth: number) {
    context.save();
    // 绘制背景
```

```
let grad = context.createRadialGradient(radius, radius, radius - 32,
  radius, radius, radius);
grad.addColorStop(0.0, 'white');
grad.addColorStop(0.9, '#eee');
grad.addColorStop(1.0, 'white');
context.fillStyle = grad;
context.fillRect(0, 0, canvasWidth, canvasWidth);

// 绘制外圈圆
context.translate(radius, radius);
context.lineWidth = 6;
context.beginPath();
context.strokeStyle = '#fff';
context.arc(0, 0, radius - 5, 0, 2 * Math.PI, false);
context.stroke();

// 绘制时间文字
context.font = '30px';
context.textAlign = "center";
context.textBaseline = "middle";
context.fillStyle = '#000';
CommonConstants.HOURS.forEach((num, index) => {
  context.save();
  let rad = 2 * Math.PI / 12 * index;
  let x = Math.cos(rad) * (radius - 38);
  let y = Math.sin(rad) * (radius - 38);
  context.fillText(num, x, y);
})

// 绘制刻度
for (let i = 0; i < 60; i++) {
  let rad = 2 * Math.PI / 60 * i;
  let x = Math.cos(rad) * (radius - 12);
  let y = Math.sin(rad) * (radius - 12);
  context.beginPath();
  context.moveTo(x, y);
  if (i % 5 == 0) {
    let x1 = Math.cos(rad) * (radius - 20);
    let y1 = Math.sin(rad) * (radius - 20);
    context.strokeStyle = '#000';
    context.lineWidth = 2;
    context.lineTo(x1, y1);
  } else {
    let x1 = Math.cos(rad) * (radius - 18);
    let y1 = Math.sin(rad) * (radius - 18);
```

```
      context.strokeStyle = '#ccc';
      context.lineWidth = 1;
      context.lineTo(x1, y1);
    }
    context.stroke();
  }
}

// 绘制时针
drawHour(context: CanvasRenderingContext2D, radius: number, hour: number,
  minute: number) {
  context.save();
  context.beginPath();
  context.lineWidth = 8;
  context.lineCap = 'round';
  let rad = 2 * Math.PI / 12 * hour;
  let mrad = 2 * Math.PI / 12 / 60 * minute;
  context.rotate(rad + mrad);
  context.moveTo(0, 10);
  context.strokeStyle = '#000';
  context.lineTo(0, -radius / 2);
  context.stroke();
  context.restore();
}

// 绘制分针
drawMinute(context: CanvasRenderingContext2D, radius: number, minute:
  number) {
  context.save();
  context.beginPath();
  context.lineWidth = 5;
  context.lineCap = 'round';
  let rad = 2 * Math.PI / 60 * minute;
  context.rotate(rad);
  context.moveTo(0, 10);
  context.strokeStyle = '#000';
  context.lineTo(0, -radius + 40);
  context.stroke();
  context.restore();
}

// 绘制秒针
drawSecond(context: CanvasRenderingContext2D, radius: number, second:
  number) {
  context.save();
  context.beginPath();
```

```
    context.lineWidth = 2;
    context.lineCap = 'round';
    let rad = 2 * Math.PI / 60 * second;
    context.rotate(rad);
    context.moveTo(0, 10);
    context.strokeStyle = '#05f';
    context.lineTo(0, -radius + 21);
    context.stroke();
    context.restore();
  }

  // 绘制中心点
  drawDot(context: CanvasRenderingContext2D) {
    context.save();
    context.beginPath();
    context.fillStyle = '#05f';
    context.arc(0, 0, 4, 0, 2 * Math.PI, false);
    context.fill();
    context.restore();
  }

  // 绘制表盘下面的时间文本
  drawTime(context: CanvasRenderingContext2D, radius: number, time: string) {
    context.save();
    context.beginPath();
    context.font = '90px';
    context.textAlign = "center";
    context.textBaseline = "middle";
    context.fillStyle = '#000';
    context.fillText(time, 0, radius + 80);
    context.restore();
  }
}
```

（4）文件src/main/ets/pages/Index.ets实现了时钟系统的主页面，利用 Canvas 绘制时钟的各个元素并适应不同的屏幕尺寸，同时能够动态更新时钟应用。其主要功能如下。

● 时钟组件：定义了一个 Clock 组件，使用 Canvas 绘制时钟表盘和指针，时钟能够实时更新当前时间。

● 时间更新：通过 updateTime 方法定时更新时钟显示，每秒都会清除画布并重新绘制时钟。当前小时、分钟和秒数通过 new Date() 获取，并格式化为两位数显示。

● 设备适配：在 getSize 方法中，通过获取设备的显示宽度和高度来计算表盘的大小，确保时钟在不同设备上都能良好适配。

● 状态管理：使用 @State 来管理画布的宽度和半径。在页面显示时，启动定时器以更新时钟；

在页面隐藏时，清除定时器。

- 布局构建：通过 build 方法构建 UI 布局，使用 Stack 对齐 Canvas，使其在页面中居中显示。

```
const HEIGHT_ADD: number = CommonConstants.HEIGHT_ADD; // 表盘下面需要绘制时间
  canvas 高度是宽度加 150
const TAG: string = 'Index';

@Entry
@Component
struct Clock {
  @State canvasWidth: number = CommonConstants.DEFAULT_WATCH_SIZE;
                                                    // 300 是表盘默认大小
  private settings: RenderingContextSettings = new
    RenderingContextSettings(true);
  private context: CanvasRenderingContext2D = new
    CanvasRenderingContext2D(this.settings);
  private radius: number = CommonConstants.DEFAULT_WATCH_RADIUS; // 默认表盘半径
  private intervalId: number = 0;
  private drawClock: DrawClock = new DrawClock();
  updateTime = () => {
    this.context.clearRect(0, 0, this.canvasWidth, this.canvasWidth + HEIGHT_ADD);
    let nowTime = new Date();
    let hour = nowTime.getHours();
    let minute = nowTime.getMinutes();
    let second = nowTime.getSeconds();
    let time = `${this.fillTime(hour)}:${this.fillTime(minute)}:${this.
      fillTime(second)}`;
    this.drawClock.drawClock(this.context, this.radius, this.canvasWidth,
      hour, minute, second, time)
    this.context.translate(-this.radius, -this.radius);
  }

  fillTime(time: number) {
    return time < CommonConstants.NUMBER_TEN ? `0${time}` : `${time}`;
  }

  onPageShow(): void {
    this.updateTime();
    this.intervalId = setInterval(this.updateTime, CommonConstants.INTERVAL_TIME)
  }

  onPageHide() {
    clearInterval(this.intervalId);
  }

  aboutToAppear() {
```

```
      this.getSize();
   }

   // 获取设备宽高，计算表盘大小
   async getSize() {
     let mDisplay = display.getDefaultDisplaySync();
     Logger.info(TAG, `getDefaultDisplay mDisplay = ${JSON.
       stringify(mDisplay)}`);
     this.canvasWidth = px2vp(mDisplay.width > mDisplay.height ? mDisplay.
       height * CommonConstants.CONVERSION_RATE :
       mDisplay.width * CommonConstants.CONVERSION_RATE);
     this.radius = this.canvasWidth / CommonConstants.NUMBER_TWO;
   }

   build() {
     Stack({ alignContent: Alignment.Center }) {
       Canvas(this.context)
         .padding({ top: $r('app.float.canvas_padding_top') })
         .width(this.canvasWidth)
         .height(this.canvasWidth + HEIGHT_ADD)
         .onReady(() => {
           this.updateTime();
           this.intervalId = setInterval(this.updateTime, CommonConstants.
             INTERVAL_TIME);
         })
     }
     .width(CommonConstants.FULL_PERCENTAGE)
     .height(CommonConstants.FULL_PERCENTAGE)
   }
}
```

代码执行后的效果如图2-15所示。

 案例11 多图片合集轮播系统

本案例基于Swiper组件和自定义指示器，实现了一个多图片合集轮播系统。通过实现全屏显示、图片翻页效果，以及状态栏和导航栏的自定义，多图片合集轮播系统具备了现代移动应用的基本UI功能。该应用还集成了折叠屏设备的检测与适配功能，确保在不同设备上都有良好的展示

图2-15　绘制的时钟

效果。同时，应用中使用了日志功能，便于调试与性能分析，其功能模块如下。

- 图片展示模块：基于 Swiper 组件，实现多张图片的轮播展示，支持自动播放、图片切换动画以及翻页效果的流畅实现。
- 自定义进度条模块：显示当前图片的进度，并能够动态更新进度条的状态，支持动画效果，为用户提供清晰的视觉反馈。
- 折叠屏适配模块：通过检测设备是否为折叠屏，并根据折叠状态动态调整布局，保证应用在折叠屏设备上的良好展示效果和用户体验。
- 全屏显示与系统栏设置模块：控制应用在全屏模式下的展示效果，包括设置状态栏和导航栏的颜色及内容颜色，为用户提供沉浸式体验。
- 页面结构模块：使用多种布局组件（如 Column、Row、Stack 等）组织页面内容，包括图片、文字、按钮等，实现整洁、美观且易于使用的界面。
- 交互与事件处理模块：通过触控手势、点击事件和 Swiper 的状态监听来实现用户与应用的互动，包括图片滑动、页面切换等功能。
- 日志管理与错误处理模块：使用日志功能跟踪应用的生命周期事件、加载状态和错误处理，便于调试与性能优化。

案例2-11　多图片合集轮播系统（源码路径：codes\2\MultipleImage）

（1）文件 src/main/ets/common/CommonConstants.ets 定义了一个名为 CommonConstants 的常量类，封装了与项目中图片轮播和布局相关的一系列常量，涵盖了 Swiper 组件的动画时长、间隔时间、初始索引、布局参数等，便于项目统一管理和使用这些值，从而简化配置和维护。文件中声明的常量如下。

- 百分比相关值：FULL_PERCENT、FOLDABLE_PERCENT、NONE_PERCENT。
- Swiper 的索引、时长、间隔等控制参数：INITIALLY_CURRENT_INDEX、DURATION、INTERVAL。
- 布局和空间相关：ITEM_SPACE、PROGRESS_WRAP_HEIGHT、Z_INDEX 等。

（2）文件 src/main/ets/util/DataSource.ets 定义了两个类 DataSource 和 PhotoData，主要用于管理和处理图片数据。其中，类 DataSource 实现了接口 IDataSource，并且持有一个 PhotoData 的数组 list。该类的构造函数接受一个 PhotoData 数组，用于初始化 list。类 DataSource 中的成员如下。

- 方法 totalCount() 返回数据列表中的图片总数。
- 方法 getData(index) 用于根据索引获取特定的 PhotoData 对象。
- 方法 registerDataChangeListener 和方法 unregisterDataChangeListener 用于监听数据变化。其中前者是注册监听器，让程序能够响应数据变化；后者是注销监听器，主要用于清理已注册的监听器，移除监听行为。

类 PhotoData 代表一张图片的元数据，包含如下字段。

- total：图片的总数，默认为 7。

- value：当前图片的某个属性值，默认为 0。

- id：图片的唯一标识符，初始值为 -1。

（3）文件 src/main/ets/pages/Index.ets 实现了一个基于 Swiper 组件和自定义指示器的多图片合集展示页面，具体实现流程如下。

下面的代码定义了一个 Index 组件，用于在折叠设备上显示图片轮播功能。通过 SwiperController 控制图片轮播展示，并检测设备是否为可折叠设备，动态调整页面布局。在页面初始化时会加载 7 张图片数据，使用 DataSource 作为数据源管理这些数据，同时在 aboutToAppear 生命周期方法中处理设备折叠状态的回调函数，实现页面显示的自适应。

```
@Entry
@Component
struct Index {
  private swiperController: SwiperController = new SwiperController();
  @State progressData: PhotoData[] = [];
  @State data: DataSource = new DataSource([]);
  @State currentIndex: number = CommonConstants.INITIALLY_CURRENT_INDEX;
  @State slideIndex: number = CommonConstants.SLIDE_INDEX;
  @State duration: number = CommonConstants.DURATION;
  @State swiperMaxHeight: number = CommonConstants.SWIPER_MAX_HEIGHT;
  @State progressHeight: number = CommonConstants.PROGRESS_WRAP_HEIGHT;
  @State slide: boolean = false;
  @State foldStatus: number = 2;
  @State isFoldable: boolean = false;
  scroller: Scroller = new Scroller();

  aboutToAppear(): void {
    this.isFoldable = display.isFoldable();
    let foldStatus: display.FoldStatus = display.getFoldStatus();
    if (this.isFoldable) {
      this.foldStatus = foldStatus;
      let callback: Callback<number> = () => {
        let data: display.FoldStatus = display.getFoldStatus();
        this.foldStatus = data;
      }
      display.on('change', callback);
    }
    let list: PhotoData[] = [];
    for (let i = 1; i <= 7; i++) {
      let newPhotoData = new PhotoData();
      newPhotoData.id = i;
      list.push(newPhotoData);
    }
```

```
    this.progressData = list;
    this.data = new DataSource(list);
}
```

下面的代码定义了一个名为 progressComponent 的方法，用于生成图片轮播组件的进度条。进度条使用行布局 (Row) 来显示每张图片的加载进度，并由多个 Row 组件层叠构成。其背景色、宽度和动画效果随 currentIndex 和 slide 状态动态变化。进度条的每个部分都会根据当前图片索引进行更新，并支持动画效果。当轮播到最后一张图片时，进度条的动画时长会被重置。

```
@Builder
progressComponent() {
  Row({ space: CommonConstants.ROW_SPACE }) {
    ForEach(this.progressData, (item: PhotoData, index: number) => {
      Stack({ alignContent: Alignment.Start }) {
        Row()
          .zIndex(CommonConstants.Z_INDEX_0)
          .width(CommonConstants.FULL_PERCENT)
          .height($r('app.float.row_height'))
          .borderRadius($r('app.float.row_borderRadius'))
          .backgroundColor(Color.Grey)
        Row()
          .zIndex(CommonConstants.Z_INDEX_1)
          .width(this.currentIndex >= index && !this.slide ?
            CommonConstants.FULL_PERCENT :
          CommonConstants.NONE_PERCENT)
          .height($r('app.float.row_height'))
          .borderRadius($r('app.float.row_borderRadius'))
          .backgroundColor(Color.White)
          .animation(!this.slide ? {
            duration: this.duration - 400,
            curve: Curve.Linear,
            iterations: 1,
            playMode: PlayMode.Normal,
            onFinish: () => {
              if (this.currentIndex === this.progressData.length - 1) {
                this.duration = 400;
                this.currentIndex = -1;
              }
            }
          } : {
            duration: 0
          })
        Row()
          .zIndex(CommonConstants.Z_INDEX_2)
          .width(this.currentIndex >= index && this.slide ? CommonConstants.
```

```
            FULL_PERCENT :
        CommonConstants.NONE_PERCENT)
          .height($r('app.float.row_height'))
          .borderRadius($r('app.float.row_borderRadius'))
          .backgroundColor(Color.White)
      }
      .layoutWeight(CommonConstants.LAYOUT_WEIGHT)
    }, (item: PhotoData) => JSON.stringify(item))
  }
  .width(CommonConstants.FULL_PERCENT)
  .height(CommonConstants.PROGRESS_WRAP_HEIGHT)
}
```

下面的代码实现了一个基于滑动图片 (Swiper) 的界面布局，包含图片轮播及列表展示的交互功能。其主要功能如下。

● 导航按钮（Image）：在界面顶部显示一个返回按钮，通过设置图像的宽度、高度和边距来控制其布局。

● 图片轮播（Swiper）：核心功能是使用 Swiper 组件进行图片轮播。轮播中的图片根据 PhotoData 动态生成，并根据设备是否折叠调整图片的宽度。同时，轮播还支持自动播放、循环播放和滑动手势操作。

● 滑动手势：当检测到向右滑动的手势时，会处理图片轮播，并在特定情况下（如滑到第一张图片时）终止页面。

● 进度条动画：轮播的当前索引值直接影响进度条的显示状态以及图片的切换效果，并通过动画效果使用户看到图片切换的进度和变化。

● 布局与样式：通过多种布局组件（如 Column、Row、Stack）实现复杂的 UI 布局，确保界面在不同设备上的适应性。

```
build() {
  Column() {
    Row() {
      Image($r('app.media.back'))
        .width($r('app.float.image_width'))
        .height($r('app.float.image_height'))
        .margin({ top: $r('app.float.image_margin_top') })
    }
    .width(CommonConstants.FULL_PERCENT)
    .height($r('app.float.row_image_height'))
    .padding({ left: $r('app.float.padding_left'), right: $r('app.float.
      padding_right') })

    Stack({ alignContent: Alignment.BottomStart }) {
      Scroll() {
```

```
    List() {
      ListItem() {
        Swiper(this.swiperController) {
          LazyForEach(this.data, (item: PhotoData, index: number) => {
            Image($r(`app.media.` + item.id))
              .width(this.foldStatus === 2 ? CommonConstants.FULL_
                PERCENT: CommonConstants.Foldable_PERCENT)
              .height(CommonConstants.FULL_PERCENT)
          }, (item: PhotoData) => JSON.stringify(item))
        }
        .cachedCount(CommonConstants.SWIPER_CACHED_COUNT)
        .index($$this.slideIndex)
        .autoPlay(!this.slide ? true : false)
        .interval(CommonConstants.INTERVAL)
        .loop(!this.slide ? true : false)
        .indicatorInteractive(false)
        .duration(CommonConstants.IMAGE_DURATION)
        .itemSpace(CommonConstants.ITEM_SPACE)
        .indicator(false)
        .displayArrow(false)
        .curve(Curve.Linear)
        .onChange((index: number) => {
          this.duration = 3000;
          this.currentIndex = index;
        })
        .onAppear(() => {
          this.currentIndex = 0;
        })
        .onGestureSwipe((index: number, extraInfo: SwiperAnimationEvent)
          => {
          if (extraInfo.currentOffset > 0 && index === 0 && !this.
            slide) {
            let context = getContext(this) as common.UIAbilityContext;
            context.terminateSelf();
          }
          this.slide = true;
          if (extraInfo.currentOffset > 0 && this.currentIndex > 0) {
            this.currentIndex = index - 1;
          }
        })
      }
      .width(CommonConstants.FULL_PERCENT)
      .height(this.swiperMaxHeight)
    }
    .width(CommonConstants.FULL_PERCENT)
    .height(CommonConstants.FULL_PERCENT)
```

```
    .sticky(StickyStyle.Footer)
  }
  .layoutWeight(CommonConstants.LAYOUT_WEIGHT)
```

下面的代码实现了一个布局，其中包含多个以列式排列的功能项按钮，如头像、收藏、评论、分享及录制等功能。其具体功能如下。

● 头像和图标显示：在布局顶部显示用户头像，并通过设置图像的宽度、高度和圆角等属性进行样式控制。

● 功能按钮列：使用多个 Column 嵌套布局，分别展示收藏、评论、分享等功能，每个功能都包含一个图标和对应的文字说明，并设置了图标大小、文字大小及颜色。

● 录制按钮：在功能按钮的下方显示录制按钮的图标，并通过设置圆角和大小控制其样式。

● 布局与样式控制：整个列布局通过边距、对齐方式、透明点击行为等属性进行优化，以保证内容居中显示，并适应不同的设备和界面设计要求。

```
Column() {
  Column({ space: CommonConstants.COLUMN_SPACE }) {
    Image($r('app.media.avatar'))
      .width($r('app.float.image_width'))
      .height($r('app.float.image_height'))
      .borderRadius($r('app.float.image_borderRadius'))
    Column({ space: CommonConstants.COLUMN_SPACE_INSIDE }) {
      Image($r("app.media.favor"))
        .width($r('app.float.image_width_inside'))
        .height($r('app.float.image_height_inside'))
      Text($r('app.string.collection'))
        .fontSize($r('app.float.text_font_size'))
        .fontColor(Color.White)
    }
    .width($r('app.float.column_width'))
    .height($r('app.float.column_height'))

    Column({ space: CommonConstants.COLUMN_SPACE_INSIDE }) {
      Image($r('app.media.comments'))
        .width($r('app.float.image_width_inside'))
        .height($r('app.float.image_height_inside'))
      Text($r('app.string.Comments'))
        .fontSize($r('app.float.text_font_size'))
        .fontColor(Color.White)
    }
    .width($r('app.float.column_width'))
    .height($r('app.float.column_height'))

    Column({ space: CommonConstants.COLUMN_SPACE_INSIDE }) {
      Image($r('app.media.share'))
```

```
        .width($r('app.float.image_width_inside'))
        .height($r('app.float.image_height_inside'))
      Text($r('app.string.share'))
        .fontSize($r('app.float.text_font_size'))
        .fontColor(Color.White)
    }
    .width($r('app.float.column_width'))
    .height($r('app.float.column_height'))

    Image($r('app.media.recording'))
      .width($r('app.float.image_width'))
      .height($r('app.float.image_height'))
      .borderRadius($r('app.float.image_borderRadius'))
  }
  .margin({ top: $r('app.float.column_image_margin_top') })
}
.width(CommonConstants.FULL_PERCENT)
.height(CommonConstants.FULL_PERCENT)
.alignItems(HorizontalAlign.End)
.justifyContent(FlexAlign.Center)
.padding({ left: $r('app.float.column_padding_left'), right: $r('app.
  float.column_padding_right') })
.hitTestBehavior(HitTestMode.Transparent)
```

下面的代码实现了一个带有宠物信息显示和进度条组件的布局，具体功能如下。

● 显示宠物信息：通过两个 Row 组件展示宠物的相关信息，包括"可爱宠物"的标题、日期、宠物种类（如狗）及宠物描述（如"被宠坏"）。这些文本内容通过不同的样式（如字体、颜色、边距）进行了美化。

● 进度条组件：通过调用 this.progressComponent() 插入一个进度条组件，用于展示某种动态效果，如进度或状态。

● 输入框：在文本下方有一个不可聚焦的文本输入框，带有提示文本和背景色，作为输入占位符。

● 布局样式：整体布局通过设置边距、填充、对齐方式及透明点击行为，使内容在视觉上整齐且可读。背景色为黑色，整个组件占据全屏宽度和高度。

```
Column() {
  Column({ space: CommonConstants.COLUMN_SPACE_INSIDE }) {
    Row() {
      Text($r('app.string.cute_pet'))
        .fontWeight(FontWeight.Bold)
        .fontColor(Color.White)
      Text($r('app.string.dots'))
        .fontColor(Color.White)
```

```
                    .margin({ left: 6, right: 6 })
                  Text($r('app.string.date'))
                    .fontColor(Color.White)
              }
              .width(CommonConstants.FULL_PERCENT)
              .justifyContent(FlexAlign.Start)
              .margin({ top: $r('app.float.row_margin_top') })

              Row() {
                Text($r('app.string.pets'))
                  .fontWeight(FontWeight.Bold)
                  .fontColor(Color.White)
                Text($r('app.string.dog'))
                  .fontColor(Color.White)
                  .margin({ left: $r('app.float.text_margin_left'), right:
                    $r('app.float.text_margin_right') })
                Text($r('app.string.spoiled'))
                  .fontColor(Color.White)
              }
              .width(CommonConstants.FULL_PERCENT)
              .justifyContent(FlexAlign.Start)

              this.progressComponent();
            }

          TextInput({ placeholder: $r('app.string.placeholder') })
              .width(CommonConstants.FULL_PERCENT)
              .backgroundColor($r('app.color.textInput_backgroundColor'))
              .fontColor(Color.White)
              .placeholderColor(Color.White)
              .focusable(false)
        }
        .width(CommonConstants.FULL_PERCENT)
        .height($r('app.float.description_column_height'))
        .padding({
          left: $r('app.float.padding_left'),
          right: $r('app.float.padding_right'),
          bottom: $r('app.float.padding_bottom')
        })
        .hitTestBehavior(HitTestMode.Transparent)
        .justifyContent(FlexAlign.SpaceBetween)
      }
      .margin({ top: $r('app.float.stack_margin_top'), })
      .height($r('app.float.stack_height'))
  }
  .backgroundColor(Color.Black)
  .height(CommonConstants.FULL_PERCENT)
```

```
    .width(CommonConstants.FULL_PERCENT)
  }
}
```

（4）文件 src/main/ets/entryability/EntryAbility.ets 定义了一个名为 EntryAbility 的类，该类继承自 UIAbility，用于处理应用程序的生命周期事件。

```
import { AbilityConstant, UIAbility, Want } from '@kit.AbilityKit';
import { hilog } from '@kit.PerformanceAnalysisKit';
import { window } from '@kit.ArkUI';
import { BusinessError } from '@kit.BasicServicesKit';

export default class EntryAbility extends UIAbility {
  onCreate(want: Want, launchParam: AbilityConstant.LaunchParam): void {
    hilog.info(0x0000, 'testTag', '%{public}s', 'Ability onCreate');
  }

  onDestroy(): void {
    hilog.info(0x0000, 'testTag', '%{public}s', 'Ability onDestroy');
  }

  onWindowStageCreate(windowStage: window.WindowStage): void {
    // 主窗口被创建，设置该能力的主页面
    hilog.info(0x0000, 'testTag', '%{public}s', 'Ability onWindowStageCreate');

    windowStage.loadContent('pages/Index', (err) => {
      if (err.code) {
        hilog.error(0x0000, 'testTag', ' 加载内容失败。原因：%{public}s', JSON.
          stringify(err) ?? '');
        return;
      }
      hilog.info(0x0000, 'testTag', ' 成功加载内容。');
    });

    let windowClass: window.Window | null = null;
    windowStage.getMainWindow((err: BusinessError, data) => {
      let errCode: number = err.code;
      if (errCode) {
        hilog.error(0x0000, 'testTag', ' 获取主窗口失败。原因：%{public}s',
          JSON.stringify(err) ?? '');
        return;
      }
      windowClass = data;
      hilog.info(0x0000, 'testTag', ' 成功获取主窗口。');

      windowClass.setWindowLayoutFullScreen(true);
```

```
    let sysBarProps: window.SystemBarProperties = {
      statusBarColor: '#000000',
      navigationBarColor: '#000000',
      statusBarContentColor: '#ffffff',
      navigationBarContentColor: '#ffffff'
    };
    windowClass.setWindowSystemBarProperties(sysBarProps);
  })
}

onWindowStageDestroy(): void {
  // 主窗口被销毁，释放与 UI 相关的资源
  hilog.info(0x0000, 'testTag', '%{public}s', 'Ability onWindowStageDestroy');
}

onForeground(): void {
  // 能力已被带到前景
  hilog.info(0x0000, 'testTag', '%{public}s', 'Ability onForeground');
}

onBackground(): void {
  // 能力已回到背景
  hilog.info(0x0000, 'testTag', '%{public}s', 'Ability onBackground');
}
}
```

代码执行后，会播放一组照片，如图 2-16 所示。

 案例12 背景跟随主题颜色自动转换

本案例将通过 Image 库、EffectKit 中的智能取色器 ColorPicker 和 Swiper 组件，构建一个动态图片轮播系统。该系统的核心功能是在图片轮播的过程中，根据每张图片的主色调动态调整背景颜色，并使用渐变效果渲染背景。同时，该系统支持全屏显示和沉浸式状态栏，为用户打造一个视觉上平滑、动态且响应式的图片展示界面。本项目的重点在于使用 onAnimationStart 事件触发图片切换时获取颜色，并通过 animateTo 实现背景颜色的渐变动画。此外，本项目还通过 linearGradient 设置背景渲染的方向和效果，并启用了全局的沉浸式状态栏。

图 2-16　播放一组照片

案例2-12　背景跟随主题颜色自动转换（源码路径：codes\2\Effect）

（1）文件 src/main/ets/common/CommonConstants.ets 定义了常量类 CommonConstants，主要用于存储项目中多次使用的静态常量配置，这些配置信息包括 UI 元素的尺寸、背景颜色、轮播组件的间隔时间、动画时长、渐变范围等参数，方便在项目中统一引用和修改，从而避免硬编码。

```
export default class CommonConstants {
  static readonly FULL_PARENT: string = '100%';
  static readonly START_WINDOW_BACKGROUND: string = "#FFFFFFF";
  static readonly SWIPER_INTERVAL: number = 3500;
  static readonly SWIPER_DURATION: number = 500;
  static readonly SWIPER_ITEM_SPACE: number = 10;
  static readonly HEXADECIMAL: number = 16;
  static readonly ANIMATION_DURATION: number = 500;
  static readonly ANIMATION_ITERATIONS: number = 1;
  static readonly START_GRADIENT_RANGE: number = 0.0;
  static readonly END_GRADIENT_RANGE: number = 0.5;
}
```

（2）文件 src/main/ets/pages/Index.ets 实现了本项目的首页组件 Index，并结合了图片轮播与背景颜色渐变的功能。Index 组件的主要功能如下。

● 图片轮播：使用 Swiper 组件展示一组图片，并设置了轮播的间隔时间、持续时间以及循环播放等功能。每次图片切换时都会触发 onAnimationStart 事件。

● 背景颜色动态改变：在 onAnimationStart 事件中，通过 Image 和 EffectKit 库获取当前轮播图片的颜色信息，并使用智能取色器 ColorPicker 获取图片的主色调，然后通过动画 animateTo 将背景颜色渐变到新颜色。

● 全屏和沉浸式布局：通过调用 window 模块使窗口全屏显示，并计算顶部的安全区域高度，确保界面元素不会被系统状态栏遮挡。

● 渐变背景：设置了背景的线性渐变效果，颜色由图片取色生成的主色调过渡到白色。

Index 组件结合了图片处理、动画效果及响应式布局，为用户打造了一个动态且美观的图片轮播界面。

```
@Entry
@Component
struct Index {
  @State imgData: Resource[] = [
    $r('app.media.image1'),
    $r('app.media.image2'),
    $r('app.media.image3'),
    $r('app.media.image4'),
    $r('app.media.image5'),
    $r('app.media.image6'),
```

```
    $r('app.media.image7'),
    $r('app.media.image8'),
];
@State bgColor: string = CommonConstants.START_WINDOW_BACKGROUND;
@State topSafeHeight: number = 0;
private swiperController: SwiperController = new SwiperController();
private swiperInterval: number = CommonConstants.SWIPER_INTERVAL;
private swiperDuration: number = CommonConstants.SWIPER_DURATION;
private swiperItemSpace: number = CommonConstants.SWIPER_ITEM_SPACE;

async aboutToAppear() {
    let windowHeight: window.Window = await window.getLastWindow(getContext(t
      his));
    await windowHeight.setWindowLayoutFullScreen(true);
    this.topSafeHeight = px2vp(windowHeight.getWindowAvoidArea(window.
      AvoidAreaType.TYPE_SYSTEM).topRect.height)

    const context = getContext(this);
    const resourceMgr: resourceManager.ResourceManager = context.
      resourceManager;
    const fileData: Uint8Array = await resourceMgr.getMediaContent(this.
      imgData[0]);
    const buffer = fileData.buffer as ArrayBuffer;
    const imageSource: image.ImageSource = image.createImageSource(buffer);
    const pixelMap: image.PixelMap = await imageSource.createPixelMap();

    effectKit.createColorPicker(pixelMap, (err, colorPicker) => {
      let color = colorPicker.getMainColorSync();
      this.bgColor =
        "#" + color.alpha.toString(CommonConstants.HEXADECIMAL) + color.red.
          toString(CommonConstants.HEXADECIMAL) +
        color.green.toString(CommonConstants.HEXADECIMAL) + color.blue.
          toString(CommonConstants.HEXADECIMAL)
    })
}

build() {
  Column() {
    Swiper(this.swiperController) {
      ForEach(this.imgData, (item: Resource) => {
        Image(item).borderRadius($r('app.integer.image_borderRadius'))
          .margin({ top: $r('app.integer.image_margin_top') })
      }, (item: Resource) => JSON.stringify(item))
    }
    .width(CommonConstants.FULL_PARENT)
    .padding({ left: $r('app.integer.swiper_padding_left'), right: $r('app.
```

```
        integer.swiper_padding_right') })
    .autoPlay(true)
    .interval(this.swiperInterval)
    .duration(this.swiperDuration)
    .loop(true)
    .itemSpace(this.swiperItemSpace)
    .indicator(false)
    .onAnimationStart(async (index, targetIndex) => {
      try {
        const context = getContext(this);
        const resourceMgr: resourceManager.ResourceManager = context.
          resourceManager;
        const fileData: Uint8Array = await resourceMgr.getMediaContent(this.
          imgData[targetIndex]);
        const buffer = fileData.buffer as ArrayBuffer;
        const imageSource: image.ImageSource = image.
          createImageSource(buffer);
        const pixelMap: image.PixelMap = await imageSource.createPixelMap();

        effectKit.createColorPicker(pixelMap, (err, colorPicker) => {
          let color = colorPicker.getMainColorSync();
          animateTo({
            duration: CommonConstants.ANIMATION_DURATION,
            curve: Curve.Linear,
            iterations: CommonConstants.ANIMATION_ITERATIONS
          }, () => {
            this.bgColor = "#" + color.alpha.toString(CommonConstants.
              HEXADECIMAL) +
            color.red.toString(CommonConstants.HEXADECIMAL) + color.green.
              toString(CommonConstants.HEXADECIMAL) +
            color.blue.toString(CommonConstants.HEXADECIMAL);
          })
        })
      } catch (e) {
        hilog.error(0x0000, 'TestTag', 'Failed error.code is %{public}
          d,error.message is %{public}s', e.code,
          e.message);
      }
    })
}
.width(CommonConstants.FULL_PARENT)
.height(CommonConstants.FULL_PARENT)
.linearGradient({
  direction: GradientDirection.Bottom,
  colors: [[this.bgColor, CommonConstants.START_GRADIENT_RANGE], [Color.
    White, CommonConstants.END_GRADIENT_RANGE]]
```

```
    })
    .padding({ top: this.topSafeHeight })
  }
}
```

代码执行后，将在屏幕中显示轮播照片，同时屏幕的背景色会跟随照片颜色的变化而自动调整，效果如图2-17所示。

图2-17　轮播照片

第3章

多媒体开发实战

华为 HarmonyOS 多媒体开发实战涵盖了音频、视频、相机、录音等功能的综合应用。开发者可以通过 HarmonyOS 提供的多媒体框架，实现音频和视频的播放、录制以及相机的拍摄与处理等功能。具体应用场景包括音频播放与控制、视频解码与显示、实时相机拍摄、图片编辑与存储、录音功能的实现等，这些功能可以满足多媒体领域的各种开发需求。HarmonyOS 凭借其强大的多设备互联和分布式能力，使多媒体功能可以无缝地在不同设备间协同工作，从而极大地提升了用户的体验。

基于AVPlayer的多功能视频播放器

本案例基于华为鸿蒙系统的视频播放器，主要功能包括视频播放管理、播放速度调节、界面适配和用户交互。项目结构清晰明了，使用多个组件，如 SpeedDialog、ExitVideo 和 VideoOperate 来实现丰富的用户体验，支持动态调整视频尺寸和操作面板显示。通过事件机制实现组件之间的高效通信，使用户能够流畅地享受视频播放和控制。多功能视频播放器的主要功能模块如下。

● 视频播放管理（AVPlayManage）：负责视频的加载、播放、暂停、停止及倍速调节等基本操作。

● 视频操作界面（VideoOperate）：为用户提供控制视频播放的界面，包括播放、暂停、快进、快退等功能。

● 倍速调节（SpeedDialog）：允许用户选择不同的播放速度，如1.0x、1.25x、1.75x和2.0x等倍速。

● 视频列表和选择（ExitVideo 和 VideoPanel）：显示当前视频名称和提供返回功能，方便用户退出播放或选择其他视频。

● 时间管理与显示：实时显示视频的当前播放时间和总时长，并提供进度条进行控制。

● 界面适配与响应：根据不同设备的屏幕尺寸自适应视频播放界面，确保用户获得良好的体验。

● 用户交互（点击与触摸事件）：处理用户的点击和滑动事件，动态显示或隐藏操作面板，提升交互性。

上述功能模块共同构成了一个完整且对用户友好的视频播放体验，满足用户在不同场景下的多样化需求。

案例3-1 **基于AVPlayer的多功能视频播放器（源码路径：codes\3\Video-play）**

（1）文件 src/main/ets/utils/GlobalContext.ets 实现了一个单例模式类 GlobalContext，用于管理全局对象。类 GlobalContext 的构造函数是私有的，确保类的实例只能通过 getContext() 方法获取。内部使用了一个 Map 存储对象，同时提供了 getObject() 方法用于根据键值获取对象，以及 setObject() 方法用于将对象存储到映射中。这种设计模式便于在应用程序的不同部分共享和管理状态或配置。

（2）文件 src/main/ets/utils/ResourceUtil.ets 实现了一个异步函数 getString()，用于获取应用程序的字符串资源。首先，它会检查全局 context 是否为 null，如果是，则通过 abilityDelegatorRegistry. getAbilityDelegator() 获取应用的上下文。其次，它会利用获取到的上下文中的 resourceManager，调用 getStringValue(str) 方法来获取指定资源字符串。getString() 函数简化了字符串资源的访问，确保在需要时只创建一次上下文。

```
import { abilityDelegatorRegistry } from '@kit.TestKit'
```

```
let context: Context

export async function getString(str: Resource) {
  if (context == null) {
    const abilityDelegator = abilityDelegatorRegistry.getAbilityDelegator()
    context = await abilityDelegator.getAppContext()
  }
  let manager = context.resourceManager
  return await manager.getStringValue(str);
}
```

（3）文件src/main/ets/utils/TimeUtils.ts定义了三个常量和一个函数，常量 TIME_ONE、TIME_TWO 和 TIME_THREE 分别表示一分钟的毫秒数、每秒的毫秒数和十毫秒的值。函数timeConvert() 接受一个时间值（以毫秒为单位），计算出对应的分钟和秒数，并将秒数格式化为两位数（不足两位时在前面补零）。最终，该函数返回一个格式为"分钟:秒"的字符串，便于在视频播放或其他场景中显示时间。

```
const TIME_ONE = 60000;
const TIME_TWO = 1000;
const TIME_THREE = 10;

export function timeConvert(time: number): string {
  let min: number = Math.floor(time / TIME_ONE);
  let second: string = ((time % TIME_ONE) / TIME_TWO).toFixed(0);
  return `${min}:${(+second < TIME_THREE ? '0' : '') + second}`;
}
```

（4）文件src/main/ets/components/VideoPanel.ets定义了一个 VideoPanel 组件，负责展示和管理视频播放界面的交互功能。VideoPanel组件的主要功能如下。

● 视频选择列表：使用一个包含视频资源的数组videoList生成视频列表，用户可以从列表中选择不同的视频进行播放。

● 网络状态检测：通过 checkWifiState() 方法检查设备是否连接到网络。如果用户选择的是网络视频且设备未连接网络，则会显示提示信息toast()，并在1秒后关闭当前页面或组件。

● 自动检测网络状态：在组件即将显示时，通过aboutToAppear()方法，启动一个定时器，每2秒检测一次网络的连接状态。

● UI构建：使用 build() 方法构建视频播放界面的UI，包括视频列表和选择项。列表项的点击事件会触发视频选择，同时更新播放状态和相关存储信息。

当用户点击视频列表项时，会更新选中的视频索引，存储相关信息，并通过 avPlayManage 调用播放相应视频。另外，用户还可以通过点击组件外部或触发事件关闭视频面板。整体来说，组件 VideoPanel为视频播放应用提供了直观的用户界面和必要的网络检查功能，确保了用户在选择和播放视频时的良好体验。

（5）文件src/main/ets/components/VideoOperate.ets定义了组件VideoOperate，实现了视频播放的控制和界面交互功能，其主要功能如下。

● 播放/暂停控制：通过图标表示当前播放状态，用户可以点击图标进行视频的播放和暂停。根据播放状态，图标会在播放和暂停之间切换。

● 时间显示：在视频控件中，左侧显示当前播放时间，右侧显示视频的总时长，时间格式由timeConvert()函数提供。

● 进度滑块：使用Slider控件允许用户拖动滑块以跳转到视频的特定位置。用户开始拖动滑块时视频会暂停，结束拖动滑块视频将继续播放。

● 倍速选择：提供一个按钮显示当前播放速度，点击后弹出倍速选择对话框，用户可以在对话框中选择不同的播放速度。

```
@Component
export struct VideoOperate {
  @State videoList: Resource[] = [$r('app.string.video_res_1'), $r('app.
string.video_res_2'), $r('app.string.video_res_3')];
  @State speedSelect: number = 0; // 倍速选择
  @Link currentTime: number;
  @Link durationTime: number;
  @Link isSwiping: boolean;
  @Link avPlayManage: avPlayManage;
  @Link flag: boolean;
  @Link XComponentFlag: boolean;
  @StorageLink('speedIndex') speedIndex: number = 0; // 倍速索引
  @StorageLink('sliderWidth') sliderWidth: string = '';
  @StorageLink('speedName') speedName: Resource = $r('app.string.video_
    speed_1_0X');
  private dialogController: CustomDialogController = new
    CustomDialogController({
    builder: SpeedDialog({ speedSelect: $speedSelect }),
    alignment: DialogAlignment.Bottom,
    offset: { dx: $r('app.float.size_zero'), dy: $r('app.float.size_down_20')
      }
  });

  build() {
    Row() {
      Row() {
        Image(this.flag ? $r("app.media.ic_video_play") : $r("app.media.ic_
          video_pause")) // 播放/暂停
          .id('play')
          .width($r('app.float.size_40'))
          .height($r('app.float.size_40'))
```

```
        .onClick(() => {
          if (this.flag) {
            this.avPlayManage.videoPause();
            this.flag = false;
          } else {
            this.avPlayManage.videoPlay();
            this.flag = true;
          }
        })

      // 左侧时间
      Text(timeConvert(this.currentTime))
        .fontColor(Color.White)
        .textAlign(TextAlign.End)
        .fontWeight(FontWeight.Regular)
        .margin({ left: $r('app.float.size_10') })
    }

    Row() {
      Slider({
        value: this.currentTime,
        min: 0,
        max: this.durationTime,
        style: SliderStyle.OutSet
      })
        .id('Slider')
        .blockColor(Color.White)
        .trackColor(Color.Gray)
        .selectedColor($r("app.color.slider_selected"))
        .showTips(false)
        .onChange((value: number, mode: SliderChangeMode) => {
          if (mode == SliderChangeMode.Begin) {
            this.isSwiping = true;
            this.avPlayManage.videoPause();
          }
          this.avPlayManage.videoSeek(value);
          this.currentTime = value;
          if (mode == SliderChangeMode.End) {
            this.isSwiping = false;
            this.flag = true;
            this.avPlayManage.videoPlay();
          }
        })
    }
    .layoutWeight(1)
```

```
      Row() {
        // 右侧时间
        Text(timeConvert(this.durationTime))
          .fontColor(Color.White)
          .fontWeight(FontWeight.Regular)

        Button(this.speedName, { type: ButtonType.Normal })
          .border({ width: $r('app.float.size_1'), color: Color.White })
          .width($r('app.float.size_75'))
          .height($r('app.float.size_40'))
          .fontSize($r('app.float.size_15'))
          .borderRadius($r('app.float.size_24') )
          .fontColor(Color.White)
          .backgroundColor(Color.Black)
          .opacity($r('app.float.size_1') )
          .margin({ left: $r('app.float.size_10')   })
          .id('Speed')
          .onClick(() => {
            this.speedSelect = this.speedIndex;
            this.dialogController.open();
          })
      }
    }
    .justifyContent(FlexAlign.Center)
    .padding({ left: $r('app.float.size_25'), right: $r('app.float.size_30')
      })
    .width('100%')
  }
}
```

对上述代码的具体说明如下。

● 状态管理：使用 @State 和 @Link 装饰器来管理播放状态、当前播放时间、视频总时长等。

● 滑块交互：通过 onChange() 方法处理滑块的变化，更新当前时间并调用视频管理器的 videoSeek() 方法来调整视频播放位置。

● 倍速对话框：使用 CustomDialogController 创建和管理倍速选择对话框，方便用户进行倍速选择。

● UI 布局：通过 Row 组件进行水平布局，将播放控制按钮、时间显示区域和倍速按钮排列在同一行中，使用户界面整洁且易于操作。

（6）文件 src/main/ets/components/SpeedDialog.ets 定义了一个名为 SpeedDialog 的自定义对话框组件，主要功能是控制视频的播放速度。具体来说，SpeedDialog 组件的主要功能如下。

● 倍速选择：提供了四个预定义的视频播放速度选项（1.0x、1.25x、1.75x、2.0x），用户可以通过点击列表中的选项来选择想要的播放速度。

- 状态管理：跟踪当前选中的倍速，并将其更新到存储中，以便在其他组件中使用这一信息。
- 关闭对话框：提供了一个取消按钮，用户可以通过点击该按钮关闭对话框。

```
import avPlayManage from '../videomanager/AvPlayManager';

const ZERO = 0;   // 倍速列表索引
const ONE = 1;    // 倍速列表索引
const TWO = 2;    // 倍速列表索引
const THREE = 3;  // 倍速列表索引

@CustomDialog
export struct SpeedDialog {
  @State speedList: Resource[] = [$r('app.string.video_speed_1_0X'), $r('app.
    string.video_speed_1_25X'), $r('app.string.video_speed_1_75X'), $r('app.
    string.video_speed_2_0X')];
  @Link speedSelect: number; // 当前选择项的索引
  @StorageLink('avPlayManage') avPlayManage: avPlayManage = new
    avPlayManage();
  private controller: CustomDialogController;

  build() {
    Column() {
      Text($r('app.string.dialog_play_speed'))
        .fontSize($r('app.float.size_20'))
        .width("90%")
        .fontColor(Color.Black)
        .textAlign(TextAlign.Start)
        .margin({ top: $r('app.float.size_20'), bottom: $r('app.float.
          size_12') })

      List() {
        ForEach(this.speedList, (item: Resource, index) => {
          ListItem() {
            Column() {
              Row() {
                Text(item)
                  .fontSize($r('app.float.size_16'))
                  .fontColor(Color.Black)
                  .fontWeight(FontWeight.Medium)
                  .textAlign(TextAlign.Center)
                Blank()
                Image(this.speedSelect == index ? $r('app.media.ic_radio_
                  selected') : $r('app.media.ic_radio'))
                  .width($r('app.float.size_24'))
                  .height($r('app.float.size_24'))
                  .objectFit(ImageFit.Contain)
```

```
          }
            .width('100%')

          if (index != this.speedList.length - ONE) {
            Divider()
              .vertical(false)
              .strokeWidth(1)
              .margin({ top: $r('app.float.size_10') })
              .color($r('app.color.speed_dialog'))
              .width('100%')
          }
        }
        .width("90%")
      }
      .width("100%")
      .height($r('app.float.size_48'))
      .onClick(() => {
        this.speedSelect = index;
        AppStorage.setOrCreate('speedName', this.speedList[this.
          speedSelect]);
        AppStorage.setOrCreate('speedIndex', this.speedSelect);
        this.controller.close();
        switch (this.speedSelect) {
          case ZERO:
            this.avPlayManage.videoSpeedOne();
            break;
          case ONE:
            this.avPlayManage.videoSpeedOnePointTwentyFive();
            break;
          case TWO:
            this.avPlayManage.videoSpeedOnePointSeventyFive();
            break;
          case THREE:
            this.avPlayManage.videoSpeedTwo();
            break;
        }
      })
    })
}
.width("100%")
.margin({
  top: $r('app.float.size_12')
})

Row() {
  Text($r('app.string.dialog_cancel'))
```

```
            .fontSize($r('app.float.size_16'))
            .fontColor('#0A59F7')
            .fontWeight(FontWeight.Medium)
            .layoutWeight(1)
            .textAlign(TextAlign.Center)
            .onClick(() => {
              this.controller.close()
            })
        }
        .alignItems(VerticalAlign.Center)
        .height($r('app.float.size_50'))
        .padding({ bottom: $r('app.float.size_5') })
        .width("100%")
      }
      .alignItems(HorizontalAlign.Center)
      .width("90%")
      .borderRadius($r('app.float.size_24'))
      .backgroundColor(Color.White)
    }
  }
```

对上述代码的具体说明如下。

● 状态和链接：使用 @State 来管理倍速列表和当前选择的索引，使用 @StorageLink 来存储播放速度的信息，以便其他组件可以访问这些信息。

● UI 布局：采用 Column 组件来垂直排列标题、倍速列表和取消按钮。在倍速列表中，使用 ForEach 遍历 speedList 数组生成每个倍速选项。每个选项中包含文本和一个图标，图标根据当前选择状态进行更新。

● 交互逻辑：当用户点击倍速选项时，更新 speedSelect 及保存选中的倍速到应用中，并根据选择调用相应的 avPlayManage 方法设置视频的播放速度。

（7）文件 src/main/ets/components/ExitVideo.ets 定义了一个名为 ExitVideo 的组件，该组件的主要功能是在视频播放界面提供退出功能。

（8）文件 src/main/ets/pages/Index.ets 实现了视频播放页面的主组件 Index，其主要功能如下。

● 视频播放管理：通过 avPlayManage 管理视频的播放状态，支持暂停、播放、释放等操作。

● 界面布局：采用灵活的布局设计，结合 Stack、Column 和 Row 组件，展示视频播放界面、操作面板、返回按钮和视频信息。

● 定时器管理：实现点击屏幕时显示操作面板、自动隐藏面板的功能，控制面板的显示时长。

● 视频尺寸适配：根据窗口大小和视频比例自动调整视频显示的宽和高，确保视频适配不同设备的屏幕。

● 事件监听：通过事件发射器（emitter）监听页面状态变化，包括页面显示、隐藏和视频信息更新等，以便及时更新组件状态。

● 用户交互：支持用户点击、滑动等操作，用户可以通过点击返回按钮退出视频播放界面，或者通过点击视频进度条进行视频控制。

代码执行后效果如图3-1所示。

 横竖屏自动切换播放器

在现代移动设备上，观看视频的体验越来越受到用户的重视。为了提升这一体验，我们开发了一款横竖屏自动切换的播放器。播放器使用VideoPlayView支持视频播放和全屏模式切换，同时显示视频相关信息和用户评论，并通过 RelatedListView 推荐相关视频，并在底部提供额外操作和信息的 BottomView。具体来说，播放器的功能模块如下所示。

图3-1　视频播放页面

● 视频播放模块（VideoPlayView）：实现视频的播放和暂停功能，支持全屏和锁定状态切换。另外，还提供了播放控制按钮和状态反馈（如锁定视频播放）。

● 相关视频推荐模块（RelatedListView）：显示与当前视频相关的推荐视频列表，方便用户浏览更多内容。

● 评论模块（CommentsView）：用户可以查看和提交视频评论，增强互动性。

● 底部操作模块（BottomView）：提供额外的功能选项，如分享、下载等，提升用户的操作便利性。

● 布局管理模块（VideoDetail）：实现整体布局管理，协调各模块的显示和交互，确保良好的用户体验。

案例3-2　横竖屏自动切换播放器（源码路径：codes\3\Video-play）

（1）文件src/main/ets/utils/AVPlayerUtil.ets定义了类AVPlayerUtil，用于封装视频播放功能。类AVPlayerUtil利用了 @kit.MediaKit 和 @kit.AbilityKit 中的媒体和能力接口，提供了一系列方法来管理和控制视频播放器的状态。具体来说，文件AVPlayerUtil.ets的主要功能如下。

● 设置播放界面：通过 setSurfaceId 方法设置视频显示的表面 ID。

● 状态监听：通过 setAVPlayerCallback 方法注册播放器的状态变化监听器，处理初始化、准备、播放、暂停和停止等状态，并在状态变化时记录日志。

● 视频尺寸获取：在视频尺寸变化时调用回调函数，返回视频的宽高比信息。

● 播放器初始化：使用 initPlayer 方法异步创建一个 AVPlayer 实例，并准备播放指定 URL 的视频，同时设置回调函数以便后续处理。

整体而言，文件 AVPlayerUtil.ets 旨在为视频播放提供一个高效且易于使用的接口，便于在其他组件中集成和管理视频播放功能。

（2）文件 src/main/ets/viewmodel/CommentModel.ets 定义了接口 Comment，描述了评论的结构，包括用户头像、用户名、评论内容和发送时间等。同时，它还创建了一个示例评论数组 COMMENT_LIST_DATA，包含 3 个示例评论对象，便于在视频播放器中展示用户的评论信息。

```
export interface Comment {  // 定义评论接口
  avatar: Resource;          // 头像
  username: string;          // 用户名
  content: Resource;         // 内容
  sendTime: string;          // 发送时间
}

// 示例评论列表数据
export const COMMENT_LIST_DATA: Comment[] = [
  {
    avatar: $r('app.media.icon_user1'),        // 用户 1 的头像资源
    username: 'm******',     // 用户名
    content: $r('app.string.comment_content1'), // 评论内容资源
    sendTime: '07-27'      // 发送时间
  },
  {
    avatar: $r('app.media.icon_user2'),        // 用户 2 的头像资源
    username: 'H******',     // 用户名
    content: $r('app.string.comment_content2'), // 评论内容资源
    sendTime: '07-27'      // 发送时间
  },
  {
    avatar: $r('app.media.icon_user3'),        // 用户 3 的头像资源
    username: 'K******',     // 用户名
    content: $r('app.string.comment_content3'), // 评论内容资源
    sendTime: '07-27'          // 发送时间
  }
];
```

（3）文件 src/main/ets/viewmodel/RelatedModel.ets 定义了一个与视频相关的数据结构和示例数据，旨在支持视频播放器中的相关推荐功能。首先，定义了一个 Related 接口，包括视频的标题和封面属性。接着，创建了一个示例数据数组 RELATED_LIST_DATA，包含 3 个相关视频对象，每个对象都有一个标题和封面资源。

（4）文件 src/main/ets/views/BottomView.ets 定义了组件 BottomView，用于构建视频播放器界面的底部操作栏。该组件使用 Row 布局，包含一个用户头像和一组图标（编辑和表情图标），通过

设置高度和宽度来控制图标的显示。底部视图的背景颜色为浅灰色，并具有圆角和阴影效果，以增强视觉效果。组件的整体布局设置为宽度 100%，并通过内边距和外边距调整位置，确保用户界面友好且美观。

```
@Component
export struct BottomView {
  build() {
    Row() { // 创建一个行布局
      Image($r('app.media.icon_user3'))   // 用户头像图标
        .height(36)     // 设置高度为 36
        .width(36)      // 设置宽度为 36
      Row() {           // 嵌套的行布局
        Image($r('app.media.icon_edit')) // 编辑图标
          .height(16)   // 设置高度为 16
          .width(16)    // 设置宽度为 16
        Image($r('app.media.icon_face')) // 表情图标
          .height(24)   // 设置高度为 24
          .width(24)    // 设置宽度为 24
      }
      .layoutWeight(1) // 设置布局权重
      .height(40)      // 设置高度为 40
      .backgroundColor('#F2F2F2F2')      // 设置背景颜色为浅灰色
      .borderRadius(20) // 设置圆角为 20
      .justifyContent(FlexAlign.SpaceBetween) // 设置子元素的水平对齐方式
      .alignItems(VerticalAlign.Center)   // 设置子元素的垂直对齐方式
      .margin({ left: 12 }) // 设置左边距为 12
      .padding({  // 设置内边距
        left: 12, // 左内边距
        right: 12 // 右内边距
      })
    }
    .width('100%') // 设置宽度为 100%
    .shadow(ShadowStyle.OUTER_DEFAULT_MD) // 设置外部阴影效果
    .alignItems(VerticalAlign.Center)     // 设置子元素的垂直对齐方式
    .padding({      // 设置整体内边距
      left: 16,     // 左内边距
      top: 20,      // 上内边距
      right: 16,    // 右内边距
      // 底部内边距，动态获取导航指示器高度
      bottom: (AppStorage.get<number>('naviIndicatorHeight') || 0) + 12
    })
  }
}
```

（5）文件 src/main/ets/views/CommentsView.ets 实现了一个评论视图组件 CommentsView 和单

个评论项 CommentItem 的展示。组件CommentsView先显示一条评论标题文本，接着通过 List 组件遍历并渲染所有评论数据 COMMENT_LIST_DADA。每条评论通过 CommentItem 组件展示，包含头像、用户名、评论内容、发送时间及互动图标（消息、点赞、分享）。CommentItem 组件使用了 Row 和 Column 布局来组织这些元素，并通过样式调整实现美观布局。

```
import { Comment, COMMENT_LIST_DATA} from '../viewmodel/CommentModel';

@Component
export struct CommentsView {
  build() {
    Column() {
      // 评论标题
      Text($r('app.string.all_comment'))
        .fontSize(16)
        .fontColor($r('sys.color.font_primary'))
        .fontWeight(500)
        .height(48)
        .width('100%')

      // 评论列表
      List({ space: 12 }) {
        ForEach(COMMENT_LIST_DATA, (item: Comment) => {
          CommentItem({ itemData: item })
        }, (item: Comment) => JSON.stringify(item))
      }
      .width('100%')
      .height('100%')
      .scrollBar(BarState.Off)
      .edgeEffect(EdgeEffect.None)
      .nestedScroll({
        scrollForward: NestedScrollMode.PARENT_FIRST,
        scrollBackward: NestedScrollMode.SELF_FIRST
      })
    }
    .padding({ left: 16, right: 16 })
    .margin({ top: 12 })
  }
}

@Component
struct CommentItem {
  private itemData: Comment | undefined;

  build() {
    Row() {
```

```
// 头像
Image(this.itemData?.avatar)
  .height(36)
  .width(36)
  .margin({ top: 6 })

// 评论内容
Column() {
  Text(this.itemData?.username)
    .fontSize(16)
    .fontColor($r('sys.color.font_primary'))
    .height(48)

  Text(this.itemData?.content)
    .fontSize(14)
    .fontColor($r('sys.color.mask_secondary'))
    .lineHeight(24)
    .fontWeight(500)
    .textAlign(TextAlign.JUSTIFY)
    .margin({ bottom: 30 })

  // 互动按钮和发送时间
  Row() {
    Text(this.itemData?.sendTime)
      .fontSize(12)
      .fontColor($r('sys.color.mask_secondary'))

    Blank().layoutWeight(1)

    Image($r('app.media.icon_message'))
      .height(18)
      .width(18)

    Image($r('app.media.icon_good'))
      .height(18)
      .width(18)
      .margin({ left: 26, right: 26 })

    Image($r('app.media.icon_share'))
      .height(18)
      .width(18)
  }

  // 分割线
  Divider()
    .width('100%')
```

```
        .margin({ top: 12 })
      }
      .alignItems(HorizontalAlign.Start)
      .padding({ left: 16 })
      .layoutWeight(1)
    }
    .width('100%')
    .alignItems(VerticalAlign.Top)
  }
}
```

（6）文件src/main/ets/views/RelatedListView.ets定义了组件RelatedListView，用于显示相关项的横向列表视图。首先，在顶部显示了一个标题栏，包含"相关列表"的标题和"更多"按钮。随后，通过 List 和 ForEach 动态生成每个相关项，使用 RelatedItem 组件来展示。每个 RelatedItem 包含封面图片和标题，并根据列表的第一个和最后一个项应用不同的边距和样式。

（7）文件src/main/ets/views/VideoPlayView.ets实现了一个视频播放界面，具备横竖屏切换、视频锁定、全屏播放以及折叠设备的适配功能。通过监听窗口大小的变化，自动调整视频播放组件的宽高比，并使用 XComponent 加载视频播放器 AVPlayerUtil。用户可以通过界面上的按钮进行视频锁定、横竖屏切换和返回操作，支持旋转锁定状态的动态变化监听，提供良好的视频播放交互体验。

```
import { display, window } from '@kit.ArkUI'; // 导入显示和窗口相关模块
import { BusinessError, settings } from '@kit.BasicServicesKit'; // 导入业务错
    误和设置模块
import { AVPlayerUtil } from '../utils/AVPlayerUtil'; // 导入视频播放器工具
import Logger from '../utils/Logger';                 // 导入日志工具
import { common } from '@kit.AbilityKit';             // 导入通用功能模块


const context: Context = getContext(this);            // 获取上下文对象


@Component
export struct VideoPlayView {
  @State aspect: number = 9 / 16; // 默认视频宽高比
  @State xComponentWidth: number = px2vp(display.getDefaultDisplaySync().
    width); // 设置组件宽度
  @State xComponentHeight: number = px2vp(display.getDefaultDisplaySync().
    width * this.aspect); // 设置组件高度
  @State isLandscape: boolean = false; // 是否全屏播放状态
  @State isVideoLock: boolean = false; // 是否锁定视频播放
  @State orientationLockState: string = '1'; // 控制中心旋转开关状态，值为1则开启，
    值为 0 则禁用
  private xComponentController: XComponentController = new
    XComponentController();        // 定义 X 组件控制器
  private player?: AVPlayerUtil; // 视频播放器
```

```
private windowClass = (context as common.UIAbilityContext).windowStage.
    getMainWindowSync(); // 获取窗口对象

aboutToAppear(): void {
    // 获取旋转锁定状态
    this.orientationLockState = settings.getValueSync(getContext(this),
        settings.general.ACCELEROMETER_ROTATION_STATUS,
        settings.domainName.DEVICE_SHARED);

    // 监听窗口尺寸变化
    this.windowClass.on('windowSizeChange', (size) => {
        let viewWidth = px2vp(size.width);
        let viewHeight = px2vp(size.height);

        if (this.isExpandedOrHalfFolded()) {
            // 如果设备为展开或半折叠状态
            this.xComponentWidth = viewWidth;
            this.xComponentHeight = viewWidth * this.aspect;
        } else {
            // 判断是否横屏
            if (viewWidth > viewHeight) {
                this.xComponentWidth = viewHeight / this.aspect;
                this.xComponentHeight = viewHeight;
                this.isLandscape = true;
                this.windowClass.setSpecificSystemBarEnabled('navigationIndicator',
                    false); // 隐藏底部导航栏
            } else {
                this.xComponentHeight = viewWidth * this.aspect;
                this.xComponentWidth = viewWidth;
                this.windowClass.setSpecificSystemBarEnabled('navigationIndicator',
                    true); // 显示底部导航栏
                this.isLandscape = false;
            }
        }
    });

    // 监听旋转锁定开关的变化
    settings.registerKeyObserver(context, settings.general.ACCELEROMETER_
        ROTATION_STATUS,
        settings.domainName.DEVICE_SHARED, () => {
            this.orientationLockState =
                settings.getValueSync(getContext(this), settings.general.
                    ACCELEROMETER_ROTATION_STATUS,
                    settings.domainName.DEVICE_SHARED);
        });
}
```

```
// 判断设备是否为展开或半折叠状态
isExpandedOrHalfFolded(): boolean {
  return display.getFoldStatus() === display.FoldStatus.FOLD_STATUS_EXPANDED
    ||
    display.getFoldStatus() == display.FoldStatus.FOLD_STATUS_HALF_FOLDED;
}

// 设置设备的旋转方向
setOrientation(orientation: number) {
  this.windowClass.setPreferredOrientation(orientation).then(() => {
    Logger.info('setWindowOrientation: ' + orientation + ' 成功。');
  }).catch((err: BusinessError) => {
    Logger.info('setWindowOrientation: ' + orientation + ' 失败，原因：' +
      JSON.stringify(err));
  });
}

// 组件消失时取消监听
aboutToDisappear(): void {
  settings.unregisterKeyObserver(context, settings.general.ACCELEROMETER_
    ROTATION_STATUS,
    settings.domainName.DEVICE_SHARED);

  this.windowClass.off('windowSizeChange');
}

// 构建 UI 界面
build() {
  Stack() {
    Column() {
      // 创建视频播放组件
      XComponent({ id: 'video_player_id', type: XComponentType.SURFACE,
        controller: this.xComponentController })
        .onLoad(() => {
          this.player = new AVPlayerUtil(); // 初始化视频播放器
          this.player.setSurfaceId(this.xComponentController.
            getXComponentSurfaceId());         // 设置视频播放器表面 ID
          this.player.initPlayer('videoTest.mp4', (aspect: number) => { //
            初始化播放器并加载视频
            this.aspect = aspect;
            this.xComponentHeight = px2vp(display.getDefaultDisplaySync().
              width * aspect); // 设置高度
            this.xComponentWidth = px2vp(display.getDefaultDisplaySync().
              width); // 设置宽度
          });
```

```
    })
    .width(this.xComponentWidth)   // 设置组件宽度
    .height(this.xComponentHeight) // 设置组件高度
}

// 相对布局容器，用于显示视频控制按钮
RelativeContainer() {
  if (!this.isVideoLock) {
    // 返回按钮
    Image($r('app.media.icon_back'))
      .height(24)
      .width(24)
      .margin({
        left: 16,
        top: this.isLandscape ? (AppStorage.
          get<number>('statusBarHeight') || 0) : 12
      })
      .onClick(() => {
        if (this.isExpandedOrHalfFolded()) {
          this.isLandscape = false; // 取消横屏状态
        } else {
          this.setOrientation(window.Orientation.USER_ROTATION_
            PORTRAIT); // 设置为竖屏
        }
      });
  }


  if (this.isLandscape) {
    // 锁定按钮，控制视频是否锁定旋转
    Image(this.isVideoLock ? $r('app.media.icon_lock') : $r('app.media.
      icon_lock_open'))
      .height(24)
      .width(24)
      .fillColor(Color.White)
      .alignRules({
        top: { anchor: '__container__', align: VerticalAlign.Center },
        left: { anchor: '__container__', align: HorizontalAlign.Start }
      })
      .margin({ left: (AppStorage.get<number>('statusBarHeight') || 0)
        })
      .offset({ y: -12 })
      .onClick(() => {
        this.isVideoLock = !this.isVideoLock;

        if (this.isExpandedOrHalfFolded() || this.orientationLockState
```

```
          === '0') {
            return;
          }

          if (this.isVideoLock) {
            this.setOrientation(window.Orientation.AUTO_ROTATION_
              LANDSCAPE);    // 锁定横屏
          } else {
            this.setOrientation(window.Orientation.AUTO_ROTATION_
              UNSPECIFIED); // 取消锁定
          }
        });
      }

      if (!this.isLandscape) {
        // 放大按钮
        Image($r('app.media.icon_zoom_in'))
          .height(24)
          .width(24)
          .alignRules({
            bottom: { anchor: '__container__', align: VerticalAlign.Bottom },
            right: { anchor: '__container__', align: HorizontalAlign.End }
          })
          .margin({
            right: 16,
            bottom: 8
          })
          .onClick(() => {
            if (this.isExpandedOrHalfFolded()) {
              this.isLandscape = true; // 切换到横屏
            } else {
              this.setOrientation(
                window.Orientation.USER_ROTATION_LANDSCAPE); // 设置为横屏
            }
          });
      }
    }
    .width('100%')   // 设置相对容器宽度
    .height('100%')  // 设置相对容器高度
  }
  .width('100%')      // 设置主容器宽度
  .height(this.isLandscape ? '100%' : this.xComponentHeight + (AppStorage.
    get<number>('statusBarHeight') ?? 0))     // 设置主容器高度
  .backgroundColor(Color.Black) // 设置背景颜色
  .padding({ top: this.isLandscape ? 0 : (AppStorage.
```

```
          get<number>('statusBarHeight') || 0) }) // 设置顶部内边距
    }
}
```

（8）文件 src/main/ets/pages/VideoDetail.ets 定义了 VideoDetail 组件，用于展示视频播放详情页面。组件 VideoDetail 包含一个视频播放视图 VideoPlayView，用户可以观看视频。视频下方是一个滚动区域，显示相关视频列表 RelatedListView 和用户评论 CommentsView，便于用户获取更多信息和互动。页面底部包含一个底部视图 BottomView，提供额外的操作或信息展示。

```
import { VideoPlayView } from '../views/VideoPlayView';
import { BottomView } from '../views/BottomView';
import { RelatedListView } from '../views/RelatedListView';
import { CommentsView } from '../views/CommentsView';

@Entry
@Component
struct VideoDetail {
  build() {
    Column() {
      // 视频播放视图
      VideoPlayView()

      // 滚动区域，包含相关列表和评论
      Scroll() {
        Column() {
          RelatedListView()
          CommentsView()
        }
        .layoutWeight(1)
        .padding({ bottom: 16 })
      }
      .scrollBar(BarState.Off) // 将 scrollBar 属性移动到 Scroll 组件中

      // 底部视图
      BottomView()
    }
    .height('100%')
    .width('100%')
    .backgroundColor(Color.White)
  }
}
```

代码执行后，用户可以直接播放、暂停视频，并控制视频的全屏和锁定状态，如图3-2所示。用户可以在视频下方查看其他用户的评论，并提交自己的评论。

竖屏播放　　　　　　　　　　　横屏播放

图 3-2　播放界面

 案例3 # 基于AudioRenderer的音频播放器

在HarmonyOS中，AudioRenderer是音频渲染器组件，用于播放PCM（Pulse Code Modulation，脉冲编制调制）音频数据。相较于AVPlayer，AudioRenderer可以在输入前添加数据预处理，因此更适合具有音频开发经验的开发者，以实现更灵活的播放功能。本项目实现了一个完整的音频播放器，提供了一整套丰富的音频播放功能，使用户可以浏览歌曲列表、选择播放曲目，并享受实时的歌词显示。播放器界面包括动态背景和可调整的控制区域，并支持在不同设备上自适应布局。通过整合音频控制功能，用户能够轻松地进行播放、暂停、跳转等操作，同时应用色彩提取技术优化界面显示，确保音频体验既美观又流畅。

具体来说，音频播放器的功能模块如下。

- 歌曲列表管理：允许用户浏览和选择可播放的歌曲，支持动态更新和显示当前播放的曲目。
- 音频信息显示：展示当前歌曲的封面、标题和歌手信息，同时提供歌曲的背景图像。
- 歌词组件：能够实时显示歌词，并与音频同步，从而增强用户的听歌体验。
- 控制区域：提供播放、暂停、跳转等基本控制功能，允许用户在不同的播放状态间进行切换。
- 适应性布局：根据设备的屏幕尺寸自动调整界面布局，确保用户在不同设备上都能获得良好的体验。

- 背景色提取：通过分析歌曲封面图像，提取主要颜色并应用于界面背景，以提升视觉效果。
- AVCast功能：支持音频设备的连接和控制，使用户能够将音频播放到其他兼容设备上。
- 页面导航：实现页面之间的导航管理，支持多层次的页面跳转和返回操作。

案例3-3　基于AudioRenderer的音频播放器（源码路径：codes\3\Video-play）

（1）文件src/main/ets/common/constants/BreakpointConstants.ets定义了与设备尺寸相关的断点常量，用于响应式布局开发。它包含小型设备、中型设备、大型设备的断点值、列数、间距、字体大小和封面边距等常量。这些常量可以在不同设备的屏幕宽度下动态调整UI布局，以确保界面的适配性和可读性。

（2）文件src/main/ets/common/constants/ContentConstants.ets定义了音频播放界面中主要内容区域的相关常量，这些常量用于控制显示元素的布局和样式，如播放区域的最大行数、歌手名和专辑名的字体大小、专辑封面的宽高比、字母间距、分隔线宽度等，以简化UI的配置和调整，确保页面内容的视觉效果在不同场景下保持一致。

（3）文件src/main/ets/common/constants/PlayerConstants.ets定义了播放器区域的相关常量，配置视频播放界面的布局、显示优先级、字体样式、动画等属性。这些常量包括歌手名的字体大小、播放器控件的布局权重、旋转动画的角度、动画持续时间和迭代次数，以及字体权重和字体族的设定。此外，这些常量还定义了背景图片的大小、模糊程度及字符编码等信息。

（4）文件src/main/ets/common/constants/RouterConstants.ets定义了音频页面中与路由相关的常量，包括播放器页面（PlayerPage）的路由路径、导航路径栈（NavPathStack）及播放器信息组件（PlayerInfoComponent）的路由标识。通过这些常量，应用程序可以在不同页面之间进行导航，确保音频页面的路由跳转和组件渲染的一致性和可维护性。

（5）文件src/main/ets/common/constants/StyleConstants.ets定义了常用的样式常量，用于统一组件的样式设置。这些常量主要包括组件的宽度和高度百分比（均为100%）、集合文本的水平位移（TRANSLATE_X）、播放次数的垂直位移（TRANSLATE_Y）及播放器区域底部的位移（TRANSLATE_PLAYER_Y）。

（6）文件src/main/ets/common/utils/BreakpointSystem.ets实现了响应式布局的断点系统，用于根据设备的不同屏幕尺寸切换布局和样式。

```
declare interface BreakPointTypeOption<T> {
  sm?: T,
  md?: T,
  lg?: T
}

export class BreakpointType<T> {
  options: BreakPointTypeOption<T>;
```

```
  constructor(option: BreakPointTypeOption<T>) {
    this.options = option;
  }

  getValue(currentPoint: string): T {
    if (currentPoint === 'sm') {
      return this.options.sm as T;
    }
    else if (currentPoint === 'md') {
      return this.options.md as T;
    } else {
      return this.options.lg as T;
    }
  }
}

export class BreakpointSystem {
  private currentBreakpoint: string = BreakpointConstants.BREAKPOINT_SM;
  private smListener: mediaquery.MediaQueryListener = mediaquery.matchMediaSy
    nc(BreakpointConstants.RANGE_SM);
  private mdListener: mediaquery.MediaQueryListener = mediaquery.matchMediaSy
    nc(BreakpointConstants.RANGE_MD);
  private lgListener: mediaquery.MediaQueryListener = mediaquery.matchMediaSy
    nc(BreakpointConstants.RANGE_LG);

  private updateCurrentBreakpoint(breakpoint: string): void {
    if (this.currentBreakpoint !== breakpoint) {
      this.currentBreakpoint = breakpoint;
      AppStorage.setOrCreate<string>(BreakpointConstants.CURRENT_BREAKPOINT,
        this.currentBreakpoint);
    }
  }

  private isBreakpointSM = (mediaQueryResult: mediaquery.MediaQueryResult):
    void => {
    if (mediaQueryResult.matches) {
      this.updateCurrentBreakpoint(BreakpointConstants.BREAKPOINT_SM);
    }
  }
  private isBreakpointMD = (mediaQueryResult: mediaquery.MediaQueryResult):
    void => {
    if (mediaQueryResult.matches) {
      this.updateCurrentBreakpoint(BreakpointConstants.BREAKPOINT_MD);
    }
  }
}
```

```
private isBreakpointLG = (mediaQueryResult: mediaquery.MediaQueryResult):
  void => {
  if (mediaQueryResult.matches) {
    this.updateCurrentBreakpoint(BreakpointConstants.BREAKPOINT_LG);
  }
}

public register(): void {
  this.smListener = mediaquery.matchMediaSync(BreakpointConstants.RANGE_SM);
  this.smListener.on('change', this.isBreakpointSM);
  this.mdListener = mediaquery.matchMediaSync(BreakpointConstants.RANGE_MD);
  this.mdListener.on('change', this.isBreakpointMD);
  this.lgListener = mediaquery.matchMediaSync(BreakpointConstants.RANGE_LG);
  this.lgListener.on('change', this.isBreakpointLG);
}

public unregister(): void {
  this.smListener.off('change', this.isBreakpointSM);
  this.mdListener.off('change', this.isBreakpointMD);
  this.lgListener.off('change', this.isBreakpointLG);
}
}
```

对上述代码的具体说明如下。

● 类BreakpointType<T>允许根据当前的断点类型（sm、md、lg）返回对应的布局配置或值。

● 类BreakpointSystem负责监控设备的断点变化，通过使用 mediaquery 监听设备屏幕宽度的变化，动态更新当前的断点值，并触发回调以调整应用的布局。

● 方法register()用于注册断点监听器，方法unregister()用于移除断点监听器，以便在设备宽度变化时执行相应的操作。

（7）文件src/main/ets/common/utils/ColorConversion.ets实现了颜色转换和系统状态栏颜色设置的功能，具体说明如下。

● dealColor()：将输入的 RGB（红色、绿色、蓝色）颜色值转换为 HSB（色相、饱和度、亮度）模式，并根据亮度调整背景颜色。这一功能主要用于根据图片的颜色生成沉浸式背景，使应用界面与图片的视觉效果一致。转换后的颜色最终会被返回为 RGB 格式，供后续使用。

● setSysBarLightBackground()：根据传入的 isDarkBackground 参数判断是否需要将系统状态栏的内容颜色设置为深色（黑色）或浅色（白色），从而使状态栏的显示效果更为清晰。这一功能用于动态调整系统状态栏，以适应当前的背景亮度，提升用户的视觉体验。

上述两个功能共同用于处理图片的颜色转换和应用界面的沉浸式效果设置，确保应用在不同颜色背景下都能提供良好的视觉体验。

（8）文件src/main/ets/datasource/SongDataSource.ets实现了音频应用中歌曲数据的管理和监听

机制，主要功能如下。

● 数据存储与管理：dataArray 存储了所有的歌曲数据，这些数据通过 SongItem[] 类型表示。构造函数用于初始化数据，将传入的 SongItem 数组存入 dataArray。另外，在文件 SongDataSource.ets 中，getData、addData、pushData 等方法用于获取、添加或推送新的歌曲数据。

● 监听机制：listeners 数组用于管理所有的监听器 DataChangeListener。registerDataChangeListener 和 unregisterDataChangeListener 用于添加和移除数据监听器。当数据发生变化时（数据被添加、删除、移动等），系统会通过相应的通知方法（如 notifyDataAdd、notifyDataDelete 等）调用监听器中的回调函数，通知变化。

● 数据变化通知：各种数据变动方法（如 notifyDataReload、notifyDataAdd、notifyDataChange）负责在数据发生变化时，通知所有已注册的监听器执行相应的操作，确保界面或其他相关模块能够及时响应数据的变化。

（9）文件 src/main/ets/datasource/SongListData.ets 定义了一个包含 34 首歌曲的数组 songList，并导出了该数组。每个歌曲项 (SongItem) 包含多个属性，如歌曲的 ID（编号）、title（标题）、singer（歌手）、mark（标记图标）、label（标签图标）、src（音频文件路径）、index（索引）、lyric（歌词路径）和 isDarkBackground（是否使用深色背景）。这些数据可用于音频播放应用的歌曲列表展示和管理，支持不同歌曲的元数据和图标标记，用以美化用户界面。

（10）文件 src/main/ets/components/ControlAreaComponent.ets 定义了组件 ControlAreaComponent，主要用于实现音频播放器的控制区域。组件 ControlAreaComponent 提供了多种功能，其主要功能如下。

● 播放模式切换：用户可以通过点击相应图标在顺序播放、随机播放和单曲循环之间切换，切换时会更新状态并显示提示信息。

● 音频控制：包含播放、暂停、下一曲和上一曲的控制按钮，用户可以通过点击这些按钮来控制音频播放。

● 进度条：使用滑块来显示和控制当前播放进度，用户可以通过拖动滑块来快进或快退音轨。

● 播放列表：用户可以点击按钮显示当前播放列表，并点击列表项以播放相应的歌曲。

● 界面布局：使用列和行组件组织音频控制按钮、进度条及播放列表，支持响应式设计，以适应不同的屏幕尺寸。

● 视觉反馈：为用户的操作提供即时的视觉反馈，如切换播放模式和添加至收藏的图标变化。

通过组件 ControlAreaComponent，用户能够方便地控制音频播放和管理播放列表，提升了用户体验。

（11）文件 src/main/ets/components/LyricsComponent.ets 定义了一个名为 LyricsComponent 的组件，用于显示和管理歌曲的歌词。组件 LyricsComponent 从歌曲列表中获取当前所选歌曲的歌词文件，并解析为 LrcEntry 格式，以便在 UI 中显示。它使用了不同的布局（如 Column、Row、GridRow 和 GridCol）来组织歌词和歌曲信息，包括歌曲标题和歌手信息。根据不同的屏幕大小（Breakpoint），组件会调整字体大小、颜色和布局，以确保良好的视觉效果。此外，组件还包含一个控制区域，允许用户点击以隐藏或显示歌词控制界面。

（12）文件 src/main/ets/components/MusicInfoComponent.ets 定义了一个名为 MusicInfoComponent 的组件，用于显示当前播放歌曲的封面和信息。组件 MusicInfoComponent 从歌曲列表中获取当前选择的歌曲，并展示其封面、标题和歌手信息。布局使用了 GridRow 和 GridCol 组件，以适应不同屏幕尺寸，确保在不同设备上具有良好的响应式效果。

（13）文件 src/main/ets/components/PlayerInfoComponent.ets 定义了一个名为 PlayerInfoComponent 的组件，主要用于展示音频播放器的信息和控制界面。该组件集成了多个子组件，包括歌曲信息、歌词、控制区域和顶部区域，旨在提供全面的音频播放体验。

（14）文件 src/main/ets/components/TopAreaComponent.ets 是一个用于音频播放器顶部区域的组件，主要功能是根据当前选择的歌曲展示设备的音频投放选项。组件通过 AVCastPicker 提供音频设备的选择，颜色根据当前歌曲的背景色动态调整，以确保在深色和浅色背景下都能良好显示。组件还包含响应式设计，通过 BreakpointType 根据屏幕尺寸调整投放选项的宽度和高度。同时，通过 getIsDark 方法确定当前歌曲的背景色属性，更新文本或图标的颜色。

（15）文件 src/main/ets/pages/PlayerPage.ets 实现了组件 PlayerPage，这是音频播放器应用中的一个页面组件，负责管理页面导航和布局。该组件使用 Navigation 组件来构建导航堆栈，并在页面显示时自动将播放页面 (PLAYER_PAGE) 推入导航路径栈。通过 @Provide 注解，pageStack 被提供给整个页面以支持页面之间的导航。

至此，整个音频播放器介绍完毕，代码执行后的效果如图 3-3 所示。

图 3-3　音频播放器

 案例4 设置手机铃声

铃声是手机用户日常生活中最常用的功能之一。用户可以通过设置不同的铃声来区分来电、短信、闹钟等通知，从而快速识别信息来源并做出响应。同时，铃声的选择也能反映用户个人品位和偏好，为手机的使用增添个性化体验。通过提供高质量且简便的铃声设置功能，应用可以提升用户的整体满意度和交互体验。

本案例展示了如何在鸿蒙应用中提供一个简洁的用户界面，让用户能够轻松设置铃声。用户输入音频文件的名称，应用则根据输入的文件路径调用 Ringtone Kit 将该音频设置为手机铃声。项目还包括错误处理和提示反馈功能，确保当文件不存在时能够及时通知用户。整个项目展示了如何利用鸿蒙框架和相关套件实现音频管理功能，从而增强了应用的个性化与交互体验。

案例3-4　设置手机铃声（源码路径：codes\3\Ringtone）

（1）文件 src/main/ets/entryability/EntryAbility.ets 定义了一个名为 EntryAbility 的类，该类继承自 UIAbility，用于管理鸿蒙应用的生命周期和界面加载工作。EntryAbility 包含多个生命周期回调函数，如 onCreate、onDestroy、onForeground 和 onBackground，用来记录应用的创建、销毁、前台和后台状态。onWindowStageCreate 方法负责加载主界面组件 Index，并在界面加载成功或失败时输出相应的日志信息。文件 EntryAbility.ets 通过 hilog 进行日志记录，帮助开发者调试和监控应用的运行状态。

（2）文件 src/main/ets/pages/Index.ets 定义了鸿蒙应用的主界面组件 Index，提供了设置铃声的功能。界面中包含一个文本输入框，用于输入音频文件的名称，以及一个按钮，用于触发铃声设置操作。当用户点击按钮时，应用会根据输入的文件名获取音频文件路径，并调用 ringtone.startRingtoneSetting 方法将其设置为铃声。如果文件不存在，则会通过 promptAction.showToast 显示提示信息。该功能通过日志记录和错误处理机制，确保了设置过程的可追踪性和用户反馈的准确性。

```
import { common } from '@kit.AbilityKit';
import { ringtone } from '@kit.RingtoneKit';
import { BusinessError } from '@kit.BasicServicesKit';
import { promptAction } from '@kit.ArkUI';
import { hilog } from '@kit.PerformanceAnalysisKit';

const APP_TAG = "Msc_Demo"   // 应用标签，用于日志记录
const DOMAIN = 0x0001        // 日志领域标识

@Entry
@Component
struct Index {
  @State isShowUIExtensionCom: boolean = false; // 控制 UI 扩展组件的显示状态
  @State uri: string = '';                      // 保存音频文件的 URI
  private buttonText: string = '';              // 保存用户输入的文件名
  private context = getContext(this) as common.UIAbilityContext; // 获取应用上下文

  build() {
    Column() {
      // 顶部文本，提示用户功能
      Column() {
        Text($r('app.string.setting_ringtone'))
          .fontSize(30)
          .fontWeight(FontWeight.Bold)
```

```
    .fontColor($r('sys.color.ohos_id_color_text_primary'))
    .alignSelf(ItemAlign.Start)
    .margin({
      top: 64,
      left: 12,
      bottom: 16
    })

  // 文本输入框，提示用户输入文件名
  TextInput({ placeholder: $r('app.string.please_enter_the_file_name') })
    .width(312)
    .height(40)
    .onChange((value: string) => {
      this.buttonText = value;  // 将用户输入的值存储到 buttonText
    })
}

// 设置铃声的按钮
Button($r('app.string.setting_ringtone'))
  .width(312)
  .height(40)
  .margin({
    bottom: 16
  })
  .onClick(async () => {
    if (this.buttonText) {
      // 拼接音频文件路径
      let audioPath: string = this.context.filesDir + '/' + this.buttonText;
      hilog.info(DOMAIN, APP_TAG, 'audioPath:' + audioPath);
      try {
        // 提取文件名，不包括扩展名
        let fileName: string = audioPath.substring(audioPath.
          lastIndexOf('/') + 1, audioPath.lastIndexOf('.'));
        hilog.info(DOMAIN, APP_TAG, 'fileName:' + fileName);
        // 调用铃声设置方法，将音频文件设置为铃声
        await ringtone.startRingtoneSetting(this.context, audioPath,
          fileName).then(res => {
          hilog.info(DOMAIN, APP_TAG, 'setFlag :' + res);
        });
      } catch (error) {
        let err: BusinessError = error as BusinessError;
        // 如果文件未找到，提示错误信息
        if (err.code === ringtone.RingtoneErrors.ERROR_FILE_NOT_FOUND) {
          promptAction.showToast({
            message: $r('app.string.file_exist'),
            duration: 2000
          });
```

```
            }
            // 记录错误日志
            hilog.error(DOMAIN, APP_TAG, 'accessSync failed with error
              message: ' + err.message + ', error code: ' + err.code);
          }
      } else {
          // 如果用户没有输入文件名，提示请输入文件名
          promptAction.showToast({
            message: $r('app.string.please_enter_the_file_name'),
            duration: 2000
          });
        }
      })
    }
    .justifyContent(FlexAlign.SpaceBetween)   // 布局方式为主轴空间均分
    .width('100%')    // 设置宽度为100%
    .height('100%')   // 设置高度为100%
  }
}
```

代码执行后可以设置指定文件为铃声，如图3-4所示。

手机录音并播放程序

手机中的录音程序提供了便捷的音频记录功能，适用于会议、课堂、语音备忘等场景。录音程序不仅能捕捉重要信息，帮助用户快速记录和回顾，还支持语音转文字等扩展功能，从而提升了工作效率。手机录音程序通常支持高音质录制、降噪处理及低时延播放等，确保音频的清晰度和即时性，满足用户对高效音频记录和回放的需求，它是日常生活和工作的得力工具。

本项目是一个基于鸿蒙操作系统的音频录制与播放应用，旨在为用户提供友好的音频捕捉体验。通过简洁的界面设计，结合图标和文本信息，帮助用户轻松进行音频录制。在功能上，本项目实现了页面导航，允许用户从主界面顺利进入录音功能，充分体现了对用户交互体验的重视。整体上，本项目不仅展示了音频录制的基本功能，还为未来扩展更多音频处理功能奠定了基础。

图3-4　设置手机铃声界面

案例3-5　**手机录音并播放程序（源码路径：codes\3\Audio-native）**

（1）文件src/main/ets/entryability/EntryAbility.ets定义了常量类CommonConstants，包含一系

列与音频录制和播放功能相关的常量，这些常量用于控制界面布局、音频播放状态、录音时间限制、设备类型、字体样式等，确保应用的稳定性和一致性。

（2）文件src/main/cpp/AudioRecording.cpp是一个C++程序，实现了一个音频捕获和渲染系统。该系统提供了低时延和普通模式下的音频录制和播放功能。通过OH_AudioCapturer和OH_AudioRenderer接口，管理音频流的创建、启动、暂停、停止及释放资源。具体来说，文件AudioRecording.cpp中各个函数的具体功能如下。

- GetRendererState：获取当前音频渲染器(audioRenderer)的状态，并将其封装为napi_value，可用于JavaScript端。
- GetCapturerState：获取当前音频捕获器(audioCapturer)的状态，并将其封装为napi_value，可用于JavaScript端。
- GetFileState：获取文件读取结束标志(g_readEnd)的状态，表明是否已经读到文件末尾。返回文件状态为napi_value，用于JavaScript端。
- GetFastState：获取当前音频渲染器是否处于低时延模式(g_rendererLowLatency)，返回低时延模式状态为napi_value。
- GetFramesWritten：获取渲染器已写入的音频帧数，返回帧数值为napi_value，用于JavaScript端。
- GetFileSize：获取音频文件的大小，使用stat系统调用读取文件的字节大小。返回文件大小为napi_value。
- AudioCapturerOnReadData：回调函数，当音频捕获器读取到音频数据时被调用，将捕获的音频数据写入文件(g_file)。
- AudioRendererOnWriteData：回调函数，当音频渲染器需要数据时被调用，从文件中读取音频数据并写入缓冲区，提供给渲染器播放。
- AudioCapturerLowLatencyInit：初始化音频捕获器，启用低时延模式。创建音频流构建器，设置采样率、通道数等参数，并配置回调函数，生成并初始化音频捕获器。
- AudioCapturerInit：初始化音频捕获器，启用普通时延模式。创建音频流构建器，设置相关参数，并配置回调函数，生成并初始化音频捕获器。
- AudioCapturerStart：启动音频捕获器，开始捕获音频数据。
- AudioCapturerPause：暂停音频捕获器。
- AudioCapturerStop：停止音频捕获器。
- AudioCapturerRelease：释放音频捕获器及相关资源，同时关闭文件。
- CloseFile：关闭音频文件(g_file)。
- AudioRendererLowLatencyInit：初始化音频渲染器，启用低时延模式。创建音频流构建器，设置渲染器的采样率、通道数和低时延模式，配置回调函数，生成并初始化音频渲染器。
- AudioRendererInit：初始化音频渲染器，启用普通时延模式。创建音频流构建器，设置相关参数，并配置回调函数，生成并初始化音频渲染器。

- AudioRendererStart：启动音频渲染器，开始播放音频数据。
- AudioRendererPause：暂停音频渲染器。
- AudioRendererStop：停止音频渲染器。
- AudioRendererRelease：释放音频渲染器及相关资源，同时关闭文件。

（3）文件 src/main/ets/view/AudioRecording.ets 实现了一个音频录制和播放的用户界面，允许用户进行音频录制、暂停、继续和停止。该文件利用了鸿蒙系统的能力管理和音频工具库，通过请求用户权限来访问麦克风，并通过定时器更新录制时长。用户界面包括录制状态的显示、时间的计数及音频播放的控制。录制完成后，用户可以查看录音结果并选择播放录音。文件 AudioRecording. ets 的核心功能如下。

- 权限请求：使用鸿蒙的权限管理系统请求麦克风和存储权限，以便进行音频录制和存储。

```
import { PermissionManager } from '@ohos.permissions';

export class AudioManager {
    private permissionManager: PermissionManager;

    constructor() {
        this.permissionManager = new PermissionManager();
    }

    // 请求录音和存储权限
    async requestPermissions() {
        // 请求录音权限
        const audioPermission = await this.permissionManager.request('ohos.
          permission.RECORD_AUDIO');
        // 请求存储权限
        const storagePermission = await this.permissionManager.request('ohos.
          permission.WRITE_EXTERNAL_STORAGE');

        if (audioPermission === 'granted' && storagePermission === 'granted') {
            console.log(' 权限请求成功 ');
        } else {
            console.error(' 权限请求失败 ');
        }
    }
}
```

- 音频录制功能：使用 AudioRecorder 进行音频录制，设置录音的格式、采样率等参数，提供开始录音、暂停录音、继续录音和停止录音的方法。

```
import { AudioRecorder } from '@ohos.multimedia.audio';

export class AudioRecorderManager {
```

```
    private audioRecorder: AudioRecorder;

    constructor() {
        // 初始化音频录制器
        this.audioRecorder = new AudioRecorder();
    }

    // 开始录音
    startRecording() {
        // 设置录音格式和参数
        this.audioRecorder.setFormat('wav');
        this.audioRecorder.setSampleRate(44100);
        this.audioRecorder.setChannelCount(2);

        // 开始录音
        this.audioRecorder.start();
        console.log(' 开始录音 ');
    }

    // 停止录音
    stopRecording() {
        this.audioRecorder.stop();
        console.log(' 录音已停止 ');
        // 处理录音文件, 例如保存到本地
    }
}
```

- 音频播放功能: 使用 AudioPlayer 控制音频的播放、暂停和停止, 通过播放完成事件来更新 UI状态。

```
import { AudioPlayer } from '@ohos.multimedia.audio';

export class AudioPlayerManager {
    private audioPlayer: AudioPlayer;

    constructor() {
        // 初始化音频播放器
        this.audioPlayer = new AudioPlayer();
    }

    // 播放音频文件
    playAudio(filePath: string) {
        this.audioPlayer.setSource(filePath);
        this.audioPlayer.play();
        console.log(' 开始播放音频 ');
    }
```

```
    // 停止播放音频
    stopAudio() {
        this.audioPlayer.stop();
        console.log(' 音频播放已停止 ');
    }
}
```

• UI更新和状态管理：通过状态管理更新录制和播放状态，如录制时长、按钮状态等，使用定时器来实时更新录制的时长。

```
import { Observable } from '@ohos/application';

export class AudioUIManager {
    private recordingTime: number = 0;
    private recordingTimer: any;

    // 更新录制时间的方法
    updateRecordingTime() {
        // 每秒更新录制时长
        this.recordingTimer = setInterval(() => {
            this.recordingTime++;
            console.log(` 录制时长：${this.recordingTime} 秒 `);
            // 更新 UI 显示录制时长
            // 例如：this.updateUI(this.recordingTime);
        }, 1000);
    }

    // 停止更新录制时间
    stopUpdatingTime() {
        clearInterval(this.recordingTimer);
        console.log(' 录制时长更新已停止 ');
    }
}
```

（4）文件src/main/ets/pages/Index.ets定义了一个音频录制和播放应用的首页组件 Index。该组件包括音频录制的图标和文本信息，并设置了点击事件，以便导航到录音页面。组件 Index 使用了HarmoneyOS的组件和布局系统，布局采用了行列组合的方式，以实现用户界面的结构化设计。

```
// 导入常量和音频录制视图组件
import CommonConstants from '../constants/CommonConstants';
import { AudioRecording } from '../view/AudioRecording';

@Entry
@Component
struct Index {
```

```
// 提供导航路径栈，用于管理页面导航
@Provide('pageInfos') pageInfos: NavPathStack = new NavPathStack();

// 构建页面地图，调用音频录制组件
@Builder
PageMap(name: string) {
  AudioRecording(); // 调用音频录制组件
}

// 构建主界面
build() {
  Navigation(this.pageInfos) { // 使用导航组件
    Row() {              // 行布局
      Column() {        // 列布局
        // 显示音频图标
        Image($r('app.media.ic_public_audio'))      // 音频图标资源
          .width($r('app.float.audio_width'))        // 图标宽度
          .height($r('app.float.audio_width'))       // 图标高度
          .margin({ top: $r('app.float.audio_margin_top') }); // 上边距

        // 显示音频捕捉文本
        Text($r('app.string.audio_captures'))      // 文本资源
          .fontColor(Color.Black) // 字体颜色
          .fontSize($r('app.float.audio_size'))     // 字体大小
          .margin({ top: $r('app.float.small_margin') }); // 上边距
      }
      .id('record_play_card') // 设置元素 ID
      .backgroundColor(Color.White) // 背景颜色
      .width($r('app.float.audio_button_width'))    // 按钮宽度
      .height($r('app.float.audio_button_height')) // 按钮高度
      .borderRadius($r('app.float.border_radius')) // 圆角
      .onClick(() => { // 点击事件
        this.pageInfos.pushPath({ name: 'default' }); // 导航到默认页面
      })
    }
    .padding($r('app.float.common_padding'))   // 内边距
    .width(CommonConstants.FULL_PERCENT)        // 宽度占满
    .justifyContent(FlexAlign.Start);           // 内容左对齐
  }
  .backgroundColor($r('app.color.audio_background')) // 背景颜色
  .hideTitleBar(true)            // 隐藏标题栏
  .hideBackButton(false)         // 显示返回按钮
  .hideToolBar(true)             // 隐藏工具栏
  .navDestination(this.PageMap); // 导航目标设置为 PageMap
}
}
```

代码执行后效果如图3-5所示。

录制界面

播放界面

图3-5　手机录制和播放界面

案例6　一个拍照程序

拍照功能是相机应用的核心，它能够捕捉瞬间影像，满足用户对影像记录和分享的需求。在 HarmonyOS 中，通过如下两个模块实现拍照功能。

（1）CameraKit：实现相机管理功能，为开发者提供了一套简单且易于理解的相机服务接口，开发者通过调用这些接口，可以开发相机应用。应用通过访问和操作相机硬件实现基础操作，如预览照片、拍照和录像。此外，通过接口的组合使用，还可以完成更多操作，如控制闪光灯和曝光时间、对焦或调焦等。CameraKit的主要功能如下。

- getCameraManager：获取相机管理器，用于后续操作。
- CameraDevice：获取相机设备信息，如相机ID、类型、连接方式等。
- CameraManager：获取支持的相机设备列表、支持的模式和输出能力等。
- createCameraInput：根据相机设备或相机位置、类型创建相机输入对象，用于预览和拍照操作。

- createPreviewOutput：创建预览输出对象，用于将相机预览数据输出到指定的显示区域。

（2）cameraPicker：相机选择器接口，提供了相机拍照与录像功能。在应用程序中，用户可以自行选择媒体类型来实现拍照和录像的功能。

下面的案例展示了通过 cameraPicker 拉起系统相机并实现拍照的过程。用户只需点击按钮即可启动相机，拍照后返回应用，界面会自动更新显示所拍摄的图片。

案例3-6　一个拍照程序（源码路径：codes\3\Camera）

（1）文件 src/main/ets/common/constants/CommonConstants.ets 定义了类 CommonConstants，用于存放常量。在这里，常量 FULL_SIZE 用于表示组件的全尺寸（100%），可以在布局或样式中引用，以确保组件占据容器的全部空间。

```
export class CommonConstants {
  /**
   * 组件的尺寸
   * FULL_SIZE 表示组件的全尺寸，占据容器的 100% 空间
   */
  static readonly FULL_SIZE: string = '100%';
}
```

（2）文件 src/main/ets/pages/MainPage.ets 定义了一个名为 ImagePickerPage 的组件，主要用于展示一个可以拉起系统相机的界面。用户可以点击按钮进行拍照，拍摄的图片将直接显示在界面上。组件 ImagePickerPage 通过 cameraPicker 模块调用相机，并处理可能出现的错误。

```
import { cameraPicker } from '@kit.CameraKit';
import { camera } from '@kit.CameraKit';
import { BusinessError } from '@ohos.base';
import { hilog } from '@kit.PerformanceAnalysisKit';
import { CommonConstants as Const } from '../common/constants/CommonConstants';

@Entry
@Component
struct ImagePickerPage {
  // 图片 URI，存储拍摄后的图片地址
  @State uri: Resource | string | undefined = undefined;

  // 相机位置配置
  private cameraPosition: Array<camera.CameraPosition> = [
    camera.CameraPosition.CAMERA_POSITION_UNSPECIFIED,
    camera.CameraPosition.CAMERA_POSITION_BACK,
    camera.CameraPosition.CAMERA_POSITION_FRONT,
    camera.CameraPosition.CAMERA_POSITION_FOLD_INNER
  ];
```

```
// 媒体类型配置，只允许照片和视频
private mediaType: Array<cameraPicker.PickerMediaType> = [
  cameraPicker.PickerMediaType.PHOTO,
  cameraPicker.PickerMediaType.VIDEO
];

build() {
  Row() {
    Column() {
      // 显示拍摄的图片
      Image(this.uri)
        .height($r('app.float.image_height'))      // 设置图片高度
        .alt($r('app.media.startIcon'));           // 设置图片替代文本

      // 拍照按钮
      Button($r('app.string.capture'))
        .width($r('app.float.button_width'))        // 设置按钮宽度
        .margin({ top: $r('app.float.margin') })   // 设置按钮上边距
        .onClick(async () => {
          try {
            // 配置启动后置相机
            let pickerProfile: cameraPicker.PickerProfile = {
              cameraPosition: this.cameraPosition[1] };
            // 配置为拍照模式
            let pickerResult: cameraPicker.PickerResult = await
              cameraPicker.pick(getContext(this),
              [this.mediaType[0]], pickerProfile);
            // 获取视频 URI
            this.uri = pickerResult.resultUri;
            hilog.info(0x0000, ' ', "the pick pickerResult is:" + JSON.
              stringify(pickerResult));
          } catch (error) {
            let err = error as BusinessError;
            hilog.error(0x0000, '', `the pick call failed. error code: ${err.
              code}`);
          }
        });
    }
    .width(Const.FULL_SIZE) // 设置列宽为全尺寸
  }
  .height(Const.FULL_SIZE); // 设置行高为全尺寸
}
}
```

代码执行效果如图3-6所示，用户点击"拍照"按钮即可启动相机实现拍照功能。

案例7　仿微信朋友圈发布系统

在日常生活中，我们经常使用微信，在微信朋友圈中用户可以执行以下操作。

图3-6　执行效果

- 添加文字内容：用户可以在文本框中输入评论或更新个人状态。
- 选择图片：通过点击"拍摄"或"从相册选择"按钮，用户可以拍照或选择已存在的图片，作为发布内容的一部分。
- 发布动态：在完成输入和选择后，用户点击"发表"按钮，即可将内容分享给朋友或设置为公开可见。

本项目实现了一个互动式的图片评论系统，主要功能模块包括评论展示、评论输入和评论发布。

- 评论展示：用户可以查看已有的评论列表，系统会根据评论数量动态展示相应内容。
- 评论输入：用户点击输入框后，会弹出输入对话框，用户可以输入文本和上传图片进行评论。
- 评论发布：每条评论都包含用户名、评论内容、时间戳及相关图片，为用户提供了便捷的互动体验。

整个系统结合了数据模型与视图组件，以确保用户体验和数据管理效能。

案例3-7　仿微信朋友圈发布系统（源码路径：codes\3\Image-comment）

（1）文件src/main/ets/common/CommonConstants.ets定义了一个常量类 Constants，用于存储与相机选择器相关的静态常量，便于在项目中统一管理和调用。

（2）文件src/main/ets/utils/CameraUtils.ets实现了一个异步函数 cameraCapture，用于启动系统相机并捕获拍摄的图片。异步函数 cameraCapture 返回拍摄图片的资源URI，便于后续使用。

```
import { common } from '@kit.AbilityKit';
import { Constants } from '../common/CommonConstants';

/**
 * 启动相机拍照并返回拍摄图片的资源 URI
 * @param context - UIAbility 上下文，用于启动能力
 * @returns 返回拍摄图片的资源 URI，若未成功则返回空字符串
 */
export async function cameraCapture(context: common.UIAbilityContext):
  Promise<string> {
```

```
// 启动相机能力，并获取返回结果
const result: common.AbilityResult = await context.startAbilityForResult({
  action: Constants.ACTION_PICKER_CAMERA, // 使用常量定义的相机操作
  parameters: {
    'supportMultiMode': false, // 不支持多张连拍模式
    'callBundleName': context.abilityInfo.bundleName // 调用的应用包名
  }
});

// 检查返回结果是否成功
if (result.resultCode === 0) {
  const param: Record<string, Object> | undefined = result.want?.parameters;
    // 获取返回参数
  if (param !== undefined) {
    const resourceUri: string = param[Constants.KEY_RESULT_PICKER_CAMERA]
      as string; // 获取资源 URI
    return resourceUri; // 返回资源 URI
  }
}
return ""; // 若未成功，则返回空字符串
}
```

（3）文件 src/main/ets/model/CommentModel.ets 定义了一个评论模型 Comment，用于存储评论的相关信息，并实现了一个数据源 BasicDataSource 及其子类 CommentData，用于管理评论数据的变化和监听。

（4）文件 src/main/ets/model/MockCommentData.ets 定义了函数 mockData，用于创建并返回一组模拟的评论数据。函数 mockData 使用 Comment 和 CommentData 类来构造评论，并将其添加到评论数据列表中。

（5）文件 src/main/ets/pages/Index.ets 实现了一个图片评论的视图组件 ImageCommentView，用于展示评论列表、输入新评论并发布。文件 Index.ets 包括评论的显示和输入对话框的控制功能，并支持拍照上传评论图片。

```
// 定义常量
const ID_ROW_PUBLISH: string = "id_row_publish"; // 发布行的 ID
const ID_TEXT_EMPTY: string = "id_text_empty";   // 空评论的 ID
const ID_LIST: string = "id_list";               // 评论列表的 ID
const ID_TEXT_TITLE: string = "id_text_title";   // 评论标题的 ID
const ID_IMAGE: string = "id_image";             // 图片的 ID

@Entry
@Component
export struct ImageCommentView {
  @State commentList: CommentData = new CommentData(); // 评论数据
  @State textInComment: string = "";               // 输入的评论文本
  @State imageInComment: string[] = [];            // 输入的评论图片
```

```
commentCount: number = 0;                                    // 评论数量

// 对话框控制器
dialogController: CustomDialogController | null = new CustomDialogController({
  builder: CommentInputDialog({
    textInComment: $textInComment,                          // 传入评论文本
    imagesInComment: $imageInComment,                       // 传入评论图片
    publish: () => this.publishComment()                    // 发布评论的方法
  }),
  autoCancel: true,                                         // 自动关闭
  alignment: DialogAlignment.Bottom,                        // 对话框对齐方式
  customStyle: true,                                        // 自定义样式
  offset: {
    dx: $r('app.integer.dialog_offset_x'),                  // X 轴偏移
    dy: $r('app.integer.dialog_offset_y')                   // Y 轴偏移
  }
});

// 页面即将出现时
aboutToAppear(): void {
  this.commentList = mockData();                            // 初始化评论数据
  this.commentCount = this.commentList.totalCount();        // 更新评论数量
}

// 页面即将消失时
aboutToDisappear() {
  this.dialogController = null;                             // 清空对话框控制器
}

// 发布评论
publishComment(): void {
  const comment: Comment = new Comment("Kevin", this.textInComment, $r('app.
    media.icon'), this.imageInComment, this.getCurrentDate());
  this.commentList.addDataFirst(comment);     // 将评论添加到评论列表的最前面
}

// 获取当前日期
getCurrentDate(): string {
  const date: Date = new Date();
  return `${date.getFullYear()}-${date.getMonth() + 1}-${date.getDate()}
    ${date.getHours()}:${date.getMinutes()}`; // 获取当前时间并格式化
}

// 组件构建
build() {
  RelativeContainer() {
    Image($r('app.media.launch_advert'))      // 显示广告图片
```

```
    .height($r('app.string.percent_30')) // 设置高度为30%
    .alignRules({
      top: { anchor: "__container__", align: VerticalAlign.Top },
      left: { anchor: "__container__", align: HorizontalAlign.Start },
      right: { anchor: "__container__", align: HorizontalAlign.End }
    })
    .id(ID_IMAGE)

  Text($r('app.string.hot_comment')) // 显示标题
    .height($r('app.integer.text_hot_comment_height'))
    .width($r('app.string.percent_100'))
    .padding({
      left: $r('app.integer.text_hot_comment_padding_left')
    })
    .border({
      width: {
        bottom: $r('app.integer.text_hot_comment_border_width_bottom')
      },
      color: {
        bottom: $r('app.color.color_divider')
      }
    })
    .alignRules({
      top: { anchor: ID_IMAGE, align: VerticalAlign.Bottom },
      left: { anchor: "__container__", align: HorizontalAlign.Start },
      right: { anchor: "__container__", align: HorizontalAlign.End }
    })
    .id(ID_TEXT_TITLE)

  // 判断评论数量
  if (this.commentCount > 0) {
    List() {
      LazyForEach(this.commentList, (comment: Comment) => { // 遍历评论列表
        ListItem() {
          CommentView({ comment: comment }) // 渲染评论视图
        }
      }, (item: Comment) => JSON.stringify(item)) // 唯一标识
    }
    .scrollBar(BarState.Off) // 关闭滚动条
    .width($r('app.string.percent_100'))
    .margin({
      bottom: $r('app.integer.list_comment_margin_bottom')
    })
    .alignRules({
      top: { anchor: ID_TEXT_TITLE, align: VerticalAlign.Bottom },
      bottom: { anchor: "__container__", align: VerticalAlign.Bottom },
      left: { anchor: "__container__", align: HorizontalAlign.Start },
```

```
        right: { anchor: "__container__", align: HorizontalAlign.End }
      })
      .id(ID_LIST)
  } else {
    Text($r('app.string.no_comment')) // 显示没有评论的提示
      .textAlign(TextAlign.Center)
      .width($r('app.string.percent_100'))
      .margin({
        bottom: $r('app.integer.text_no_comment_margin_bottom')
      })
      .alignRules({
        top: { anchor: ID_TEXT_TITLE, align: VerticalAlign.Bottom },
        bottom: { anchor: "__container__", align: VerticalAlign.Bottom },
        left: { anchor: "__container__", align: HorizontalAlign.Start },
        right: { anchor: "__container__", align: HorizontalAlign.End }
      })
      .id(ID_TEXT_EMPTY)
  }

  Row() {
    Text($r('app.string.text_input_hint')) // 显示输入提示
      .borderRadius($r('app.integer.text_input_hint_border_radius'))
      .height($r('app.integer.text_input_hint_height'))
      .width($r('app.string.percent_95'))
      .padding({
        left: $r('app.integer.text_input_hint_padding_left')
      })
      .backgroundColor($r('app.color.color_comment_text_background'))
      .onClick(() => {
        if (this.dialogController !== null) {
          this.dialogController.open(); // 打开输入对话框
        }
      })
      .border({
        width: {
          top: $r('app.integer.row_input_hint_border_width_top')
        },
        color: {
          top: $r('app.color.color_divider')
        }
      })
  }
  .alignItems(VerticalAlign.Center)
  .justifyContent(FlexAlign.Center)
  .height($r('app.integer.row_input_hint_height'))
  .width($r('app.string.percent_100'))
  .border({
```

```
  width: {
    top: $r('app.integer.row_input_hint_border_width_top')
  },
  color: {
    top: $r('app.color.color_divider')
  }
})
.alignRules({
  bottom: { anchor: "__container__", align: VerticalAlign.Bottom },
  left: { anchor: "__container__", align: HorizontalAlign.Start },
  right: { anchor: "__container__", align: HorizontalAlign.End }
})
.id(ID_ROW_PUBLISH)

}
.width($r('app.string.percent_100'))
.height($r('app.string.percent_100'))
}
}
```

对上述代码的具体说明如下。

• 组件 ImageCommentView：实现了评论的输入、展示及发布功能。

• 状态管理：使用 @State 注解来管理评论列表、输入文本及输入图片的状态。

• 对话框控制：使用 CustomDialogController 管理评论输入对话框的显示与关闭。

• 评论初始化：在 aboutToAppear 方法中，调用 mockData 函数初始化评论列表。

• 动态渲染评论：根据评论数量决定是否渲染评论列表或显示无评论提示。

• 时间格式化：通过 getCurrentDate 方法来获取当前时间，便于记录评论的发布时间。

代码执行后，显示微信朋友圈评论界面，如图3-7所示。

一个录像程序

图3-7　微信朋友圈评论界面

在HarmonyOS中，使用AVRecorder开发视频录制程序，AVRecorder集成了音频捕获、音频编码、视频编码以及音视频封装功能，适用于实现简单视频录制并直接生成本地视频文件的场景。在开发过程中，开发者可以通过AVRecorder的state属性主动获取其当前状态，或使用on('stateChange')方法监听状态变化。在开发过程中应该严格遵循状态机要求，如只能在started状态下调用pause()接口，只能在paused状态下调用resume()接口。

　　本案例实现了一个录像程序，核心功能包括请求用户的相机、麦克风和媒体位置权限，展示视频播放界面，并在用户授权后允许跳转到录制页面。通过权限管理和视频控制器，用户能够流畅地体验视频播放和录制的全过程，提升了应用的交互性和实用性。

案例3-8　一个录像程序（源码路径：codes\3\Recorder）

（1）文件src/main/module.json5为HarmonyOS应用的模块配置文件，它定义了应用的基本信息、权限请求及启动入口等能力。它描述了应用的结构和功能，指定了应用在不同设备上的适配性，以及在使用相机和麦克风时需要请求的权限。

（2）文件src/main/ets/common/CommonConstants.ets定义了一个名为CommonConstants的类，其中包含一些常用的常量，便于在整个应用中统一管理和使用。

（3）文件src/main/ets/utils/FileUtil.ets定义了一个名为FileUtil的类，该类封装了文件操作的基本功能，使文件的创建、写入等操作更加方便。类FileUtil使用 @kit.CoreFileKit 库进行文件操作，并利用 Logger 进行错误记录。

```
import { fileIo } from '@kit.CoreFileKit';  // 导入文件 IO 库
import Logger from './Logger';  // 导入日志记录器

export class FileUtil {
  // 创建并打开文件
  static createOrOpen(path: string): fileIo.File {
    let isExist = fileIo.accessSync(path);  // 检查文件是否存在
    let file: fileIo.File;
    if (isExist) {
      // 如果文件存在，则以读写模式打开
      file = fileIo.openSync(path, fileIo.OpenMode.READ_WRITE);
    } else {
      // 如果文件不存在，则以读写模式创建新文件
      file = fileIo.openSync(path, fileIo.OpenMode.READ_WRITE | fileIo.
        OpenMode.CREATE);
    }
    return file;  // 返回文件对象
  }

  // 将数组缓冲区保存到文件
  static writeBufferToFile(path: string, arrayBuffer: ArrayBuffer): number {
    try {
      // 以读写模式创建或打开文件
      let file = fileIo.openSync(path, fileIo.OpenMode.READ_WRITE | fileIo.
        OpenMode.CREATE);
      let value = fileIo.writeSync(file.fd, arrayBuffer);  // 写入数组缓冲区
```

```
      fileIo.closeSync(file);   // 关闭文件
      return value;   // 返回写入的字节数
    } catch (err) {
      // 捕获并记录错误
      Logger.error('FileUtil', 'writeFile err:' + err);
      return -1;        // 返回 -1 表示写入失败
    }
  }

  // 将文本内容保存到文件
  static writeStrToFile(path: string, text: string): number {
    try {
      // 以读写模式创建或打开文件
      let file = fileIo.openSync(path, fileIo.OpenMode.READ_WRITE | fileIo.
        OpenMode.CREATE);
      let value = fileIo.writeSync(file.fd, text);   // 写入文本内容
      fileIo.closeSync(file);   // 关闭文件
      return value;   // 返回写入的字节数
    } catch (err) {
      // 捕获并记录错误
      Logger.error('FileUtil', 'writeFile err:' + err);
      return -1;        // 返回 -1 表示写入失败
    }
  }
}
```

（4）文件 src/main/ets/pages/Record.ets 定义了组件 Record，用于实现视频录制功能。文件 Record.ets 中的主要成员函数如下。

- aboutToAppear()：在组件即将出现时设置视频保存路径并生成视频文件的 URI。

- build()：构建用户界面，包括相机预览和录制按钮的布局。

- initCamera(context: common.Context, surfaceId: string)：初始化相机设备，设置相机输入、输出及录制配置。

- startRecord()：开始录制视频，调用 AVRecorder 的 start 方法。

- stopRecord()：停止录制视频，释放资源并关闭相机输入和会话。

（5）文件 src/main/ets/pages/Index.ets 定义了一个名为 Index 的组件，用于展示视频播放界面并处理用户权限请求。在加载组件 Index 时会请求相机、麦克风和媒体位置的权限。权限设置成功后，用户可以点击按钮跳转到视频录制页面。

```
// 定义标签用于日志记录
const TAG: string = 'Index';
// 获取上下文
const context = getContext() as common.UIAbilityContext;

// 入口组件
```

```
@Entry
@Component
struct Index {
  @State path: string = ''; // 视频文件路径
  @State text: string = ''; // 文本状态
  private controller: VideoController | undefined; // 视频控制器
  private result: boolean = false;        // 权限检查结果
  scroller: Scroller = new Scroller(); // 滚动条管理器
  atManager: abilityAccessCtrl.AtManager = abilityAccessCtrl.
createAtManager(); // 权限管理器
  // 请求的权限数组
  permissions: Array<Permissions> = [
    'ohos.permission.CAMERA',
    'ohos.permission.MICROPHONE',
    'ohos.permission.MEDIA_LOCATION'
  ];

  // 页面显示时获取路由参数
  onPageShow() {
    try {
      this.path = (router.getParams() as RouterParams).data; // 获取视频路径
    } catch (e) {
      return;
    }
  }

  // 页面即将出现时请求权限
  async aboutToAppear() {
    this.reqPermissionsFromUser(this.permissions, context);
  }

  // 向用户请求权限
  reqPermissionsFromUser(permissions: Array<Permissions>, context: common.
  UIAbilityContext): void {
    this.atManager.requestPermissionsFromUser(context, permissions).
      then((data) => {
      let grantStatus: Array<number> = data.authResults; // 获取授权结果
      let length: number = grantStatus.length;
      for (let i = 0; i < length; i++) {
        if (grantStatus[i] === 0) {
          Logger.info(TAG, 'User authorized.'); // 用户授权
        } else {
          Logger.info(TAG, 'User denied authorization.'); // 用户拒绝授权
          return;
        }
      }
    }).catch((err: BusinessError) => {
```

```
    Logger.error(`Failed to request permissions from user. Code is ${err.
      code}, message is ${err.message}`); // 记录错误信息
  })
}


// 检查访问令牌
checkAccessToken(permissions: Array<Permissions>) {
  // 确定授权状态
  let callerTokenId: number = rpc.IPCSkeleton.getCallingTokenId(); // 获取调
    用者令牌 ID
  let atManager: abilityAccessCtrl.AtManager = abilityAccessCtrl.
    createAtManager();
  try {
    for (let i = 0; i < permissions.length; i++) {
      let data: abilityAccessCtrl.GrantStatus = atManager.verifyAccessToken
        Sync(callerTokenId, permissions[i]); // 检查令牌
      if (data === -1) {
        this.result = false; // 未授权
      } else {
        this.result = true;  // 已授权
      }
      if (!this.result) {
        promptAction.showToast({
          message: $r('app.string.show_toast_message'), // 显示授权失败的提示
          duration: CommonConstants.SHOW_TOAST_DURATION,
          bottom: CommonConstants.SHOW_TOAST_BOTTOM
        });
        break;
      }
    }
  } catch (err) {
    Logger.error(TAG, `checkAccessToken catch err->${JSON.stringify(err)}`);
      // 记录错误信息
  }
}


// 构建用户界面
build() {
  Stack({ alignContent: Alignment.BottomStart }) {
    Column() {
      if (this.path) {
        Video({
          src: 'file://' + this.path, // 设置视频源
          controller: this.controller // 设置视频控制器
        })
          .height($r('app.float.video_height')) // 设置视频高度
```

```
        .margin({ bottom: $r('app.float.video_margin_bottom') }) // 设置视
          频底部边距
      }
      Button($r('app.string.button_text'))         // 创建按钮
        .width(CommonConstants.NINETY_PERCENT) // 设置按钮宽度
        .height($r('app.float.bottom_height')) // 设置按钮高度
        .backgroundColor($r('app.color.bottom_background')) // 设置按钮背景色
        .fontSize($r('app.float.bottom_font_size')) // 设置按钮字体大小
        .fontColor(Color.White) // 设置按钮字体颜色
        .margin({ bottom: $r('app.float.bottom_margin_bottom') }) // 设置按钮
          底部边距
        .onClick(async () => {
          this.checkAccessToken(this.permissions);      // 检查权限
          if (this.result) {
            router.pushUrl({ url: 'pages/Record' }); // 跳转到录制页面
          }
        })
    }
    .width(CommonConstants.FULL_PERCENT) // 设置列的宽度
  }
  .width(CommonConstants.FULL_PERCENT)      // 设置堆栈的宽度
  .height(CommonConstants.FULL_PERCENT)     // 设置堆栈的高度
  .backgroundColor(Color.White)             // 设置背景色
  }
}
```

代码执行后，显示请求权限界面，用户点击"录制视频"按钮后启动相机，显示录像界面。代码执行效果如图3-8所示。

请求权限界面　　　　　　录像界面

图 3-8　执行效果

案例9　第三方相机拍照程序

第三方相机应用是基于现有操作系统和设备的相机功能，它允许开发者创建自定义的拍照和录像功能。这些应用通常提供额外的功能，如滤镜、特效、实时预览和视频编辑，旨在增强用户的拍摄体验。通过集成社交媒体分享功能，第三方相机应用使用户能够更便捷地分享他们的创作。此外，第三方相机应用可以针对特定设备的硬件能力进行优化，以支持高分辨率拍摄、夜景模式和慢动作录像等高级功能。

本案例的核心功能是实现一个全面的相机组件，支持拍照、视频录制及灵活的设置调整。用户可以通过直观的界面控制闪光灯、变焦级别和录制状态，同时系统会自动根据设备的方向调整图像展示。本项目的核心功能模块如下。

- 拍照功能：支持通过系统相机进行拍照，并能够保存和查看拍摄的图片。
- 视频录制功能：支持视频录制，用户可以启动和停止录制，并保存生成的视频文件。
- 闪光灯控制：提供闪光灯的开启和关闭功能，以适应不同的拍摄环境和光线条件。
- 变焦调整：允许用户在拍摄时进行变焦操作，以捕捉更细致的画面。
- 方向自动调整：根据设备的方向自动调整图像展示，确保用户在不同持机方式下获得最佳视角。
- 用户界面设计：提供直观友好的用户界面，简化相机操作流程，提高用户体验。

案例3-9　第三方相机拍照程序（源码路径：codes\3\Third-amera）

（1）文件src/main/module.json5是 HarmonyOS 应用程序的配置文件，定义了名为entry的模块及其主要特性和权限请求。该配置文件指定了模块的类型、描述及主要入口能力（EntryAbility），并列出了支持的设备类型（手机）。代码中请求了多个权限，如相机、麦克风、媒体位置及读写图片与视频的权限，并说明了这些权限在 EntryAbility 场景中的使用。这使应用能够访问必要的硬件和资源，以实现拍照和录像等功能。

（2）文件src/main/ets/constants/CameraConstants.ets定义了类CameraConstants，其中包含多个静态常量，用于配置相机应用中的各种参数和尺寸。这些常量包括屏幕的尺寸、按钮的大小、间距、图标的尺寸、相机预览的分辨率等。

（3）文件src/main/ets/utils/CameraShooter.ets定义了一个名为 CameraShooter 的模块，用于实现相机拍照功能。此文件使用了 HarmonyOS 的相机 API，包括视频录制、照片捕捉及图像预览等功能。

```
let previewOutput: camera.PreviewOutput;    // 预览输出
let cameraInput: camera.CameraInput;         // 相机输入
let photoSession: camera.PhotoSession;       // 拍照会话
```

```
let photoOutPut: camera.PhotoOutput;          // 照片输出
let currentContext: Context;                  // 当前上下文
let uri: string;                              // 图片 URI

// 摄像头拍摄功能
export async function cameraShooting(isVideo: boolean, cameraPosition: number,
surfaceId: string,
  context: Context, foldAbleStatus: number): Promise<number[]> {

  // 如果是视频录制
  if (isVideo) {
    return videoRecording(false, cameraPosition, 0, surfaceId, context,
      foldAbleStatus);
  }

  currentContext = context;
  isVideo = false;
  releaseCamera(); // 释放相机资源
  let cameraManager: camera.CameraManager = camera.getCameraManager(context);

  // 检查相机管理器是否存在
  if (!cameraManager) {
    return [];
  }

  // 获取相机列表
  let cameraArray: camera.CameraDevice[] = cameraManager.
    getSupportedCameras();
  if (cameraArray.length <= 0) {
    return [];
  }

  cameraInput = cameraManager.createCameraInput(cameraArray[cameraPosition]);
    // 创建相机输入
  await cameraInput.open(); // 打开相机输入
  let sceneModes: camera.SceneMode[] = cameraManager.getSupportedSceneModes(c
    ameraArray[cameraPosition]);

  // 获取相机输出能力
  let cameraOutputCap: camera.CameraOutputCapability =
    cameraManager.getSupportedOutputCapability(cameraArray[cameraPosition],
      camera.SceneMode.NORMAL_PHOTO);
  let isSupportPhotoMode: boolean = sceneModes.indexOf(camera.SceneMode.
    NORMAL_PHOTO) >= 0;

  // 检查是否支持拍照模式
```

```
if (!isSupportPhotoMode || !cameraOutputCap) {
  return [];
}

// 查找适合的预览和照片配置文件
let previewProfilesArray: camera.Profile[] = cameraOutputCap.
  previewProfiles;
let photoProfilesArray: camera.Profile[] = cameraOutputCap.photoProfiles;

let previewProfile: undefined | camera.Profile = previewProfilesArray.
  find((profile: camera.Profile) => {
  let screen = display.getDefaultDisplaySync();
  if (screen.width <= 1080) {
    return profile.size.height === 1080 && profile.size.width === 1440;
  } else if (screen.width <= 1440 && screen.width > 1080) {
    return profile.size.height === 1440 && profile.size.width === 1920;
  }
  return profile.size.height <= screen.width && profile.size.height >= 1080
    &&
    (profile.size.width / profile.size.height) < (screen.height / screen.
      width)
    && (profile.size.width / profile.size.height) >
    (foldAbleStatus === display.FoldStatus.FOLD_STATUS_EXPANDED ? 1 : 4 /
      3);
});

let photoProfile: undefined | camera.Profile = photoProfilesArray.
  find((profile: camera.Profile) => {
  if (previewProfile) {
    return profile.size.width <= 4096 && profile.size.width >= 2448
      && profile.size.height === (foldAbleStatus === display.FoldStatus.
        FOLD_STATUS_EXPANDED ? 1 :
        (previewProfile.size.height / previewProfile.size.width)) * profile.
          size.width;
  }
  return undefined;
});

// 创建预览输出和照片输出
previewOutput = cameraManager.createPreviewOutput(previewProfile,
  surfaceId);
if (previewOutput === undefined) {
  return [];
}

photoOutPut = cameraManager.createPhotoOutput(photoProfile);
```

```
    if (photoOutPut === undefined) {
      return [];
    }

    // 保存图片
    setPhotoOutputCb(photoOutPut);

    // 创建拍照会话
    photoSession = cameraManager.createSession(camera.SceneMode.NORMAL_PHOTO)
      as camera.PhotoSession;
    if (photoSession === undefined) {
      return [];
    }

    photoSession.beginConfig();
    photoSession.addInput(cameraInput);
    photoSession.addOutput(previewOutput);
    photoSession.addOutput(photoOutPut);
    await photoSession.commitConfig();
    await photoSession.start();

    // 检查设备是否支持闪光灯
    let flashStatus: boolean = photoSession.hasFlash();
    if (flashStatus) {
      photoSession.setFlashMode(camera.FlashMode.FLASH_MODE_CLOSE);
    }

    // 判断是否支持连续自动对焦
    let focusModeStatus: boolean = photoSession.isFocusModeSupported(camera.
      FocusMode.FOCUS_MODE_CONTINUOUS_AUTO);
    if (focusModeStatus) {
      // 设置连续自动对焦模式
      photoSession.setFocusMode(camera.FocusMode.FOCUS_MODE_CONTINUOUS_AUTO);
    }

    // 获取支持的变焦比例范围
    let zoomRatioRange = photoSession.getZoomRatioRange();
    return zoomRatioRange;
}

// 启用动图拍摄
export function enableLivePic(isMovingPhoto: boolean): void {
  let isSupported: boolean = photoOutPut.isMovingPhotoSupported();
  if (isSupported) {
    photoOutPut.enableMovingPhoto(isMovingPhoto);
  }
```

```
}

// 设置照片的变焦比例
export function setPhotoZoom(zoom: number): void {
  photoSession.setZoomRatio(zoom);
}

// 获取当前的变焦比例
export function getPhotoZoom(): number {
  return photoSession.getZoomRatio();
}

// 设置平滑变焦
export function setPhotoSmoothZoom(zoom: number): void {
  photoSession.setSmoothZoom(zoom);
}

// 捕捉照片
export function capture(isFront: boolean): void {
  let settings: camera.PhotoCaptureSetting = {
    quality: camera.QualityLevel.QUALITY_LEVEL_HIGH,
    rotation: camera.ImageRotation.ROTATION_0,
    mirror: isFront
  };
  photoOutPut.capture(settings);
}

// 设置闪光灯模式
export async function setPhotoFlashMode(flashMode: number): Promise<void> {
  photoSession.setFlashMode(flashMode);
}

// 释放相机资源
export async function releaseCamera(): Promise<void> {
  if (photoSession) {
    photoSession.stop();          // 停止拍照会话
  }
  if (cameraInput) {
    cameraInput.close();          // 关闭相机输入
  }
  if (previewOutput) {
    previewOutput.release();      // 释放预览输出
  }
  if (photoSession) {
    photoSession.release();       // 释放拍照会话
  }
```

```
  if (photoOutPut) {
    photoOutPut.release(); // 释放照片输出
  }
}


// 设置捕捉后的回调
function setPhotoOutputCb(photoOutput: camera.PhotoOutput): void {
  photoOutput.on('photoAssetAvailable',
    async (_err: BusinessError, photoAsset: photoAccessHelper.PhotoAsset):
      Promise<void> => {
      let accessHelper: photoAccessHelper.PhotoAccessHelper =
        photoAccessHelper.getPhotoAccessHelper(currentContext);
      let assetChangeRequest: photoAccessHelper.MediaAssetChangeRequest =
        new photoAccessHelper.MediaAssetChangeRequest(photoAsset);
      assetChangeRequest.saveCameraPhoto(); // 保存相机照片
      await accessHelper.applyChanges(assetChangeRequest);
      uri = photoAsset.uri; // 获取照片的 URI
      AppStorage.setOrCreate('photoUri', await photoAsset.getThumbnail());
        // 存储缩略图 URI
    });
}


// 预览照片
export function previewPhoto(context: Context): void {
  let photoContext = context as common.UIAbilityContext;
  photoContext.startAbility({
    parameters: { uri: uri },
    action: 'ohos.want.action.viewData',
    bundleName: 'com.huawei.hmos.photos',
    abilityName: 'com.huawei.hmos.photos.MainAbility'
  });
}
```

对上述代码的具体说明如下。

● 相机初始化与配置：通过 cameraManager 获取支持的相机列表，并创建相机输入、预览输出和照片输出。

● 拍照与视频录制：通过 cameraShooting 函数实现拍照和视频录制功能，并设置相应的场景模式。

● 闪光灯与焦点模式设置：支持设置闪光灯模式和连续自动对焦模式。

● 变焦功能：支持设置、获取和调整变焦比例。

● 照片保存：在拍照后自动保存照片到媒体库，并提供预览功能。

（4）文件 src/main/ets/utils/VideoRecorder.ets 实现了视频录制模块，主要功能包括获取相机输入、配置录制参数、开始录制、停止录制及视频预览等。该模块利用多个接口和类来管理视频录制

过程，包括相机管理、视频输出、音频配置等。其核心功能是实现高效、灵活的视频录制，并提供
相应的控制和设置功能。

```
let file: fileIo.File; // 文件对象，用于保存录制的视频
let previewOutput: camera.PreviewOutput; // 视频预览输出对象
let cameraInput: camera.CameraInput;      // 相机输入对象
let avRecorder: media.AVRecorder;         // 音视频录制对象
let videoOutput: camera.VideoOutput;      // 视频输出对象
let videoSession: camera.VideoSession;    // 视频会话对象
let uri: string; // 视频保存的 URI

// 视频录制函数
export async function videoRecording(isStabilization: boolean, cameraPosition:
  number, qualityLevel: number,
  surfaceId: string, context: Context, foldAbleStatus: number):
    Promise<number[]> {

  let cameraManager: camera.CameraManager = camera.getCameraManager(context);
    // 获取相机管理器
  if (!cameraManager) {
    return []; // 如果相机管理器不存在，返回空数组
  }

  // 获取支持的相机列表
  let cameraArray: camera.CameraDevice[] = [];
  cameraArray = cameraManager.getSupportedCameras();
  if (cameraArray.length <= 0) {
    return []; // 如果没有支持的相机，返回空数组
  }

  // 获取支持的场景模式
  let sceneModes: camera.SceneMode[] = cameraManager.getSupportedSceneModes(c
    ameraArray[0]);
  let isSupportVideoMode: boolean = sceneModes.indexOf(camera.SceneMode.
    NORMAL_VIDEO) >= 0; // 检查是否支持视频模式
  if (!isSupportVideoMode) {
    return []; // 如果不支持视频模式，返回空数组
  }

  // 获取相机支持的输出能力
  let cameraOutputCap: camera.CameraOutputCapability =
    cameraManager.getSupportedOutputCapability(cameraArray[cameraPosition],
      camera.SceneMode.NORMAL_VIDEO);
  if (!cameraOutputCap) {
    return [];          // 如果输出能力不存在，返回空数组
  }
```

```
let previewProfilesArray: camera.Profile[] = cameraOutputCap.previewProfiles;
                          // 获取预览配置文件
if (!previewProfilesArray) {
  return [];                // 如果没有预览配置文件, 返回空数组
}


let videoProfilesArray: camera.VideoProfile[] = cameraOutputCap.videoProfiles;
                          // 获取视频配置文件
if (!videoProfilesArray) {
  return [];                // 如果没有视频配置文件, 返回空数组
}


// 选择合适的预览配置文件
let previewProfile: undefined | camera.Profile = previewProfilesArray.
  reverse().find((profile: camera.Profile) => {
  let screen = display.getDefaultDisplaySync(); // 获取默认屏幕
  if (screen.width <= 1080) {
    return profile.size.height === 1080 && profile.size.width === 1440;
      // 判断分辨率
  } else if (screen.width <= 1440 && screen.width > 1080) {
    return profile.size.height === 1440 && profile.size.width === 1920;
  }
  return profile.size.height <= screen.width && profile.size.height >= 1080 &&
    (profile.size.width / profile.size.height) < (screen.height / screen.width)
    && (profile.size.width / profile.size.height) >
      (foldAbleStatus === display.FoldStatus.FOLD_STATUS_EXPANDED ? 1 : 4 / 3);
});


// 选择合适的视频配置文件
let videoProfile: undefined | camera.VideoProfile = videoProfilesArray.
  find((profile: camera.VideoProfile) => {
  if (previewProfile && cameraPosition === 1) {
    return profile.size.width >= 1080 && profile.size.height >= 1080
      && profile.size.height === (foldAbleStatus === display.FoldStatus.
        FOLD_STATUS_EXPANDED ? 1 :
        (previewProfile.size.height / previewProfile.size.width)) * profile.
          size.width
      && profile.frameRateRange.max === 30;
  }
  if (previewProfile && qualityLevel === 0) {
    return profile.size.width <= 1920 && profile.size.width >= 1080 &&
      profile.size.height >= 1080
      && profile.size.height === (foldAbleStatus === display.FoldStatus.
        FOLD_STATUS_EXPANDED ? 1 :
        (previewProfile.size.height / previewProfile.size.width)) * profile.
```

```
          size.width
        && profile.frameRateRange.max === 60;
    }
  if (previewProfile && qualityLevel === 1 && cameraPosition === 0) {
      return profile.size.width <= 4096 && profile.size.width >= 3000
          && profile.size.height === (foldAbleStatus === display.FoldStatus.
            FOLD_STATUS_EXPANDED ? 1 :
              (previewProfile.size.height / previewProfile.size.width)) * profile.
                size.width
          && profile.frameRateRange.max === 60;
    }
    return undefined;
});

// 根据实际硬件范围设置录制参数
let aVRecorderProfile: media.AVRecorderProfile = {
  audioBitrate: 48000,  // 音频比特率
  audioChannels: 2,        // 音频通道数
  audioCodec: media.CodecMimeType.AUDIO_AAC, // 音频编码格式
  audioSampleRate: 48000,   // 音频采样率
  fileFormat: media.ContainerFormatType.CFT_MPEG_4, // 文件格式
  videoBitrate: 32000000,    // 视频比特率
  videoCodec: qualityLevel === 1 && cameraPosition === 0 ? media.
    CodecMimeType.VIDEO_HEVC :
  media.CodecMimeType.VIDEO_AVC, // 视频编码格式
  videoFrameWidth: videoProfile?.size.width,      // 视频宽度
  videoFrameHeight: videoProfile?.size.height,     // 视频高度
  videoFrameRate: cameraPosition === 0 ? 60 : 30, // 帧率
};

// 创建视频文件
let options: photoAccessHelper.CreateOptions = {
  title: Date.now().toString() // 文件标题
};
let accessHelper: photoAccessHelper.PhotoAccessHelper = photoAccessHelper.
  getPhotoAccessHelper(context);
let videoUri: string = await accessHelper.createAsset(photoAccessHelper.
  PhotoType.VIDEO, 'mp4', options); // 创建视频资源
file = fileIo.openSync(videoUri, fileIo.OpenMode.READ_WRITE | fileIo.
  OpenMode.CREATE); // 打开文件

// 配置录制设置
let aVRecorderConfig: media.AVRecorderConfig = {
  audioSourceType: media.AudioSourceType.AUDIO_SOURCE_TYPE_MIC, // 音频来源
  videoSourceType: media.VideoSourceType.VIDEO_SOURCE_TYPE_SURFACE_YUV, //
    视频来源
```

```
    profile: aVRecorderProfile, // 录制配置文件
    url: `fd://${file.fd.toString()}`, // 文件描述符
    rotation: cameraPosition === 0 ? 90 : 270, // 视频旋转角度
    location: { latitude: 30, longitude: 130 } // 视频位置
};

uri = videoUri; // 保存视频 URI
avRecorder = await media.createAVRecorder(); // 创建音视频录制器
if (avRecorder === undefined) {
    return []; // 如果创建录制器失败，返回空数组
}
await avRecorder.prepare(aVRecorderConfig);    // 准备录制

let videoSurfaceId: string | undefined = await avRecorder.getInputSurface();
    // 获取输入表面 ID
if (videoSurfaceId === undefined) {
    return []; // 如果获取失败，返回空数组
}

videoOutput = cameraManager.createVideoOutput(videoProfile, videoSurfaceId);
    // 创建视频输出
if (videoOutput === undefined) {
    return []; // 如果创建视频输出失败，返回空数组
}

videoSession = cameraManager.createSession(camera.SceneMode.NORMAL_VIDEO)
    as camera.VideoSession; // 创建视频会话
if (videoSession === undefined) {
    return []; // 如果创建会话失败，返回空数组
}

videoSession.beginConfig(); // 开始配置视频会话
cameraInput = cameraManager.createCameraInput(cameraArray[cameraPosition]);
    // 创建相机输入
if (cameraInput === undefined) {
    return []; // 如果创建相机输入失败，返回空数组
}
await cameraInput.open(); // 打开相机输入
videoSession.addInput(cameraInput); // 将相机输入添加到会话中

let previewOutput: camera.PreviewOutput | undefined = cameraManager.createP
    reviewOutput(previewProfile, surfaceId); // 创建预览输出
if (previewOutput === undefined) {
    return []; // 如果创建预览输出失败，返回空数组
}
```

```
videoSession.addOutput(previewOutput);  // 将预览输出添加到会话中
videoSession.addOutput(videoOutput);    // 将视频输出添加到会话中
await videoSession.commitConfig();       // 提交会话配置
await videoSession.start();              // 启动会话
await avRecorder.start();                // 开始录制

return [0];                              // 返回成功状态
}

// 停止录制视频
export async function stopVideoRecording(): Promise<string> {
  await avRecorder.stop();       // 停止录制
  cameraInput.close();           // 关闭相机输入
  videoOutput.close();           // 关闭视频输出
  let status: string = await avRecorder.release(); // 释放录制器
  file.close();                  // 关闭文件
  return uri;                    // 返回视频 URI
}
```

对上述代码的具体说明如下。

- 相机管理：获取并管理相机输入、输出及其相关参数。
- 录制设置：根据相机的实际能力和用户的选择配置录制参数。
- 视频预览与录制：支持视频的实时预览和录制功能。
- 文件管理：创建和管理视频文件，包括文件的打开、关闭和释放操作。

（5）文件 src/main/ets/pages/MovingPhotoPage.ets 定义了一个名为 MovingPhotoPage 的组件，用于展示和处理动态照片（Moving Photo）。MovingPhotoPage 组件使用了 photoAccessHelper 提供的接口来获取动态照片资源，并通过 MovingPhotoView 控件进行展示。文件 MovingPhotoPage.ets 的主要功能如下。

- 动态照片选择：当组件即将出现时，通过事件监听器 PHOTO_SELECT_EVENT_ID 接收动态照片的选择事件，并将选择的动态照片存储在 AppStorage 中。
- 照片获取：使用 photoAccessHelper 从媒体库中获取照片资源，并请求动态照片的加载。
- 动态照片展示：在界面上使用 MovingPhotoView 控件展示动态照片，并支持静音选项。
- 事件管理：在组件消失时取消事件监听，以确保资源的有效管理和释放。

（6）文件 src/main/ets/pages/Index.ets 定义了一个相机组件的页面，主要用于处理拍照和录制视频的功能。页面通过多个状态管理相机的各项设置，如闪光灯模式、变焦级别、视频录制状态等。页面包含多种界面元素，如按钮和图像，用于切换拍照和录像模式、调整变焦级别、显示相机预览等。此外，代码还实现了对传感器的监听功能，以便根据设备的倾斜角度自动调整图像方向。

代码执行后，可以实现拍照和录像功能，效果如图 3-9 所示。

图 3-9　拍照和录像功能

 案例10　**为拍摄的图片添加水印**

　　照片水印是一种保护版权和品牌形象的有效手段，通过在图片上添加可见的标识或文字，防止未经授权的复制和使用。此外，水印还能增强图片的专业性，提升品牌识别度，帮助观众识别内容的来源。在社交媒体和在线展示平台上，水印可以有效地保护创作者的作品，同时维护其知识产权。

　　本案例实现了一个水印添加系统，包括图像的水印添加、图像保存、摄像头拍照与录像功能，以及通过用户界面的导航菜单在不同页面之间切换的能力。本项目主要包括以下功能模块。

　　● 导航菜单模块：通过列表展示不同功能的入口，用户可以点击进入相应功能页面，实现页面的快速切换。

　　● 水印添加模块：用户可以为图像添加水印，系统利用Canvas绘制水印文字，并保存处理后的图片，展示了基本的图像处理能力。

　　● 图像保存模块：图片处理完成后可以保存到本地，并提示用户保存成功的信息。

　　● 摄像头调用模块：集成了系统相机功能，支持用户进行拍照和录像操作。用户可以选择拍摄的内容，并将结果返回给应用进行后续处理。

　　● 媒体文件展示与处理模块：可以展示从相机或存储中获取的媒体文件，并对其进行处理，如添加水印或保存。

案例3-10　**为拍摄的图片添加水印（源码路径：codes\3\Watermark）**

　　（1）文件src/main/ets/constants/Constants.ets定义了一个常量类 Constants，其中包含多个用

于界面布局、样式、动画等功能的静态常量值，如宽度、高度、字体大小、边距等。此外，类 Constants 还定义了与水印相关的样式和文本信息，以及导航路由配置，用于展示页面背景、图片预览、拍照等场景下的水印添加功能。

（2）文件 src/main/ets/constants/Utils.ets 定义了一个名为 saveToFile 的函数，用于将 PixelMap 图像对象保存为 PNG 格式的文件。通过 ImageKit 创建图像打包器，将图像数据打包成指定格式和质量，然后使用 CoreFileKit 打开或创建目标文件，并将图像数据写入其中。如果发生错误，会通过 PerformanceAnalysisKit 记录日志，并确保文件在操作完成后被正确关闭。

（3）文件 src/main/ets/pages/CameraPage.ets 定义了 CameraPage 组件，用于实现相机拍照、显示照片并添加水印的功能。用户可以通过按钮打开相机进行拍照，拍照完成后，图片会展示在页面上。用户还可以保存图片到沙盒文件夹，并通过绘图工具在图片上添加水印。

```
const TAG = 'CameraPage';
const TEXT_WATERMARK: string = " 水印文字 ";


@Entry
@Component
struct CameraPage {
  @State pixelMap: image.PixelMap | null = null;  // 用于存储图像的 PixelMap 对象
  @State imageScale: number = 1;  // 图像的缩放比例
  @Prop fileUri: string = (router.getParams() as Record<string, string>)
['fileUri'];  // 路由参数中的文件路径
  @State tempUri: string = "";  // 用于临时存储图像文件路径
  imageWidth: number = 0;  // 图像宽度
  imageHeight: number = 0;  // 图像高度


  // 显示保存成功的提示
  showSuccess() {
    promptAction.showToast({
      message: $r('app.string.message_save_success'),
      duration: Constants.TOAST_DURATION
    });
  }


  // 页面即将出现时调用，判断是否有文件路径，有则保存至沙盒
  aboutToAppear(): void {
    if (this.fileUri) {
      this.saveToSandbox();
    }
  }


  // 保存图片到沙盒文件夹
  async saveToSandbox() {
    try {
```

```
      this.tempUri = getContext(this).filesDir + "/temp.png";
      // 打开源文件并创建临时文件
      let file = fileIo.openSync(this.fileUri);
      let tempFile = fileIo.openSync(this.tempUri, fileIo.OpenMode.CREATE |
        fileIo.OpenMode.READ_WRITE);
      // 复制文件内容
      fileIo.copyFileSync(file.fd, tempFile.fd);
      fileIo.closeSync(tempFile);
      // 读取临时文件内容到缓冲区
      let curFile = fileIo.openSync(this.tempUri);
      let buffer = new ArrayBuffer(fileIo.statSync(curFile.fd).size);
      fileIo.readSync(curFile.fd, buffer);
      // 创建图像源
      let imageSource: image.ImageSource = image.createImageSource(buffer);
      imageSource.getImageInfo((err, value) => {
        if (err) {
          return;
        }
        this.imageWidth = value.size.width;
        this.imageHeight = value.size.height;
        // 设置解码选项，指定宽高
        let opts: image.DecodingOptions = {
          editable: true,
          desiredSize: {
            height: this.imageHeight,
            width: this.imageWidth
          }
        };
        // 创建 PixelMap
        imageSource.createPixelMap(opts, async (err, pixelMap) => {
          this.pixelMap = pixelMap;
        })
      })
      fileIo.closeSync(curFile);
      fileIo.closeSync(file);
    } catch (err) {
      // 记录错误日志
      hilog.error(0x0000, TAG, 'saveToSandbox error ', JSON.stringify(err) ?? '');
    }
  }


  // 打开相机并拍照
  async openCamera() {
    try {
      let pickerProfile: picker.PickerProfile = {
        cameraPosition: camera.CameraPosition.CAMERA_POSITION_BACK
```

```
    };
    let pickerResult: picker.PickerResult = await picker.
      pick(getContext(this),
      [picker.PickerMediaType.PHOTO, picker.PickerMediaType.VIDEO],
        pickerProfile);
    this.fileUri = pickerResult.resultUri;
    this.tempUri = getContext(this).filesDir + "/temp.png";
    // 打开并复制拍摄的图片到临时文件
    let file = fileIo.openSync(this.fileUri);
    let tempFile = fileIo.openSync(this.tempUri, fileIo.OpenMode.CREATE |
      fileIo.OpenMode.READ_WRITE);
    fileIo.copyFileSync(file.fd, tempFile.fd);
    fileIo.closeSync(tempFile);
    // 读取文件并创建图像源
    let curFile = fileIo.openSync(this.tempUri);
    let buffer = new ArrayBuffer(fileIo.statSync(curFile.fd).size);
    fileIo.readSync(curFile.fd, buffer);
    let imageSource: image.ImageSource = image.createImageSource(buffer);
    imageSource.getImageInfo((err, value) => {
      if (err) {
        return;
      }
      this.imageWidth = value.size.width;
      this.imageHeight = value.size.height;
      // 解码选项设置
      let opts: image.DecodingOptions = {
        editable: true,
        desiredSize: {
          height: this.imageHeight,
          width: this.imageWidth
        }
      };
      // 创建 PixelMap
      imageSource.createPixelMap(opts, async (err, pixelMap) => {
        this.pixelMap = pixelMap;
      })
    })
    fileIo.closeSync(curFile);
    fileIo.closeSync(file);
  } catch (err) {
    // 记录打开相机时的错误日志
    hilog.error(0x0000, TAG, 'openCamera error: ', JSON.stringify(err) ?? '');
  }
}


// 在图片上添加水印
```

```
addWaterMask(pixelMap: image.PixelMap) {
  // 计算缩放比例
  this.imageScale = this.imageWidth / display.getDefaultDisplaySync().
    width;
  // 创建画布和画笔
  const canvas = new drawing.Canvas(pixelMap);
  const pen = new drawing.Pen();
  pen.setColor({
    alpha: 102,
    red: 255,
    green: 255,
    blue: 255
  });
  // 设置字体大小
  const font = new drawing.Font();
  font.setSize(32 * this.imageScale);
  let textWidth = font.measureText(TEXT_WATERMARK, drawing.TextEncoding.
    TEXT_ENCODING_UTF8);
  // 设置画刷颜色
  const brush = new drawing.Brush();
  brush.setColor({
    alpha: 102,
    red: 255,
    green: 255,
    blue: 255
  });
  // 在画布上绘制水印
  const textBlob = drawing.TextBlob.makeFromString(TEXT_WATERMARK, font,
    drawing.TextEncoding.TEXT_ENCODING_UTF8);
  canvas.attachBrush(brush);
  canvas.attachPen(pen);
  canvas.drawTextBlob(textBlob, this.imageWidth - 24 * this.imageScale -
    textWidth,
    this.imageHeight - 32 * this.imageScale);
  canvas.detachBrush();
  canvas.detachPen();
  return pixelMap;
}


build() {
  Flex({ direction: FlexDirection.Column, justifyContent: FlexAlign.Start,
    alignItems: ItemAlign.Center }) {
    NavBar({ isWhiteIcon: true })   // 页面顶部导航栏
    Column() {
      if (this.fileUri) {
        // 显示拍摄的图片
```

```
            Image(this.pixelMap).width(Constants.FULL_WIDTH)
              .margin({ bottom: $r('app.float.save_image_margin_bottom') })
            SaveButton()
              .onClick(async (event: ClickEvent, result:
                SaveButtonOnClickResult) => {
                if (result == SaveButtonOnClickResult.SUCCESS) {
                  try {
                    let context = getContext(this);
                    let phAccessHelper = photoAccessHelper.
                      getPhotoAccessHelper(context);
                    // 保存图像至媒体库
                    let uri = await phAccessHelper.
                      createAsset(photoAccessHelper.PhotoType.IMAGE, 'png');
                    saveToFile(this.addWaterMask(this.pixelMap!), uri).then(() => {
                      this.showSuccess();
                    });
                  } catch (err) {
                    hilog.error(0x0000, TAG, 'createAsset failed, error:', err);
                  }
                } else {
                  hilog.error(0x0000, TAG, 'SaveButtonOnClickResult createAsset
                    failed');
                }
              })
          } else {
            // 按钮用于打开相机
            Button($r('app.string.open_camera'))
              .onClick(() => {
                this.openCamera();
              })
          }
        }.justifyContent(FlexAlign.Center).alignItems(HorizontalAlign.Center)
        .layoutWeight(1)
      }
      .width(Constants.FULL_WIDTH)
      .height(Constants.FULL_HEIGHT)
      .backgroundColor(Color.Black)
    }
  }
```

（4）文件 src/main/ets/pages/WatermarkCanvasPage.ets 实现了一个水印画布页面，该页面使用
Canvas 绘制带有水印的背景。在具体实现时，先在页面中绘制一张指定的图片，再在画布上重复绘
制水印文字。通过 Constants 类中的常量控制水印的内容、字体和对齐方式，以一定的角度重复排
列文字，覆盖整个画布区域。

```
import { NavBar } from '../component/NavBar'; // 导入导航栏组件
```

```
import { Constants } from '../constants/Constants'; // 导入常量

@Entry
@Component
struct CanvasPage {
  private settings: RenderingContextSettings = new
RenderingContextSettings(true); // 初始化渲染上下文设置，启用抗锯齿
  private context: CanvasRenderingContext2D = new
CanvasRenderingContext2D(this.settings); // 创建 2D 渲染上下文

  build() {
    // 创建一个垂直布局的容器，居中对齐
    Flex({ direction: FlexDirection.Column, alignItems: ItemAlign.Center }) {
      NavBar({ title: "" }) // 空标题的导航栏
      Stack({ alignContent: Alignment.Center }) {        // 层叠布局
        Column() {
          Image($r("app.media.empty"))                    // 显示一张占位图像
            .width($r('app.float.empty_img_width'))        // 设置图像宽度
            .height($r('app.float.empty_img_height'))      // 设置图像高度
        }

        Canvas(this.context) // Canvas 组件，用于绘制 2D 图形
          .width(Constants.FULL_WIDTH)      // 设置 Canvas 的宽度为全屏宽度
          .height(Constants.FULL_HEIGHT)    // 设置 Canvas 的高度为全屏高度
          .hitTestBehavior(HitTestMode.Transparent)    // 透明的点击测试行为
          .onReady(() => { // 当 Canvas 准备好时执行
            this.context.fillStyle = Constants.FILL_STYLE_WATERMARK; // 设置填
              充样式为水印样式
            this.context.font = Constants.FONT_WATERMARK; // 设置字体为水印字体
            this.context.textAlign = Constants.TEXT_ALIGN_WATERMARK; // 设置文
              字对齐方式
            this.context.textBaseline = Constants.BASELINE_WATERMARK; // 设置
              文字基线

            // 循环绘制水印
            for (let i = 0; i < this.context.width / 120; i++) { // 横向平移并
              绘制水印
              this.context.translate(120, 0);
              let j = 0;
              for (; j < this.context.height / 120; j++) { // 纵向平移并旋转绘制
                水印
                this.context.rotate(-Math.PI / 180 * 30); // 逆时针旋转 30 度
                this.context.fillText(Constants.STRING_WATERMARK_TEXT, -60,
                  -60); // 在指定位置绘制水印文字
                this.context.rotate(Math.PI / 180 * 30); // 恢复旋转角度
                this.context.translate(0, 120); // 纵向平移
```

```
            }
            this.context.translate(0, -120 * j); // 恢复纵向平移
          }
        })
      }.layoutWeight(1)
      .width(Constants.FULL_WIDTH) // 设置层叠布局的宽度为全屏宽度
    }.width(Constants.FULL_WIDTH)   // 设置整个页面的宽度为全屏宽度
    .height(Constants.FULL_HEIGHT)  // 设置整个页面的高度为全屏高度
  }
}
```

（5）文件 src/main/ets/pages/WatermarkOverlayPage.ets 创建了一个带有水印叠加效果的页面。在具体实现时，先在页面布局中展示一张图片，然后使用 Canvas 在页面上方叠加一个带有透明水印的图层。水印以指定的样式、字体和角度重复排列，覆盖整个页面的图片区域，从而实现水印叠加效果。

```
import { NavBar } from '../component/NavBar';       // 导入导航栏组件
import { Constants } from '../constants/Constants'; // 导入常量

@Entry
@Component
struct OverlayPage {
  private settings: RenderingContextSettings = new
    RenderingContextSettings(true); // 初始化渲染上下文设置，启用抗锯齿
  private context: CanvasRenderingContext2D = new
    CanvasRenderingContext2D(this.settings); // 创建 2D 渲染上下文

  @Builder
  Watermark() {
    Canvas(this.context) // Canvas 组件，用于绘制 2D 图形
      .width(Constants.FULL_WIDTH)    // 设置 Canvas 的宽度为全屏宽度
      .height(Constants.FULL_HEIGHT)  // 设置 Canvas 的高度为全屏高度
      .hitTestBehavior(HitTestMode.Transparent) // 透明的点击测试行为
      .onReady(() => { // 当 Canvas 准备好时执行
        this.context.fillStyle = Constants.FILL_STYLE_WATERMARK; // 设置填充样
          式为水印样式
        this.context.font = Constants.FONT_WATERMARK; // 设置字体为水印字体
        this.context.textAlign = Constants.TEXT_ALIGN_WATERMARK; // 设置文字对
          齐方式
        this.context.textBaseline = Constants.BASELINE_WATERMARK; // 设置文字基线

        // 循环绘制水印
        for (let i = 0; i < this.context.width / 120; i++) { // 横向平移并绘制水印
          this.context.translate(120, 0);
          let j = 0;
          for (; j < this.context.height / 120; j++) { // 纵向平移并旋转绘制水印
```

```
                this.context.rotate(-Math.PI / 180 * 30);    // 逆时针旋转 30 度
                this.context.fillText(Constants.STRING_WATERMARK_TEXT, -60, -60);
                    //  在指定位置绘制水印文字
                this.context.rotate(Math.PI / 180 * 30);        // 恢复旋转角度
                this.context.translate(0, 120); // 纵向平移
            }
            this.context.translate(0, -120 * j);                 // 恢复纵向平移
        }
    })
}

build() {
  Flex({ direction: FlexDirection.Column, alignItems: ItemAlign.Center }) {
    // 创建垂直布局的容器，居中对齐
    NavBar({ title: "" })                          // 空标题的导航栏
    Column() {
      Image($r("app.media.empty"))                 // 显示一张占位图像
        .width($r("app.float.empty_img_width"))    // 设置图像宽度
        .height($r("app.float.empty_img_height")) // 设置图像高度
    }
    .justifyContent(FlexAlign.Center)            // 垂直方向居中对齐
    .alignItems(HorizontalAlign.Center)          // 水平方向居中对齐
    .layoutWeight(1)                             // 设置权重，使其占据可用的垂直空间
    .overlay(this.Watermark())                   // 在图像上叠加水印图层
    .width(Constants.FULL_WIDTH)                 // 设置列宽度为全屏宽度
  }.width(Constants.FULL_WIDTH)                  // 设置整个页面的宽度为全屏宽度
  .height(Constants.FULL_HEIGHT)                 // 设置整个页面的高度为全屏高度
  }
}
```

（6）文件 src/main/ets/pages/SaveImagePage.ets 实现了一个保存带水印图像的页面，用户可以点击保存按钮，将一张图像下载到设备，并在图像上添加自定义的水印。页面中包含导航栏、可滚动的图像和保存按钮。当用户点击保存按钮时，系统会请求照片访问权限，生成图像的URI，然后在图像上绘制水印，并将处理后的图像保存到文件系统中。

（7）文件 src/main/ets/pages/Index.ets 实现了一个应用的首页布局，该页面显示了多个选项卡和子菜单项，允许用户导航到不同页面。其主要功能包括渲染页面标题和导航菜单，每个菜单项都可以触发相应的页面跳转。

代码执行后，会显示设置水印的界面，效果如图3-10所示。当用户选择与摄像头相关的页面时，会调用摄像头进行拍照或录像，并在拍摄完成后跳转到相应的页面展示结果。

图3-10 设置水印的界面

案例11 统一扫码程序

在日常生活中，人们会使用各种应用扫各式各样的二维码和条形码，而"扫码直达"服务则为用户带来了一种全新的扫码体验。开发者将域名注册到"扫码直达"服务后，用户可通过控制中心等系统级的常驻入口，直接扫描应用的二维码和条形码，并跳转到对应的应用服务页面，实现一步直达服务体验。

本项目实现了一个条形码扫描工具，它允许用户从图库中选择图片，并自动识别其中的条形码。识别后，系统会展示条形码的类型、原始值及其在图片中的位置，为用户提供直观的扫描结果。这一功能不仅提升了条形码处理的便利性，还增强了用户体验。具体来说，本项目的主要功能如下。

● 扫码直达：用户无须打开特定应用，直接通过系统级的入口，如控制中心等，即可扫描条形码，跳转到目标应用的服务页面，极大地提高了用户体验。

● 码图识别与生成：项目提供了多种场景下的条形码识别功能，并且支持生成自定义的码图，适用于不同的应用场景的需求。

● 简易接入：开发者只需注册域名到"扫码直达"服务，并进行简单的配置，无须开发复杂的扫码模块，即可实现扫码直达功能。

本项目的结构如下。

```
├── entry/src/main/ets
│   ├── entryability
│   │   ├── EntryAbility.ts          // 本地启动 ability
│   ├── pages
│   │   ├── BarcodePage.ets          // 默认界面扫码
│   │   ├── CreateBarcode.ets        // 码图生成的界面
│   │   ├── CustomPage.ets           // 自定义界面扫码
│   │   ├── CustomResultPage.ets     // 自定义界面扫码的结果界面
│   │   ├── DetectBarcode.ets        // 图片识码的界面
│   │   ├── Index.ets                // 选择功能入口
│   │   ├── ResultPage.ets           // 图片识码的结果界面
│   │   └── ScanAccess.ets           // 扫码直达服务界面
│   └── utils
│       ├── Common.ets               // 获取预览流 xComponet 布局方法
│       └── PermissionsUtil.ets      // 请求用户授权相机权限
└── entry/src/main/resources         // 资源文件目录
```

案例3-11 统一扫码程序（源码路径：codes\3\ScanKit）

（1）文件src/main/ets/utils/Common.ets定义了一个工具类，主要用于扫描功能中的最佳显示比例计算和全屏模式下组件大小的确定。在具体实现时，该工具类导入display模块以获取屏幕尺寸，并提供相关的显示设置和计算方法。

（2）文件 src/main/ets/utils/PermissionsUtil.ets 定义了一个权限管理工具类 PermissionsUtil，用于检查和请求应用运行所需的权限，特别是相机权限。该工具类通过调用相应的能力管理模块，获取应用的访问令牌，并检查当前权限状态或请求用户进行授权。

```
import { bundleManager, common, abilityAccessCtrl, PermissionRequestResult,
Permissions } from '@kit.AbilityKit';
import { hilog } from '@kit.PerformanceAnalysisKit';

const TAG: string = 'ScanKit Permission'; // 日志标记
let context = getContext(this) as common.UIAbilityContext; // 获取上下文

export class PermissionsUtil {
  // 检查访问权限
  public static async checkAccessToken(permission: Permissions):
    Promise<abilityAccessCtrl.GrantStatus> {
    let atManager = abilityAccessCtrl.createAtManager(); // 创建权限管理器
    let grantStatus: abilityAccessCtrl.GrantStatus = -1; // 默认权限状态为 -1
    // 获取应用的访问令牌 ID
    let tokenId: number = 0;
    try {
      let bundleInfo: bundleManager.BundleInfo = await bundleManager.get
        BundleInfoForSelf(bundleManager.BundleFlag.GET_BUNDLE_INFO_WITH_
        APPLICATION);
      let appInfo: bundleManager.ApplicationInfo = bundleInfo.appInfo;
      tokenId = appInfo.accessTokenId; // 获取访问令牌 ID
    } catch (error) {
      // 获取包信息失败，记录错误日志
      hilog.error(0x0001, TAG, 'Failed to get bundle info for self. error:
        %{public}s', JSON.stringify(error));
    }
    // 检查应用是否已获得所需权限
    try {
      grantStatus = await atManager.checkAccessToken(tokenId, permission); //
        检查权限
    } catch (error) {
      // 检查权限失败，记录错误日志
      hilog.error(0x0001, TAG, 'Failed to check access token. error: %{public}
        s', JSON.stringify(error));
    }
    return grantStatus; // 返回权限状态
  }

  // 请求用户授权
  public static async reqPermissionsFromUser(): Promise<number[]> {
```

```
hilog.info(0x0001, TAG, 'reqPermissionsFromUser start'); // 记录请求开始日志
let atManager = abilityAccessCtrl.createAtManager(); // 创建权限管理器
let grantStatus: PermissionRequestResult = { permissions: [], authResults:
    [] }; // 初始化权限请求结果
try {
    // 请求用户授权相机权限
    grantStatus = await atManager.requestPermissionsFromUser(context,
        ['ohos.permission.CAMERA']);
} catch (error) {
    // 请求权限失败，记录错误日志
    hilog.error(0x0001, TAG, 'Failed to check access token. error: %{public}
        s', JSON.stringify(error));
}
return grantStatus.authResults; // 返回用户授权结果
    }
}
```

（3）文件src/main/ets/pages/ScanAccess.ets定义了一个入口组件 ScanAccess，用于展示权限访问的相关消息。此文件使用RelativeContainer 布局，居中显示一段文本，提示用户相关的权限信息。

（4）文件src/main/ets/pages/BarcodePage.ets定义了一个条形码扫描页面组件 ScanBarcodePage，允许用户点击按钮启动扫描功能，并展示扫描结果的类型和原始值。在文件BarcodePage.ets中，使用了 HarmonyOS 的 ScanKit 库进行条形码扫描，提供了多种扫描选项，并使用自定义文本框显示结果。

（5）文件src/main/ets/pages/CreateBarcode.ets实现了一个用于生成条形码的用户界面，主要功能包括输入条形码内容，并设置条形码的宽度、高度、类型、颜色、背景色以及纠错级别。界面包含文本框、下拉选择框和按钮等组件，在用户填写完参数后，可以点击按钮生成条形码，生成的条形码会以图像形式展示在界面上。此外，界面还提供了输入验证和错误提示功能，确保用户输入有效，并能及时反馈错误信息。

（6）文件src/main/ets/pages/CustomPage.ets实现了自定义条形码扫描功能，主要功能如下。

• 相机预览与扫描框显示：通过 YUV 数据实时显示相机预览画面，并在成功识别条形码后高亮显示条形码的四个角和中心点。

• 触摸与缩放功能：支持用户在屏幕上点击以设置对焦点，并通过双指缩放来调整相机的缩放比例。

• 扫描结果处理：识别到条形码后，通过回调函数处理扫描结果，并将结果传递到自定义结果页面，同时提供用户反馈信息。

• 相机控制与状态管理：提供相机的初始化、停止和释放功能，能够根据折叠屏状态变化自动重启相机流，确保功能稳定。

• 闪光灯控制：支持相机闪光灯的打开和关闭，增强扫描效果。

（7）文件src/main/ets/pages/CustomResultPage.ets定义了一个名为 CustomResultPage 的组件，用于展示扫描结果的详细信息。该组件通过接收传递的扫描结果数据，并将其以特定格式渲染在页

面上，允许用户查看条形码的类型、内容及位置信息。

（8）文件src/main/ets/pages/DetectBarcode.ets定义了一个条形码的扫描页面，允许用户选择图像并识别其中的条形码。在用户选择图像后，会调用条形码识别API，并在识别成功后跳转到结果页面。

（9）文件src/main/ets/pages/ResultPage.ets实现了条形码扫描结果的展示功能，用户可以通过选择图库中的图片来识别其中的条形码，并将识别结果展示在结果页面。扫描完成后，系统会根据条形码的类型和内容，显示相关信息以及条形码在图片中的位置。

至此，本项目的核心功能介绍完毕，代码执行后的效果如图3-11所示。

主界面

 案例12 画中画播放器

画中画（Picture-in-Picture，PiP）是一种多任务处理模式，它允许用户在观看视频的同时进行其他操作。该模式通过将视频窗口缩小并悬浮在应用界面之上，让用户在不离开当前应用的情况下继续播放视频。画中画模式在视频播放、视频通话等场景中非常实用，极大地提升了用户的多任务处理体验。在HarmonyOS中，开发者可以通过@kit.ArkUI和@kit.MediaKit等接口来实现视频播放、手动或自动拉起画中画，并支持暂停、播放等常用控制功能。

本项目实现了一个画中画播放器，主要包含以下功能模块。

相机扫码界面

图3-11　相机扫码功能

• 主页面导航与视频选择：主页面通过Navigation框架构建，展示了可点击的视频框。用户点击任意视频框即可进入相应的视频播放页面。

• 视频播放页面：该页面分为三部分，顶部的XComponent用于显示视频，中间部分设置了画中画控制按钮，底部则用于显示回调信息。

• 手动拉起画中画：用户在视频播放页面点击"开启"按钮后，可以手动拉起画中画模式。此时，视频在画中画窗口中播放，即使返回桌面后，视频仍持续播放，直到用户点击"关闭"按钮返回常规播放模式。

• 自动启动画中画：点击"自动启动画中画"按钮后，当应用在返回桌面时，会自动启动画中画模式，并继续播放视频。

● 状态反馈与回调信息显示：页面底部显示当前画中画的状态、错误信息及按钮的事件回调信息，帮助用户了解当前视频播放的状态。

每个模块的实现都通过 @kit.ArkUI 和 @kit.MediaKit 等接口进行，结合了视频播放和画中画模式的交互控制，从而极大地提升了用户在多任务处理时的视频观看体验。

案例3-12　画中画播放器（源码路径：codes\3\Window-pip）

（1）文件 src/main/ets/constants/Constants.ets 定义了类 Constants，其中包含多个静态只读属性，用于存储应用中使用的常量，包括界面布局设置、视频播放状态及一些错误信息。

（2）文件 src/main/ets/pages/AVPlayer.ets 定义了类 AVPlayer，用于管理音视频播放器的行为。类 AVPlayer 提供了控制播放、暂停、停止以及状态管理的功能，并通过监听事件来处理播放器的不同状态（如初始化、播放、暂停等）。此外，类 AVPlayer 还包含通过资源管理 API 获取媒体资源文件的示例。

（3）文件 src/main/ets/pages/VideoPlay.ets 实现了一个视频播放组件 VideoPlay，该组件支持画中画功能。该组件通过类 AVPlayer 播放视频，并使用 PiPWindow 管理画中画窗口。它包含多个状态管理属性，用于跟踪当前的播放状态、错误信息和按钮操作。同时该组件还提供了控制 PiP 的功能，如启动、停止和创建 PiP 控制器。该组件还能够通过事件中心处理状态变化，根据用户的操作实时更新界面和播放状态。

（4）文件 src/main/ets/pages/WindowPip.ets 实现了一个画中画界面，允许用户通过点击不同的缩略图来查看视频。文件 WindowPip.ets 包含一个名为 WindowPip 的组件，该组件主要负责视频的导航和展示，同时可以通过 ImageWidthTitle 组件显示带标题的缩略图。用户可以点击缩略图进入视频播放页面，界面也会根据可用空间自动调整缩略图的高度。

```
import { Constants } from '../constants/Constants'; // 导入常量
import { PlayVideo } from './VideoPlay'; // 导入视频播放组件
import Logger from '../utils/Logger';       // 导入日志工具

@Component
struct ImageWidthTitle {
  @State imageHeight: number = 0;      // 图片高度状态
  @Link pageInfos: NavPathStack;       // 页面导航信息
  private titleResource?: Resource;    // 标题资源

  build() {
    Column({ space: Constants.HOME_SPACE }) {          // 创建垂直排列的列
      Image($r('app.media.btn_ground'))                // 显示图片
        .width(Constants.NAV_DESTINATION_HEIGHT)       // 设置宽度
        .height(this.imageHeight)                      // 设置高度
        .borderRadius($r('app.integer.video_button_board_radius')) // 设置圆角
        .objectFit(ImageFit.Cover)                     // 设置图片填充方式
```

```
            .draggable(false)                            // 禁用拖曳
         Text(this.titleResource)                        // 显示标题
            .fontSize($r('app.integer.text_size'))       // 设置字体大小
      }
      .alignItems(HorizontalAlign.Start)                 // 左对齐
      .onClick(() => {  // 点击事件
         getContext().eventHub.emit('onStateChange', true); // 发出状态变化事件
         this.pageInfos?.pushPath({ name: Constants.NAV_DESTINATION_NAME }, {
            launchMode: 3 });       // 推送导航路径
      })
      .onAreaChange((oldArea: Area, newArea: Area) => {   // 区域变化事件
         let width = newArea.width as number;             // 获取新区域宽度
         this.imageHeight = width * 9 / 16;               // 根据宽度计算高度
         Logger.info(`[onAreaChange] oldArea: ${oldArea} ,newArea: ${newArea}`);
            // 记录区域变化日志
      })
   }
}


@Entry
@Component
struct WindowPip {
  @Provide('pageInfos') pageInfos: NavPathStack = new NavPathStack(); // 提供
    页面导航栈
  @State curState: string = ''; // 当前状态
  private navigationId: string = 'navId'; // 导航 ID

  @Builder
  PageMap(name: string) { // 页面映射
    if (name === Constants.NAV_DESTINATION_NAME) {
      PlayVideo({ navigationId: this.navigationId }) // 播放视频
    }
  }

  build() {
    Navigation(this.pageInfos) { // 创建导航
      Scroll() {     // 可滚动区域
        Column() { // 垂直排列的列
          ImageWidthTitle({ titleResource: $r('app.string.video1'), pageInfos:
            this.pageInfos }) // 第 1 个缩略图
          Blank()  // 空白区域
            .height($r('app.integer.scroll_height')) // 设置高度
          GridRow({ // 创建网格行
            columns: Constants.GRID_ROW_COLUMNS,      // 列数
            gutter: { x: Constants.GRID_ROW_X, y: Constants.GRID_ROW_Y }
              // 列间距
```

```
      }) {
        GridCol() {  // 创建网格列
          ImageWidthTitle({ titleResource: $r('app.string.video2'),
            pageInfos: this.pageInfos })        // 第 2 个缩略图
        }

        GridCol() {
          ImageWidthTitle({ titleResource: $r('app.string.video3'),
            pageInfos: this.pageInfos })        // 第 3 个缩略图
        }

        GridCol() {
          ImageWidthTitle({ titleResource: $r('app.string.video4'),
            pageInfos: this.pageInfos })        // 第 4 个缩略图
        }

        GridCol() {
          ImageWidthTitle({ titleResource: $r('app.string.video5'),
            pageInfos: this.pageInfos })        // 第 5 个缩略图
        }

        GridCol() {
          ImageWidthTitle({ titleResource: $r('app.string.video6'),
            pageInfos: this.pageInfos })        // 第 6 个缩略图
        }

        GridCol() {
          ImageWidthTitle({ titleResource: $r('app.string.video7'),
            pageInfos: this.pageInfos })        // 第 7 个缩略图
        }
      }
      .width(Constants.NAV_DESTINATION_WIDTH)   // 设置网格宽度
    }
    .justifyContent(FlexAlign.Start)            // 左对齐
    .padding({ left: Constants.COLUMNS_PADDING, right: Constants.COLUMNS_
      PADDING })                                // 设置内边距
    .height(Constants.NAV_DESTINATION_HEIGHT)   // 设置高度
  }
  .scrollable(ScrollDirection.Vertical)         // 设置可滚动方向为垂直
  .scrollBar(BarState.Off)                      // 隐藏滚动条
  .edgeEffect(EdgeEffect.Spring)                // 设置边缘效果
}
.title($r('app.string.pip_demo'))              // 设置标题
.titleMode(NavigationTitleMode.Mini)           // 设置标题模式
.hideBackButton(true)                          // 隐藏返回按钮
.mode(NavigationMode.Auto)                     // 自动模式
```

```
    .navDestination(this.PageMap)                   // 设置导航目的地
    .size({ width: Constants.NAV_DESTINATION_WIDTH, height: Constants.NAV_
       DESTINATION_HEIGHT }) // 设置窗口大小
    .id(this.navigationId)   // 设置导航 ID
  }
}
```

至此，本项目的核心功能介绍完毕，代码执行后可以实现画中画播放视频，效果如图 3-12 所示。

 案例13 图片裁剪处理

图片裁剪在手机应用中极为常见，它主要用于调整照片的尺寸、比例及构图。通过裁剪功能，用户可以去除不需要的背景、聚焦特定主体，并优化图片的视觉效果。在手机中，图片裁剪功能通常被集成在相册、社交媒体及图片编辑应用中，它支持自由比例裁剪或常见比例选择，如 1:1、3:4 等。它能够帮助用户在上传照片至社交平台或设置为个人头像时，能够以最佳的方式展示图片，提升图片的美观度和表现力。

本项目实现了一个图片裁剪工具，用户可以通过界面选择不同的裁剪比例（如 1:1、3:4、9:16 等），对图片进行实时裁剪，并预览裁剪效果。本项目的功能模块如下。

图 3-12　画中画播放视频效果

- 图像加载：从设备中加载原始图像，并创建像素图（PixelMap），以便进行后续处理。

- 图像裁剪：提供多种裁剪比例选项（如 1:1、3:4、16:9 等），允许用户根据需要裁剪图像。在裁剪过程中，通过 copyPixelMap 函数实现深拷贝，确保原图不受影响。

- 图像保存：将裁剪后的图像保存到设备中，支持用户选择保存路径，并在保存成功后显示相应的提示信息。

- 用户界面：提供直观的用户界面，允许用户选择裁剪任务、查看当前裁剪结果，并保存图像。在界面中，使用列表展示可选的裁剪比例及其对应图标，以增强用户的交互体验。

- 提示与反馈：提供操作成功或失败的提示，从而增强用户体验，并给予用户及时的操作反馈。

上述模块协同工作，共同构成了一个完整的图像裁剪应用，满足用户在移动设备上处理和编辑图像的需求。

案例3-13 图片裁剪处理（源码路径：codes\3\Image-depth）

（1）文件 src/main/ets/constants/ImageCropConstants.ets 定义了一个名为 ImageCropConstants 的

常量类，该类包含一些与图片裁剪和保存相关的常量设置，具体包括裁剪比例、行间距、显示时间、保存图像的路径、图片压缩质量以及图片格式等。

（2）文件 src/main/ets/util/FileUtil.ets 的功能是将 PixelMap 图像对象保存为文件，其主要流程如下：首先，通过 ImagePacker 对 PixelMap 图像数据进行打包操作，在此过程中按照指定的压缩质量进行设置；其次，调用 fileIo 将打包后的数据写入本地文件系统。最后，返回保存文件的路径。

```
/**
 * 保存 PixelMap 并返回保存的文件路径
 */
export async function savePixelMap(context: Context, pm: PixelMap):
  Promise<string> {
  if (pm === null) {
    return '';
  }
  // 创建 ImagePacker 对象，用于打包图片
  const imagePackerApi: image.ImagePacker = image.createImagePacker();
  // 设置打包选项：格式为 JPEG，质量为 30%
  const packOpts: image.PackingOption = { format: 'image/jpeg', quality:
    ImageCropConstants.PACKING_QUALITY_PERCENT_THIRTY };
  try {
    // 打包并保存文件
    packToFile(context, pm);
    // 将 PixelMap 打包为 ArrayBuffer
    const data: ArrayBuffer = await imagePackerApi.packing(pm, packOpts);
    // 保存文件并返回路径
    return await saveFile(context, data);
  } catch (err) {
    return '';
  }
}


/**
 * 将 PixelMap 打包为文件
 */
async function packToFile(context: Context, pixelMap: PixelMap): Promise<void>
  {
  // 生成文件路径，路径格式为缓存目录 + 时间戳 + 文件扩展名
  const fPath: string = context.cacheDir + '/' + getTimeStr() +
    ImageCropConstants.IMAGE_FORMAT;
  // 以读写模式打开文件
  const writeFd: fileIo.File = await fileIo.open(fPath, fileIo.OpenMode.
    CREATE | fileIo.OpenMode.READ_WRITE);

  // 设置打包选项：格式为 JPEG，质量为 100%
  const opts: image.PackingOption = { format: ImageCropConstants.PACKING_
```

```
      FORMAT, quality: ImageCropConstants.PACKING_QUALITY_FULL };
  // 创建 ImagePacker 并将 PixelMap 打包保存到文件
  const imagePacker = image.createImagePacker();
  await imagePacker.packToFile(pixelMap, writeFd.fd, opts);
  // 关闭文件句柄
  fileIo.closeSync(writeFd.fd);
}


/**
 * 保存 ArrayBuffer 数据到文件
 */
async function saveFile(context: Context, data: ArrayBuffer): Promise<string> {
  // 生成文件路径，路径格式为文件目录 + 时间戳 + 文件扩展名
  let uri: string = context.filesDir + '/' + getTimeStr() +
    ImageCropConstants.IMAGE_FORMAT;
  // 以读写和创建模式打开文件
  const file: fileIo.File = fileIo.openSync(uri, fileIo.OpenMode.READ_WRITE |
    fileIo.OpenMode.CREATE);
  // 将数据写入文件
  fileIo.writeSync(file.fd, data);
  // 关闭文件句柄
  fileIo.closeSync(file);
  // 添加 URI 前缀
  uri = ImageCropConstants.URI_HEAD + uri;
  return uri;
}
```

（3）文件src/main/ets/util/CopyObj.ets实现了对 PixelMap 的深拷贝。首先，读取原始 PixelMap 的像素数据，并将这些数据存入 ArrayBuffer。其次，使用这些存储的像素数据创建一个新的 PixelMap 副本。此深拷贝操作确保生成的 PixelMap 副本与原始图片数据独立，因此对副本的任何修改都不会影响原始数据。

```
import { image } from '@kit.ImageKit';

/**
 * 深拷贝 PixelMap
 * @param pm - 需要拷贝的 PixelMap 对象
 * @returns 拷贝后的 PixelMap 对象
 */
async function copyPixelMap(pm: PixelMap): Promise<PixelMap> {
  // 获取 PixelMap 的图片信息（如尺寸等）
  const imageInfo: image.ImageInfo = await pm.getImageInfo();

  // 创建一个与 PixelMap 大小相同的 ArrayBuffer 来存储像素数据
  const buffer: ArrayBuffer = new ArrayBuffer(pm.getPixelBytesNumber());
```

```
// 将 PixelMap 的像素数据读入 ArrayBuffer 中
await pm.readPixelsToBuffer(buffer);

// 设置创建新的 PixelMap 的初始化选项，包括可编辑性、像素格式和尺寸
const opts: image.InitializationOptions = {
  editable: true, // 允许编辑
  pixelFormat: image.PixelMapFormat.RGBA_8888, // 像素格式为 RGBA_8888
  size: { height: imageInfo.size.height, width: imageInfo.size.width }
    // 设置新 PixelMap 的尺寸
};

// 使用读取的像素数据和初始化选项创建新的 PixelMap 并返回
  return image.createPixelMap(buffer, opts);
}

export { copyPixelMap };
```

（4）文件 src/main/ets/model/AdjustData.ets 定义了与图片裁剪任务相关的数据结构和资源，具体说明如下。

• 枚举 CropTasks 列出了几种常见的图片裁剪比例，如原始比例、1:1、4:3、16:9 等。

• 类 TaskData 存储了每个裁剪任务的相关信息，如任务类型、图标资源和文本资源。

• cropTaskDates 是一个 TaskData 数组，其中每个元素对应一个裁剪选项，包括其对应的图标和显示的文本信息。

（5）文件 src/main/ets/pages/Index.ets 实现了一个图片裁剪工具的主要界面。用户可以通过选择不同的裁剪比例（如 1:1、4:3、16:9等）来裁剪图片，并且可以保存裁剪后的图片。具体来说，文件 Index.ets 主要功能如下。

• 图片加载与显示：图片资源通过 resourceManager 加载后，被转换为 PixelMap 对象进行处理和显示。

• 裁剪功能：用户可以通过点击界面上的裁剪选项按钮选择不同的裁剪比例，裁剪完成后更新显示。

• 保存图片：裁剪完成后，用户可以点击"保存"按钮将图片保存到本地。

• 自定义裁剪工具界面：通过自定义组件构建了裁剪选项的界面布局，用户可以选择不同的裁剪比例。

至此，本项目的核心功能介绍完毕，代码执行后，会显示图片裁剪界面，界面底部显示裁剪比例选择项（如 1:1、4:3、16:9 等）。用户可以点击不同的比例按钮对图片进行裁剪，如图 3-13 所示。

图 3-13　图片裁剪界面

案例14 基于媒体会话的媒体控制系统

在手机应用中，媒体会话（Media Session）是一种用于管理和控制媒体播放的机制。它为应用提供了与系统媒体控制中心交互的接口，使应用能够通过系统级的媒体控制中心（如通知栏的媒体控制、锁屏界面的播放控件、耳机上的播放控制按钮等）来控制音频、视频等媒体的播放。

媒体会话的主要功能如下。

● 媒体控制：应用可以通过媒体会话将播放、暂停、下一曲、上一曲、快进、快退等控制信息传递给系统。用户可以通过系统提供的媒体控制界面或外部设备（如蓝牙耳机、智能音响）来操作媒体内容。

● 状态同步：媒体会话允许应用将当前的播放状态（如播放进度、歌曲信息、封面图、是否收藏等）同步到系统的媒体控制中心。这样，当用户在不同界面或设备上操作时，播放状态都是统一的。

● 远程控制：媒体会话支持设备之间的控制功能，用户可以使用一个设备（如智能手表、智能音箱）来控制手机上的媒体播放。

● 元数据管理：媒体会话支持应用将当前播放的媒体信息（如歌曲标题、艺术家、封面图等元数据）与系统同步，便于在系统控制界面上展示。

● 媒体焦点管理：系统通过媒体会话管理不同应用之间的媒体焦点，例如，在接到电话时，当前播放的音频会自动暂停。

在HarmonyOS中，媒体会话功能由@ohos.multimedia.avsession等接口实现。本案例展示了通过媒体会话提供方与媒体播控中心交互的过程。通过一系列接口，如createAVSession()、activate()、setAVMetadata()和setAVPlaybackState()，实现了播放控制、元数据同步和自定义数据包发送等功能。案例界面和逻辑分别封装在 Index.ets 和 ProviderManager.ets 文件中，支持播放控制、状态同步、进度调整等操作。项目结构清晰明了，逻辑部分通过@StorageLink实现了界面与后台数据的同步更新，适合媒体控制场景的开发。

案例3-14 基于媒体会话的媒体控制系统（源码路径：codes\3\Media-provider）

（1）文件src/main/ets/common/constants/Constants.ets定义了常量类 Constants，用于存储应用程序中各种与媒体相关的固定值，如音频时长、播放列表的标识、文件名等。此外，还定义了一个枚举 AVPlayerState，表示播放器的不同状态。

（2）文件src/main/ets/common/utils/MediaPlayerUtils.ets定义了类 MediaPlayer，该类主要负责创建并管理一个 AVPlayer 实例，用于处理媒体播放。它实现了初始化播放器、监听状态变化、加载本地文件资源等功能。

（3）文件src/main/ets/viewmodel/ProviderManager.ets的主要功能是管理AVPlayer的控制逻辑。

它通过一系列异步函数实现了播放、暂停、跳过歌曲、收藏、循环模式等功能，并与媒体会话进行交互以更新播放状态和元数据。文件 ProviderManager.ets 中的主要方法如下。

- localPlayOrPause：根据播放器当前的状态执行播放或暂停操作，并更新播放状态的标志 isPlayLink。

- setAVMetadataToController：将元数据（如歌词、媒体图片等）同步到媒体控制器中。

- toggleFavorite：切换当前播放项目的收藏状态，并更新播放状态中的收藏状态标志 isFavorite。

- loopMode：改变播放的循环模式。

- play 和 pause：调用 localPlayOrPause 来控制播放和暂停，并更新媒体会话中的当前状态。

- previous 和 next：控制上一曲和下一曲的播放，通过计算当前项目 ID 来进行处理。

- seek：根据用户拖动进度条的值跳转到特定的播放位置，并更新会话状态中的播放位置。

- handleNewItem 和 handleNewItemAVPlayback：处理新的播放项目，包括更新元数据、加载资源，并准备播放器进行播放。

- prepareImageResources 和 prepareResourcesForController：加载并准备多媒体资源，供播放器使用。

- RegisterAVPlayerListener 和 unRegisterAVPlayerListener：注册和取消注册播放器的事件监听器，如音频中断和时间更新回调。

- saveRawFileToPixelMap：将原始文件转换为像素图，用于 UI 中的媒体图像显示。

（4）文件 src/main/ets/pages/Index.ets 定义了一个音频播放器界面组件 Index，实现了音频播放、暂停、上一曲、下一曲、循环模式切换、收藏等常见的播放控制功能。通过 StorageLink 机制绑定了一些状态值，如播放进度、循环模式、是否正在播放等，并使用了 ProviderFeature 作为播放器的核心功能提供者。整个页面布局使用 Flex 布局，显示了歌曲封面、标题、艺术家信息及控制播放进度的滑动条。

至此，本项目的核心功能介绍完毕。代码执行后，会显示媒体会话提供的播放器界面，如图 3-14 所示。用户可以通过界面上的按钮和滑动条进行如下操作。

- 点击播放按钮，应用的播放状态发生变化，进度条开始刷新。

- 点击暂停按钮，应用的播放状态发生变化，进度条停止刷新。

- 点击上一首按钮，应用界面展示播放列表中的上一首歌曲的信息。

图 3-14　媒体会话提供的播放器界面

- 点击下一首按钮，应用界面展示播放列表中的下一首歌曲的信息。
- 点击播放，拖动进度条，播放进度改变。
- 点击收藏，收藏按钮点亮。
- 点击播放模式，可以切换不同的播放模式。

 图片压缩程序

图片压缩是一种减少数字图像文件大小的技术，旨在降低对存储空间的需求并提高传输速度。图片压缩不仅有助于节省存储空间，还能提高加载速度，优化用户体验，这在网络环境中尤为重要。本项目展示了一种基于二分法的图片压缩方法，该方法通过@ohos.multimedia.image接口来实现。用户可以在应用的首页输入期望的压缩目标大小，点击"图片压缩"按钮后，应用会生成压缩后的图片，并确保实际压缩大小是小于或等于用户设定的目标值的。

本项目的主要功能包括以下几个方面。

- 图像压缩：提供将原始图像压缩到指定大小的功能，通过控制图像的质量和尺寸，确保压缩后的图像在保持合理视觉效果的同时，满足最大文件大小的要求。

- 图像格式支持：支持将图像压缩为JPEG格式，允许用户选择图像的质量参数，以便在压缩效果和图像质量之间取得平衡。

- 二分法调整图像质量：采用二分法算法，通过逐步调整图像的质量参数，寻找一个既能满足目标大小要求，又能保持较好图像质量的最佳参数，从而提高压缩效率。

- 图像缩放：如果初始压缩未能满足目标大小要求，项目能够根据设定的缩放比例逐步缩小图像尺寸，直至满足目标大小要求。

- 用户界面：提供简单的用户界面，展示压缩前后的图像大小，并允许用户启动压缩过程。

- 错误处理：对文件操作、资源管理和图像处理过程中的异常情况进行捕获和记录，确保程序的稳定性和可靠性。

- 图像保存：将压缩后的图像保存到指定路径，并返回相应的图像信息（包括URI和字节长度），以便后续使用或展示。

案例3-15 图片压缩程序（源码路径：codes\3\Image-compression）

（1）文件src/main/ets/common/CommonConstants.ets定义了类CommonConstants，用于存储项目中所有功能的公共常量。这些常量包括图片质量的最大值、二分法精度、图像缩放倍数、分隔距离及字节转换因子。通过这样的集中管理，便于在整个项目中统一使用这些常量，从而增强代码的可读性和可维护性。

（2）文件src/main/ets/pages/Index.ets实现了图片压缩功能的应用界面，该界面允许用户输入目标压缩大小并显示压缩前后图片的大小。该文件主要包括压缩图片的方法、保存压缩后图片的功能及用户界面的交互逻辑。

```
const TAG = 'IMAGE_COMPRESSION'; // 定义日志标签，用于调试和记录信息

// 定义一个类，用于存储压缩后图片的信息
class CompressedImageInfo {
  imageUri: string = ""; // 压缩后图片的 URI
  imageByteLength: number = 0; // 压缩后图片的字节长度
}

// 异步函数，用于压缩图片
async function compressedImage(sourcePixelMap: image.PixelMap,
maxCompressedImageSize: number): Promise<CompressedImageInfo> {
  const imagePackerApi = image.createImagePacker(); // 创建图像打包器 API 实例
  const IMAGE_QUALITY = 0; // 初始压缩质量设置为 0
  const packOpts: image.PackingOption = { format: "image/jpeg", quality:
    IMAGE_QUALITY }; // 设置图像打包选项
  let compressedImageData: ArrayBuffer = await imagePackerApi.
    packing(sourcePixelMap, packOpts); // 进行图像压缩

  // 将最大压缩图片大小从 KB 转换为字节
  const maxCompressedImageByte = maxCompressedImageSize * CommonConstants.
    BYTE_CONVERSION;

  // 检查压缩后的数据是否小于最大压缩字节大小
  if (maxCompressedImageByte > compressedImageData.byteLength) {
    // 如果小于，调用 packingImage 函数进行进一步压缩
    compressedImageData = await packingImage(compressedImageData,
      sourcePixelMap, IMAGE_QUALITY, maxCompressedImageByte);
  } else {
    // 如果大于，按比例缩小图像，直到满足压缩要求
    let imageScale = 1; // 初始缩放比例
    const REDUCE_SCALE = CommonConstants.REDUCE_SCALE; // 每次减少的缩放比例
    while (compressedImageData.byteLength > maxCompressedImageByte) {
      if (imageScale > 0) {
        imageScale = imageScale - REDUCE_SCALE;          // 逐步减少缩放比例
        await sourcePixelMap.scale(imageScale, imageScale); // 缩放原始像素图
        compressedImageData = await packing(sourcePixelMap, IMAGE_QUALITY);
          // 重新压缩
      } else {
        break; // 如果缩放比例已小于 0，则退出循环
      }
    }
  }
```

```
  // 保存压缩后的图片并返回相关信息
  const compressedImageInfo: CompressedImageInfo = await
    saveImage(compressedImageData);
  return compressedImageInfo; // 返回压缩后的图片信息
}


// 异步函数，用于压缩图像，返回压缩数据
async function packing(sourcePixelMap: image.PixelMap, imageQuality: number):
  Promise<ArrayBuffer> {
  const imagePackerApi = image.createImagePacker(); // 创建图像打包器 API 实例
  const packOpts: image.PackingOption = { format: "image/jpeg", quality:
    imageQuality }; // 设置图像打包选项
  const data: ArrayBuffer = await imagePackerApi.packing(sourcePixelMap,
    packOpts);        // 压缩图像
  return data;        // 返回压缩后的数据
}


// 异步函数，用于使用二分法调整图像质量
async function packingImage(compressedImageData: ArrayBuffer, sourcePixelMap:
  image.PixelMap,imageQuality: number, maxCompressedImageByte: number):
  Promise<ArrayBuffer> {
  const packingArray: number[] = []; // 存储图像质量值的数组
  const DICHOTOMY_ACCURACY = CommonConstants.DICHOTOMY_ACCURACY; // 定义二分法
    的精度
  for (let i = 0; i <= CommonConstants.PICTURE_QUALITY_MAX; i += DICHOTOMY_
    ACCURACY) {
    packingArray.push(i); // 将可用的质量值添加到数组中
  }

  let left = 0; // 二分法左边界
  let right = packingArray.length - 1;            // 二分法右边界
  while (left <= right) {
    const mid = Math.floor((left + right) / 2); // 计算中间值
    imageQuality = packingArray[mid]; // 选择中间质量值
    compressedImageData = await packing(sourcePixelMap, imageQuality); // 根据
      中间质量值压缩图像
    if (compressedImageData.byteLength <= maxCompressedImageByte) { // 如果压缩
      后的字节长度满足条件
      left = mid + 1; // 更新左边界
      if (mid === packingArray.length - 1) { // 如果已达到数组的最后一个元素
        break; // 退出循环
      }
      compressedImageData = await packing(sourcePixelMap, packingArray[mid +
        1]); // 测试下一个质量值
      if (compressedImageData.byteLength > maxCompressedImageByte) { // 如果超
        出最大压缩字节
```

```
        compressedImageData = await packing(sourcePixelMap,
            packingArray[mid]); // 还原到当前质量值
        break; // 退出循环
      }
    } else {
      right = mid - 1; // 更新右边界
    }
  }
  return compressedImageData; // 返回压缩后的数据
}

// 异步函数，用于保存压缩后的图像并返回其信息
async function saveImage(compressedImageData: ArrayBuffer):
  Promise<CompressedImageInfo> {
  const context: Context = getContext(); // 获取上下文
  const compressedImageUri: string = context.filesDir + '/' +
    'afterCompression.jpeg'; // 定义压缩后图片的 URI

  try {
    const res = fileIo.accessSync(compressedImageUri); // 检查文件是否存在
    if (res) {
      fileIo.unlinkSync(compressedImageUri);              // 如果存在，删除旧文件
    }
  } catch (err) {
    hilog.error(0x0000, TAG, JSON.stringify(err));        // 记录错误信息
  }

  const file: fileIo.File = fileIo.openSync(compressedImageUri, fileIo.
    OpenMode.READ_WRITE | fileIo.OpenMode.CREATE);        // 打开文件以写入
  fileIo.writeSync(file.fd, compressedImageData);         // 写入压缩后的数据
  fileIo.closeSync(file); // 关闭文件

  // 创建压缩图片信息对象
  let compressedImageInfo: CompressedImageInfo = new CompressedImageInfo();
  compressedImageInfo.imageUri = compressedImageUri;      // 设置 URI
  compressedImageInfo.imageByteLength = compressedImageData.byteLength; // 设
    置字节长度
  return compressedImageInfo; // 返回压缩后的图片信息
}

// 入口组件，主要处理用户界面和逻辑
@Entry
@Component
struct Index {
  @State compressedImageSrc: string | Resource = ''; // 存储压缩后图片的源
  @State beforeCompressionSize: string = '';              // 存储压缩前图片的大小
```

```
@State afterCompressionSize: string = '';        // 存储压缩后图片的大小
private sourceImageByteLength: number = 0;        // 存储源图片的字节长度
private compressedByteLength: number = 0;         // 存储压缩后图片的字节长度
private maxCompressedImageSize: number = 0;       // 存储用户输入的最大压缩大小
private context: Context = getContext(this);      // 获取组件上下文


// 组件即将出现时的处理函数
aboutToAppear(): void {
  const context: Context = getContext(this);   // 获取上下文
  const resourceMgr: resourceManager.ResourceManager = context.
    resourceManager; // 获取资源管理器
  // 获取源图像数据
  resourceMgr.getRawFileContent('beforeCompression.jpeg').then((fileData:
    Uint8Array) => {
    const buffer = fileData.buffer.slice(0);   // 创建数据缓冲区
    this.sourceImageByteLength = buffer.byteLength;   // 获取源图像字节长度
    this.beforeCompressionSize = (this.sourceImageByteLength /
      CommonConstants.BYTE_CONVERSION).toFixed(1);   // 格式化为 KB
  }).catch((err: BusinessError) => {
    hilog.error(0x0000, TAG, JSON.stringify(err));   // 记录错误信息
  });
}


// 图像压缩处理函数
imageCompression(): void {
  const resourceMgr: resourceManager.ResourceManager = this.context.
    resourceManager; // 获取资源管理器
  resourceMgr.getRawFileContent('beforeCompression.jpeg').then((fileData:
    Uint8Array) => {
    const buffer = fileData.buffer.slice(0); // 创建数据缓冲区
    const imageSource: image.ImageSource = image.createImageSource(buffer);
      // 创建图像源
    const decodingOptions: image.DecodingOptions = { // 解码选项
      editable: true, // 允许编辑
      desiredPixelFormat: 3, // 设置期望的像素格式
    }
    // 创建像素图
    imageSource.createPixelMap(decodingOptions).then((originalPixelMap:
      image.PixelMap) => {
      // 调用压缩函数
      compressedImage(originalPixelMap, this.maxCompressedImageSize).
        then((showImage: CompressedImageInfo) => {
        this.compressedImageSrc = fileUri.getUriFromPath(showImage.
          imageUri); // 获取压缩后的图片
//// 省略后面的代码
```

　　至此，本项目的核心功能介绍完毕。代码执行后，会显示图像压缩界面，用户可以在文本框中设置压缩目标大小，单击"图片压缩"按钮可以实现压缩功能，如图3-15所示。

图 3-15　图像压缩界面

第4章
网络开发实战

华为 HarmonyOS 致力于构建全场景智能生态，其中网络应用是实现跨设备、跨平台连接和互操作性的关键组成部分。通过 HarmonyOS 的网络应用开发，可以实现更灵活高效的信息共享和互联互通，提升用户体验，推动智能设备间的协同合作。本章将详细讲解在 HarmonyOS 中开发网络应用程序的相关知识。

案例1 Web浏览器程序

HarmonyOS 使用 http 模块来实现 HTTP 数据请求功能，在使用该功能前，开发者需要申请 ohos.permission.INTERNET 权限。http 模块主要包含如下接口。

- createHttp()：用于创建一个 HTTP 请求。
- request()：根据 URL 地址，发起 HTTP 网络请求。
- destroy()：中断当前的请求任务。
- on(type: 'headersReceive')：订阅 HTTP Response Header 事件。
- off(type: 'headersReceive')：取消订阅 HTTP Response Header 事件。
- once('headersReceive')：订阅 HTTP Response Header 事件，但此订阅仅触发一次。

使用 http 模块开发应用程序的基本步骤如下。

（1）从 @ohos.net.http.d.ts 中导入 http 命名空间。

（2）调用 createHttp() 方法，创建一个 HttpRequest 对象。

（3）调用该对象的 on() 方法，订阅 HTTP 响应头事件，此接口会比 request 请求先返回。用户可以根据业务需要订阅此消息。

（4）调用该对象的 request() 方法，传入 HTTP 请求的 URL 地址和可选参数，发起网络请求。

（5）按照实际业务需要，解析返回结果。

（6）调用该对象的 off() 方法，取消订阅 http 响应头事件。

（7）当该请求使用完毕时，调用 destroy() 方法主动销毁。

下面的案例使用 http 模块开发了一个简单的 Web 浏览器应用程序，包括输入 URL 的文本框、加载页面的按钮以及 Web 视图组件等功能。当用户输入 URL 并点击按钮后，应用会通过异步 HTTP 请求获取网络资源。若请求成功，则显示加载的 Web 页面；若请求失败，则提示错误信息。

案例4-1 Web浏览器程序（源码路径：codes\4\HttpsRequest）

（1）编写文件 src/main/module.json5，请求使用 ohos.permission.INTERNET 权限，这是与网络访问相关的权限。

```
"requestPermissions": [
  {
    "name": "ohos.permission.INTERNET"
  }
```

（2）编写文件 src/main/ets/common/utils/HttpUtil.ets，该文件定义了一个使用 HarmonyOS 的函数 httpGet，用于发起异步的 HTTP GET 请求。该函数接受一个 URL 参数，配置请求选项包括请求方法、头部信息和超时设置。通过 @system.http 模块发起请求，并返回异步获取的 HTTP 响应结果。函数通过导入通用常量确保了代码的可维护性。

```
/**
 * 发起 HTTP GET 请求的异步函数
 * @param {string} url - 请求的 URL 地址
 * @returns {Promise<any>} - 返回一个包含 HTTP 响应的 Promise 对象
 */
export default async function httpGet(url: string): Promise<any> {
  // 如果 URL 为空，则直接返回 undefined
  if (!url) {
    return undefined;
  }

  // 创建 HTTP 请求实例
  let request = http.createHttp();

  // 配置 HTTP 请求选项
  let options = {
    method: http.RequestMethod.GET,
    header: { 'Content-Type': 'application/json' },
    readTimeout: CommonConstant.READ_TIMEOUT,
    connectTimeout: CommonConstant.CONNECT_TIMEOUT
  } as http.HttpRequestOptions;

  // 发起 HTTP GET 请求，并等待响应
  let result = await request.request(url, options);

  // 返回 HTTP 响应结果
  return result;
}
```

（3）编写文件 src/main/ets/pages/WebPage.ets，该文件定义了一个 HarmonyOS 页面结构 WebPage，包含一个 Web 视图和一个按钮。用户输入 URL 后点击按钮，通过 httpGet 函数异步获取网络资源。若请求成功，则显示 Web 视图加载对应页面；若请示失败，则显示错误提示。页面具备响应式设计，包括输入框、按钮和 Web 视图的交互，以及错误处理功能。

```
@Entry
@Component
struct WebPage {
  controller: webView.WebviewController = new webView.WebviewController();
  @State buttonName: Resource = $r('app.string.request_button_name');
  @State webVisibility: Visibility = Visibility.Hidden;
  @State webSrc: string = CommonConstant.SERVER;

  build() {
    Column() {
      Row() {
        Image($r('app.media.ic_network_global'))
```

```
          .height($r('app.float.image_height'))
          .width($r('app.float.image_width'))
        TextInput({ placeholder: $r('app.string.input_address'), text: this.
          webSrc })
          .height($r('app.float.text_input_height'))
          .layoutWeight(1)
          .backgroundColor(Color.White)
          .onChange((value: string) => {
            this.webSrc = value;
          })
      }
      .margin({
        top: $r('app.float.default_margin'),
        left: $r('app.float.default_margin'),
        right: $r('app.float.default_margin')
      })
      .height($r('app.float.default_row_height'))
      .backgroundColor(Color.White)
      .borderRadius($r('app.float.border_radius'))
      .padding({
        left: $r('app.float.default_padding'),
        right: $r('app.float.default_padding')
      })
      Row() {
        Web({ src: this.webSrc, controller: this.controller })
          .zoomAccess(true)
          .height(StyleConstant.FULL_HEIGHT)
          .width(StyleConstant.FULL_WIDTH)
      }
      .visibility(this.webVisibility)
      .height(StyleConstant.WEB_HEIGHT)
      .width(StyleConstant.FULL_WIDTH)
      .align(Alignment.Top)
      Row() {
        Button(this.buttonName)
          .fontSize($r('app.float.button_font_size'))
          .width(StyleConstant.BUTTON_WIDTH)
          .height($r('app.float.button_height'))
          .fontWeight(FontWeight.Bold)
          .onClick(() => {
            this.onRequest();
          })
      }
      .height($r('app.float.default_row_height'))
    }
    .width(StyleConstant.FULL_WIDTH)
```

```
    .height(StyleConstant.FULL_HEIGHT)
    .backgroundImage($r('app.media.ic_background_image', ImageRepeat.NoRepeat))
    .backgroundImageSize(ImageSize.Cover)
}

async onRequest() {
  if (this.webVisibility === Visibility.Hidden) {
    this.webVisibility = Visibility.Visible;
    try {
      let result = await httpGet(this.webSrc);
      if (result && result.responseCode === http.ResponseCode.OK) {
        this.controller.clearHistory();
        this.controller.loadUrl(this.webSrc);
      }
    } catch (error) {
      promptAction.showToast({
        message: $r('app.string.http_response_error')
      })
    }
  } else {
    this.webVisibility = Visibility.Hidden;
  }
}
}
```

代码执行后，会实现网页浏览器功能，效果如图4-1所示。

 案例2 ## 基于WebSocket客户端/服务端的聊天系统

在HarmonyOS中，可以使用WebSocket建立服务器与客户端的双向连接。在具体实现时，需要先通过createWebSocket()方法创建一个WebSocket对象，然后通过connect()方法连接到服务器。当连接成功后，客户端会收到open事件的回调通知，此时客户端可以通过send()方法与服务器进行通信。当服务器向客户端发信息时，客户端会收到message事件的回调通知。当客户端不需要此连接时，可以通过调用close()方法主动断开连接，随后客户端会收到close事件的回调通知。

在HarmonyOS中，WebSocket连接功能主要由webSocket模

图4-1 执行效果

块实现，在使用webSocket模块前需要先申请ohos.permission.INTERNET权限。webSocket模块包含如下接口。

- createWebSocket()：创建一个WebSocket连接。
- connect()：根据提供的URL地址，建立一个WebSocket连接。
- send()：通过WebSocket连接发送数据。
- close()：关闭WebSocket连接。
- on(type: 'open')：订阅WebSocket的连接打开事件。
- off(type: 'open')：取消订阅WebSocket的连接打开事件。
- on(type: 'message')：订阅WebSocket的接收到服务器消息事件。
- off(type: 'message')：取消订阅WebSocket的接收到服务器消息事件。
- on(type: 'close')：订阅WebSocket的连接关闭事件。
- off(type: 'close')：取消订阅WebSocket的连接关闭事件
- on(type: 'error')：订阅WebSocket的Error事件。
- off(type: 'error')：取消订阅WebSocket的Error事件。

下面的案例使用WebSocket开发了一个在线聊天系统，包括聊天页面、消息发送和接收功能。用户可以通过顶部栏切换连接状态，并通过自定义对话框输入服务IP地址以实现连接。整体而言，该系统提供了简单而实用的聊天体验，支持与服务器进行实时通信。

案例4-2 **基于WebSocket客户端/服务端的聊天系统（源码路径：codes\4\WebSocket）**

（1）编写文件src/main/ets/common/BindServiceIp.ets，该文件定义了一个WebSocket组件，构建了一个简单的用户界面，用于WebSocket服务的IP地址绑定。该组件允许用户通过输入框输入服务IP地址，然后点击按钮执行绑定操作。在输入框发生变化时，会更新IP地址属性；在点击按钮时，会触发绑定操作，并调用预设回调函数。

```
@Component
export default struct BindServiceIp {
  @Link ipAddress: string
  private onBind: () => void = () => {
  }

  build() {
    Column() {
      Text($r('app.string.welcome'))
        .fontSize(25)
        .margin({ top: 20 })
        .fontWeight(FontWeight.Bold)
      TextInput({ placeholder: $r('app.string.ip_placeholder') })
```

```
        .height(50)
        .fontSize(15)
        .width('70%')
        .margin({ top: 20 })
        .onChange((value: string) => {
          this.ipAddress = `ws://${value}/string`
        })
      Button() {
        Text($r('app.string.bind_ip'))
          .fontSize(20)
          .fontColor(Color.White)
      }
      .margin({ top: 20 })
      .width(200)
      .height(50)
      .type(ButtonType.Capsule)
      .onClick(() => {
        this.onBind()
      })
    }
    .width('100%')
  }
}
```

（2）编写文件 src/main/ets/common/SendMessage.ets，该文件构建了一个用户发送文本信息的
用户界面。该组件定义了一个发送消息的组件，用户可以通过文本区域输入消息内容，并可以点击
按钮发送消息。在文本区域发生变化时，会触发更新消息属性；在点击按钮时，执行发送消息的
操作。

```
@Component
export default struct SendMessage {
  @Link message: string
  private sendMessage: () => void = () => {
  }

  build() {
    Row() {
      TextArea({ placeholder: this.message, text: this.message })
        .height(50)
        .fontSize(25)
        .layoutWeight(3)
        .backgroundColor(Color.White)
        .margin({ left: 2, right: 2 })
        .onChange((value: string) => {
          this.message = value
```

```
    })

    Button() {
      Text($r('app.string.send_message'))
        .fontSize(23)
        .fontColor(Color.White)
    }
    .height(50)
    .layoutWeight(1)
    .borderRadius(10)
    .type(ButtonType.Normal)
    .backgroundColor('#ffadf58e')
    .margin({ left: 2, right: 2 })
    .onClick(() => {
      this.sendMessage()
    })
  }
  .height(70)
  .width('100%')
  .backgroundColor('#f5f5f5')
  }
}
```

（3）编写文件 src/main/ets/common/ChatsPage.ets，该文件构建了一个基于 WebSocket 的聊天页面，用于显示服务器和用户之间的交互消息。该组件通过导入 ChatData 模型和 WebSocketSource 数据源，以嵌套的方式构建了聊天消息的展示界面。每条消息包括发送者名称、消息内容和方向，并通过不同的背景颜色来区分消息的发送者。

```
import ChatData from '../model/ChatData'
import { WebSocketSource } from "../model/DataSource"

@Component
export default struct ChatsPage {
  @Link chats: WebSocketSource

  @Builder
  ChatsMessage(name: Resource, message: string, direction: Direction) {
    Row() {
      Text(name)
        .width(40)
        .height(40)
        .padding(5)
        .fontSize(30)
        .borderRadius(10)
        .margin({ right: 10 })
```

```
          .backgroundColor('#e5e5e5')
          .textAlign(TextAlign.Center)
       Text(message)
          .textOverflow({ overflow: TextOverflow.Clip })
          .padding(10)
          .maxLines(5)
          .fontSize(20)
          .borderRadius(10)
          .margin({ top: 20 })
          .alignSelf(ItemAlign.Start)
          .backgroundColor('#ff78dd4d')
     }
     .width('100%')
     .direction(direction)
     .margin({ top: 5, bottom: 10 })
   }


  build() {
    Column() {
      List() {
        LazyForEach(this.chats, (item: ChatData) => {
          ListItem() {
            if (item.isServer as boolean) {
              this.ChatsMessage($r('app.string.server'), item.message, Direction.Ltr)
            } else {
              this.ChatsMessage($r('app.string.me'), item.message, Direction.Rtl)
            }
          }
          .padding(10)
          .width('100%')
        }, (item: ChatData, index?: number) => item.message + index)
      }.width('100%').height('100%')
    }
    .width('100%')
    .layoutWeight(1)
    .backgroundColor(Color.White)
  }
}
```

（4）编写文件 src/main/ets/pages/Chats.ets，该文件构建了一个包含 WebSocket 通信的聊天页面。该页面包括顶部栏、聊天内容展示区、消息发送组件以及与 WebSocket 连接和断开功能相关的控件。通过导入相关模块、组件以及 WebSocket 库，实现了与服务器的连接、消息的发送和接收功能。页面还包含一个用于绑定服务 IP 地址的自定义对话框。用户可以通过顶部栏切换连接状态、发送和接收聊天消息，以及通过对话框输入服务 IP 地址实现连接。

```
const TAG: string = '[Chats]'
let socket: webSocket.WebSocket = webSocket.createWebSocket()

@CustomDialog
struct BindCustomDialog {
  @State ipAddress: string = ''
  private controller?: CustomDialogController
  onBind: (ipAddress: string) => void = (ipAddress: string) => {
  }

  build() {
    Column() {
      BindServiceIP({ ipAddress: $ipAddress, onBind: () => {
        this.onBind(this.ipAddress)
      } })
    }
    .width('100%')
    .margin({ bottom: 20 })
  }
}


@Entry
@Component
struct Chats {
  @State numberOfPeople: number = 1
  @State message: string = ''
  @State chats: WebSocketSource = new WebSocketSource([])
  @State isConnect: boolean = false
  @State ipAddress: string = ''
  controller: CustomDialogController = new CustomDialogController({
    builder: BindCustomDialog({ onBind: (ipAddress: string): void => this.
      onBind(ipAddress) }),
    autoCancel: false
  })

  aboutToAppear() {
    this.controller.open()
  }

  onBind(ipAddress: string) {
    this.ipAddress = ipAddress
    this.controller.close()
  }

  onConnect() {
    let promise = socket.connect(this.ipAddress)
```

```
    Logger.info(TAG, `ipAddress:${JSON.stringify(this.ipAddress)}`)
    promise.then(() => {
      Logger.info(TAG, `connect success`)
    }).catch((err: Error) => {
      Logger.info(TAG, `connect fail, error:${JSON.stringify(err)}`)
    })
    socket.on('open', () => {
      // 当收到 on('open') 事件时，可以通过 send() 方法与服务器进行通信
      promptAction.showToast({ message: '连接成功，可以聊天了！', duration: 1500 })
    })
    socket.on('message', (err: Error, value: Object) => {
      Logger.info(TAG, `on message, value = ${value}`)
      let receiveMessage = new ChatData(JSON.stringify(value), true)
      this.chats.pushData(receiveMessage)
    })
  }

  disConnect() {
    socket.off('open', (err, value) => {
      let val: Record<string, Object> = value as Record<string, Object>;
      Logger.info(TAG, `on open, status:${val['status']}, message:${val['message']}`);
    })
    socket.off('message')
    promptAction.showToast({ message: '连接已断开！', duration: 1500 })
    socket.close()
  }

  sendMessage() {
    let sendMessage = new ChatData(this.message, false)
    this.chats.pushData(sendMessage)
    let sendResult = socket.send(this.message)
    sendResult.then(() => {
      Logger.info(TAG, `[send]send success:${this.message}`)
    }).catch((err: Error) => {
      Logger.info(TAG, `[send]send fail, err:${JSON.stringify(err)}`)
    })
    this.message = ''
  }

  build() {
    Column() {
      Text($r('app.string.EntryAbility_label'))
        .height(50)
        .fontSize(25)
        .width('100%')
        .padding({ left: 10 })
```

```
        .fontColor(Color.White)
        .textAlign(TextAlign.Start)
        .backgroundColor('#0D9FFB')
        .fontWeight(FontWeight.Bold)
    TopBar({ isConnect: $isConnect, connect: () => {
      this.isConnect = !this.isConnect
      if (this.isConnect) {
        this.onConnect()
      } else {
        this.disConnect()
      }
    } })
    ChatsPage({ chats: $chats })
    SendMessage({ message: $message, sendMessage: () => {
      this.sendMessage()
    } })
  }
  .width('100%')
  .height('100%')
  }
}
```

代码执行后，用户输入服务器的IP地址，点击"绑定服务器IP地址"按钮，即可绑定该IP并退出弹框；如果要解绑IP，则重启应用即可。点击顶部栏的"连接"按钮，当按钮颜色从灰色变为绿色时，表示已与服务器建立WebSocket连接。代码执行效果如图4-2所示。

 案例3　网络视频播放器

图4-2　执行效果

本案例实现了一个功能强大的视频播放器，不仅可以播放本地视频，还可以播放网络视频。本项目详细展示了基本视频播放功能的实现过程，并提供了对倍速播放、暂停、视频切换、视频跳转等操作的支持。通过使用 @ohos.multimedia.media、@ohos.resourceManager 和 @ohos.wifiManager 等接口，本项目完成了视频播放的核心逻辑。

本项目的核心功能如下。

- 视频播放和暂停：通过 avPlayer.play() 和 avPlayer.pause() 来控制视频的播放和暂停。
- 倍速播放：通过 avPlayer.setSpeed(speed: PlaybackSpeed) 来设置视频播放速度，支持多种倍

速选择，如 1.0x、1.25x、1.75x、2.0x。

- 视频跳转：通过进度条实现视频跳转，使用 avPlayer.seek() 方法来跳转到指定的视频时间点。
- 视频切换：在切换视频时，需要先调用 avPlayer.reset() 重置播放器，再为 fdSrc 赋值，并重新初始化视频资源。
- 自动隐藏操作面板：若用户界面在 5 秒内无任何操作，则操作面板自动消失。

案例4-3　网络视频播放器（源码路径：codes\4\Video-play）

（1）文件 src/main/ets/utils/GlobalContext.ets 实现了一个全局上下文管理器类 GlobalContext，该类采用单例模式实现，保证在应用程序的生命周期中只有一个实例存在。类 GlobalContext 通过内部维护的一个 Map 对象来存储和管理全局的对象信息，可以通过 setObject 和 getObject 方法设置和获取这些对象。

```
"module": {
```

（2）文件 src/main/ets/utils/ResourceUtil.ets 定义了函数 getString，用于获取应用资源中的字符串值。

（3）文件 src/main/ets/components/VideoPanel.ets 定义了一个视频选择面板组件 VideoPanel，用户可以通过该面板选择本地或网络视频，并进行播放、暂停等操作。该组件包含视频列表、视频选择、网络状态检查、倍速调节等功能。通过与 AvPlayManager 进行交互，VideoPanel 提供了视频切换、播放控制等功能。此外，该组件还会实时检查当前网络状态，当选择网络视频且检测到网络断开时，会弹出提示信息并退出应用。

```
import avPlayManage from '../videomanager/AvPlayManager';    // 导入视频管理器
import { media } from '@kit.MediaKit';                       // 导入媒体库
import { wifiManager } from '@kit.ConnectivityKit';          // 导入 Wi-Fi 管理器
import { promptAction } from '@kit.ArkUI';                   // 导入 UI 提示库
import { GlobalContext } from '../utils/GlobalContext';      // 导入全局上下文
import { common } from '@kit.AbilityKit';                    // 导入通用功能库

const VIDEOSELECT = 2; // 网络视频的索引

@Component
export struct VideoPanel {
  @State videoList: Resource[] = [$r('app.string.video_res_1'), $r('app.
string.video_res_2'), $r('app.string.video_res_3')]; // 视频资源列表
  @State selectColor: boolean = true;      // 选择颜色
  @Link show: boolean;                     // 控制显示
  @Link videoSelect: number;               // 当前所选视频的索引
  @StorageLink('avPlayManage') avPlayManage: avPlayManage = new avPlayManage();
                                           // 视频管理器实例
  @State linkSpeed: number = 0;            // 网络速度状态
```

```
// 判断是否连接到 Wi-Fi 网络
async checkWifiState(): Promise<boolean> {
  let linkInfo = await wifiManager.getLinkedInfo(); // 获取 Wi-Fi 连接信息
  if (linkInfo.connState !== wifiManager.ConnState.CONNECTED) {
    return false; // 未连接 Wi-Fi
  }
  return true;      // 已连接 Wi-Fi
}


// 检查网络连接状态
async isInternet(): Promise<void> {
  if (!await this.checkWifiState() && this.videoSelect === VIDEOSELECT) {
    this.toast(); // 如果网络断开并选择网络视频,弹出提示
  }
}
```

（4）文件 src/main/ets/components/SpeedDialog.ets 实现了一个自定义倍速选择对话框 SpeedDialog，用于设置视频播放的倍速。倍速选项包括 1.0x、1.25x、1.75x 和 2.0x。用户可以通过点击不同的选项来选择播放速度，选中的状态通过显示不同的图标进行可视化展示，同时对应的倍速通过调用 avPlayManage 中的方法来实际应用到视频播放中。对话框还提供了取消按钮，允许用户关闭倍速选择界面。

（5）文件 src/main/ets/components/VideoOperate.ets 实现了一个视频播放控制组件 VideoOperate，该组件提供了播放/暂停、倍速选择、视频进度条显示与控制，以及当前播放时间和视频总时长显示等功能。

```
// 导入时间转换工具、视频播放管理器,以及速度选择对话框组件
import { timeConvert } from '../utils/TimeUtils';
import avPlayManage from '../videomanager/AvPlayManager';
import { SpeedDialog } from '../components/SpeedDialog';

// 使用 Component 装饰器标记这个结构体为一个组件
@Component
export struct VideoOperate {
  // 使用 State 装饰器声明视频列表状态
  @State videoList: Resource[] = [$r('app.string.video_res_1'), $r('app.
    string.video_res_2'), $r('app.string.video_res_3')];
  // 倍速选择状态
  @State speedSelect: number = 0;
  // 当前播放时间
  @Link currentTime: number;
  // 视频总时长
  @Link durationTime: number;
  // 是否正在滑动滑块
```

```
@Link isSwiping: boolean;
// 视频播放管理器实例
@Link avPlayManage: avPlayManage;
// 播放 / 暂停状态标志
@Link flag: boolean;
// X 组件标志
@Link XComponentFlag: boolean;
// 倍速索引，使用 StorageLink 装饰器与存储链接
@StorageLink('speedIndex') speedIndex: number = 0;
// 滑块宽度，使用 StorageLink 装饰器与存储链接
@StorageLink('sliderWidth') sliderWidth: string = '';
// 倍速名称，使用 StorageLink 装饰器与存储链接
@StorageLink('speedName') speedName: Resource = $r('app.string.video_
  speed_1_0X');
// 对话框控制器
private dialogController: CustomDialogController = new
  CustomDialogController({
  builder: SpeedDialog({ speedSelect: $speedSelect }), // 使用速度选择构建对话框
  alignment: DialogAlignment.Bottom, // 对话框对齐方式为底部
  offset: { dx: $r('app.float.size_zero'), dy: $r('app.float.size_down_20')
    } // 对话框偏移量
});


// 构建组件 UI
build() {
  // 使用 Row 布局构建水平布局
  Row() {
    // 第 1 个水平布局，包含播放 / 暂停按钮和当前时间
    Row() {
      // 播放 / 暂停按钮，根据 flag 状态显示不同图标
      Image(this.flag ? $r("app.media.ic_video_play") : $r("app.media.ic_
        video_pause"))
        .id('play')
        .width($r('app.float.size_40'))
        .height($r('app.float.size_40'))
        .onClick(() => {
          // 点击事件处理，切换播放 / 暂停状态并调用视频管理器的相应方法
          if (this.flag) {
            this.avPlayManage.videoPause();
            this.flag = false;
          } else {
            this.avPlayManage.videoPlay();
            this.flag = true;
          }
        })
```

```
  // 当前时间显示
  Text(timeConvert(this.currentTime))
    .fontColor(Color.White)
    .textAlign(TextAlign.End)
    .fontWeight(FontWeight.Regular)
    .margin({ left: $r('app.float.size_10') })
}

// 第 2 个水平布局，包含滑块
Row() {
  // 滑块，用于控制视频播放进度
  Slider({
    value: this.currentTime,
    min: 0,
    max: this.durationTime,
    style: SliderStyle.OutSet
  })
    .id('Slider')
    .blockColor(Color.White)
    .trackColor(Color.Gray)
    .selectedColor($r("app.color.slider_selected"))
    .showTips(false)
    .onChange((value: number, mode: SliderChangeMode) => {
      // 滑块变化事件处理，根据模式暂停或播放视频，并更新当前时间
      if (mode == SliderChangeMode.Begin) {
        this.isSwiping = true;
        this.avPlayManage.videoPause();
      }
      this.avPlayManage.videoSeek(value);
      this.currentTime = value;
      if (mode == SliderChangeMode.End) {
        this.isSwiping = false;
        this.flag = true;
        this.avPlayManage.videoPlay();
      }
    })
}
.layoutWeight(1)

// 第 3 个水平布局，包含总时长和倍速选择按钮
Row() {
  // 总时长显示
  Text(timeConvert(this.durationTime))
    .fontColor(Color.White)
    .fontWeight(FontWeight.Regular)
```

```
      // 倍速选择按钮，点击时打开对话框
      Button(this.speedName, { type: ButtonType.Normal })
        .border({ width: $r('app.float.size_1'), color: Color.White })
        .width($r('app.float.size_75'))
        .height($r('app.float.size_40'))
        .fontSize($r('app.float.size_15'))
        .borderRadius($r('app.float.size_24') )
        .fontColor(Color.White)
        .backgroundColor(Color.Black)
        .opacity($r('app.float.size_1') )
        .margin({ left: $r('app.float.size_10')  })
        .id('Speed')
        .onClick(() => {
          // 点击事件处理，设置倍速选择并打开对话框
          this.speedSelect = this.speedIndex;
          this.dialogController.open();
        })
    }
  }
  .justifyContent(FlexAlign.Center)
  .padding({ left: $r('app.float.size_25'), right: $r('app.float.size_30') })
  .width('100%')
 }
}
```

上述代码的主要功能如下。

● 播放/暂停：点击播放/暂停图标，会调用 avPlayManage 中的 videoPlay() 和 videoPause() 方法来控制视频的播放状态。

● 倍速选择：显示当前选定的倍速值，用户点击后会打开自定义的倍速选择对话框 SpeedDialog，选择倍速后更新播放速度。

● 控制播放进度：通过 Slider 组件显示和控制视频的播放进度。用户拖动进度条时，视频会暂停，拖动结束后恢复播放，并更新当前播放时间。

● 时间显示：左侧显示当前播放时间，右侧显示视频总时长，时间格式通过 timeConvert 方法进行转换。

（6）文件 src/main/ets/videomanager/AvPlayManager.ets 定义了一个名为 AvPlayManager 的视频播放管理器类，该类包含以下两个异步方法。

● videoChoose：用于在前台切换视频资源。该方法接收视频源地址、速度选择和回调函数作为参数，设置视频源和速度，然后重置视频状态。

● avPlayerChoose：用于创建视频播放器实例。该方法设置视频源，并根据视频源是网络地址还是本地文件来决定如何加载视频，然后通过回调函数返回播放器实例。

```
/**
```

```
   * 视频切换，前台调用
   */
async videoChoose(videoSrc: string, speedSelect: number, callback: (avPlayer:
  media.AVPlayer) => void): Promise<void> {
  try {
    this.flag = false;
    this.videoSrc = videoSrc;
    this.speedSelect = speedSelect;
    Logger.info(this.tag, 'videoChoose this.videoSrc = ${this.videoSrc}');
    this.videoReset();
  } catch (e) {
    Logger.info(this.tag, 'videoChoose== ${JSON.stringify(e)}');
  }
}


/**
 * 视频切换
 */
async avPlayerChoose(callback: (avPlayer: media.AVPlayer) => void):
  Promise<void> {
  try {
    Logger.info(this.tag, 'avPlayerChoose avPlayerDemo');
    // 创建 avPlayer 实例对象
    this.avPlayer = await media.createAVPlayer();
    // 创建状态机变化回调函数
    this.fileDescriptor = null;
    Logger.info(this.tag, 'avPlayerChoose this.fileDescriptor = ${this.
      fileDescriptor}');
    await this.setAVPlayerCallback(callback);
    Logger.info(this.tag, 'avPlayerChoose setAVPlayerCallback');
    if (this.videoSrc === 'network.mp4') {
      this.fileSrc = 'https:\/\/vd3.bdstatic.com\/mda-pdc2kmwtd2vxhiy4\/
        cae_h264\/1681502407203843413\/mda-pdc2kmwtd2vxhiy4.mp4';
    } else {
      this.fileSrc = this.videoSrc;
    }
    let regex: RegExp = new RegExp('^(http|https)', 'i');
    let bool = regex.test(this.fileSrc);
    if (bool) {
      Logger.info(this.tag, 'avPlayerChoose avPlayerChoose fileDescriptor =
        ${JSON.stringify(this.fileDescriptor)}');
      this.avPlayer.url = this.fileSrc;
    } else {
      this.fileDescriptor = await this.mgr.getRawFd(this.fileSrc);
      Logger.info(this.tag, 'avPlayerChoose avPlayerChoose fileDescriptor =
        ${JSON.stringify(this.fileDescriptor)}');
```

```
        this.avPlayer.fdSrc = this.fileDescriptor;
      }
    } catch (e) {
      Logger.info(this.tag, 'avPlayerChoose trycatch avPlayerChoose');
      this.videoReset();
    }
  }
```

（7）文件 src/main/ets/pages/Index.ets 定义了一个名为 Index 的
类，该类是本应用程序的主页面组件。Index 负责视频播放功能的
实现，包括视频的加载、播放、暂停、切换和释放。它还负责管理
视频播放器的生命周期，如在页面显示和隐藏时启动和停止视频播
放。此外，它还处理用户交互，如点击屏幕显示或隐藏操作面板，
以及滑动进度条来调整视频播放进度。组件内部使用了事件发射器
来监听和响应不同的事件，如视频播放状态变化和屏幕尺寸变化，
以动态调整视频播放的宽高比例。此外，它还集成了视频操作组件
VideoOperate 和视频面板组件 VideoPanel，以提供丰富的用户界面
和交互功能。

至此，本项目的核心功能介绍完毕。代码执行后，会显示播放
器的界面，效果如图 4-3 所示。

图 4-3　播放器的界面

 案例4　**多文件下载监听系统**

多文件下载监听是一种在软件或应用程序中实现的功能，允许用户同时下载多个文件，并实时
监控每个文件的下载进度和状态。对于需要处理大量数据或文件的用户来说，这一功能非常有用，
因为它具备以下优势。

- 并行处理：用户可以同时开始多个下载任务，无须逐个等待文件下载完成。

- 进度跟踪：用户可以实时查看每个文件的下载进度，包括已下载的数据量，以及剩余数据量。

- 状态管理：用户可以随时了解每个文件的下载状态，如正在下载、暂停、已完成或出现错
误等。

- 控制功能：用户可以对每个下载任务进行控制，如暂停、恢复或取消下载。

- 错误处理：如果某个文件下载失败，用户会收到通知，并可以重新尝试下载或采取其他补救
措施。

本项目实现了一个多文件下载监听系统，使用了一个名为 request 的模块来管理多个文件的下载
进度和状态。该项目的目标是帮助开发者了解如何在一个应用程序中同时处理多个文件的下载任务，

并实时监听每个任务的进度和状态。

案例4-4　多文件下载监听系统（源码路径：codes\4\Multi-file）

（1）文件 src/main/ets/constants/Constants.ets 定义了类 Constants，其包含一系列的静态只读属性。这些属性主要用于存储应用程序中使用的尺寸、字体大小、颜色、动画时长等常量值。

（2）文件 src/main/ets/view/FileDownloadItem.ets 实现了组件 FileDownloadItem，用于在 HarmonyOS 应用中显示和管理单个文件的下载任务。FileDownloadItem 提供了下载、暂停、恢复和显示下载进度的功能，并在 UI 上展示了文件名、下载状态以及下载进度。

（3）文件 src/main/ets/view/ProgressButton.ets 定义了一个名为 ProgressButton 的组件，它是一个结合了进度条的按钮组件，用于展示操作的进度状态，如下载、上传或任何其他需要显示进度的任务。该组件还包含一个文本标签，用于显示当前进度或自定义内容。此外，该组件还可以根据进度状态动态地启用或禁用点击事件。

（4）文件 src/main/ets/pages/Index.ets 定义了一个名为 MultipleFilesDownload 的组件，这是 HarmonyOS 应用中的一个多文件下载管理页面。该组件允许用户输入一组文件的下载链接，并管理和触发这些文件的下载过程。它提供了开始全部下载、暂停全部下载的功能，并通过 FileDownloadItem 组件展示每个文件的下载状态和进度。

```
/**
 * 根据下载链接生成下载配置
 */
function downloadConfig(downloadUrl: string): request.agent.Config {
  const config: request.agent.Config = {
    action: request.agent.Action.DOWNLOAD,  // 下载动作
    url: downloadUrl, // 文件的下载链接
    overwrite: true,  // 允许覆盖同名文件
    method: 'GET',    // 使用 GET 方法下载
    saveas: './',     // 保存路径
    mode: request.agent.Mode.BACKGROUND,    // 后台模式下载
    gauge: true,      // 显示进度条
    retry: false      // 不自动重试
  };
  return config;
}


@Entry
@Component
struct MultipleFilesDownload {
  /**
   * 存储输入的下载链接数组
   */
  private downloadUrlArray: string[] = [];
```

```
@State downloadConfigArray: request.agent.Config[] = []; // 存储下载任务配置的数组
@State isStartAllDownload: boolean = false;     // 是否开始所有下载任务的标识
@State downloadCount: number = 0;               // 下载任务的数量
@State downloadFailCount: number = 0;           // 下载失败的任务数量

// 定义标签页的配置
@State tabOptions: SegmentButtonOptions = SegmentButtonOptions.tab({
  buttons: [{ text: $r('app.string.multiple_files_download_file_upload') },
    { text: $r('app.string.multiple_files_download_list') }, {
      text: $r('app.string.multiple_files_download_album_backup')
    }] as ItemRestriction<SegmentButtonTextItem>,  // 标签页按钮文本
  backgroundBlurStyle: BlurStyle.BACKGROUND_THICK, // 背景模糊样式
  selectedFontSize: $r('sys.float.ohos_id_text_size_body2'), // 选中时的字体大小
  selectedFontColor: $r('sys.color.ohos_id_color_text_primary'), // 选中时的
    字体颜色
  selectedBackgroundColor: $r('sys.color.ohos_id_color_foreground_
    contrary'), // 选中时的背景颜色
  fontSize: $r('sys.float.ohos_id_text_size_body2'),          // 字体大小
  fontColor: $r('sys.color.ohos_id_color_text_secondary'),    // 字体颜色
  backgroundColor: $r('sys.color.ohos_id_color_button_normal'), // 背景颜色
  textPadding: { // 文本内边距
    top: $r('app.integer.tab_padding'),
    right: $r('app.integer.tab_padding'),
    bottom: $r('app.integer.tab_padding'),
    left: $r('app.integer.tab_padding'),
  }
});
@State @Watch('onSelectedChange') tabSelectedIndexes: number[] = [1];
  // 当前选中的标签页索引
@State downloadPageOpacity: number = 1;          // 下载页面的透明度
@State isDownloadPageEnabled: boolean = true; // 下载页面是否可用

/**
 * 标签页切换事件的处理函数
 */
onSelectedChange(): void {
  if (this.tabSelectedIndexes[0] === 1) {
    this.downloadPageOpacity = 1;
    this.isDownloadPageEnabled = true;
  } else {
    this.downloadPageOpacity = 0;
    this.isDownloadPageEnabled = false;
  }
}

/**
```

```
 *  页面即将显示时的处理函数
 */
aboutToAppear(): void {
  for (let i = 0; i < this.downloadUrlArray.length; i++) {
    const config: request.agent.Config = downloadConfig(this.
      downloadUrlArray[i]);
    this.downloadConfigArray.push(config);
  }
  this.downloadCount = this.downloadUrlArray.length;
}

build() {
  Column() {
    // 构建标题行
    Row() {
      Text($r('app.string.multiple_files_download_transfer_list'))
        .fontWeight(FontWeight.Bold)
        .fontSize($r('app.integer.title_font_size'))
        .width(Constants.FULL_WIDTH)
        .fontColor($r('app.color.text_color'))
    }
    .alignItems(VerticalAlign.Bottom)
    .width(Constants.INDEX_CONTENT_WIDTH)
    .height(Constants.INDEX_TITLE_HEIGHT)

    // 构建标签页行
    Row() {
      SegmentButton({ options: this.tabOptions, selectedIndexes: this.
        tabSelectedIndexes })
    }
    .height($r('app.integer.segment_height'))
    .margin({
      left: Constants.MARGIN_SIXTEEN,
      right: Constants.MARGIN_SIXTEEN,
      top: $r('app.integer.segment_margin_top')
    })

    // 构建下载队列信息行
    Row() {
      Row() {
        Text($r('app.string.multiple_files_download_queue'))
          .fontSize($r('app.integer.multiple_files_download_text_font_size_
            fourteen'))
          .fontColor($r('sys.color.ohos_id_color_text_secondary'))
        Text(this.downloadCount.toString())
```

```
      .fontSize($r('app.integer.multiple_files_download_text_font_size_
        fourteen'))
      .fontColor($r('sys.color.ohos_id_color_text_secondary'))
  }.width($r('app.string.multiple_files_download_row_width'))

  Row() {
    Text(this.isStartAllDownload && this.downloadCount > NO_TASK ?
      $r('app.string.pause_all') :
    $r('app.string.start_all'))
      .fontSize($r('app.integer.multiple_files_download_text_font_size_
        fourteen'))
      .fontWeight(Constants.FONT_500)
      .fontColor($r('sys.color.ohos_id_color_text_primary_activated'))
      .textAlign(TextAlign.END)
      .width($r('app.string.multiple_files_download_row_text_width'))
      .onClick(() => {
        if (this.downloadCount === NO_TASK) {
          AlertDialog.show({
            message: $r('app.string.multiple_files_download_completed'),
            alignment: DialogAlignment.Center
          });
          return;
        }
        this.isStartAllDownload = !this.isStartAllDownload;
      })
  }.width($r('app.string.multiple_files_download_row_width'))
}
.opacity(this.downloadPageOpacity)
.enabled(this.isDownloadPageEnabled)
.margin({
  left: Constants.MARGIN_SIXTEEN,
  right: Constants.MARGIN_SIXTEEN,
  top: $r('app.integer.multiple_files_download_margin_top_twenty_
    eight'),
  bottom: $r('app.integer.margin_eight')
})

// 构建下载任务列表
List() {
  ForEach(this.downloadConfigArray, (item: request.agent.Config) => {
    ListItem() {
      FileDownloadItem({
        downloadConfig: item,
        isStartAllDownload: this.isStartAllDownload,
        downloadCount: this.downloadCount,
```

```
            downloadFailCount: this.downloadFailCount
          })
        }
      }, (item: request.agent.Config) => JSON.stringify(item))
    }
    .opacity(this.downloadPageOpacity)
    .enabled(this.isDownloadPageEnabled)
    .width(Constants.FULL_WIDTH)
    .height(Constants.FULL_HEIGHT)
  }
  .focusable(false)
 }
}


@Builder
export function getMultipleFilesDownload(): void {
  MultipleFilesDownload();
}
```

至此，本项目的核心功能介绍完毕。代码执行后，会显示多文件下载监听界面，如图4-4所示。

案例5　播放指定网址的视频

图4-4　多文件下载监听界面

本项目使用HarmonyOS的AVPlayer播放管理类来实现播放指定视频的功能，包括网络视频和本地视频。

- AVPlayer播放管理类：用于视频播放的组件。
- XComponent：用于EGL/OpenGL ES和媒体数据写入，并显示在XComponent组件上的类。
- PanGesture手势：平移手势，当滑动的最小距离达到5vp（视图像素）时，该手势会被识别。

本项目的核心功能模块如下。

- 视频播放功能：通过AVPlayer类实现本地视频和网络视频的播放，支持播放进度、音量和亮度的调节，以及全屏播放模式和循环播放的设置。
- 视频列表管理：提供视频列表的展示和管理，允许用户浏览视频列表，并通过点击列表项跳转到视频播放页面。
- 手势控制：通过手势识别实现对视频播放进度、音量和亮度的调节。
- 全局上下文管理：使用GlobalContext类来实现全局数据的存储和访问，包括视频列表和播放器状态等信息。
- 界面布局和适配：通过一系列预定义的常量和枚举类型，实现界面布局的自适应和不同设备屏幕的适配。

- 路由管理：通过router模块实现应用内页面的导航和参数传递。

案例4-5　播放指定网址的视频（源码路径：codes\4\VideoPlayer）

（1）文件src/main/ets/common/constants/CommonConstants.ets定义了类CommonConstants，该类包含视频播放器应用中使用的一些通用常量和枚举类型。这些常量和枚举类型主要用于定义播放器的状态、事件、操作模式等。此外，该类还定义了一个名为VIDEO_DATA的常量，这是一个视频对象数组，用于存储视频信息。

（2）文件src/main/ets/common/constants/HomeConstants.ets定义了一个名为HomeConstants的类，该类包含主界面标签页和视频列表相关的常量。这些常量用于调整界面布局、字体样式、间距、视频列表的尺寸等，以确保在不同设备和屏幕尺寸上的一致性和适配性。

（3）文件src/main/ets/common/constants/PlayConstants.ets定义了一个名为PlayConstants的类，该类包含视频播放页面相关的常量。这些常量涉及播放速度、音量、亮度、位置、布局尺寸、进度条等，用于配置和调整视频播放器的具体行为和界面表现。

（4）文件src/main/ets/common/util/GlobalContext.ets定义了一个名为GlobalContext的类，它采用了单例模式，用于全局存储和访问对象。GlobalContext类提供了一个私有的构造函数和一个静态方法getContext来获取类的实例，另外，该类还提供了getObject方法和setObject方法来存取对象。

（5）文件src/main/ets/controller/VideoController.ets定义了一个名为VideoController的类，实现了一个视频播放器的控制器，负责管理视频的播放状态、音量、亮度、播放速度、播放列表索引及播放错误处理等。该类使用了media.AVPlayer来播放视频，并提供了一系列的公共方法来控制视频播放，如播放、暂停、设置循环播放、设置播放速度、播放上一个或下一个视频、切换播放/暂停状态以及设置音量和亮度等。此外，类VideoController还集成了手势识别功能，允许用户通过手势操作来调整音量和亮度，并在播放状态变化时更新UI。

（6）文件src/main/ets/view/HomeTabContentList.ets定义了一个名为HomeTabContentList的组件类，用于构建和管理主界面标签页中的视频内容列表。该组件通过List和ListItem组件来展示视频列表，并为每个列表项绑定点击事件，以便在用户点击时跳转到视频播放页面。同时，该组件还从全局上下文中获取网络视频列表，并在列表即将显示时更新模型中的视频列表。

```
@Component // 标记为组件
export struct HomeTabContentList {
  private currIndex: number = 0;          // 当前索引
  @Consume homeTabModel: HomeTabModel; // 消费的模型，注入 HomeTabModel 实例
  @State item: VideoItem = new VideoItem('video1', {} as resourceManager.
RawFileDescriptor, 'video1.mp4');       // 状态，存储单个视频项

  // 即将显示时的生命周期方法
  async aboutToAppear() {
```

```
    if (this.currIndex === CommonConstants.TYPE_INTERNET) {
      let videoInternetList = GlobalContext.getContext().
getObject('videoInternetList') as VideoItem[]; // 从全局上下文中获取网络视频列表
      this.homeTabModel.videoList = videoInternetList; // 更新模型中的视频列表
    }
  }


  // 构建组件的 UI
  build() {
    Column() { // 使用列布局
      List({     // 使用列表组件
        space: HomeConstants.LIST_SPACE,        // 列表项间距
        initialIndex: HomeConstants.LIST_INITIAL_INDEX // 初始索引
      }) {
        ForEach(this.homeTabModel.videoList, (item: VideoItem, index?: number)
          => {                                  // 遍历视频列表
          ListItem() {                          // 列表项
            HomeTabContentListItem({ item: item }); // 使用自定义的列表项组件
          }.onClick(() => {                     // 点击事件
            GlobalContext.getContext().setObject('globalVideoList', this.
              homeTabModel.videoList);          // 设置全局视频列表
            router.pushUrl({                    // 路由跳转
              url: CommonConstants.PAGE,        // 播放页面路径
              params: {                         // 参数
                src: item.src,
                iSrc: item.iSrc,
                index: index,
                type: this.currIndex
              }
            }).catch((err: Error) => {          // 错误处理
              Logger.error('[IndexTabLocalList] router error: ' + JSON.
                stringify(err))
            });
          })
        }, (item: VideoItem) => JSON.stringify(item))  // 列表项的唯一键
      }
      .backgroundColor(Color.White)             // 背景颜色
      .borderRadius($r('app.float.list_border_radius')) // 边框半径
    }
    .width(HomeConstants.COLUMN_WIDTH)          // 宽度
    .height(CommonConstants.NINETY_PERCENT)     // 高度
  }
}
```

至此，本项目的核心功能介绍完毕。代码执行后，会显示本地视频列表，在网络视频资源界面

单击"添加网络视频"按钮后，可以设置要播放的网络视频的链接信息，效果如图4-5所示。

本地视频列表界面

网络视频资源界面

图4-5　播放器界面

 网络事件监听系统

在HarmonyOS中，@ohos.telephony.observer模块用于订阅和管理与电话服务紧密相关的各种事件，如网络状态、信号状态、通话状态、蜂窝数据链路连接状态、蜂窝数据业务的上下行数据流状态以及SIM卡状态变化等。observer模块的具体说明如下。

- 导入模块：通过import observer from '@ohos.telephony.observer'导入模块。

- 订阅网络状态变化事件：使用observer.on('networkStateChange', callback)来订阅网络状态变化事件。当网络状态发生变化时会触发指定的回调函数，这通常需要获得ohos.permission.GET_NETWORK_INFO权限。

- 取消订阅网络状态变化事件：通过observer.off('networkStateChange', callback)来取消订阅网络状态变化事件。如果不需要指定特定的回调函数，可以省略callback参数，以清除所有相关订阅。

- 订阅SIM卡状态变化事件：使用observer.on('simStateChange', callback)来订阅SIM卡状态变化事件。当SIM卡状态发生变化时，会触发相应的回调函数。

- 取消订阅SIM卡状态变化事件：通过observer.off('simStateChange', callback)来取消订阅SIM

卡状态变化事件。同样地，省略callback参数将清除所有相关订阅。

● 权限要求：对于需要获取网络状态信息的接口，开发者需要在应用中声明权限，如ohos. permission.GET_NETWORK_INFO。

● 应用场景：每个应用都可以订阅其感兴趣的公共事件。在订阅成功且公共事件发布后，系统会将这些事件信息发送给应用。这些公共事件可能来自系统、其他应用和应用自身。

本案例使用@ohos.telephony.observer实现了一个网络事件监听系统，该系统能够监控和订阅手机网络状态、信号状态、蜂窝数据和SIM卡状态。具体来说，该系统的主要功能模块如下。

● 网络状态监控：监控设备的网络注册状态，包括网络运营商信息、是否处于漫游状态、网络技术类型等。

● 信号强度监控：实时获取当前网络环境下的信号强度信息，包括不同网络制式下的信号水平。

● 通话状态监控：监听并显示设备的通话状态，如空闲、响铃、通话中等。

● 蜂窝数据状态监控：监控蜂窝数据链路的连接状态以及数据流类型（上行、下行或双向）。

● SIM卡状态监控：获取并显示SIM卡的类型、状态（如未就绪、准备就绪、加载中）及锁定原因（如PIN锁定、PUK锁定等）。

● 事件订阅与管理：允许用户通过用户界面订阅或取消订阅特定的电话服务状态变化事件，如网络状态变化、信号信息变化等。

● 数据展示：在应用的详情页中展示监听到的电话服务状态数据，使用户能够清晰地了解当前设备的电话服务状态。

● 日志记录：使用Logger模块记录状态变化信息，便于开发者进行调试以及用户追踪状态变化历史。

● 用户界面：提供直观的用户界面，允许用户开启或关闭特定状态的监控，并通过按钮和列表项与应用进行交互。

● 页面跳转：应用内部使用路由机制，允许用户从首页跳转到详情页，以查看更详细的电话服务状态信息。

案例4-6　网络事件监听系统（源码路径：codes\4\Observer）

（1）文件src/main/ets/modle/DetailData.ts定义了类DetailData，用于存储和管理系统中与电话服务相关的各种状态和信息。这些信息包括网络注册状态、网络信号强度、通话状态、电话号码、蜂窝数据链路连接状态、无线接入技术、蜂窝数据流类型及SIM卡的类型和状态。此外，类DetailData通过其构造函数来初始化这些状态和信息，使它们在创建类的实例时都处于未定义状态。

（2）文件src/main/ets/pages/Index.ets用于列表展示和控制网络服务与电话服务状态的订阅。用户在列表中可以选择订阅或取消订阅不同的电话服务状态变化事件，如网络状态、信号信息、蜂窝数据连接状态、数据流类型和SIM卡状态。当用户切换订阅状态时，会通过回调函数处理订阅和取消订阅的逻辑。此外，页面上还有一个"查看详情"按钮，用户点击后可以跳转到详情页查看监听到的数据结果。

```
// 定义标签，用于日志记录
const TAG: string = 'Index'
// 创建 DetailData 类的实例，用于存储电话服务状态数据
let detailData: DetailData = new DetailData()

// 定义 Value 类，用于存储蜂窝数据链路连接状态和无线接入技术
class Value {
  state: data.DataConnectState = data.DataConnectState.DATA_STATE_UNKNOWN
  network: radio.RadioTechnology = radio.RadioTechnology.RADIO_TECHNOLOGY_UNKNOWN
}

// 使用 Entry 和 Component 装饰器标记 Index 结构体为页面组件
@Entry
@Component
struct Index {
  // 定义状态数组，用于存储订阅的资源名称
  @State subscribes: Array<Resource> = [
    $r('app.string.network_state_change'),
    $r('app.string.signal_info_change'),
    $r('app.string.cellular_data_connection_state_change'),
    $r('app.string.cellular_data_flow_change'),
    $r('app.string.sim_state_change')
  ]
  // 定义回调函数，用于处理网络状态变化事件
  networkStateChangeCallback = (data: observer.NetworkState) => {
    Logger.info(TAG, `on networkStateChange, data: ${JSON.stringify(data)}`)
    detailData.networkState = data as observer.NetworkState
  }
  // 定义回调函数，用于处理信号信息变化事件
  signalInfoChangeCallback = (data: Array<radio.SignalInformation>) => {
    Logger.info(TAG, `on signalInfoChange, data: ${JSON.stringify(data)}`)
    detailData.signalInformation = data
  }
  // 定义回调函数，用于处理蜂窝数据连接状态变化事件
  cellularDataConnectionStateChangeCallback = (data: Value) => {
    Logger.info(TAG, `on cellularDataConnectionStateChange, data: ${JSON.
      stringify(data)}`)
    detailData.dataConnectState = data.state
    detailData.ratType = data.network
  }
  // 定义回调函数，用于处理蜂窝数据流类型变化事件
  cellularDataFlowChangeCallback = (data: data.DataFlowType) => {
    Logger.info(TAG, `on cellularDataFlowChange, data: ${JSON.
      stringify(data)}`)
```

```
      detailData.dataFlowType = data
    }
    // 定义回调函数，用于处理 SIM 卡状态变化事件
    simStateChangeCallback = (data: observer.SimStateData) => {
      Logger.info(TAG, `on simStateChange, data: ${JSON.stringify(data)}`)
      detailData.simStateData = data
    }

    // 定义 onChangeCallback 函数，用于处理订阅状态切换逻辑
    onChangeCallback(index: number, isOn: boolean) {
      switch (index) {
        case 0:
          isOn ? observer.on('networkStateChange', this.
            networkStateChangeCallback) :
            observer.off('networkStateChange', this.networkStateChangeCallback)
          break
        case 1:
          isOn ? observer.on('signalInfoChange', this.signalInfoChangeCallback) :
            observer.off('signalInfoChange', this.signalInfoChangeCallback)
          break
        case 2:
          isOn ? observer.on('cellularDataConnectionStateChange', this.cellular
            DataConnectionStateChangeCallback) :
            observer.off('cellularDataConnectionStateChange', this.cellularData
              ConnectionStateChangeCallback)
          break
        case 3:
          isOn ? observer.on('cellularDataFlowChange', this.
            cellularDataFlowChangeCallback) :
            observer.off('cellularDataFlowChange', this.
              cellularDataFlowChangeCallback)
          break
        case 4:
          isOn ? observer.on('simStateChange', this.simStateChangeCallback) :
            observer.off('simStateChange', this.simStateChangeCallback)
          break
        default:
          break
      }
    }

    // 定义 build 函数，用于构建页面布局
    build() {
      Column() {
        // 页面标题
        Row() {
```

```
  Text('observer')
    .fontSize(30)
    .fontColor(Color.White)
}
.width('100%')
.height('8%')
.padding({ left: 16 })
.backgroundColor('#0D9FFB')

// 订阅状态列表
List({ space: 20, initialIndex: 0 }) {
  ForEach(this.subscribes, (item: Resource, index) => {
    ListItem() {
      Row() {
        Text(item)
          .fontSize(20)
        Blank()
        // 订阅状态切换开关
        Toggle({ type: ToggleType.Switch, isOn: false })
          .size({ width: 28, height: 16 })
          .selectedColor('#0D9FFB')
          .onChange((isOn: boolean) => {
            this.onChangeCallback(index, isOn)
          })
          .id('switch' + (index + 1))
      }
      .width('100%')
      .margin({bottom: 12 })
    }
    .width('100%')
  })
}
.width('100%')
.height('70%')
.padding({ left: 10, right: 10 })

// 详情按钮
Button($r('app.string.details'))
  .id('seeDetails')
  .width('40%')
  .onClick(() => {
    Logger.info(TAG, `detailData is = ${JSON.stringify(detailData)}`)
    // 跳转到详情页
    router.pushUrl({
      url: 'pages/Detail',
      params: {
```

```
            detailData: detailData
        }
      })
    })
  }
  .width('100%')
  .height('100%')
  }
}
```

（3）文件src/main/ets/pages/Detail.ets用于展示网络服务和电话服务状态的详细信息，从路由参数中获取DetailData实例，然后通过一系列的函数将电话服务状态（如网络注册状态、信号信息、蜂窝数据状态、SIM卡状态等）转换为用户可读的字符串。页面中展示了这些状态的详细信息，包括网络运营商、信号强度、数据流类型、SIM卡类型和状态等。此外，页面还提供了一个"返回"按钮，允许用户点击后返回到上一个页面。

至此，本项目的核心功能介绍完毕。代码执行后，会显示订阅列表信息。用户可以打开应用并开启所有订阅事件开关来监听移动网络的开关或插拔SIM卡的状态变化。点击"查看详情"按钮后，将跳转到详情界面查看监听到的数据结果，效果如图4-6所示。

图4-6　执行效果

案例7　网络性能分析系统

在HarmonyOS中，PerformanceTiming是一个用于测量网络请求各阶段耗时的工具，它可以帮助开发者了解和优化应用在处理网络请求时的性能。PerformanceTiming可以通过HTTP请求来获取，例如，使用http.createHttp()创建一个HTTP请求对象，然后通过调用request方法发送请求。在请求的回调函数中，通过参数data获取到performanceTiming信息，它包含请求过程中各阶段的耗时统计数据。

本案例展示了一个网络性能分析系统，它使用PerformanceTiming API 来分析 HTTP 数据请求性能的用法。本项目以表格的形式展示了从发送请求到各阶段完成的耗时，这有助于开发者了解网络请求的详细性能数据，便于进行相应的优化。本项目的核心功能模块如下。

- HTTP请求功能：使用http.createHttp()创建HTTP请求对象。首先，设置请求的参数，包括请求方法（GET或POST）、请求头、期望的数据类型等。然后，发起网络请求，并在请求完成后通过回调函数处理响应数据。

- 性能监听与分析：监听headersReceive事件来捕获响应头接收的时间点。使用Performance Timing API 来获取请求过程中各阶段的耗时，包括DNS解析、TCP连接、TLS握手、首次发送和接收数据、总完成时间等。

- 日志记录：使用hilog模块记录请求过程中的关键信息，包括错误信息、响应码、响应头和Cookies等。

- 用户界面：提供了一个对用户友好的界面，允许用户输入URL并发送HTTP请求。界面不仅展示请求的结果，包括响应码、响应头和Cookies等信息，还以表格形式展示各阶段的性能数据，使用户能够直观地看到每个阶段的耗时。

- 响应式状态管理：使用@State装饰器来声明和管理响应式状态，如输入的URL、请求结果和性能计时数据。

- UI布局与样式：使用Column、Row、Text、Button和TextArea等组件来构建UI布局。通过类Constants集中管理UI布局和样式的常量，如宽度、高度、字体大小和颜色等。

通过这些功能模块，本项目不仅为开发者提供了一个实用的网络性能分析工具，还展示了在HarmonyOS应用中实现网络请求、性能监控和UI开发的方法和技巧。

案例4-7 网络性能分析系统（源码路径：codes\4\Network）

（1）文件src/main/ets/constants/Constants.ets定义了一系列静态常量，这些常量在本项目的UI布局和样式设计中被广泛使用。

（2）文件src/main/ets/pages/Index.ets是本项目的首页，其主要功能是发送HTTP请求并分析网络性能。

```
// 导入网络请求工具包
import { http } from '@kit.NetworkKit';
// 导入性能分析工具包
import { hilog } from '@kit.PerformanceAnalysisKit';
// 导入常量配置
import { Constants } from '../constants/Constants';

// 定义日志标签
const TAG = 'EntryAbility';

// 定义网络请求各阶段的字符串常量
```

```
const STRING_DNS = 'dns';
const STRING_TCP = 'tcp';
const STRING_TLS = 'tls';
const STRING_FIRSTSEND = 'firstSend';
const STRING_FIRSTRECEIVE = 'firstReceive';
const STRING_TOTALFINISH = 'totalFinish';
const STRING_REDIRECT = 'redirect';
const STRING_RESPONSEHEADER = 'responseHeader';
const STRING_RESPONSEBODY = 'responseBody';
const STRING_TOTAL = 'total';

// 使用 @Entry 和 @Component 装饰器标记首页组件
@Entry
@Component
struct Index {
  // 使用 @State 装饰器声明响应式状态
  @State inputUrl: string = 'https://developer.huawei.com/consumer/cn/develop/';
  @State result: string = '';
  @State timing: http.PerformanceTiming | null = null;
  controller: TextAreaController = new TextAreaController();

  // 请求 HTTP 的方法，返回 Promise 对象
  requestHttp(url: string, method: http.RequestMethod): Promise<string> {
    return new Promise((resolve, reject) => {
      // 创建 HTTP 请求对象
      let httpRequest = http.createHttp();
      // 设置响应头接收的监听回调
      httpRequest.on('headersReceive', (header) => {
        // 记录日志信息
        hilog.info(0x0000, TAG, `url=${url} is error ${JSON.stringify(header)}}`);
      });

      // 发起 HTTP 请求
      httpRequest.request(
        url,
        {
          // 设置请求参数
          expectDataType: http.HttpDataType.STRING,
          method: method,
          header: {
            'content-type': 'multipart/form-data',
          },
          extraData: {},
          usingCache: false,
```

```
        priority: 1,
        connectTimeout: 10000,
        readTimeout: 10000,
    }, (err, data) => {
      // 记录请求日志信息
      hilog.info(0x0000, TAG, `------------ requestUrl: ${JSON.
        stringify(url)}----------`);
      // 判断请求是否成功
      if (!err) {
        // 处理请求成功的结果
        this.result =
          `---------- connect Result : ----------
          responseCode:${JSON.stringify(data.responseCode)}
          header:${JSON.stringify(data.header)}
          cookies:${JSON.stringify(data.cookies)}
          ----------------------------------------*/
        // 记录详细的响应数据
        hilog.info(0x0000, TAG, `Result:${JSON.stringify(data.result)}`);
        hilog.info(0x0000, TAG, `responseCode:${JSON.stringify(data.
          responseCode)}`);
        hilog.info(0x0000, TAG, `header:${JSON.stringify(data.header)}`);
        hilog.info(0x0000, TAG, `cookies:${JSON.stringify(data.cookies)}`);

        // 保存性能计时数据
        this.timing = data.performanceTiming;
        resolve(JSON.stringify(data.result));
      } else {
        // 处理请求失败的情况
        this.result = `url=${url} is error ${JSON.stringify(err)}`;
        hilog.info(0x0000, TAG, `url=${url} is error ${JSON.
          stringify(err)}`);
        // 移除响应头监听回调
        httpRequest.off('headersReceive');
        reject(JSON.stringify(err));
      }
    })
  });
}


// 构建 UI 界面的方法
build() {
  // 使用 Column 和 Row 布局组件，构建首页 UI 界面
  // 包括输入 URL 的文本框、发送请求的按钮、展示请求结果和性能数据的文本组件等
  Column() {
    // ... UI 布局代码
```

```
        }
    }
}
```

在上述代码中，组件 Index 设计了一个文本输入区域用于输入 URL，一个按钮用于触发 HTTP 请求，以及多个文本组件用于展示请求的结果和各阶段的性能数据。通过 Index 组件，用户可以直观地看到 HTTP 请求的响应码、响应头、Cookies 等信息，以及 DNS 解析、TCP 连接、TLS 握手、首字节发送和接收、总耗时等性能指标。

至此，本项目的核心功能介绍完毕。代码执行后，会显示一个表单界面，用户在表单中输入一个 URL 地址，并单击"请求"按钮，系统会显示指定 URL 地址的网络性能信息，如图 4-7 所示。

图 4-7 显示指定 URL 地址的
网络性能信息

 ## 在线预览 PDF 文件

在数字化时代，信息的获取和分享变得越来越便捷，其中 PDF 文件因其便携性和格式的稳定性成为广泛使用的文件格式之一。无论是在教育领域、企业环境还是个人生活中，PDF 文件都扮演着重要的角色。然而，尽管 PDF 文件的阅读需求普遍存在，但在不同的设备和平台上预览 PDF 文件却常常面临挑战。特别是在移动设备上，用户往往需要依赖第三方应用或特定的阅读器来查看 PDF 内容，这不仅增加了用户的使用门槛，也限制了 PDF 文件的即时访问和分享。

为了解决这一问题，本案例实现了一个基于 Web 组件的 PDF 预览项目。该项目旨在提供一个简单、高效且跨平台的解决方案，使用户能够在 Web 环境中无障碍地预览本地和网络 PDF 文件。本项目基于 HarmonyOS 实现，具备以下核心功能。

• 本地 PDF 预览：利用 resource 协议，用户可以直接在 Web 环境中预览存储在本地设备上的 PDF 文件，无须依赖网络连接。

• 网络 PDF 预览：通过配置网络链接属性，用户只需提供一个有效的 URL，就可以加载并预览存储在互联网上的远程 PDF 文件。

• 多标签预览：本项目提供了一个 Tabs 容器组件，允许用户在两个独立的标签页之间切换，一个用于预览本地 PDF 文件，另一个用于预览网络 PDF 文件。

• 易于集成：作为一个 Web 组件，它可以轻松集成到现有的 Web 应用中，无须复杂的配置或额外的插件支持。

● 权限要求：为确保网络 PDF 文件的加载，需要 ohos.permission.INTERNET 权限来访问网络
资源。

通过上述功能，无论是本地 PDF 文件，还是网络 PDF 文件，用户都可以在一个简洁且直观的
界面中进行查看，极大地提升了阅读和分享 PDF 文件的便捷性。

案例4-8 在线预览PDF文件（源码路径：codes\4\PDF）

（1）文件 src/main/ets/constants/CommonConstants.ets 定义了一个名为 CommonConstants 的常量
类，用于存储项目中使用的一系列常量。这些常量包括百分比信息、进度条的初始值和总长度、本
地 PDF 文件的资源路径及网络 PDF 文件的远程 URL 等。

（2）文件 src/main/ets/pages/Index.ets 定义了一个名为 Index 的组件，这是一个使用 ArkUI 框架
构建的 Web 页面的入口组件。Index 包含两个主要的功能：预览本地 PDF 文件和预览网络 PDF 文件。

```
import { webview } from '@kit.ArkWeb'; // 导入 ArkWeb 的 webview 模块
import { CommonConstants } from '../constants/CommonConstants'; // 导入常量类

@Entry // 标记为程序入口
@Component // 标记为组件
struct Index {
  // 本地加载进度的初始值
  @State localProgressValue: number = CommonConstants.INIT_NUM;
  // 本地进度条在记录加载时隐藏，页面默认显示时加载记录
  @State isHiddenLocalProgress: Boolean = true;
  // 网络加载进度的初始值
  @State remoteProgressValue: number = CommonConstants.INIT_NUM;
  // 网络加载进度条默认隐藏
  @State isHiddenRemoteProgress: Boolean = true;
  // 选中的标签组件的初始位置
  @State tabsIndex: number = CommonConstants.INIT_NUM;
  controller: webview.WebviewController = new webview.WebviewController();
    // 创建 WebviewController 实例
  tabsController: TabsController = new TabsController(); // 创建 TabsController 实例

  build() {
    Column() { // 使用 Column 布局
      Tabs({ controller: this.tabsController }) { // 创建 Tabs 组件
        // 预览本地 PDF 文件
        TabContent() {
          Column() {
            // 如果本地进度条隐藏，则显示进度条
            if (this.isHiddenLocalProgress) {
              Progress({
                value: CommonConstants.START_VALUE,
```

```
            total: CommonConstants.TOTAL_VALUE,
            type: ProgressType.Linear
          })
            .width(CommonConstants.FULL_PERCENT) // 设置进度条宽度为100%
            .height($r('app.integer.progress_height')) // 设置进度条高度
            .value(this.localProgressValue) // 设置当前进度值
            .color(Color.Green) // 设置进度条颜色为绿色
        }
        // 创建 Web 组件用于加载本地 PDF 文件
        Web({ src: CommonConstants.RESOURCE_URL, controller: this.controller })
          .onProgressChange((event) => { // 监听进度变化事件
            if (event) {
              this.localProgressValue = event.newProgress; // 更新本地进度值
              if (this.localProgressValue >= CommonConstants.TOTAL_VALUE) {
                this.isHiddenLocalProgress = false; // 当进度完成时隐藏进度条
              }
            }
          })
          .horizontalScrollBarAccess(true) // 允许水平滚动条
          .domStorageAccess(true); // 允许 DOM 存储访问
      }
    }
    .width(CommonConstants.FULL_PERCENT) // 设置 TabContent 宽度为100%
    .backgroundColor(Color.White) // 设置背景颜色为白色
    // 设置 TabBar 的样式和标签
    .tabBar(
      SubTabBarStyle.of($r('app.string.tab_index_one_title'))
        .indicator({ color: $r('app.color.ohos_id_color_emphasize') })
        .labelStyle({
          overflow: TextOverflow.Clip,
          minFontSize: $r('app.integer.min_font_size'),
          maxFontSize: $r('app.integer.max_font_size'),
          font: { size: $r('app.integer.font_size') }
        })
    )

    // 预览网络 PDF 文件
    TabContent() {
      Column() {
        // 如果网络进度条隐藏，则显示进度条
        if (this.isHiddenRemoteProgress) {
          Progress({
            value: CommonConstants.START_VALUE,
            total: CommonConstants.TOTAL_VALUE,
            type: ProgressType.Linear
```

```
      })
          .width(CommonConstants.FULL_PERCENT)
          .height($r('app.integer.progress_height'))
          .value(this.remoteProgressValue)
          .color(Color.Green)
      }
      // 创建 Web 组件用于加载网络 PDF 文件
      Web({
        src: CommonConstants.REMOTE_URL,
        controller: this.controller
      })
          .onProgressChange((event) => { // 监听进度变化事件
            if (event) {
              this.remoteProgressValue = event.newProgress; // 更新网络进度值
              if (this.remoteProgressValue >= CommonConstants.TOTAL_VALUE) {
                this.isHiddenRemoteProgress = false; // 当进度完成时隐藏进度条
              }
            }
          })
          .horizontalScrollBarAccess(true)
          .domStorageAccess(true);
    }
  }
  .width(CommonConstants.FULL_PERCENT)
  .backgroundColor(Color.White)
  // 设置 TabBar 的样式和标签
  .tabBar(
    SubTabBarStyle.of($r('app.string.tab_index_two_title'))
      .indicator({ color: $r('app.color.ohos_id_color_emphasize') })
      .labelStyle({
        overflow: TextOverflow.Clip,
        minFontSize: $r('app.integer.min_font_size'),
        maxFontSize: $r('app.integer.max_font_size'),
        font: { size: $r('app.integer.font_size') }
      })
  )
}
.barBackgroundColor(Color.White)          // 设置 TabBar 背景颜色为白色
.barWidth(CommonConstants.FULL_PERCENT)   // 设置 TabBar 宽度为100%
.scrollable(false)                        // 设置 TabBar 不可滚动
.onChange((index: number) => {            // 监听 TabBar 的切换事件
  this.tabsIndex = index;                 // 更新当前标签索引
})
}
.height(CommonConstants.FULL_PERCENT)     // 设置页面高度为100%
.width(CommonConstants.FULL_PERCENT)      // 设置页面宽度为100%
```

```
        .margin({ top: $r('app.integer.home_margin_top') }); // 设置页面顶部边距
    }
}
```

在 Index 组件中，定义了一个包含两个 TabContent 组件的 Tabs 容器。每个 TabContent 组件都包含一个进度条和一个 Web 组件。进度条用于显示 PDF 文件加载的进度，而 Web 组件则负责加载和显示 PDF 文件。代码执行后，会显示预览界面，用户可以通过点击不同的 TabContent 标签页来切换"预览本地 PDF 文件"和"预览网络 PDF 文件"，如图 4-8 所示。

图 4-8　预览 PDF 界面

案例9　网络加速服务系统

在当今这个信息爆炸的时代，网络已经成为我们生活中不可或缺的一部分。无论是工作、学习还是娱乐，我们都要依赖网络来获取信息、进行沟通和完成各种任务。然而，网络连接的不稳定、速度慢、时延高等问题常常影响我们的上网体验，尤其是在进行视频会议、在线游戏或大文件传输等对网络质量要求较高的活动时，这些问题尤为突出。

为了解决这些问题，提升用户的上网体验，接下来将介绍网络加速服务（Network Boost Kit）系统的实现过程。这是一个综合性的网络优化项目，它通过软件、硬件、芯片、终端、管道和云服务等多个层面的协同工作，实现了网络资源的智能调优和加速。Network Boost Kit 不仅能够提供基本的网络加速功能，还具备网络感知和网络质量预测的能力，能够实时监测网络状态，预测网络变化，从而为用户提供更可靠、更流畅、更高速的上网体验。

网络加速服务系统的主要功能模块如下。

● 网络加速：提供网络加速能力，通过优化网络资源配置来提高数据传输速度。

● 网络感知：能够实时监测网络状态，包括信号强度、连接质量等，以感知当前的网络环境。

● 网络质量预测：利用数据分析和预测算法，预测网络质量的变化趋势，以便提前做出调整。

● 网络场景识别：识别用户所处的网络场景，如家庭、办公室或移动环境，并根据场景优化网络设置。

● 网络质量评估：提供网络质量评估功能，定期或实时评估网络性能，如时延、丢包率等。

● 传输体验反馈：允许应用通过实时反馈接口传输体验反馈和业务类型信息，以便网络业务模块进行优化。

● 连接迁移通知：在网络连接发生迁移时（如从 Wi-Fi 切换到蜂窝网络）提供通知给应用，以便应用能够做出相应的调整。

● 迁移模式设置：允许应用设置连接迁移模式，可以选择让系统自动处理迁移或由应用自主控制迁移过程。

- 多网协同：支持多网络之间的协同工作，如 Wi-Fi 和蜂窝网络之间的无缝切换，以确保网络连接的稳定性。

- 开发支持：提供开发环境安装与调试指南，以及代码结构说明，帮助开发者快速上手并实现上述功能。

上述功能模块共同构成了 Network Boost Kit 的网络优化框架，用户提供了一个更加稳定、高效和智能的网络环境。通过这些模块，开发者可以构建出能够自适应网络变化、优化用户体验的应用。

案例4-9　网络加速服务系统（源码路径：codes\4\Network-Speed）

（1）文件 src/main/ets/pages/NetworkHandover.ets 用于实现展示和控制网络连接迁移（Network Handover）功能。该文件提供了订阅和取消订阅网络迁移变化通知的按钮，并在界面上显示迁移事件的回调信息。当网络迁移发生时，系统会接收到回调信息，根据迁移的类型（开始或完成），应用可以调整数据传输策略或重新建立网络连接。此外，该文件还实现了日志记录功能，以便调试和监控网络迁移事件。

（2）文件 src/main/ets/pages/NetworkQos.ets 用于实现展示和控制网络质量服务（Network QoS）功能。该文件提供了订阅和取消订阅网络质量变化通知的按钮，并在界面上显示网络质量变化的回调信息。当网络质量发生变化时，系统会接收到回调，并将这些变化信息显示在界面上，同时还通过日志记录功能调试和监控网络质量变化事件。

```
// 定义一个结构体，表示页面内容
struct requestContent {
  // 页面状态，用于存储显示的 token 和内容
  @State showToken: string = '';
  @State content: string = '';

  // 构建页面布局
  build() {
    // 使用 Column 布局，设置间距为 5
    Column({ space: 5 }) {
      // 标题行
      Row() {
        Text('NetworkQos')
          // 设置字体大小、权重、颜色、高度、宽度和外边距
          .fontSize(30)
          .fontWeight(500)
          .fontColor('#FF100F0F')
          .height(30)
          .width(220)
          .margin({ top: '11%' })
      }
      // 设置行高、宽和外边距
```

```
  .height(40)
  .width(124)
  .margin({ top: 32 })

// 分割线
Divider().color('gray').strokeWidth(1)

// 内容列
Column({ space: 20 }) {
  // 订阅按钮
  Button(' 订阅 ')
    // 设置宽度、高度、外边距、字体颜色、大小、权重和圆角
    .width('100%')
    .height(40)
    .margin({ top: '11%' })
    .fontColor('#FFFFFFFF')
    .fontSize(24)
    .fontWeight(500)
    .borderRadius(20)
    // 点击事件处理
    .onClick(this.getNetworkQosOn)

  // 取消订阅按钮
  Button(' 去订阅 ')
    // 设置宽度、高度、外边距、字体颜色、大小、权重和圆角
    .width('100%')
    .height(40)
    .margin({ top: '11%' })
    .fontColor('#FFFFFFFF')
    .fontSize(24)
    .fontWeight(500)
    .borderRadius(20)
    // 点击事件处理
    .onClick(this.getNetworkQosOff)

  // 结果标题
  Text(' 结果 ')
    // 设置宽度、高度、外边距、字体颜色、大小和权重
    .width('100%')
    .height(40)
    .margin({ top: '11%' })
    .fontColor('#000000')
    .fontSize(24)
    .fontWeight(500)

  // 结果文本区域
```

```
      TextArea({
        text: this.content
      })
        // 设置宽度、高度、外边距、背景色、字体颜色、大小、权重和圆角
        .width('100%')
        .height(260)
        .margin({ top: '11%' })
        .backgroundColor('0x317AFF')
        .fontColor('#FFFFFFFF')
        .fontSize(24)
        .fontWeight(500)
        .borderRadius(10)
    }
    // 设置列高、宽
    .height('100%')
    .width('100%')
  }
  // 设置整体布局的高、宽和内边距
  .height('100%')
  .width('100%')
  .padding({ left: '16vp', right: '16vp' })
  .alignItems(HorizontalAlign.Start)
}


// 订阅网络质量变化事件
private getNetworkQosOn = async () => {
  try {
    // 订阅网络质量变化事件
    netQuality.on('netQosChange', (list: Array<netQuality.NetworkQos>) => {
      hilog.info(0x0000, 'testTag', 'on receive netQosChange event');
      // 遍历回调列表，更新内容并记录日志
      if (list.length > 0) {
        list.forEach((qos) => {
          this.content = `callback info + ${JSON.stringify(qos)}`;
          hilog.info(0x0000, 'testTag', 'on receive netQosChange event:' +
            `callback info + ${JSON.stringify(qos)}`);
        });
      }
    });
    // 记录日志
    hilog.info(0x0000, 'testTag', 'on--success');
    // 更新内容显示
    this.content = `on--success`;
  } catch (err) {
    // 错误处理
    let e: BusinessError = err as BusinessError;
```

```
    this.content = `on--err` + JSON.stringify(err);
    hilog.error(0x0000, 'testTag', 'on netQosChange error: %{public}d
      %{public}s', e.code, e.message);
    }
  }

  // 取消订阅网络质量变化事件
  private getNetworkQosOff = async () => {
    try {
      // 取消订阅网络质量变化事件
      netQuality.off('netQosChange');
      // 记录日志
      hilog.info(0x0000, 'testTag', 'off--success');
      // 更新内容显示
      this.content = `off--success`;
    } catch (err) {
      // 错误处理
      let e: BusinessError = err as BusinessError;
      this.content = `off--err` + JSON.stringify(err);
      hilog.error(0x0000, 'testTag', 'off netQosChange error: %{public}d
        %{public}s', e.code, e.message);
    }
  }
}
```

（3）文件 src/main/ets/pages/NetworkScene.ets 用于实现展示和控制网络场景识别功能。该文件提供了订阅和取消订阅网络场景变化通知的按钮，并在界面上显示网络场景变化的回调信息。当网络场景发生变化时，系统会接收到回调，并将变化的信息显示在界面上。

（4）文件 src/main/ets/pages/ReportQoe.ets 用于实现反馈应用传输体验质量（QoE）功能，允许用户通过点击按钮来报告当前的网络服务质量，如短视频服务中的服务器错误。用户可以选择服务类型和体验类型，并通过应用将这些信息反馈给网络业务模块。

（5）文件 src/main/ets/pages/SetHandoverMode.ets 用于设置网络连接的迁移模式，允许用户通过点击按钮来设置网络连接迁移的模式，如选择自主模式（DISCRETION）。用户可以选择不同的迁移模式，通过应用将这些设置应用到系统。

（6）文件 src/main/ets/pages/MainPage.ets 是本项目的入口页面，提供了导航到其他页面的按钮。主页上展示了"网络质量评估""网络场景识别""传输体验反馈""连接迁移通知""迁移模式设置"等按钮。当用户点击这些按钮时，会跳转到相应的功能页面。

```
// 导入 ArkUI 的 router 模块，用于页面跳转
import { router } from '@kit.ArkUI'

// 定义主页组件
```

```
@Entry
@Component
struct MainPage {
  // 构建主页布局
  build() {
    Column() {
      // 标题
      Text('Network Boost')
        // 设置宽度、高度、外边距、字体颜色、字体大小和字体权重
        .width('100%')
        .height(48)
        .margin({ top: '7.2%' })
        .fontColor('#000000')
        .fontSize(36)
        .fontWeight(500)

      // 分割线
      Divider().color('gray').strokeWidth(1)

      // 网络质量评估按钮
      Button({ type: ButtonType.Normal }) {
        Column() {
          Text(' 网络质量评估 ')
            // 设置字体大小、字体权重和字体颜色
            .fontSize(24)
            .fontWeight(500)
            .fontColor('#FFFFFFFF')
        }
        // 设置宽度、高度、对齐方式和内边距
        .width(190)
        .height('100%')
        .alignItems(HorizontalAlign.Start)
        .padding({ left: 20, top: 30 })
      }
      // 设置宽度、高度、外边距和圆角
      .width('100%')
      .height(80)
      .margin({ top: '11%' })
      .borderRadius(24)
      // 绑定点击事件处理函数
      .onClick(this.getNetworkQos)

      // 网络场景识别按钮（类似上面的网络质量评估按钮）
      Button({ type: ButtonType.Normal }) {
        // ...
      }
```

```
    // ...

    // 迁移模式设置按钮（类似上面的网络质量评估按钮）
    Button({ type: ButtonType.Normal }) {
      // ...
    }
    .width('100%')
    .height(80)
    .margin({ top: '11%' })
    .borderRadius(24)
    .onClick(this.getSetHandoverMode)
  }
  // 设置背景渐变色
  .linearGradient({
    direction: GradientDirection.Top,
    repeating: true,
    colors: [['#FFFFFF', 0], ['#FFFFFF', 1]]
  })
  // 设置高度和宽度
  .height('100%')
  .width('100%')
  // 设置内边距
  .padding({ left: '16vp', right: '16vp' })
  // 设置水平对齐方式
  .alignItems(HorizontalAlign.Start)
}

// 点击事件处理函数，跳转到网络质量评估页面
private getNetworkQos = () => {
  router.pushUrl({ url: 'pages/NetworkQos' });
}

// 点击事件处理函数，跳转到网络场景识别页面
private getNetworkScene = () => {
  router.pushUrl({ url: 'pages/NetworkScene' });
}

// 点击事件处理函数，跳转到传输体验反馈页面
private getReportQoe = () => {
  router.pushUrl({ url: 'pages/ReportQoe' });
}

// 点击事件处理函数，跳转到连接迁移通知页面
private getHandover = () => {
  router.pushUrl({ url: 'pages/NetworkHandover' });
}
```

```
// 点击事件处理函数，跳转到迁移模式设置页面
private getSetHandoverMode = () => {
  router.pushUrl({ url: 'pages/SetHandoverMode' });
}
}
```

上述代码中使用了router模块来处理页面跳转，每个按钮都绑定了点击事件处理函数，这些函数会调用router.pushUrl方法传入对应的页面路径，从而实现页面的导航。

至此，本项目的核心功能介绍完毕。代码执行后，会显示网络加速服务系统的操作按钮列表，效果如图4-9所示。

 基于RCP的网络请求系统

图4-9 网络加速服务系统的操作按钮列表

在当今的数字化时代，网络通信已成为现代应用程序的核心组成部分。无论是移动应用、桌面软件还是Web服务，都依赖稳定、高效和安全的网络请求来交换数据。随着技术的发展，开发者们不断寻求更高效、更灵活的方式来处理网络通信，以提升用户体验和应用性能。

在这样的背景下，远程通信平台（Remote Communication Platform，RCP）应运而生。RCP是一种专为网络数据请求而设计的框架，旨在提供一个强大、灵活且易于使用的网络通信解决方案。与传统的网络通信库相比，RCP提供了更多的功能和更高的易用性，使开发者可以更加专注于业务逻辑的实现，而不必陷于底层网络通信的复杂性之中。

本项目是一个基于RCP的网络请求库，专为HarmonyOS设计，旨在为用户提供高效、灵活且易于使用的网络通信能力。本项目提供了一系列丰富的网络请求功能，包括基础网络请求、多表单提交、请求与响应处理、DNS设置、跟踪点配置等。此外，该项目还通过一个清晰的导航界面，使用户能够轻松跳转到不同的功能模块，旨在帮助开发者高效、灵活地处理各种网络通信需求。

案例4-10 基于RCP的网络请求系统（源码路径：codes\4\Remote）

（1）文件src/main/ets/common/CommonConstants.ets定义了类CommonConstants，它包含一系列的静态只读属性。这些属性用于在整个应用程序中提供常用的尺寸和样式常量。这些常量包括百分比值、文本区域高度、字体权重、间距和最大长度等，它们可以在界面布局和样式设置中被引用，以保持应用的一致性和可维护性。

（2）文件src/main/cts/utils/NetworkStateSimulator.ets定义了一个用于模拟网络状态的接口和类，

具体说明如下。

- 接口 NetworkQualityProvider 声明了一个 isNetworkFast 方法，该方法返回一个布尔值，表示当前网络是否快速。

- 类 NetworkStateSimulator 实现了接口 NetworkQualityProvider，并提供了三个方法，即 isNetworkFast 方法用于获取当前网络是否快速的状态，simulateFastNetwork 方法和 simulateSlowNetwork 方法分别用于模拟快速和慢速网络状态。

```
export interface NetworkQualityProvider {
  // 定义一个方法，返回当前网络是否快速的布尔值
  isNetworkFast: () => boolean;
}

export class NetworkStateSimulator implements NetworkQualityProvider {
  // 私有属性，用于存储当前网络是否快速的状态，默认为 true（快速）
  private is_NetworkFast: boolean = true;

  // 实现接口中的方法，返回当前网络是否快速的状态
  isNetworkFast(): boolean {
    return this.is_NetworkFast;
  }

  // 模拟快速网络状态，将 is_NetworkFast 设置为 true，并返回当前状态
  simulateFastNetwork(): boolean {
    return this.is_NetworkFast = true;
  }

  // 模拟慢速网络状态，将 is_NetworkFast 设置为 false，并返回当前状态
  simulateSlowNetwork(): boolean {
    return this.is_NetworkFast = false;
  }
}
```

（3）文件 src/main/ets/utils/Interceptors.ets 定义了两个网络请求拦截器，用于在网络请求和响应的过程中进行自定义处理。

拦截器 RequestUrlChangeInterceptor 的具体说明如下。

- 拦截器 RequestUrlChangeInterceptor 用于检测当前网络速度。如果网络速度慢，并且请求方法是 GET，则会修改请求的 URL，将请求重定向到一个返回较小数据集的 URL。RequestUrlChangeInterceptor 依赖 NetworkQualityProvider 接口来获取当前的网络质量信息。

- 在拦截器中，如果检测到慢速网络，它会解析当前请求的 URL，并将 URL 中的路径名更改为一个特定的"_small"版本，同时记录日志并更新请求的 URL。如果网络速度快，则不做任何修改，直接将请求传递给下一个处理程序。

拦截器ResponseHeaderRemoveInterceptor用于修改响应头，从响应中移除除content-range外的所有头信息，具体说明如下。

- ResponseHeaderRemoveInterceptor会等待下一个处理程序处理请求并返回响应，然后创建一个新的响应对象，该对象只包含原始响应的content-range头信息。
- 修改后的响应被返回，同时在日志中记录响应已被修改。

（4）文件src/main/ets/pages/BaseRequest.ets的主要功能是发送PATCH请求并设置基础地址。它使用RemoteCommunicationKit来创建网络会话和请求，并使用ArkTS来处理URL。另外，该文件还包含日志记录和状态管理功能，以便跟踪请求的状态和结果。

（5）文件src/main/ets/pages/DNSSetting.ets用于设置和测试不同的DNS配置信息，它提供了三个主要功能：设置自定义DNS服务器、设置静态DNS规则和配置DNS over HTTPS。用户可以通过这个页面来配置DNS设置，并通过发起网络请求来测试这些设置的有效性。

（6）文件src/main/ets/pages/MultipartForm.ets用于构建和提交多部分表单数据。它允许用户输入姓名和选择爱好，然后将这些数据作为多部分表单的一部分发送给服务器。此外，该文件还支持设置请求头、超时配置、cookies、数据传输范围，并能够实现文件上传功能。用户可以通过这个页面来配置表单数据，并通过发起网络请求来提交这些数据。

（7）文件src/main/ets/pages/RequestAndResponse.ets用于模拟网络请求并下载图像。它允许用户选择是否模拟慢速网络，并通过发起GET请求来下载指定的图像（如Panda.jpg）。它使用请求和响应拦截器来处理请求的URL和响应头，并在下载完成后更新状态以指示图像是否成功下载。

（8）文件src/main/ets/pages/TracingPoint.ets用于配置和激活HTTP请求的跟踪点。它允许用户通过自定义的响应处理器来捕获和记录HTTP请求和响应的详细信息，包括接收到的响应头、数据及数据传输完成的事件。此外，它还提供了一个界面，让用户可以触发跟踪点的设置，并在文本区域中查看配置的详细信息。

```
import { BusinessError } from '@kit.BasicServicesKit';
import { rcp } from '@kit.RemoteCommunicationKit';
import Logger from '../common/Logger';
import { CommonConstants } from '../common/CommonConstants';

@Builder
export function TracingPointBuilder() {
  TracingPoint()
}

@Component
export struct TracingPoint {
  @State detailInfo: string = '';
  @StorageLink('TracingPoint') storageLinkTracingPoint: string = '';

  // 设置跟踪点的方法
```

```
setTracingPoint() {
  // 定义自定义响应处理器
  const customHttpEventsHandler: rcp.HttpEventsHandler = {
    onDataReceive: (incomingData: ArrayBuffer) => {
      // 处理接收到的数据的自定义逻辑
      Logger.info(' 接收到数据:', JSON.stringify(incomingData));
      return incomingData.byteLength;
    },
    onHeaderReceive: (headers: rcp.RequestHeaders) => {
      // 处理响应头的自定义逻辑
      Logger.info(' 接收到头部:', JSON.stringify(headers));
    },
    onDataEnd: () => {
      // 处理数据传输完成的自定义逻辑
      Logger.info(' 数据传输完成 ');
    }
  };


  // 配置跟踪设置
  const tracingConfig: rcp.TracingConfiguration = {
    verbose: true,
    infoToCollect: {
      incomingHeader: true,  // 收集输入头部信息的事件
      outgoingHeader: true,  // 收集输出头部信息的事件
      incomingData: true,    // 收集接收到的数据信息的事件
      outgoingData: true     // 收集发送的数据信息的事件
    },
    collectTimeInfo: true,
    httpEventsHandler: customHttpEventsHandler
  };
  const securityConfig: rcp.SecurityConfiguration = {
    tlsOptions: {
      tlsVersion: 'TlsV1.3'
    }
  };
  // 在会话创建中使用配置
  const session = rcp.createSession({ requestConfiguration: { tracing:
    tracingConfig, security: securityConfig } });
  session.get('http://developer.huawei.com') // 注意: 这个请求可能因为网络问题而
    失败
    .then((response) => {
      Logger.info(` 请求成功, 消息是 ${JSON.stringify(response)}`);
    })
    .catch((err: BusinessError) => {
      Logger.error(` 错误: 错误码是 ${err.code}, 错误信息是 ${JSON.stringify(err)}`);
    });
```

```
  this.detailInfo = JSON.stringify(tracingConfig, null, 2);
  AppStorage.setOrCreate('TracingPoint', this.detailInfo);
}

// 构建页面布局的方法
build() {
  NavDestination() {
    Column() {
      // 页面 UI 组件构建代码，包括文本、文本区域和按钮
      // ...
    }
    .width(CommonConstants.FULL_PERCENT)
    .height(CommonConstants.FULL_PERCENT)
    .justifyContent(FlexAlign.SpaceBetween)
    .padding($r('app.float.padding'))
  }
  .backgroundColor($r('app.color.gray_background'))
}
}
```

（9）文件 src/main/ets/pages/Index.ets 实现了 HarmonyOS 应用
程序的主页，提供了导航界面，使用导航路径堆栈来管理页面间
的跳转。用户通过点击不同的按钮来跳转到应用程序的其他页面。
这些页面包括基础网络请求、多部分表单提交、请求与响应处理、
DNS 设置和跟踪点配置等，效果如图 4-10 所示。

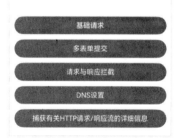

案例11 简易网络管理系统

本项目是一个专为 HarmonyOS 开发的开源网络管理工具，旨
在提供一组完整的网络功能操作界面。它允许用户通过图形界面
进行网络状态的实时监测，包括查询网络的详细信息、执行域名
解析以获取特定域名对应的 IP 地址，以及启动和停止网络状态的
监听等。通过这些功能，用户可以轻松地管理和监控网络连接，
确保网络通信的顺畅。

图 4-10　主界面

本项目的核心功能模块如下。

● 网络状态检查：提供检查设备是否有默认网络连接的功能，并显示当前网络的 ID 和网络类
型（如蜂窝网络或 Wi-Fi）。

● 网络详情查询：允许用户查询当前网络的详细信息，包括网络能力、接口名称、域名、链接

地址等。

- 域名解析：用户可以输入域名，应用将解析并显示该域名对应的IP地址。
- 网络状态监听：监听网络状态的变化，包括网络可用性、阻塞状态、网络能力及连接属性等，并实时更新用户界面以反映这些变化。
- 用户界面：提供了直观的用户界面，使用标签页来组织不同的功能模块，包括用于触发网络检查、详情查询和域名解析操作的按钮，以及用于显示网络信息和解析结果的文本区域。
- 资源管理：使用资源管理器来获取本地化的字符串资源，以支持多语言功能。

上述功能模块共同构成了一个完整的网络管理工具，使用户可以方便地管理和监控网络连接状态，同时也为开发者提供了一个学习和参考的案例，展示了在HarmonyOS环境下如何进行网络相关的操作和界面设计。

案例4-11　简易网络管理系统（源码路径：codes\4\Manager）

（1）文件src/main/ets/common/Constant.ets定义了一个名为CommonConstant的类，用于存储网页布局和样式中常用的尺寸和百分比常量。这些常量可以在项目的其他部分被引用，以保证界面元素的一致性和可维护性。

（2）文件src/main/ets/pages/Index.ets定义了一个名为Index的结构体，该结构体代表了网络管理应用的主界面。Index界面包含多个功能，如检查网络连接、获取网络详情、解析域名和监听网络状态等。它使用HarmonyOS提供的网络连接管理接口来实现这些功能，并提供了用户界面元素，如按钮和文本区域，供用户交互。文件Index.ets中的主要成员和功能如下。

- networkId：用于存储网络的ID。
- netMessage：用于存储网络的信息。
- connectionMessage：用于存储网络连接属性的信息。
- netStateMessage：用于存储网络状态的信息。
- hostName：用于存储用户输入的域名。
- ip：用于存储域名解析后的IP地址。
- controller：用于管理界面中的标签页。
- netHandle：用于存储网络句柄，以便进行网络操作。
- netCon：用于存储网络连接对象，用于监听网络状态变化。
- myResourceManager：用于获取本地化的字符串资源。
- scroller：用于提供网页内容的滚动功能。
- aboutToDisappear()：当界面即将消失时，取消网络注册。
- build()：构建用户界面，包括标题、标签页、各种按钮以及文本区域等。
- isNetworkAccess()：检查是否有默认网络连接。
- getNetworkMessage()：获取当前网络的详细信息。

- getConnectionProperties()：获取网络连接的属性信息。
- parseHostName(hostName)：解析用户输入的域名，获取对应的IP地址。

- useNetworkRegister()：注册网络状态监听，以便在网络状态变化时更新界面。
- unUseNetworkRegister()：取消网络状态监听。

至此，本项目的核心功能介绍完毕。代码执行后，将显示网络管理界面，用户可以在该页面对当前设备中的网络信息进行管理，效果如图4-11所示。

图 4-11　网络管理界面

远场通信服务系统

远场通信服务（Remote Communication Service）通常指的是一种软件服务，它允许设备进行远程数据交换和通信。这种服务在多种应用场景中都非常有用，如远程办公、在线教育、云服务、物联网（IoT）设备管理等。远场通信服务的主要特点如下。

- 跨网络通信：能够在不同的网络环境和协议之间进行数据传输，包括局域网（LAN）、广域网（WAN）和互联网。
- 数据请求：通过HTTP、HTTPS等协议向服务器发起数据请求，获取或上传信息。
- 安全性：提供加密和安全措施来保护数据传输过程中的隐私和完整性。
- 可靠性：确保数据在不稳定的网络条件下也能可靠地传输。
- 灵活性：支持多种数据格式和通信协议，以适应不同的应用需求。
- 扩展性：能够处理大量并发连接和数据流量，适应不同规模的通信需求。
- 易用性：提供简单的API和SDK，使开发者可以轻松地集成远场通信功能到他们的应用中。

本项目基于华为官网提供的开源SDK，封装了底层的网络通信细节，提供了一套易于使用的接口来发起HTTP请求、处理超时、实现断点续传等功能。这样的服务显著降低了开发的复杂性，加快了开发速度，并提升了应用的通信能力。

案例4-12　远场通信服务系统（源码路径：codes\4\Yuan）

（1）文件src/main/ets/entryability/FormAbility.ets定义了继承自PushExtensionAbility中的类FormAbility，负责处理与表单相关的事件，如添加表单、更新表单、改变表单可见性等。该类使用了华为提供的Kit库（如FormKit、AbilityKit等）来实现表单的创建、绑定数据和事件处理。

（2）文件src/main/ets/pages/baseAddress.ets用于向指定的基础URL发送HTTP GET请求，并显示请求结果。该文件使用@Entry和@Component装饰器来标记可进入的组件，并定义了一系列状态变量和方法来处理 UI 交互和网络请求。

（3）文件 src/main/ets/pages/timeOut.ets 用于演示如何设置和处理 HTTP 请求的超时，包含用户界面元素，允许用户输入连接超时和传输超时的时间，然后发送 HTTP 请求到指定的服务器地址，并显示请求的结果或错误信息。

（4）文件 src/main/ets/pages/transferRange.ets 用于演示如何实现带有断点续传功能的 HTTP 请求。它允许用户设置请求的传输范围（从哪个字节开始，到哪个字节结束），然后发送 HTTP GET 请求到指定的服务器地址，并显示请求的结果或错误信息。

（5）文件 src/main/ets/pages/MainPage.ets 是本项目的主界面，它提供了一个用户界面，让用户通过点击不同的按钮来导航到不同的子页面，这些子页面分别用于演示如何处理 HTTP 请求的超时（TimeOut）、断点续传（TransferRange）和基础 URL 设置（BaseAddress）。每个按钮都绑定了一个点击事件处理函数，当点击按钮时，会使用 router.pushUrl 方法来跳转到对应的页面。页面的布局使用了 Flexbox 来垂直排列文本和按钮，并且每个按钮都有相应的样式和点击事件处理逻辑。代码执行后，会显示远场通信服务主界面，如图 4-12 所示。

图 4-12　远场通信服务主界面

案例13　缓存播放器

缓存播放器是一种特殊的视频播放器，它能够在播放视频的同时，将视频数据预先下载并存储到用户的本地设备上。这种播放器的设计旨在提高视频播放的流畅性，减少缓冲时间，节省数据流量，并提供更好的用户体验。缓存播放器的工作原理如下。

● 预加载和缓存：播放器在后台下载视频数据，并将其存储在设备的存储空间中。这一过程通常在用户观看视频时同步进行，或者根据预设的缓存策略自动进行。

● 智能缓冲：播放器会根据当前的网络状况和用户行为智能地决定缓存的数据量。例如，在网络状况良好时，播放器可能会缓存更多的视频数据。

● 播放控制：播放器会监控当前的播放进度，并根据已缓存的数据量来控制播放行为。如果缓存中的数据不足以支持连续播放，播放器可能会暂停播放以加载更多数据。

● 数据管理：播放器需要有效地管理缓存数据，包括在存储空间不足时删除旧的缓存文件，以及在用户清除缓存时更新播放列表。

本案例实现了一个缓存视频播放器，允许用户在播放视频时同时下载视频数据，并将其保存到本地设备上。这样，即使在网络连接中断或不稳定的情况下，用户也能够继续观看视频。

案例4-13　缓存播放器（源码路径：codes\4\Video-cache）

（1）本案例提供了一个Python脚本video_server.py，用于快速搭建一个Flask服务器，以便用户可以播放本地视频文件。搭建Python服务器的步骤如下。

- 确保本地已安装Python环境。
- 使用pip安装Flask框架：pip install flask。
- 修改video_server.py中的VIDEO_PATH变量，将其指向视频文件的实际存储路径。
- 在终端运行脚本python video_server.py：这将启动一个Flask服务器，默认监听5000端口。

用户可以通过访问http://<您的电脑IP地址>:5000/video来播放视频。

（2）文件src/main/ets/common/CommonConstants.ets定义了类CommonConstants，它包含一组静态常量，用于在整个项目中提供统一的尺寸、比例、时间间隔和动画持续时间等值。这些常量包括全屏大小、组件宽高比、按钮宽度、画面宽高比、下载进度总数、旋转角度、画面尺寸、超时时间、动画持续时间以及时间单位换算等，为项目中的UI组件和功能实现提供了标准化的数值参考。

（3）文件src/main/ets/model/GlobalProxyServer.ets定义了类GlobalProxyServer，用于全局管理一个HTTP代理缓存服务器实例和UIAbilityContext对象。类GlobalProxyServer中包含获取和设置这些实例的方法，确保了在整个应用中只有一个全局可访问的代理服务器实例，用于处理视频数据的缓存和代理服务。此外，当设置新的服务器实例时，该类会先尝试关闭现有的服务器实例，以确保资源的正确释放。

（4）文件src/main/ets/model/VideoPlayerManager.ets定义了类AvPlayManager，该类提供了初始化播放器、设置播放器回调、缓存视频以及播放、暂停和释放视频的方法。它使用media.AVPlayer来控制视频播放，并实现了CacheListener来监听缓存进度。此外，类AvPlayManager还与类GlobalProxyServer进行交互，以获取和管理视频的代理URL，确保视频数据的缓存和播放在网络不稳定时也能顺利进行。通过类AvPlayManager，可以在本地缓存视频数据的同时，为用户提供流畅的播放体验。

```
// 视频原始地址，需要替换为实际可访问的视频地址
const ORIGIN_URL: string = 'http://<您的电脑IP地址>/video';
const TAG: string = 'AVPlayManager'; // 用于日志标记的标签

// 视频播放管理器类
export default class AvPlayManager {
  private static instance: AvPlayManager | null = null;    // 单例实例
  private avPlayer: media.AVPlayer = {} as media.AVPlayer; // 视频播放器实例
  private surfaceID: string = '';      // 播放器显示的 Surface ID

  // 获取单例实例
  public static getInstance(): AvPlayManager {
    if (!AvPlayManager.instance) {
      AvPlayManager.instance = new AvPlayManager();
```

```
    }
    return AvPlayManager.instance;
}

// 初始化播放器
async initPlayer(context: common.UIAbilityContext, surfaceId: string,
  callback: (avPlayer: media.AVPlayer) => void): Promise<void> {
  hilog.info(0x0000, TAG, `initPlayer==initCamera surfaceId==
    ${surfaceId}`);
  this.surfaceID = surfaceId;
  try {
    this.avPlayer = await media.createAVPlayer();
    await this.setAVPlayerCallback(callback);
    this.cacheAndPlayVideo(context);
  } catch (err) {
    hilog.error(0x0000, TAG, `initPlayer initPlayer err: ${JSON.stringify(err)}`);
  }
}

// 设置播放器回调
async setAVPlayerCallback(callback: (avPlayer: media.AVPlayer) => void):
  Promise<void> {
  hilog.info(0x0000, TAG, `setAVPlayerCallback start`);
  // ... 省略部分代码 ...
}

// 缓存并播放视频
async cacheAndPlayVideo(context: common.UIAbilityContext): Promise<void> {
  hilog.info(0x0000, TAG, `cacheAndPlayVideo start`);
  // ... 省略部分代码 ...
}

// 播放视频
videoPlay(): void {
  hilog.info(0x0000, TAG, `videoPlay start`);
  if (this.avPlayer !== null) {
    try {
      this.avPlayer.play();
    } catch (err) {
      hilog.error(0x0000, TAG, `videoPlay = ${JSON.stringify(err)}`);
    }
  }
}

// 暂停视频
videoPause(): void {
```

```
    hilog.info(0x0000, TAG, `videoPause start`);
    if (this.avPlayer !== null) {
      try {
        this.avPlayer.pause();
      } catch (err) {
        hilog.info(0x0000, TAG, `videoPause== ${JSON.stringify(err)}`);
      }
    }
  }

  // 释放视频资源
  videoRelease(): void {
    hilog.info(0x0000, TAG, `videoRelease start`);
    if (this.avPlayer !== null) {
      try {
        this.avPlayer.release();
      } catch (err) {
        hilog.info(0x0000, TAG, `videoRelease== ${JSON.stringify(err)}`);
      }
    }
  }
}
```

（5）文件src/main/ets/pages/Index.ets定义了一个名为VideoCacheView的组件，实现了本项目的主界面，负责展示视频播放界面。此文件使用类AvPlayManager来控制视频的播放、暂停和释放，同时使用类GlobalProxyServer来管理视频数据的缓存。VideoCacheView组件中包含视频播放时的旋转动画效果，并能够根据屏幕折叠状态动态调整导航栏的显示。此外，它还提供了视频加载动画、播放/暂停按钮、当前播放时间和总时长的显示功能，以及视频缓存进度的实时展示功能。代码执行效果如图4-13所示。

图4-13　视频播放界面

 案例14 # WLAN信息查询系统

在HarmonyOS中，wifiManager接口提供了一系列的API来管理WLAN（无线局域网）的功能。wifiManager接口的主要功能模块如下。

（1）WLAN热点管理：方法enableHotspot()和方法disableHotspot()用于启用和禁用WLAN

热点。这些方法从API version 9开始支持，但从API version 10开始已被废弃。若要使用这些方法，则需要获取ohos.permission.MANAGE_WIFI_HOTSPOT_EXT权限，并具备SystemCapability.Communication.WiFi.AP.Extension系统能力。

（2）功率模式管理。

• 方法 getSupportedPowerMode() 和方法 getPowerMode() 用于获取支持的功率模式和当前的功率模式，需要获取 ohos.permission.GET_WIFI_INFO 权限，并具备 SystemCapability.Communication.WiFi.AP.Extension 系统能力。

• 方法 setPowerMode() 用于设置 WLAN 热点的功率模式，需要获取 ohos.permission.MANAGE_WIFI_HOTSPOT_EXT权限，并具备 SystemCapability.Communication.WiFi.AP.Extension 系统能力。

（3）WLAN网络扫描：方法 getScanInfoList() 用于获取附近可用的 WLAN 网络列表，它能够获取周围所有可用 Wi-Fi 热点的相关信息，如信号强度（RSSI）、热点能力、服务集标识（SSID）等。

（4）已连接WLAN信息获取：方法 getLinkedInfo() 用于获取当前已连接 WLAN 的信息，包括IP地址。这一方法可以帮助开发者获取当前连接的 WLAN 的详细信息，如 MAC 地址、IP 地址等。需要注意的是，非系统应用可能只能获取随机的 MAC 地址。

（5）IP地址管理：方法 getIpInfo() 用于获取当前连接 WLAN 的子网掩码、网关等网络信息。通过这一方法，开发者可以获取当前设备的IP地址，并将其转换为常见的点分十进制格式。

（6）WLAN 配置管理：方法 getCandidateConfigs() 用于获取网络配置数组中的 WifiDeviceConfig，其中包含热点的密码等信息，这可以帮助开发者获取已保存的 WLAN 配置信息。

上述功能模块共同为 HarmonyOS 应用提供了丰富的 WLAN 管理能力，使开发者可以根据自己的需求实现各种与 WLAN 相关的功能。

本案例通过使用 wifiManager 接口来查询 WLAN 的信息，旨在帮助开发者理解如何在 HarmonyOS 环境下实现 WLAN 信息的查询功能。本项目主要包含以下功能模块。

• WLAN 信息查询模块：负责查询并显示设备当前连接的 WLAN 信息，使用方法 wifiManager.getLinkedInfo() 来获取这些信息。

• 附近 WLAN 扫描模块：扫描并显示附近的可用 WLAN，使用方法 wifiManager.getScanInfoList() 来获取附近的 WLAN 列表，并每 10 秒自动刷新一次。

• WLAN 详情展示模块：当用户点击已连接 WLAN 的图标时，此模块会展示 WLAN 的详细信息，如 MAC 地址等。需要注意的是，非系统应用可能只能获取随机的 MAC 地址。

• IP 信息获取模块：使用方法 wifiManager.getIpInfo() 来获取当前连接 WLAN 的子网掩码、网关等网络信息。

• 用户界面(UI)模块：包括首页和详情页的设计和实现，首页 (Index.ets) 显示已连接的 WLAN 和附近可用的 WLAN 列表，WLAN 详情页 (DetailInfoView.ets) 展示 WLAN 的详细信息。WLAN 详情项 (InfoItemView.ets) 和 WLAN 列表项 (WlanItemView.ets) 用于展示具体的 WLAN 信息和细节。

上述模块共同构成了一个完整的 WLAN 信息查询应用，允许用户查看和管理他们的 WLAN 连接。开发者可以通过此项目学习如何在HarmonyOS环境下实现网络信息的查询和展示。

案例4-14　WLAN信息查询系统（源码路径：codes\4\Wlan）

（1）文件src/main/ets/common/constants/Constants.ets定义了类Constants，用于存储应用中会用到的一些常量，这些常量包括布局相关的尺寸和颜色、扫描WLAN的时间间隔、WLAN连接状态码等。

（2）文件src/main/ets/view/WlanItemView.ets定义了一个名为WlanItemView的组件结构体，用于在用户界面显示WLAN列表项。WlanItemView使用了类Constants中的常量来保持界面的一致性，并且使用了NavPathStack来管理导航路径。

（3）文件src/main/ets/view/InfoItemView.ets定义了一个名为InfoItemView的组件，用于在用户界面显示信息项。该组件通过行布局（Row）来组织标题和消息文本，使其水平排列，同时使用Constants类中的常量来保持界面的一致性。

（4）文件src/main/ets/view/DetailInfoView.ets定义了一个名为DetailInfoView的组件，用于显示已连接WLAN的详细信息，包括MAC地址、IP地址、子网掩码、网关和DNS服务器地址等。该组件使用wifiManager接口来获取网络信息，并利用InfoItemView组件来展示每一项信息。

```
@Component
export struct DetailInfoView {
  @Consume linkedInfo: wifiManager.WifiLinkedInfo | undefined; // 消费已连接
    WLAN 的信息
  pageInfos: NavPathStack = new NavPathStack(); // 导航路径栈
  wlanSsid: string = ''; // WLAN 的 SSID
  ipInfo: wifiManager.IpInfo = wifiManager.getIpInfo(); // 当前连接 WLAN 的 IP 信息

  @Builder
  customDivider() {
    Divider() // 自定义分隔线
      .strokeWidth(Constants.DIVIDER_STROKE_WIDTH)
      .color($r('sys.color.ohos_id_color_list_separator'))
      .margin({
        left: $r('app.float.divider_stroke_margin_left'),
        right: $r('app.float.divider_stroke_margin_left')
      })
  }

  ipToDottedDecimal(ip: number): string {
    const dottedDecimal: string = [
      (ip >>> 24) & 0xFF,
      (ip >>> 16) & 0xFF,
      (ip >>> 8) & 0xFF,
      ip & 0xFF
```

```
      ].join('.');
      return dottedDecimal;
   }


   build() {
      NavDestination() {//  导航目的地
         Row() {              // 行布局
            Column() {        // 列布局
               InfoItemView({ title: $r('app.string.mac_address'), msg: this?.
                  linkedInfo?.macAddress })
               this.customDivider()

               InfoItemView({
                  title: $r('app.string.ip_address'),
                  msg: this.ipToDottedDecimal(this?.linkedInfo?.ipAddress as number)
               })
               this.customDivider()

               InfoItemView({ title: $r('app.string.net_mask'), msg: this.
                  ipToDottedDecimal(this.ipInfo.netmask) })
               this.customDivider()

               InfoItemView({ title: $r('app.string.gate_way'), msg: this.
                  ipToDottedDecimal(this.ipInfo.gateway) })
               this.customDivider()

               InfoItemView({ title: $r('app.string.dns'), msg: this.
                  ipToDottedDecimal(this.ipInfo.primaryDns) })
            }
            .width(Constants.FULL_PERCENT)
            .borderRadius($r('app.float.detail_border_radius'))
            .backgroundColor($r('sys.color.ohos_id_color_foreground_contrary'))
            .margin({ top: $r('app.float.detail_margin_top') })
         }
         .padding({
            top: $r('app.float.detail_padding_top'),
            bottom: $r('app.float.detail_padding_top'),
            left: $r('app.float.detail_padding_left'),
            right: $r('app.float.detail_padding_left')
         })
      }
      .title(this.wlanSsid)
      .onReady((context: NavDestinationContext) => {
         this.pageInfos = context.pathStack
      })
      .backgroundColor($r('app.color.page_background_color'))
```

```
  }
}

@Builder
export function DetailInfoBuilder(name: string, param: string) {
  DetailInfoView({ wlanSsid: param })
}
```

至此，本项目的核心功能介绍完毕，代码执行后，将显示 WLAN 的信息，如图 4-14 所示。

图 4-14　WLAN 的信息

 基于HTML 5的话费充值系统

本项目是一个开源项目，利用 ArkTS 框架实现了 HTML 5（H5）与 ArkTS 的交互。通过 JSBridge 桥接技术，实现了 HTML 5 页面与 ArkTS 侧的双向通信，使 HTML 5 页面能够调用 ArkTS 侧的功能，并接收回调数据。本项目的主要功能如下。

- Web 组件：提供具有网页显示能力的 Web 组件，通过 @ohos.web.webview 提供 web 控制能力。
- 通讯录获取：以"获取通讯录"为例，分步骤讲解 JSBridge 桥接技术的实现过程，允许 HTML 5 页面调用 ArkTS 侧的通讯录功能，并异步返回联系人信息。
- JSBridge 实现：项目中实现了一个 JSBridge 类，封装了 call 方法及 initJsBridge 方法，用于在 HTML 5 端和 ArkTS 侧之间进行通信。通过 Web 组件的 javaScriptProxy 属性，将 ArkTS 侧的方法注册到 HTML 5，使 HTML 5 可以通过调用这些方法来实现与 ArkTS 侧的交互。
- 回调处理：项目中实现了异步执行脚本。在脚本中，声明了 JSBridgeMap、JSBridgeCallback 方法与 ohosCallNative 对象，并通过 runJavaScript 在 HTML 5 端注册 ohosCallNative。当 ArkTS 侧执行完毕后，通过 runJavaScript 方法执行 callback，HTML 5 侧接收异步回调数据。

案例4-15　**基于HTML 5的话费充值系统（源码路径：codes\4\SelectContact）**

（1）文件 src/main/resources/rawfile/MainPage.html 是一个话费充值系统的前端页面，它包含页面的基本结构和样式链接。页面中有一个输入框供用户输入手机号，以及一个图标按钮用于选择联系人。此外，页面中还有一个充值金额的区域，其中包含多个网格项，可用于展示不同的充值选项。页面中还引入了一个脚本文件 mainPage.js，用于在页面加载时调用原生侧的 getProportion 函数来动态设置页面的字体大小。

（2）文件 src/main/resources/rawfile/js/mainPage.js 是话费充值系统 H5 页面的脚本，其主要功能包括设置充值金额的网格、选择联系人、选择充值金额及格式化输入的手机号。在文件 mainPage.js 中，定义了一个充值金额数组，并为每个金额项设置了点击事件，以便在用户点击时调用原生侧的接口。

（3）文件 src/main/ets/common/constant/CommonConstant.ets 定义了一个名为 CommonConstants 的类，该类包含一些静态只读属性，用于存储布局和样式中常用的尺寸和数值。

（4）文件 src/main/ets/viewmodel/ParamsItem.ets 定义了 ParamsItem 和 ParamsDataItem 接口，用于描述和封装调用参数的数据结构。接口 ParamsItem 包含一个数字类型的 callID 和一个 ParamsDataItem 类型的 data。而 ParamsDataItem 接口则包含两个可选的字符串属性 name 和 tel，用于存储联系人的名字和电话号码。

（5）文件 src/main/ets/common/utils/JsBridge.ets 定义了类 JSBridge，该类的作用是建立一个桥接，使 H5 页面能够调用 ArkTS 侧的功能，并接收回调数据。类 JSBridge 包含多个方法，用于处理不同的功能，如获取联系人信息、更改电话号码、更改充值金额及获取屏幕比例。

（6）文件 src/main/ets/pages/SelectContact.ets 定义了 HarmonyOS 应用页面的一个组件，用于构建和显示一个选择联系人的界面。

```
import { webview } from '@kit.ArkWeb';
import { display } from '@kit.ArkUI';
import { promptAction } from '@kit.ArkUI';
import JSBridge from '../common/utils/JsBridge';
import { CommonConstants } from '../common/constant/CommonConstant';
import Logger from '../common/utils/Logger';

@Entry // 标记为入口组件
@Component // 定义一个组件
struct SelectContact {
  @StorageLink('isClick') isClick: boolean = false;  // 绑定存储，标记是否点击过充
    值按钮
  @StorageLink('tel') phoneNumber: string = '';        // 绑定存储，存储电话号码
  @StorageLink('proportion') proportion: number = 0; // 绑定存储，存储屏幕比例
  @State chargeTip: Resource = $r('app.string.recharge_button'); // 充值按钮的
    提示文本
  webController: webview.WebviewController = new webview.WebviewController();
    // WebView 的控制器
  private jsBridge: JSBridge = new JSBridge(this.webController); // 创建
    JSBridge 实例，用于 H5 和 ArkTS 的交互

  // 页面即将出现时调用的方法
  aboutToAppear() {
    display.getAllDisplays((err, displayClass: display.Display[]) => {
      if (err.code) {
        Logger.error('SelectContact Page', 'Failed to obtain all the display
          objects. Code: ' + JSON.stringify(err));
        return;
      }
```

```
      this.proportion = displayClass[0].densityDPI / CommonConstants.COMMON_VALUE;
      Logger.info('Succeeded in obtaining all the display objects. Data: ' +
JSON.stringify(displayClass));
    });
  }

  // 构建页面的 UI 布局
  build() {
    Column() {
      Row() {
        Text($r('app.string.navigation_title'))            // 导航标题
          .fontSize($r('app.float.font_size_large'))        // 字体大小
          .fontWeight(FontWeight.Medium)                    // 字体权重
      }
      .height($r('app.float.navigation_height'))            // 高度
      .width(CommonConstants.FULL_SIZE)                     // 宽度
      .alignItems(VerticalAlign.Center)                     // 垂直居中
      .padding({ left: $r('app.float.padding_left_normal') }) // 左边距

      Web({
        src: $rawfile('MainPage.html'),                     // 加载 H5 页面
        controller: this.webController
      })
        .javaScriptAccess(true)                   // 允许 JavaScript 访问
        .javaScriptProxy(this.jsBridge.javaScriptProxy) // 设置 JSBridge 代理
        .height($r('app.float.web_height'))       // 高度
        .onPageBegin(() => {
          this.jsBridge.initJsBridge();           // 初始化 JSBridge
        })

      Blank()  // 空白占位符

      Button(this.chargeTip)                       // 充值按钮
        .width(CommonConstants.FULL_SIZE)          // 宽度
        .height($r('app.float.button_height'))     // 高度
        .margin({ bottom: $r('app.float.button_margin_bottom') }) // 底部边距
        .enabled(this.isClick)                     // 根据 isClick 状态启用或禁用按钮
        .onClick(() => {
          promptAction.showToast({                 // 显示提示信息
            message: this.phoneNumber === '' ? $r('app.string.phone_check') :
              $r('app.string.recharge_success')
          });
        })
    }
    .width(CommonConstants.FULL_SIZE)              // 宽度
    .height(CommonConstants.FULL_SIZE)            // 高度
```

```
  .backgroundColor($r('app.color.page_color'))      // 背景颜色
  .padding({
    left: $r('app.float.margin_left_normal'),       // 左边距
    right: $r('app.float.margin_right_normal')      // 右边距
  })
  }
}
```

至此，本项目的核心功能介绍完毕。代码执行后，会显示话费充值页面，如图4-15所示。

图4-15　话费充值页面

第5章
定位、地图开发实战

　　在鸿蒙手机中，定位和地图开发可以借助系统提供的定位服务和地图接口来实现。开发者可以轻松获取用户的地理位置、运动状态，并基于此进行地图展示和导航功能的开发。鸿蒙系统支持多种定位方式，如GPS、Wi-Fi和基站定位，结合高精度的API接口，使应用能够实现实时位置跟踪、兴趣点搜索、路线规划等功能。同时，鸿蒙平台还提供了地图Kit等工具库，帮助开发者构建包含地图展示、地理围栏、路线规划以及位置共享等丰富功能的应用，从而极大地提升用户体验。

案例1　地图定位服务

地图服务（Map Kit）是鸿蒙生态下的一项服务，为开发者提供了强大且便捷的地图功能，助力全球开发者实现个性化地图呈现、地点搜索和路线规划等功能，轻松完成地图构建工作。开发者可以轻松地在HarmonyOS应用/元服务中集成地图相关的功能，全方位提升用户体验。

在HarmonyOS中，LocationKit提供了一套完整的定位服务，它通过融合多种定位技术，如GNSS（涵盖GPS、GLONASS、北斗、Galileo等）、Wi-Fi以及基站定位等，为开发者提供了简单易用的接口，以便快速获取用户的精确地理位置。LocationKit的核心功能和特点如下。

● 融合定位：LocationKit融合了GNSS、Wi-Fi和基站等多种定位方式，能够提供精确的地理位置信息。

● 地理围栏：通过设置虚拟地理边界，开发者可以检测设备进入、退出或在特定区域内停留的事件，从而提供个性化的用户体验。

● 活动识别：LocationKit能够识别用户的活动状态，如行走、跑步、骑车、乘车或静止，这有助于应用根据用户行为进行相应调整。

● 室外高精度定位：LocationKit提供了国内领先的室外高精度定位服务，可以实现开阔地带亚米级的定位精度，适用于需要高精度定位的行业，如测量测绘、车道级导航等。

● 坐标系统：HarmonyOS使用WGS-84坐标系统，通过经度和纬度数据来描述地球上的位置。

● 基站定位和WLAN/蓝牙定位：除了GNSS定位，LocationKit还提供了基于基站和WLAN/蓝牙的定位服务，这些服务在室内或GNSS信号不佳的环境中尤其有用。

● 权限和隐私：使用LocationKit时，需要用户确认并主动开启位置服务。应用在获取位置信息前需要申请位置访问权限，并在用户授权后才能访问位置数据，以保护用户隐私。

● 地理编码与逆地理编码：LocationKit提供了地理编码和逆地理编码服务，可以将地址转换为坐标，或将坐标转换为详细的地址信息，这在地图应用和导航系统中非常有用。

本案例使用Map Kit为开发者提供了强大的地图功能，包括个性化地图展示、地点搜索和路线规划等。通过Map Kit，开发者可以轻松地在HarmonyOS应用或元服务中集成地图功能，从而提升用户体验。

案例5-1　地图定位服务（源码路径：codes\5\OHMapDemo）

（1）在AppGallery Connection网站上开通地图服务，并配置应用签名证书指纹，如图5-1所示。

图5-1　开通地图服务

（2）文件 src/main/ets/pages/BasicMapDemo.ets 实现了一个基本的地图界面。首先，它导入了
地图组件和相关的服务工具包，然后，定义了一个名为 BasicMapDemo 的结构体，该结构体包含地
图的初始化参数、回调函数及地图控制器。aboutToAppear 方法设置了地图的中心点坐标和缩放级
别，并定义了一个标记（marker）的参数。当地图初始化工作完成后，通过回调函数添加一个标记。
build 方法使用 MapComponent 组件来初始化并展示地图，确保地图会填满整个页面。

```
import { MapComponent, mapCommon, map } from '@kit.MapKit';
import { AsyncCallback } from '@kit.BasicServicesKit';

// 使用 Entry 和 Component 装饰器标记这是一个入口组件
@Entry
@Component
struct BasicMapDemo {
  // 定义私有变量来存储地图初始化参数、回调函数和地图控制器
  private mapOptions?: mapCommon.MapOptions;
  private callback?: AsyncCallback<map.MapComponentController>;
  private mapController?: map.MapComponentController;

  // 页面即将显示时调用的方法，用于初始化地图参数和回调
  aboutToAppear(): void {
    // 设置地图中心点坐标，这里以北京的经纬度为例
    let target: mapCommon.LatLng = {
      latitude: 39.9181,
      longitude: 116.3970193
    };
    // 设置地图的相机位置，包括目标点和缩放级别
    let cameraPosition: mapCommon.CameraPosition = {
      target: target,
      zoom: 15
    };
    // 初始化地图参数，设置相机位置
    this.mapOptions = {
      position: cameraPosition
    };

    // 定义地图初始化的回调函数，用于地图加载完成后的操作
    this.callback = async (err, mapController) => {
      if (!err) {
        this.mapController = mapController;
        // 初始化标记（marker）参数，同样以北京的经纬度为例
        let markerOptions: mapCommon.MarkerOptions = {
          position: {
            latitude: 39.9181,
            longitude: 116.3970193
          }
```

```
    };
    // 如果地图控制器存在，添加一个标记
    await this.mapController?.addMarker(markerOptions);
    }
  }
}


// 构建页面布局的方法，用于将地图组件添加到页面中
build() {
  Stack() {
    // 调用 MapComponent 组件初始化地图，传入地图参数和回调函数
    MapComponent({ mapOptions: this.mapOptions, mapCallback: this.callback
      }).width('100%').height('100%');
  }.height('100%')
  }
}
```

至此，本项目的核心功能介绍完毕。代码执行后，会在地图中显示当前的位置信息，如图5-2所示。

 案例2 定位服务系统

图 5-2　显示当前的位置信息

开发者可以通过HarmonyOS提供的API接口，如geoLocationManager模块，来访问定位服务。根据应用的需求，开发者可以配置定位参数，如定位模式、定位精度和更新间隔等。在实际应用中，LocationKit常用的成员方法和属性如下。

- LocationRequest：用于设置定位参数，如定位模式、定位精度、更新间隔等。
- startLocating(RequestParam request, LocatorCallback callback)：用于向系统发起持续定位请求。
- requestOnce(RequestParam request, LocatorCallback callback)：用于向系统发起单次定位请求。
- stopLocating(LocatorCallback callback)：用于结束定位请求，停止接收位置更新。
- onLocationReport(Location location)：用于获取定位结果，当位置信息发生变化时，该方法会被调用。
- getCachedLocation()：用于获取系统缓存的位置信息。如果系统有缓存的位置信息，将直接返回，而不需要重新定位。
- onStatusChanged(int type)：用于获取定位过程中的状态信息，如定位服务的状态变化。
- onErrorReport(int type)：用于获取定位过程中的错误信息，如定位失败的原因。
- isGeoServiceAvailable()：用于查询地理编码与逆地理编码服务是否可用。

- getAddressesFromLocation：将坐标转化为地理位置信息，实现逆地理编码。
- getAddressesFromLocationName：将位置描述转化为坐标，实现地理编码。

本案例实现了一个定位服务系统，使用@kit.LocationKit中的geoLocationManager实现定位功能，并将获取的位置信息展示在地图上。本案例展示了使用HarmonyOS的位置服务来获取设备的缓存位置、当前位置，并实现持续定位功能。通过将获取的经纬度作为参数，使用地图服务的map.Marker在地图上标记出相应的位置，并通过逆地理编码获取地址的详细信息，将其展示在页面上。

案例5-2 定位服务系统（源码路径：codes\5\Location）

（1）文件src/main/ets/common/CommonConstants.ets定义了类CommonConstants，其中包含一些常量，这些常量在项目中用于配置定位服务和定义一些界面显示的参数。

```
export class CommonConstants {
  /**
   * 持续时间, 用于定义动画或操作的时长
   */
  static TWO_THOUSAND: number = 2000;

  /**
   * 定位超时时间, 单位为毫秒
   */
  static TEN_THOUSAND: number = 10000;

  /**
   * 定位优先级, 速度优先
   */
  static PRIORITY_LOCATING_SPEED: number = 0x502;

  /**
   * 用户活动场景, 这里设置为导航模式
   */
  static NAVIGATION: number = 0x401;

  /**
   * 地图标记的标题
   */
  static MARKER_TITLE: string = '逆地理编码结果';

  /**
   * 100%
   */
  static ONE_HUNDRED_PERCENT: string = '100%';

  /**
```

```
 * 83%
 */
static EIGHTY_FIVE_PERCENT: string = '83%';

/**
 * 50%
 */
static FIFTY_PERCENT: string = '50%';
}
```

（2）文件 src/main/ets/pages/Index.ets 使用了 @kit.LocationKit 中的 geoLocationManager 来实现获取设备的缓存位置、当前位置和持续定位的功能。页面中包含地图组件，用于显示和标记定位结果，并通过逆地理编码获取地址信息，展示在地图的信息窗口中。用户可以通过点击页面上的按钮来触发获取缓存位置、当前位置或启动持续定位，定位结果会实时显示在地图上。用户还可以通过点击地图上的标记来查看详细的地址信息。文件 src/main/ets/pages/Index.ets 的具体实现流程如下。

• 方法 aboutToAppear() 用于在组件加载时初始化地图设置。它首先移除可能存在的 locationChange 事件监听器，以防止重复触发。接着，设置默认的相机位置和地图选项（如缩放控件）。通过异步回调函数，它尝试获取地图控制器，并在成功时保存控制器实例以供后续操作。同时，它还会处理可能出现的错误情况。

```
aboutToAppear(): void {
  // 关闭之前的 locationChange 事件监听器，防止重复注册
  geoLocationManager.off('locationChange', this.locationChange);

  // 初始化相机位置，默认定位到指定坐标
  const initialCameraPosition: mapCommon.CameraPosition = {
    target: { longitude: 113.886642, latitude: 22.878538 },
    zoom: 15
  };

  // 设置地图选项，启用缩放控件
  this.mapOption = {
    position: initialCameraPosition,
    scaleControlsEnabled: true,
  };

  // 异步获取地图控制器，并进行错误处理
  this.callback = async (error, mapController) => {
    if (error) {
      // 错误处理逻辑，可以添加日志或提示
      console.error('Map controller initialization failed:', error);
      return;
    }
```

```
    // 成功获取地图控制器
    this.mapController = mapController;
  };
}
```

● 方法 getPreLocationPosition() 用于获取设备的最后已知位置。如果成功获取位置，它会调用 getAddress() 方法将位置转换为地址信息并显示。如果没有可用位置或发生错误，它会通过弹窗显示提示或错误信息。优化后代码增加了对位置是否为空的判断，并使错误处理更健壮。

```
getPreLocationPosition(): void {
  try {
    const location = geoLocationManager.getLastLocation();

    if (location) {
      // 获取最后已知位置，并将经纬度传递给 getAddress 方法
      this.getAddress({
        latitude: location.latitude,
        longitude: location.longitude
      });
    } else {
      // 如果没有可用位置，显示提示
      promptAction.showToast({
        message: 'No last known location available.',
        duration: CommonConstants.TWO_THOUSAND
      });
    }
  } catch (error) {
    // 发生异常时，显示错误信息
    promptAction.showToast({
      message: JSON.stringify(error),
      duration: CommonConstants.TWO_THOUSAND
    });
  }
}
```

● 方法 getLocationPosition() 用于请求设备的当前位置信息。当请求成功时，它会将位置数据传递给 getAddress() 进行处理并显示。如果未能获取位置或发生错误，系统会通过弹窗显示提示信息。优化后的代码增加了对空位置的处理，并改进了错误提示的详细信息显示。

```
getLocationPosition(): void {
  const request: geoLocationManager.SingleLocationRequest = {
    locatingPriority: CommonConstants.PRIORITY_LOCATING_SPEED,
    locatingTimeoutMs: CommonConstants.TEN_THOUSAND
  };
```

```
geoLocationManager.getCurrentLocation(request)
  .then((location: geoLocationManager.Location) => {
    if (location) {
      // 获取当前位置信息并调用 getAddress 处理
      this.getAddress({
        latitude: location.latitude,
        longitude: location.longitude
      });
    } else {
      // 没有获取到位置信息时，显示提示
      promptAction.showToast({
        message: 'No location found.',
        duration: CommonConstants.TWO_THOUSAND
      });
    }
  })
  .catch((err: BusinessError) => {
    // 处理错误信息并显示
    promptAction.showToast({
      message: `Error: ${JSON.stringify(err)}`,
      duration: CommonConstants.TWO_THOUSAND
    });
  });
}
```

- 方法 onLocationChange() 用于注册连续定位的监听器，通过 geoLocationManager.on 方法在设备位置发生变化时接收更新。该方法使用导航模式，并将位置更新频率设置为 1 秒。若定位过程中发生错误，系统会显示相应的提示信息。

```
onLocationChange(): void {
  const request: geoLocationManager.ContinuousLocationRequest = {
    interval: 1,  // 设置位置更新间隔为 1 秒
    locationScenario: CommonConstants.NAVIGATION // 设置为导航场景
  };

  try {
    // 注册位置变化监听器，当位置发生变化时调用 this.locationChange
    geoLocationManager.on('locationChange', request, this.locationChange);
  } catch (err) {
    // 捕获异常并显示错误提示
    promptAction.showToast({
      message: `Error: ${JSON.stringify(err)}`,
      duration: CommonConstants.TWO_THOUSAND
    });
  }
```

```
}
```

- 方法 getAddress() 的主要功能是将传入的地理坐标转换为地图可用的坐标类型，并通过逆地理编码获取相应的地址信息。地图上会显示该位置的标记，并伴随动画移动地图到该位置。同时，标记上显示解析出的地址信息，并且在发生错误时显示相应的提示信息。

```
async getAddress(location: LocationInter) {
  try {
    // 将 WGS84 坐标转换为 GCJ02 坐标
    const mapLocation: mapCommon.LatLng = await map.convertCoordinate(
      mapCommon.CoordinateType.WGS84,
      mapCommon.CoordinateType.GCJ02,
      {
        latitude: location.latitude,
        longitude: location.longitude
      }
    );

    // 设置摄像头位置并执行动画移动
    const cameraPosition: mapCommon.CameraPosition = {
      target: mapLocation,
      zoom: 15,
      tilt: 0,
      bearing: 0
    };
    const cameraUpdate = map.newCameraPosition(cameraPosition);
    this.mapController?.animateCamera(cameraUpdate, 100);

    // 添加地图标记
    const markerOptions: mapCommon.MarkerOptions = {
      position: mapLocation,
      icon: $r('app.media.point'),
      clickable: true,
      title: CommonConstants.MARKER_TITLE
    };
    this.marker = await this.mapController?.addMarker(markerOptions);

    // 逆地理编码请求，获取地址信息
    const reverseGeocodeRequest: geoLocationManager.ReverseGeoCodeRequest = {
      locale: getContext(this).resourceManager.getStringSync($r('app.string.
        language')),
      latitude: location.latitude,
      longitude: location.longitude,
      maxItems: 1
    };
```

```
    // 获取地址信息
    geoLocationManager.getAddressesFromLocation(reverseGeocodeRequest, (err,
      data) => {
      if (data) {
        this.address = data[0]?.placeName || '';
        this.marker?.setInfoWindowVisible(true);
        this.marker?.setSnippet(this.address);
      } else {
        promptAction.showToast({
          message: JSON.stringify(err),
          duration: CommonConstants.TWO_THOUSAND
        });
      }
    });
  } catch (error) {
    // 捕获异常并显示错误信息
    promptAction.showToast({
      message: JSON.stringify(error),
      duration: CommonConstants.TWO_THOUSAND
    });
  }
}
```

代码执行后，显示定位服务系统的首页界面。系统会询问用户是否允许"位置服务"访问位置，效果如图5-3所示。用户可以通过点击不同的按钮来获取和展示位置信息。

- 获取缓存位置：显示设备之前缓存的位置信息。
- 获取当前位置：获取设备的实时位置信息。
- 持续定位：持续更新设备的位置信息。

 案例3 # 地图服务综合实战

本项目展示了使用地图服务来实现各种功能的过程，包括地图展示、移动地图、添加覆盖物（如标记、圆形、折线和多边形）、静态图、位置搜索、地点详情和选点高级控件等。项目使用了华为的 HMS（Huawei Mobile Services，华为移动服务），需要调用特定的 API 接口。本项目的主要功能如下。

- 地图展示与移动：用户可以查看地图，并使用 moveCamera

图5-3　定位服务系统的首页界面

功能来移动地图，同时显示移动的位置和参数。

- 位置功能：用户可以打开位置开关，移动到当前位置，并自定义位置图标。
- 添加覆盖物：可以添加标记（Marker）、多边形（MapPolygon）等覆盖物，并设置它们的属性。
- 静态图：用户可以获取静态地图图片。
- 路径规划：用户可以进行路径规划，获取驾车路线、步行路线、骑行路线，以及批量算路和路径纠正结果。
- 高级控件：集成地点详情控件和地图选点控件，用户可以通过这些控件进行地点查询和选择。
- 搜索功能：支持关键字搜索、逆地理编码搜索等。

本项目涉及多个API接口，如moveCamera、setMyLocationEnabled、addMarker、getMapImage、queryLocation、searchByText等。在运行本项目之前，需要按照地图服务开发指南配置AppGallery Connect，并开通地图权限。在手机上启动应用后，用户可以通过点击界面上不同的按钮来访问各项功能页面。

案例5-3 **地图服务综合实战（源码路径：codes\5\Map-kit）**

（1）文件src/main/ets/pages/AdvancedControlsDemo.ets是地图应用中的一个高级控件示例页面，展示了如何使用HMS进行地点查询、地点选择、文本搜索、详情搜索、周边搜索、自动补全和逆地理编码等功能。页面上提供了多个按钮，用户点击这些按钮，会触发相应的地图服务API调用，如查询特定地点的详细信息、在地图上选择一个地点、根据输入的文本进行搜索等。此外，代码还处理了权限请求，确保应用在获得位置权限后，才能执行地点相关的功能。搜索结果会显示在页面底部的文本区域，供用户查看。

- 方法aboutToAppear()的功能是在地图页面即将出现时初始化地图选项，并设置地图控制器的回调函数。当用户点击地图上的某个兴趣点（POI）时，会请求位置权限，并利用这些权限查询该兴趣点的详细信息。

```
aboutToAppear(): void {
  // 设置地图的初始选项，包括中心点的经纬度和缩放级别，以及是否启用倾斜手势
  this.mapOption = {
    position: {
      target: {
        latitude: 2.922865,  // 纬度
        longitude: 101.58584 // 经度
      },
      zoom: 10 // 地图缩放级别
    },
    tiltGesturesEnabled: true // 是否允许地图倾斜手势
  };

  // 定义地图控制器的回调函数，当地图加载成功且没有错误时，会执行此回调
```

```
this.callback = async (err, mapController) => {
  if (!err) {
    this.mapController = mapController;
    // 监听地图上兴趣点（POI）的点击事件
    this.mapController?.on("poiClick", (poi) => {
      try {
        // 定义地点查询的选项，包括地点 ID、名称、位置和语言
        let option: sceneMap.LocationQueryOptions = {
          siteId: poi.id,
          name: poi.name,
          location: poi.position,
          language: 'zh',
        };
        // 创建权限管理器实例
        let atManager: abilityAccessCtrl.AtManager = abilityAccessCtrl.
          createAtManager();
        // 请求用户授权位置
        atManager.requestPermissionsFromUser(getContext() as common.
          UIAbilityContext, ['ohos.permission.LOCATION', 'ohos.permission.
          APPROXIMATELY_LOCATION'])
          .then(() => {
            // 请求权限成功后，查询兴趣点的详细信息
            sceneMap.queryLocation(getContext() as common.UIAbilityContext,
              option).then(() => {
              console.info(this.TAG, "queryLocation success:");
            }).catch((err: BusinessError) => {
              // 查询地点详情失败时的处理
              console.error(this.TAG, "queryLocation fail err=" + JSON.
                stringify(err));
            });
          }).catch((err: BusinessError) => {
            // 请求权限失败时的处理
            console.error(`Failed to request permissions from user. Code is
              ${err.code}, message is ${err.message}`);
          });
      } catch (err) {
        // 捕获其他异常
        console.error(this.TAG, "queryLocation fail err=" + JSON.
          stringify(err));
      }
    });
  }
};
}
```

- build()是地图应用中的一个页面布局构建函数，用于定义页面的UI布局，它可以创建一个

包含地图组件和多个功能按钮的布局，这些按钮用于触发不同的地图服务功能。

```
build() {
  // 使用 Stack 布局来垂直堆叠内容
  Stack() {
    Column() {
      // 在页面中添加地图组件，设置其宽度为100%，高度为页面的85%
      MapComponent({ mapOptions: this.mapOption, mapCallback: this.callback })
        .width('100%')
        .height('85%')

      // 使用 Row 布局来水平排列按钮
      Row() {
        // 添加一个按钮，点击时会查询地点详情
        Button() {
          Text('queryLocation').fontSize(20).fontWeight(FontWeight.Bold)
        }
        .type(ButtonType.Capsule)
        .margin({ top: 30 })
        .backgroundColor('#0D9FFB')
        .width('45%')
        .height('5%')
        .onClick(() => {
          // 按钮点击事件处理函数，请求位置权限并查询地点详情
          try {
            let option: sceneMap.LocationQueryOptions = {
              name: 'Beihai Park',    // 地点名称
              location: { latitude: 39.925653, longitude: 116.389264 },
                // 地点坐标
              address: 'No. 1, Wenjin Street, Xian Gate, Xicheng District,
                Beijing, China',      // 地点地址
              language: 'zh'          // 查询使用的语言
            };
            // 请求位置权限
            let atManager: abilityAccessCtrl.AtManager = abilityAccessCtrl.
              createAtManager();
            atManager.requestPermissionsFromUser(getContext() as common.
              UIAbilityContext, ['ohos.permission.LOCATION', 'ohos.permission.
              APPROXIMATELY_LOCATION'])
              .then(() => {
                sceneMap.queryLocation(getContext() as common.
                  UIAbilityContext, option).then(() => {
                  console.info(this.TAG, "queryLocation success:");
                }).catch((err: BusinessError) => {
                  console.error(this.TAG, "queryLocation fail err=" + JSON.
                    stringify(err));
```

```
          });
        })
        .catch((err: BusinessError) => {
          console.error(`Failed to request permissions from user. Code
            is ${err.code}, message is ${err.message}`);
        });
    } catch (err) {
      console.error(this.TAG, "queryLocation fail err=" + JSON.
        stringify(err));
    }
  })

  // 添加另一个按钮，点击时会打开地图选点功能
  Button() {
    Text('chooseLocation').fontSize(20).fontWeight(FontWeight.Bold)
  }
  .type(ButtonType.Capsule)
  .margin({ top: 30, left: 12 })
  .backgroundColor('#0D9FFB')
  .width('45%')
  .height('5%')
  .onClick(() => {
    // 按钮点击事件处理函数，请求位置权限并打开地图选点功能
    let atManager: abilityAccessCtrl.AtManager = abilityAccessCtrl.
      createAtManager();
    atManager.requestPermissionsFromUser(getContext() as common.
      UIAbilityContext, ['ohos.permission.LOCATION', 'ohos.permission.
      APPROXIMATELY_LOCATION'])
      .then(() => {
        sceneMap.chooseLocation(getContext() as common.UIAbilityContext,
          {}).then(() => {
          console.info(this.TAG, "chooseLocation success:");
        }).catch((err: BusinessError) => {
          console.error(this.TAG, "chooseLocation fail err=" + JSON.
            stringify(err));
        });
      }).catch((err: BusinessError) => {
        console.error(`Failed to request permissions from user. Code is
          ${err.code}, message is ${err.message}`);
      });
  })
}

}.width('100%')

// 继续使用 Column 布局来垂直排列搜索相关的按钮
```

```
Column({ space: 12 }) {
  // 添加文本搜索按钮
  Button() {
    Text('TextSearch').fontSize(14).fontWeight(FontWeight.Bold)
  }
  // ...
  // 省略其他按钮的代码，它们的功能包括详情搜索、周边搜索、自动补全和逆地理编码
  // ...

}.margin({ left: 12, top: 12 }).width('40%')

// 使用 Row 布局来居中显示提示文本
Row() {
  Text(this.tipText)
    // ...
    // 省略文本样式的代码
    // ...
}
.align(Alignment.Center)
.margin({ left: 1, top: 20, right: 1, bottom: 20 })
// ...
// 省略显示提示文本的代码
// ...
}.height('100%')
.alignContent(Alignment.TopStart)
}
```

（2）文件src/main/ets/pages/MapControllerDemo.ets是一个地图控制器演示页面，展示了如何使用地图服务的API来控制地图的各种行为，包括移动相机视角、设置地图的缩放、启用或禁用倾斜手势、显示或隐藏交通信息、建筑物显示、定位图层样式和状态，以及投影转换等。页面中提供了一系列的按钮，用户可以通过点击这些按钮来触发相应的地图操作。页面底部会实时显示操作的结果或状态。

（3）文件src/main/ets/pages/NaviDemo.ets是一个导航演示页面（NaviDemo），提供了一系列的按钮来触发不同的导航服务API调用，包括步行、骑行和驾车路线规划，以及路径贴合（snapToRoads）和矩阵计算（如步行、骑行和驾车矩阵）。当用户点击相应的按钮后，页面会调用华为地图服务的导航API来获取路线规划结果，并将结果显示在页面底部的文本区域。

（4）文件src/main/ets/pages/OverlayDemo.ets是一个覆盖物（Overlay）演示页面（Overlay Demo），展示了如何在地图上添加和管理不同类型的覆盖物，包括标记（Marker）、圆形（MapCircle）、折线（MapPolyline）和多边形（MapPolygon）。页面中提供了四个按钮，分别用于触发添加和操作这些覆盖物的功能。每个操作都会通过异步函数来执行，并在页面底部的文本区域显示操作结果或状态。另外，代码中还包含一些私有辅助函数，用于实现覆盖物的添加、移动、改变

样式和删除等操作。同时，还定义了一个sleep()函数，用于在操作之间提供必要的时延。

（5）文件 src/main/ets/pages/StaticMapDemo.ets 是一个静态地图演示页面（StaticMapDemo），提供了一个按钮来触发静态地图图片的生成。当用户点击"获取静态地图"按钮时，页面会调用华为地图服务的静态地图 API 来获取一张静态地图图片，并将其显示在页面上。如果获取成功，这张图片会覆盖在之前显示的图片上；如果失败，则会在控制台输出错误信息。

```
import { staticMap } from '@kit.MapKit'; // 导入静态地图模块

// 定义静态地图演示页面结构体
@Entry
@Component
struct StaticMapDemo {
  private TAG = "OHMapSDK_StaticMapDemo"; // 定义标签，用于日志输出
  @State image?: PixelMap = undefined;      // 定义一个状态变量，用于存储静态地图图片

  // 页面构建函数
  build() {
    Stack() {
      Column() {
        // 显示静态地图图片
        Image(this.image)
          .width('95%')
          .height(350)
          .fitOriginalSize(false)
          .border({ width: 1 })
          .borderStyle(BorderStyle.Dashed)
          .objectFit(ImageFit.Contain)

        // 构建按钮行
        Row() {
          // 添加"获取静态地图"按钮
          Button("getStaticMap")
            .fontSize(12)
            .margin({ left: 6 })
            .onClick(async () => {
              console.info(this.TAG, "getStaticMap before"); // 打印日志

              try {
                // 定义静态地图选项
                let option: staticMap.StaticMapOptions = {
                  location: {
                    latitude: 50,   // 纬度
                    longitude: 126 // 经度
                  },
                  zoom: 2,              // 缩放级别
```

```
            imageWidth: 512,      // 图片宽度
            imageHeight: 512,     // 图片高度
            scale: 2 // 缩放比例
          };

          // 调用静态地图 API 获取图片
          await staticMap.getMapImage(option).then((value) => {
            this.image = value; // 更新图片状态
            console.info(this.TAG, "getStaticMap success image=" +
              this.image); // 打印成功日志
          });
        } catch (err) {
          console.error(this.TAG, "getStaticMap fail err=" + JSON.
            stringify(err)); // 打印错误日志
        }
      })
    }.margin({ top: 12 })
  }.width('100%')
}.height('100%')
}
}
```

至此，本项目的核心功能介绍完毕。代码执行后，会显示各种地图功能，效果如图 5-4 所示。

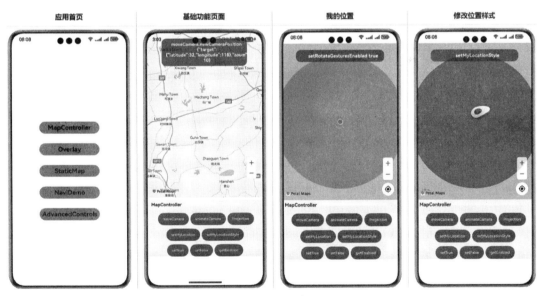

图 5-4　地图功能页面

具体来说，本项目提供了以下主要功能。

● 地图展示与操作：能够展示地图，并允许用户进行基本的地图操作，如移动、缩放和旋转。

● 覆盖物添加与管理：用户可以在地图上添加和管理各种覆盖物，包括标记、圆形、折线和多边形。这些覆盖物既可以被定制样式、移动位置、更改属性，也可以被删除。

- 静态地图生成：提供了生成静态地图图片的功能，用户可以通过指定地点和缩放级别来获取特定区域的静态地图。

- 路径规划：支持步行、骑行和驾车路线规划，提供了路径规划的结果，并能显示路径纠正和批量路径规划的结果。

- 高级控件：包含地点详情控件和地图选点控件，用户可以使用这些控件进行地点查询和选择。

- 搜索功能：提供了关键字搜索、逆地理搜索、周边搜索和自动补全功能，用户可以搜索特定地点或地址，并获取搜索结果。

- 权限请求：在需要时会请求用户授权位置，以确保地图服务的正常使用。

- 状态反馈：执行操作时会在控制台输出日志，并在用户界面显示操作结果或状态，如操作成功或失败的提示信息。

 健身计步器

本案例使用位置服务和传感器技术实现了一个健身计步器系统，分别实现了步数追踪和位置信息展示功能。项目使用HarmonyOS的DSL语法构建了清晰且美观的界面，包括任务完成状态、当前步数、起始位置和当前位置等信息的展示。通过各个模块之间的紧密协作，该系统实现了步数目标的设置、实时步数展示、位置信息获取，并在任务完成状态界面提供了对用户友好的交互体验。同时，项目中还使用了常量定义、日志记录等工具类，显著提高了代码的可维护性和可读性。

案例5-4 健身计步器（源码路径：codes\5\PedometerApp）

（1）文件src/main/ets/common/constants/CommonConstants.ets定义了一组常量，被广泛应用于程序中的各种功能。这些常量涵盖请求权限、文件存储路径、服务名称、通知标题、事件ID、通知ID、时间间隔等多个方面，同时还包括与位置相关的常量，如位置优先级、使用场景、距离间隔等。此外，该文件还定义了与界面显示和进度相关的常量，以及与步数和位置数据处理相关的键值和标签。这些常量的使用范围涉及应用程序的各个模块，显著提高了代码的可维护性和可读性。

（2）文件src/main/ets/common/utils/LocationUtil.ets定义了类LocationUtil，用于处理地理位置相关的功能。它导入了@ohos.geoLocationManager模块，并通过该模块提供的接口实现了地理位置的监听和取消监听功能。geolocationOn方法用于开启位置监听，配置监听参数并处理位置变化回调，而geolocationOff方法则用于关闭位置监听。

```
import geoLocationManager from '@ohos.geoLocationManager';

class LocationUtil {
  geolocationOn(locationChange: (location: geoLocationManager.Location) =>
    void): void {
```

```
    let requestInfo: geoLocationManager.LocationRequest = {
      'priority': 0x203,
      'scenario': 0x300,
      'timeInterval': 0,
      'distanceInterval': 0,
      'maxAccuracy': 0
    }
    try {
      geoLocationManager.on('locationChange', requestInfo, locationChange);
    } catch (err) {
      console.error("locationChange error:" + JSON.stringify(err));
    }
  }

  geolocationOff(): void {
    geoLocationManager.off('locationChange');
  }
}

let locationUtil = new LocationUtil();

export default locationUtil as LocationUtil;
```

（3）文件src/main/ets/common/utils/StepsUtil.ets定义了一个工具类，它通过整合@ohos.app.ability.common 和@ohos.data.preferences 等模块，提供了处理步数相关功能的方法。该类包含创建偏好设置、计算进度值、存储和获取偏好设置数据、清除步数相关数据等功能，以便在应用中管理和操作步数信息。同时，通过导出实例，使其在其他模块中可以被轻松引用。

```
import common from '@ohos.app.ability.common';
import data_preferences from '@ohos.data.preferences';
import { CommonConstants } from '../constants/CommonConstants';
import { GlobalContext } from './GlobalContext';
import Logger from './Logger';

const TAG: string = 'StepsUtil';
const PREFERENCES_NAME = 'myPreferences';

export class StepsUtil {
  createStepsPreferences(context: common.UIAbilityContext) {
    let preferences: Promise<data_preferences.Preferences> = data_preferences.
      getPreferences(context, PREFERENCES_NAME);
    GlobalContext.getContext().setObject('getStepsPreferences', preferences)
  }

  getProgressValue(setSteps: number, currentSteps: number): number {
```

```
    let progressValue: number = 0;
    if (setSteps > 0 && currentSteps > 0) {
      progressValue = Math.round((currentSteps / setSteps) * CommonConstants.
        ONE_HUNDRED);
    }
    return progressValue;
  }

  putStorageValue(key: string, value: string) {
    GlobalContext.getContext().getObject('getStepsPreferences')?.
      then((preferences: data_preferences.Preferences) => {
      preferences.put(key, value).then(() => {
        Logger.info(TAG, 'Storage put succeeded, key:' + key);
      }).catch((err: Error) => {
        Logger.error(TAG, 'Failed to put the value of startup with err: ' +
          JSON.stringify(err));
      })
    }).catch((err: Error) => {
      Logger.error(TAG, 'Failed to get the storage with err:' + JSON.stringify(err));
    })
  }

  async getStorageValue(key: string): Promise<string> {
    let ret: data_preferences.ValueType = '';
    const preferences: data_preferences.Preferences | undefined = await
      GlobalContext.getContext().getObject('getStepsPreferences');
    if(preferences) {
      ret = await preferences?.get(key, ret);
    }
    return String(ret);
  }

  CleanStepsData(): void {
    this.putStorageValue(CommonConstants.OLD_STEPS, '');
    this.putStorageValue(CommonConstants.IS_START, CommonConstants.FALSE);
    this.putStorageValue(CommonConstants.START_POSITION, '');
    this.putStorageValue(CommonConstants.PROGRESS_VALUE_TAG, CommonConstants.
      INITIALIZATION_VALUE);
  }

  checkStrIsEmpty(str: string): boolean {
    return str?.trim().length === 0;
  }
}

let stepsUtil = new StepsUtil();
```

```
export default stepsUtil as StepsUtil;
```

对上述代码的具体说明如下。

● createStepsPreferences(context: common.UIAbilityContext): void：用于在应用上下文中创建步数相关的偏好设置，并将其保存在全局上下文中。

● getProgressValue(setSteps: number, currentSteps: number): number：计算并返回给定设定步数和当前步数的进度值。

● putStorageValue(key: string, value: string): void：将键值对存储到偏好设置中，使用全局上下文中保存的偏好设置实例。

● async getStorageValue(key: string): Promise<string>：从偏好设置中获取指定键的值，返回一个Promise。

● CleanStepsData(): void：清除步数相关的存储数据，包括旧步数、启动状态、起始位置和进度值等。

● checkStrIsEmpty(str: string): boolean：检查给定字符串是否为空（包括只包含空格的情况），并返回布尔值。

（4）文件 src/main/ets/view/CompletionStatus.ets 是一个视图结构组件，依赖 CommonConstants 常量、InputDialog 组件、Logger 和 StepsUtil 工具类。该组件通过 @Link 和 @Consume 注解建立了属性的数据关联。

（5）文件 src/main/ets/view/CurrentSituation.ets 定义了一个 HarmonyOS 视图结构组件，用于展示当前步数、起始位置和当前位置的信息。该组件通过 DSL 语法构建了一个具有良好可读性和美观性的 UI 布局，其中包括描述性文本、显示文本和分隔线等元素。通过属性和样式的定义，实现了灵活的信息展示和界面样式设置，使用户能够直观地了解当前的步数和位置情况。

```
import { CommonConstants } from '../common/constants/CommonConstants';

@Component
export struct CurrentSituation {
  @Prop currentSteps: string = '';
  @Prop startPosition: string = '';
  @Prop currentLocation: string = '';

  @Styles descriptionTextStyle(){
    .width($r('app.float.description_text_width'))
    .height($r('app.float.description_text_height'))
  }
  @Styles displayTextStyle(){
    .width($r('app.float.display_text_width'))
    .height($r('app.float.display_text_height'))
  }
```

```
build() {
  Row() {
    Column() {
      Text($r('app.string.walking_data'))
        .width(CommonConstants.FULL_WIDTH)
        .height($r('app.float.walling_height'))
        .fontSize($r('app.float.walling_text_font'))
        .fontColor($r('app.color.step_text_font'))
        .fontWeight(CommonConstants.SMALL_FONT_WEIGHT)
        .textAlign(TextAlign.Start)
        .margin({
          top: $r('app.float.walling_margin_top'),
          bottom: $r('app.float.walling_margin_bottom'),
          left: $r('app.float.walling_margin_left')
        })

      Row() {
        Text($r('app.string.current_steps'))
          .descriptionTextStyle()
          .fontSize($r('app.float.current_steps_font'))
          .fontColor($r('app.color.steps_text_font'))
          .fontWeight(CommonConstants.BIG_FONT_WEIGHT)
          .textAlign(TextAlign.Start)

        Text($r('app.string.step', this.currentSteps))
          .displayTextStyle()
          .fontSize($r('app.float.record_steps_font'))
          .fontColor($r('app.color.step_text_font'))
          .fontWeight(CommonConstants.BIG_FONT_WEIGHT)
          .textAlign(TextAlign.Start)
      }
      .width(CommonConstants.FULL_WIDTH)
      .height($r('app.float.current_row_height'))
      .margin({
        top: $r('app.float.current_margin_top'),
        bottom: $r('app.float.current_margin_bottom'),
        left: $r('app.float.current_margin_left')
      })

      Divider()
        .vertical(false)
        .color($r('app.color.divider'))
        .strokeWidth(CommonConstants.DIVIDER_STROKE_WIDTH)
        .margin({
```

```
      left: $r('app.float.divider_margin_left'),
      right: $r('app.float.divider_margin_right')
  })

  Row() {
    Text($r('app.string.start_position'))
      .descriptionTextStyle()
      .fontSize($r('app.float.start_position_font'))
      .fontColor($r('app.color.steps_text_font'))
      .fontWeight(CommonConstants.BIG_FONT_WEIGHT)
      .textAlign(TextAlign.Start)

    Text(this.startPosition)
      .displayTextStyle()
      .fontSize($r('app.float.position_font_size'))
      .fontColor($r('app.color.step_text_font'))
      .fontWeight(CommonConstants.BIG_FONT_WEIGHT)
      .textAlign(TextAlign.Start)
      .textOverflow({ overflow: TextOverflow.Ellipsis })
      .maxLines(CommonConstants.MAX_LINE)
  }
  .width(CommonConstants.FULL_WIDTH)
  .height($r('app.float.start_position_height'))
  .margin({
    top: $r('app.float.position_margin_top'),
    bottom: $r('app.float.position_margin_bottom'),
    left: $r('app.float.position_margin_left')
  })

  Divider()
    .vertical(false)
    .color($r('app.color.divider'))
    .strokeWidth(CommonConstants.DIVIDER_STROKE_WIDTH)
    .margin({
      left: $r('app.float.divider_margin_left'),
      right: $r('app.float.divider_margin_right')
    })

  Row() {
    Text($r('app.string.current_location'))
      .descriptionTextStyle()
      .fontSize($r('app.float.location_font_size'))
      .fontColor($r('app.color.steps_text_font'))
      .fontWeight(CommonConstants.BIG_FONT_WEIGHT)
      .textAlign(TextAlign.Start)
```

```
        Text(this.currentLocation)
          .displayTextStyle()
          .fontSize($r('app.float.current_font_size'))
          .fontColor($r('app.color.step_text_font'))
          .fontWeight(CommonConstants.BIG_FONT_WEIGHT)
          .textAlign(TextAlign.Start)
          .textOverflow({ overflow: TextOverflow.Ellipsis })
          .maxLines(CommonConstants.MAX_LINE)
      }
      .width(CommonConstants.FULL_WIDTH)
      .height($r('app.float.current_location_height'))
      .margin({
        top: $r('app.float.location_margin_top'),
        bottom: $r('app.float.location_margin_bottom'),
        left: $r('app.float.location_margin_left')
      })
    }
    .width(CommonConstants.SITUATION_WIDTH)
    .borderRadius($r('app.float.situation_border_radius'))
    .backgroundColor(Color.White)
  }
  .width(CommonConstants.FULL_WIDTH)
  .height($r('app.float.current_situation_height'))
  .margin({ top: $r('app.float.situation_margin_top') })
  .justifyContent(FlexAlign.Center)
  }
}
```

上述代码的具体说明如下。

● 属性定义：通过 @Prop 注解定义了三个属性，即 currentSteps（当前步数）、startPosition（起始位置）、currentLocation（当前位置）。

● 样式定义：使用 @Styles 注解定义了两个样式，即 descriptionTextStyle 和 displayTextStyle，分别设置了描述文本和显示文本的宽度、高度。

● UI 构建：使用 HarmonyOS 的 DSL 语法构建了一个 UI 布局，包括描述性文本、显示文本和分隔线等。三个信息（当前步数、起始位置、当前位置）分别以垂直排列的方式展示，每个信息包括一个描述性文本和一个显示文本。

● 文本样式设置：使用 Text 组件展示文本信息，设置了字体大小、颜色、粗细、对齐方式等样式。对于显示文本，通过 displayTextStyle 定义的样式设置了宽度和高度。

● 分隔线设置：使用 Divider 组件绘制分隔线，设置了颜色、宽度和边距。

● 整体样式设置：对整体布局设置了宽度、高度、边距、圆角和背景颜色等样式。

（6）文件 src/main/ets/view/InputDialog.ets 定义了一个名为 InputDialog 的自定义对话框组件，

适用于用户输入数据的场景。该组件包含一个输入框，用户可以在其中输入内容，并提供取消和确认按钮以执行相应操作。

```
import { CommonConstants } from '../common/constants/CommonConstants';

@CustomDialog
export default struct InputDialog {
  @Consume stepGoal: string;
  controller?: CustomDialogController;
  cancel?: () => void;
  confirm?: () => void;

  build() {
    Column() {
      Text($r('app.string.steps'))
        .width(CommonConstants.FULL_WIDTH)
        .height($r('app.float.input_text_height'))
        .fontSize($r('app.float.input_text_font_size'))
        .fontColor($r('app.color.step_text_font'))
        .fontWeight(CommonConstants.BIG_FONT_WEIGHT)
        .textAlign(TextAlign.Start)
        .margin({
          top: $r('app.float.input_margin_top'),
          bottom: $r('app.float.input_margin_bottom'),
          left: $r('app.float.input_margin_left')
        })

      TextInput({ placeholder: this.stepGoal === '' ? $r('app.string.
        placeholder') : this.stepGoal })
        .width(CommonConstants.FULL_WIDTH)
        .type(InputType.Number)
        .fontSize($r('app.float.input_font_size'))
        .alignSelf(ItemAlign.Start)
        .backgroundColor(Color.White)
        .margin({
          top: $r('app.float.text_margin_top'),
          bottom: $r('app.float.text_margin_bottom')
        })
        .onChange((value: string) => {
          this.stepGoal = value;
        })

      Divider()
        .width(CommonConstants.DIVIDER_WIDTH)
        .height($r('app.float.divider_height'))
        .vertical(false)
```

```
      .color($r('app.color.divider'))
      .strokeWidth(CommonConstants.DIVIDER_STROKE_WIDTH)

  Row() {
    Text($r('app.string.cancel'))
      .width($r('app.float.text_width'))
      .height($r('app.float.text_height'))
      .fontColor($r('app.color.input_text_font'))
      .fontWeight(CommonConstants.BIG_FONT_WEIGHT)
      .fontSize($r('app.float.text_font_size'))
      .textAlign(TextAlign.Center)
      .margin({ right: $r('app.float.text_margin_right') })
      .onClick(() => {
        if(this.controller) {
          this.controller.close();
        }
        if(this.cancel) {
          this.cancel();
        }
      })

    Divider()
      .height($r('app.float.divider_height'))
      .vertical(true)
      .color($r('app.color.divider'))
      .strokeWidth(CommonConstants.DIVIDER_STROKE_WIDTH)

    Text($r('app.string.confirm'))
      .width($r('app.float.text_width'))
      .height($r('app.float.text_height'))
      .fontColor($r('app.color.input_text_font'))
      .fontWeight(CommonConstants.BIG_FONT_WEIGHT)
      .fontSize($r('app.float.text_font_size'))
      .textAlign(TextAlign.Center)
      .margin({ left: $r('app.float.text_margin_left') })
      .fontColor($r('app.color.input_text_font'))
      .onClick(() => {
        if(this.controller) {
          this.controller.close();
        }
        if(this.confirm) {
          this.confirm();
        }
      })
  }
  .margin({
```

```
      top: $r('app.float.row_margin_top'),
      bottom: $r('app.float.row_margin_bottom'),
      left: $r('app.float.row_margin_left')
    })
  }
  .width(CommonConstants.DIALOG_WIDTH)
  .borderRadius($r('app.float.dialog_border_radius'))
  .backgroundColor(Color.White)
}
}
```

（7）文件 src/main/ets/pages/HomePage.ets 是一个名为 HomePage 的 HarmonyOS 应用页面。该
页面主要功能包括获取计步和地理位置信息，提供开始/停止计步的按钮，并展示当前计步进度和
位置信息。通过初始化、权限请求和事件处理，实现了与传感器、地理位置管理和其他模块的交互，
为用户提供计步和位置监控的功能。

```
const TAG: string = 'HomePage';

@Entry
@Component
struct HomePage {
  @State currentSteps: string = CommonConstants.INITIALIZATION_VALUE;
  @Provide stepGoal: string = '';
  @State oldSteps: string = '';
  @State startPosition: string = '';
  @State currentLocation: string = '';
  @State locale: string = new Intl.Locale().language;
  @State latitude: number = 0;
  @State longitude: number = 0;
  @State progressValue: number = 0;
  @State isStart: boolean = false;
  private context: common.UIAbilityContext = getContext(this) as common.
    UIAbilityContext;

  onPageShow() {
    this.init();
    this.requestPermissions();
  }

  onPageHide() {
    sensor.off(sensor.SensorId.PEDOMETER);
  }

  init() {
    StepsUtil.getStorageValue(CommonConstants.IS_START).then((res: string) => {
```

```
  if (res === CommonConstants.TRUE) {
    this.isStart = true;
    StepsUtil.getStorageValue(CommonConstants.CURRENT_STEPS).then((res:
      string) => {
      if (StepsUtil.checkStrIsEmpty(res)) {
        return;
      }
      this.currentSteps = res;
    });

    StepsUtil.getStorageValue(CommonConstants.PROGRESS_VALUE_TAG).
      then((res: string) => {
      if (StepsUtil.checkStrIsEmpty(res)) {
        return;
      }
      this.progressValue = NumberUtil._parseInt(res, 10);
    });

    StepsUtil.getStorageValue(CommonConstants.START_POSITION).then((res:
      string) => {
      if (StepsUtil.checkStrIsEmpty(res)) {
        return;
      }
      this.startPosition = res;
    });

    StepsUtil.getStorageValue(CommonConstants.OLD_STEPS).then((res:
      string) => {
      if (StepsUtil.checkStrIsEmpty(res)) {
        return;
      }
      this.oldSteps = res;
    });
  } else {
    this.isStart = false;
  }
})

StepsUtil.getStorageValue(CommonConstants.STEP_GOAL).then((res: string) => {
  if (StepsUtil.checkStrIsEmpty(res)) {
    return;
  }
  this.stepGoal = res;
});
}
```

```
requestPermissions(): void {
  let atManager = abilityAccessCtrl.createAtManager();
  try {
    atManager.requestPermissionsFromUser(this.context, CommonConstants.
      REQUEST_PERMISSIONS).then((data) => {
      if (data.authResults[0] !== 0 || data.authResults[1] !== 0) {
        return;
      }
      const that = this;
      try {
        sensor.on(sensor.SensorId.PEDOMETER, (data) => {
          try {
            if (that.isStart) {
              if (StepsUtil.checkStrIsEmpty(that.oldSteps)) {
                that.oldSteps = data.steps.toString();
                StepsUtil.putStorageValue(CommonConstants.OLD_STEPS, that.
                  oldSteps);
              } else {
                that.currentSteps = (data.steps - NumberUtil._parseInt(that.
                  oldSteps, 10)).toString();
              }
            } else {
              that.currentSteps = data.steps.toString();
            }

            if (StepsUtil.checkStrIsEmpty(that.stepGoal) || !that.isStart) {
              return;
            }
            StepsUtil.putStorageValue(CommonConstants.CURRENT_STEPS, that.
              currentSteps);
            that.progressValue = StepsUtil.getProgressValue(NumberUtil._
              parseInt(that.stepGoal, 10),
              NumberUtil._parseInt(that.currentSteps, 10));
            StepsUtil.putStorageValue(CommonConstants.PROGRESS_VALUE_TAG,
              String(that.progressValue));
          } catch (err) {
            Logger.error(TAG, 'Sensor on err' + JSON.stringify(err));
          }
        }, { interval: CommonConstants.SENSOR_INTERVAL });

      } catch (err) {
        console.error('On fail, errCode: ' + JSON.stringify(err));
      }

      LocationUtil.geolocationOn((location: geoLocationManager.Location) =>
{
```

```
        if (this.latitude === location.latitude && this.longitude ===
          location.longitude) {
          return;
        }
        this.latitude = location.latitude;
        this.longitude = location.longitude;
        let reverseGeocodeRequest: geoLocationManager.ReverseGeoCodeRequest = {
          'locale': this.locale.toString().includes('zh') ? 'zh' : 'en',
          'latitude': this.latitude,
          'longitude': this.longitude
        };
        geoLocationManager.getAddressesFromLocation(reverseGeocodeRequest).
          then(data => {
          if (data[0].placeName) {
            this.currentLocation = data[0].placeName;
          }
        }).catch((err: Error) => {
          Logger.error(TAG, 'GetAddressesFromLocation err ' + JSON.
            stringify(err));
        });
      });
    }).catch((err: Error) => {
      Logger.error(TAG, 'requestPermissionsFromUser err' + JSON.
        stringify(err));
    })
  } catch (err) {
    Logger.error(TAG, 'requestPermissionsFromUser err' + JSON.
      stringify(err));
  }
}

build() {
  Stack({ alignContent: Alignment.TopStart }) {
    CompletionStatus({
      progressValue: $progressValue
    })

    CurrentSituation({
      currentSteps: this.currentSteps,
      startPosition: this.startPosition,
      currentLocation: this.currentLocation
    })

    Row() {
      Button(this.isStart ? $r('app.string.stop') : $r('app.string.start'))
        .width($r('app.float.start_button_width'))
```

```
        .height($r('app.float.start_button_height'))
        .borderRadius($r('app.float.start_button_radius'))
        .backgroundColor($r('app.color.button_background'))
        .fontSize($r('app.float.start_font_size'))
        .fontColor(Color.White)
        .fontWeight(CommonConstants.BIG_FONT_WEIGHT)
        .onClick(() => {
          if (this.isStart) {
            this.isStart = false;
            this.oldSteps = '';
            StepsUtil.CleanStepsData();
            BackgroundUtil.stopContinuousTask(this.context);
          } else {
            if (this.stepGoal === '' || this.currentLocation === '') {
              promptAction.showToast({ message: CommonConstants.WAIT });
            } else {
              this.isStart = true;
              this.startPosition = this.currentLocation;
              StepsUtil.putStorageValue(CommonConstants.START_POSITION,
                this.startPosition);
              this.currentSteps = CommonConstants.INITIALIZATION_VALUE;
              this.progressValue = 0;
              BackgroundUtil.startContinuousTask(this.context);
            }
          }
          StepsUtil.putStorageValue(CommonConstants.IS_START, String(this.
            isStart));
        })
    }
    .width(CommonConstants.FULL_WIDTH)
    .height($r('app.float.button_height'))
    .margin({ top: $r('app.float.button_margin_top') })
    .justifyContent(FlexAlign.Center)
  }
  .width(CommonConstants.FULL_WIDTH)
  .height(CommonConstants.FULL_HEIGHT)
  .backgroundColor(Color.White)
  }
}
```

上述代码的具体说明如下。

• 首先，定义了名为 HomePage 的 HarmonyOS 应用页面，其中声明了多个状态变量，用于存储当前步数、目标步数、旧步数、起始位置、当前位置等信息。

• 其次，在 onPageShow() 函数中初始化页面，并调用 requestPermissions 请求用户权限，包括传感器和地理位置权限。在获得权限后，通过 sensor.on 注册计步传感器监听器，实时获取计步数据，同时通过 LocationUtil.geolocationOn 监听地理位置变化。

· 最后，通过 build() 函数构建页面布局，包括展示计步进度和当前位置的组件，并提供开始/停止计步的按钮。按钮点击事件会触发相应的逻辑，包括启动/停止计步、清除步数数据等，并通过 BackgroundUtil 在后台执行相关任务，实现计步功能的持续监测。

代码执行效果如图 5-5 所示。

图 5-5　代码执行效果

共享单车骑行系统

随着城市化进程的加速和生活节奏的加快，城市交通拥堵和环境污染问题日益凸显。为了缓解这些问题，同时为市民提供更加便捷、环保的出行方式，共享单车应运而生。共享单车凭借其灵活的租赁方式、经济实惠的价格和对环境友好的特点，迅速在全球范围内流行，成为城市交通体系的重要组成部分。

然而，随着共享单车的普及，用户在使用过程中也遇到了诸多不便，如找车困难、解锁过程烦琐、实时信息获取不畅等。为了提升用户体验，提高共享单车的使用效率，我们开发了"共享单车骑行系统"，旨在通过技术创新，为用户提供更好的骑行体验。

"共享单车骑行系统"是一款集成了扫码解锁、地图找车、实况通知等功能的智能应用。它通过利用最新的 ScanKit、MapKit、LiveViewKit 等技术，为用户提供了一个直观且高效的骑行服务平台。该系统不仅能够简化用户的骑行流程，还能实时更新骑行状态，让用户能够全面掌控每一次出行。

本项目的功能特点如下。

● 便捷扫码解锁：借助 ScanKit 技术，用户只需扫描二维码即可快速解锁自行车，大大缩短了骑行前的准备时间。

● 智能地图找车：利用 MapKit 的地图服务，用户可以轻松定位到附近的共享单车，并通过路线规划功能快速找到车辆。

● 实况通知：LiveViewKit 技术支持实况窗（Live View）功能，为用户提供实时的骑行信息，包括骑行时间、费用计算等，确保用户对骑行状态有清晰的了解。

● 流畅的用户界面：系统设计注重用户体验，提供了直观的操作界面和流畅的交互流程，使整个骑行过程变得简单而愉悦。

● 全面的权限管理：系统严格遵守隐私和安全标准，合理申请和使用权限，确保用户数据的安全以及应用的稳定运行。

要想实现本项目的实况窗和地图定位功能，需要在 AGC（应用云服务）上开通推送权限和地图权限。此外，还需要获取如下 HarmonyOS 权限。

● 定位权限：ohos.permission.LOCATION。

● 前台大概位置权限：ohos.permission.APPROXIMATELY_LOCATION。

● 后台运行时获取设备位置权限：ohos.permission.LOCATION_IN_BACKGROUND。

● 网络权限：ohos.permission.INTERNET。

● 数据网络信息权限：ohos.permission.GET_NETWORK_INFO。

● 相机权限：ohos.permission.CAMERA。

总之，"共享单车骑行系统"的开发不仅响应了绿色出行的环保理念，也为城市交通提供了一种新的解决方案。我们相信，通过不断的技术创新和优化，该系统将为用户带来更加舒适和便捷的骑行体验，成为城市生活中不可或缺的一部分。

案例 5-5　共享单车骑行系统（源码路径：codes\5\Bicycle）

（1）文件 src/main/ets/constants/CyclingConstants.ets 定义了一个名为 CyclingConstants 的类，该类包含"共享单车骑行系统"项目中使用的各种常量。这些常量被用于整个应用的不同部分，以保持代码的一致性和可维护性。

（2）文件 src/main/ets/utils/MapUtil.ets 定义了一个名为 MapUtil 的工具类，提供了与地图相关的实用功能，包括初始化地图、获取步行路线、绘制路线、添加标记及检查权限。MapUtil 类使用了 MapKit、LocationKit 和 AbilityKit 等工具包来实现其功能，并且通过 Logger 来记录日志信息。

```
export class MapUtil {
```

```
/**
 * 使用当前位置初始化地图
 * @param mapController 地图控制器
 */
public static initializeMapWithLocation(mapController: map.
  MapComponentController): void {
  mapController?.setMyLocationEnabled(true);              // 启用定位图层
  mapController?.setMyLocationControlsEnabled(true); // 启用定位控件
  let requestInfo: geoLocationManager.CurrentLocationRequest = {
    'priority': geoLocationManager.LocationRequestPriority.FIRST_FIX, // 优先级
    'scenario': geoLocationManager.LocationRequestScenario.UNSET, // 场景
    'maxAccuracy': 0 // 最大精度
  };
  geoLocationManager.getCurrentLocation(requestInfo).then(async (result) =>
{
    let mapPosition: mapCommon.LatLng = // 坐标转换
      await map.convertCoordinate(mapCommon.CoordinateType.WGS84, mapCommon.
        CoordinateType.GCJ02, result);
    AppStorage.setOrCreate('longitude', mapPosition.longitude); // 保存经度
    AppStorage.setOrCreate('latitude', mapPosition.latitude);    // 保存纬度
    let cameraPosition: mapCommon.CameraPosition = {
      target: mapPosition,  // 目标位置
      zoom: 15,             // 缩放级别
      tilt: 0,              // 倾斜角度
      bearing: 0            // 朝向
    };
    let cameraUpdate = map.newCameraPosition(cameraPosition); // 创建相机位置更新
    mapController?.moveCamera(cameraUpdate); // 移动相机
  })
}

/**
 * 获取步行路线
 * @param position 目的地位置
 * @param myPosition 当前位置
 * @returns 步行路线结果
 */
public static async walkingRoutes(position: mapCommon.LatLng, myPosition?:
  mapCommon.LatLng) {
  let params: navi.RouteParams = {
    origins: [myPosition!], // 起点
    destination: position,  // 终点
    language: 'zh_CN'       // 语言
  };
  try {
    const result = await navi.getWalkingRoutes(params); // 获取步行路线
```

```
    Logger.info('naviDemo', 'getWalkingRoutes success result =' + JSON.
      stringify(result));   // 日志记录
    return result;
  } catch (err) {
    Logger.error('naviDemo', 'getWalkingRoutes fail err =' + JSON.
      stringify(err));       // 日志记录
  }
  return undefined;
}

/**
 * 绘制路线
 * @param routeResult 路线结果
 * @param mapPolyline 地图折线
 * @param mapController 地图控制器
 */
public static async paintRoute(routeResult: navi.RouteResult, mapPolyline?:
  map.MapPolyline,
  mapController?: map.MapComponentController) {
  mapPolyline?.remove();                    // 移除旧的折线
  let polylineOption: mapCommon.MapPolylineOptions = {
    points: routeResult.routes[0].overviewPolyline!, // 折线点
    clickable: true,                        // 可点击
    startCap: mapCommon.CapStyle.BUTT,      // 起点样式
    endCap: mapCommon.CapStyle.BUTT,        // 终点样式
    geodesic: false,                        // 是否为测地线
    jointType: mapCommon.JointType.BEVEL,   // 连接点类型
    visible: true,                          // 可见性
    width: 20,                              // 宽度
    zIndex: 10,                             // 层级
    gradient: false,                        // 是否渐变
    color: 0xFF2970FF                       // 颜色
  }
  mapPolyline = await mapController?.addPolyline(polylineOption); // 添加折线
}

/**
 * 添加标记
 * @param position 位置
 * @param mapController 地图控制器
 * @returns 标记
 */
public static async addMarker(position: mapCommon.LatLng,
  mapController?: map.MapComponentController): Promise<map.Marker |
    undefined> {
  let markerOptions: mapCommon.MarkerOptions = {
```

```
      position: position,      // 位置
      rotation: 0,             // 旋转角度
      visible: true,           // 可见性
      zIndex: 0,               // 层级
      alpha: 1,                // 透明度
      anchorU: 0.35,           // U 轴锚点
      anchorV: 1,              // V 轴锚点
      clickable: true,         // 可点击
      draggable: true,         // 可拖动
      flat: false              // 平面
    };
    return await mapController?.addMarker(markerOptions); // 添加标记
}

/**
 * 检查权限
 * @param mapController 地图控制器
 * @returns 是否有权限
 */
public static async checkPermissions(mapController?: map.
  MapComponentController): Promise<boolean> {
  const permissions: Permissions[] = ['ohos.permission.LOCATION', 'ohos.
    permission.APPROXIMATELY_LOCATION']; // 需要的权限
  for (let permission of permissions) {
    let grantStatus: abilityAccessCtrl.GrantStatus = await MapUtil.
      checkAccessToken(permission);        // 检查访问令牌
    if (grantStatus === abilityAccessCtrl.GrantStatus.PERMISSION_GRANTED) {
                                           // 权限被授予
      mapController?.setMyLocationEnabled(true);         // 启用定位图层
      mapController?.setMyLocationControlsEnabled(true); // 启用定位控件
      return true;
    }
  }
  return false;
}

/**
 * 检查访问令牌
 * @param permission 权限
 * @returns 权限状态
 */
public static async checkAccessToken(permission: Permissions):
  Promise<abilityAccessCtrl.GrantStatus> {
  let atManager: abilityAccessCtrl.AtManager = abilityAccessCtrl.
    createAtManager(); // 创建访问令牌管理器
  let grantStatus: abilityAccessCtrl.GrantStatus = abilityAccessCtrl.
```

```
        GrantStatus.PERMISSION_DENIED; // 默认权限状态

    let tokenId: number = 0; // 访问令牌 ID
    try {
      let bundleInfo: bundleManager.BundleInfo = // 获取应用信息
        await bundleManager.getBundleInfoForSelf(bundleManager.BundleFlag.
          GET_BUNDLE_INFO_WITH_APPLICATION);
      let appInfo: bundleManager.ApplicationInfo = bundleInfo.appInfo; // 应用
        信息
      tokenId = appInfo.accessTokenId; // 获取访问令牌 ID
    } catch (error) {
      let err: BusinessError = error as BusinessError; // 业务错误
      Logger.error(`Failed to get bundle info for self. Code is ${err.code},
        message is ${err.message}`); // 日志记录
    }
    try {
      grantStatus = await atManager.checkAccessToken(tokenId, permission); //
        检查访问令牌
    } catch (error) {
      let err: BusinessError = error as BusinessError; // 业务错误
      Logger.error(`Failed to check access token. Code is ${err.code}, message
        is ${err.message}`); // 日志记录
    }

    return grantStatus;
  }
}
```

（3）文件 src/main/ets/utils/ScanUtil.ets 定义了一个名为 ScanUtil 的工具类，提供了一个静态方法 scan 来启动二维码或条形码的扫描功能。方法 scan 使用了 ScanKit 工具包中的 scanBarcode 模块来实现扫码功能，并设置了扫码类型、是否启用多模式扫描以及是否启用相册功能。扫码成功后，会根据扫码结果进行相应的逻辑处理，如设置骑行状态并跳转到解锁页面。

```
import { scanBarcode, scanCore } from '@kit.ScanKit';
import { router } from '@kit.ArkUI';
import { CyclingConstants, CyclingStatus } from '../constants/CyclingConstants';
import { BusinessError } from '@kit.BasicServicesKit';
import Logger from './Logger';

export class ScanUtil {
  /**
   * 启动扫码功能
   * @param obj 上下文对象
   */
  public static scan(obj: Object): void {
```

```
    let options: scanBarcode.ScanOptions = {
      scanTypes: [scanCore.ScanType.ALL, scanCore.ScanType.ONE_D_CODE],
                             // 设置扫码类型
      enableMultiMode: true,  // 启用多模式扫描
      enableAlbum: true        // 启用相册功能
    };
    try {
      scanBarcode.startScanForResult(getContext(obj), options).then((result:
        scanBarcode.ScanResult) => {
        // 扫码成功，记录日志
        Logger.info('[BicycleSharing]', 'Promise scan result: %{public}s',
          JSON.stringify(result));
        // 如果扫码类型符合预设类型，设置等待解锁状态并跳转到解锁页面
        if (result.scanType === CyclingConstants.SCAN_TYPE) {
          AppStorage.setOrCreate(CyclingConstants.CYCLING_STATUS,
            CyclingStatus.WAITING_UNLOCK);
          router.pushUrl({ url: 'pages/ConfirmUnlock' });
        }
      }).catch((error: BusinessError) => {
        // 扫码失败，记录错误日志
        Logger.error(0x0001, '[BicycleSharing]', 'Promise error: %{public}s',
          JSON.stringify(error));
      });
    } catch (error) {
      // 捕获其他错误，记录错误日志
      Logger.error(0x0001, '[BicycleSharing]', 'failReason: %{public}s',
        JSON.stringify(error));
    }
  }
}
```

（4）文件 src/main/ets/liveview/LiveViewController.ets 定义了类 LiveViewController，负责管理实况窗的生命周期，包括创建、更新和重建实况窗。实况窗是一种在锁屏或桌面上显示实时信息的 UI 组件，通常用于显示骑行状态、计时、支付信息等。该类使用了 LiveViewKit、AbilityKit 等工具包来实现其功能，并与 CyclingConstants 中定义的常量进行交互，以获取文本、颜色和图标等资源。

```
type LiveView = liveViewManager.LiveView;

export class LiveViewController {
  private liveNotification?: LiveNotification;
  private liveViewData?: liveViewManager.LiveViewData;

  /**
   * 获取实况窗环境
   * @returns 实况窗环境对象
```

```
*/
public getLiveViewEnvironment() {
  return this.liveNotification?.env ?? {
    id: 0,
    event: 'RENT'
  };
}


/**
 * 重建实况窗
 * @param context 实况窗上下文
 * @param liveView 实况窗对象
 */
public rebuild(context: LiveViewContext, liveView: LiveView) {
  this.liveViewData = liveView.liveViewData;
  this.liveViewData.primary.keepTime = CyclingConstants.KEEP_TIME;
  this.liveNotification = LiveNotification.rebuild(context, liveView);
}


/**
 * 开始实况窗
 * @param context 实况窗上下文
 * @param liveViewEnvironment 实况窗环境
 * @returns 实况窗结果
 */
public async startLiveView(context: LiveViewContext,
  liveViewEnvironment?: LiveViewEnvironment): Promise<liveViewManager.
    LiveViewResult> {
  // 构建实况窗
  this.liveViewData = await LiveViewController.buildDefaultView(context);
  let env = liveViewEnvironment;
  if (!env) {
    env = {
      id: 0,
      event: 'RENT'
    };
  }
  this.liveNotification = LiveNotification.from(context, env);
  return await this.liveNotification.create(this.liveViewData);
}


/**
 * 更新实况窗
 * @param status 状态码
 * @param context 实况窗上下文
 * @returns 实况窗结果
```

```
  */
public async updateLiveView(status: number, context: LiveViewContext):
  Promise<liveViewManager.LiveViewResult> {
  // 更新实况窗
  const liveViewData = this.liveViewData!;
  switch (status) {
    case CyclingStatus.WAITING_PAYMENT:
      liveViewData.primary.title = CyclingConstants.WAITING_PAYMENT_TITLE;
      liveViewData.primary.content = [
        {
          text: CyclingConstants.WAITING_PAYMENT_CONTENT,
          textColor: CyclingConstants.CONTENT_COLOR
        }
      ];
      liveViewData.primary.clickAction = await LiveViewController.
        buildWantAgent(context.want);
      liveViewData.primary.layoutData = new TextLayoutBuilder()
        .setTitle(CyclingConstants.WAITING_PAYMENT_LAYOUT_TITLE)
        .setContent(CyclingConstants.WAITING_PAYMENT_LAYOUT_CONTENT)
        .setDescPic('bike_page.png');

      liveViewData.capsule = new TextCapsuleBuilder()
        .setIcon('white_bike.png')
        .setBackgroundColor(CyclingConstants.CAPSULE_COLOR)
        .setTitle(CyclingConstants.WAITING_PAYMENT_LAYOUT_TITLE);
      break;
    case CyclingStatus.PAYMENT_COMPLETED:
      liveViewData.primary.title = CyclingConstants.WAITING_PAYMENT_TITLE;
      liveViewData.primary.clickAction = await LiveViewController.
        buildWantAgent(context.want);
      liveViewData.primary.content = [
        {
          text: CyclingConstants.WAITING_PAYMENT_PAY,
          textColor: CyclingConstants.CONTENT_COLOR
        },
        {
          text: CyclingConstants.WAITING_PAYMENT_PAY_SUCCESS,
          textColor: CyclingConstants.CONTENT_COLOR
        }
      ];

      liveViewData.primary.layoutData = new TextLayoutBuilder()
        .setTitle(CyclingConstants.WAITING_PAYMENT_PAY_END)
        .setContent(CyclingConstants.WAITING_PAYMENT_LAYOUT_CONTENT)
        .setDescPic('bike_page.png');
```

```
      liveViewData.capsule = new TextCapsuleBuilder()
        .setIcon('white_bike.png')
        .setBackgroundColor(CyclingConstants.CAPSULE_COLOR)
        .setTitle(CyclingConstants.PAYMENT_COMPLETED_CAPSULE_TITLE);

      return await this.liveNotification!.stop(liveViewData);
    default:
      break;
  }

  return await this.liveNotification!.update(liveViewData);
}

/**
 * 构建默认视图
 * @param context 实况窗上下文
 * @returns 实况窗数据
 */
private static async buildDefaultView(context: LiveViewContext) {
  const layoutData = new TextLayoutBuilder()
    .setTitle(CyclingConstants.DEFAULT_VIEW_LAYOUT_TITLE)
    .setContent(CyclingConstants.WAITING_PAYMENT_LAYOUT_CONTENT)
    .setDescPic('bike_page.png');

  const capsule = new TextCapsuleBuilder()
    .setIcon('white_bike.png')
    .setBackgroundColor(CyclingConstants.CAPSULE_COLOR)
    .setTitle(CyclingConstants.DEFAULT_VIEW_RIDING);

  const liveViewData = new LiveViewDataBuilder()
    .setTitle(CyclingConstants.DEFAULT_VIEW_RIDING)
    .setContentText(CyclingConstants.DEFAULT_VIEW_RIDING_TIME)
    .setContentColor(CyclingConstants.CONTENT_COLOR)
    .setLayoutData(layoutData)
    .setCapsule(capsule)
    .setWant(await LiveViewController.buildWantAgent(context.want));

  return liveViewData;
};

/**
 * 构建 WantAgent
 * @param want Want 对象
 * @returns WantAgent 对象
 */
private static async buildWantAgent(want: Want): Promise<WantAgent> {
```

```
    const wantAgentInfo: wantAgent.WantAgentInfo = {
      wants: [want],
      operationType: wantAgent.OperationType.START_ABILITIES,
      requestCode: 0,
      wantAgentFlags: [wantAgent.WantAgentFlags.UPDATE_PRESENT_FLAG]
    };
    const agent = await wantAgent.getWantAgent(wantAgentInfo);
    return agent;
  }
}

export const liveViewController: LiveViewController = new LiveViewController();
```

（5）文件 src/main/ets/pages/Riding.ets 定义了一个名为 Riding 的组件类，用于实现共享单车骑行系统的骑行页面。该页面展示了地图组件以显示用户当前位置，实时更新骑行时间与费用，并提供了结束骑行并跳转到支付页面的按钮。此外，该页面还集成了实况窗功能，用于在锁屏或桌面上显示骑行状态。

```
@Entry
@Component
struct Riding {
  // 经度
  @StorageLink('longitude') longitude: number = CyclingConstants.LONGITUDE;
  // 纬度
  @StorageLink('latitude') latitude: number = CyclingConstants.LATITUDE;
  mapOption?: mapCommon.MapOptions = { // 地图选项
    position: {
      target: {
        latitude: this.latitude,
        longitude: this.longitude
      },
      zoom: CyclingConstants.ZOOM
    },
    mapType: mapCommon.MapType.STANDARD
  };
  private callback?: AsyncCallback<map.MapComponentController>; // 地图回调
  private liveViewContext?: LiveViewContext; // 实况窗上下文

  // 页面即将显示时调用
  aboutToAppear(): void {
    const context = getContext(this) as common.UIAbilityContext;
    const bundleName = context.abilityInfo.bundleName;
    const abilityName = context.abilityInfo.name;
    this.liveViewContext = {
      want: {
```

```
        bundleName,
        abilityName
      }
    };

    this.callback = async (err, mapController) => {
      if (!err) {
        MapUtil.initializeMapWithLocation(mapController) // 初始化地图
      }
    };
}

// 处理返回键事件
onBackPress(): boolean | void {
  return true;
}

// 构建页面
build() {
  Navigation() {
    Stack({ alignContent: Alignment.Bottom }) {
      MapComponent({ mapOptions: this.mapOption, mapCallback: this.callback
        }) // 地图组件
        .width(CyclingConstants.FULL_PERCENT)
        .height(CyclingConstants.FULL_PERCENT)

      Column() {
        Text($r('app.string.riding_text'))
          .fontSize($r('app.float.riding_fontSize'))
          .fontWeight(FontWeight.Bold)
          .margin({ top: $r('app.float.riding_margin_top') })
          .alignSelf(ItemAlign.Start)

        Divider()
          .strokeWidth(CyclingConstants.DIVIDER_STROKE_WIDTH)
          .opacity($r('app.float.divider_opacity'))
          .margin({ top: $r('app.float.margin_top') })

        Row({ space: CyclingConstants.RIDDING_ROW_SPACE }) {
          this.TimeCost($r('app.string.riding_text'), CyclingConstants.
            RIDDING_TEXT_SECOND, false)
          this.TimeCost($r('app.string.ridding_text_third'),
            CyclingConstants.RIDDING_TEXT_FOURTH, true)
        }
        .margin({ top: $r('app.float.riding_margin_top_second') })
```

```
          Blank()
          Button($r('app.string.riding_text_second'))
            .width(CyclingConstants.FULL_PERCENT)
            .height($r('app.float.button_height'))
            .backgroundColor($r('app.color.blue'))
            .fontColor(Color.White)
            .onClick(async () => {
              router.replaceUrl({ // 结束骑行，跳转到支付页面
                url: 'pages/Pay'
              })
              await liveViewController.updateLiveView(CyclingStatus.WAITING_
                PAYMENT, this.liveViewContext!);
            })
            .margin({ bottom: $r('app.float.riding_margin_top_second') })
        }
        .padding({ left: $r('app.float.terms_margin'), right: $r('app.float.
          terms_margin') })
        .borderRadius({
          topLeft: $r('app.float.pay_border_radius'),
          topRight: $r('app.float.pay_border_radius')
        })
        .alignItems(HorizontalAlign.Center)
        .height($r('app.string.pay_column_height'))
        .width(CyclingConstants.FULL_PERCENT)
        .backgroundColor(Color.White)
      }
    }
    .hideBackButton(true)
    .mode(NavigationMode.Stack)
    .titleMode(NavigationTitleMode.Mini)
    .title($r('app.string.navigation_title'))
    .width(CyclingConstants.FULL_PERCENT)
    .height(CyclingConstants.FULL_PERCENT)
  }

  // 构建时间成本显示组件
  @Builder
  TimeCost(aboveDes: string|Resource, downDes: string, isCost: boolean) {
    Column() {
      Text(aboveDes)
        .height($r('app.float.riding_text_height'))
        .fontSize($r('app.float.riding_text_fontSize'))
        .opacity($r('app.float.pay_text_opacity_second'))
      Row() {
        Text(downDes)
          .height($r('app.float.riding_text_height_second'))
```

```
          .fontSize($r('app.float.riding_text_fontSize_second'))
          .fontWeight(FontWeight.Bold)
        if (isCost) {
          Text($r('app.string.pay_text_eighth'))
            .height($r('app.float.riding_text_height_third'))
            .width($r('app.float.pay_text_width_third'))
            .fontSize($r('app.float.riding_text_fontSize_third'))
            .fontColor(Color.Black)
            .opacity($r('app.float.pay_text_opacity_second'))
            .margin({ left: $r('app.float.riding_margin_left_third') })
        }
      }
    }
  }
}
```

（6）文件src/main/ets/pages/FindBike.ets定义了一个名为 FindBike 的组件类，用于实现共享单车骑行系统的找车页面。该页面提供了一个地图组件，让用户能够在地图上查找和定位自行车，并且提供了扫码功能来快速解锁自行车。页面还包含用户当前位置的显示和地图点击事件的处理，用于在用户点击地图时显示从当前位置到点击位置的路线。

```
@Entry
@Component
struct FindBike {
  // 经度
  @StorageLink('longitude') longitude: number = CyclingConstants.LONGITUDE;
  // 纬度
  @StorageLink('latitude') latitude: number = CyclingConstants.LATITUDE;
  mapOption?: mapCommon.MapOptions = { // 地图选项
    position: {
      target: {
        latitude: this.latitude,
        longitude: this.longitude
      },
      zoom: CyclingConstants.ZOOM
    },
    mapType: mapCommon.MapType.STANDARD
  };
  private callback?: AsyncCallback<map.MapComponentController>; // 地图回调
  private mapController?: map.MapComponentController;          // 地图控制器
  private marker?: map.Marker;                                // 地图标记
  private mapPolyline?: map.MapPolyline;                      // 地图折线
  private myPosition?: mapCommon.LatLng;                      // 用户当前位置

  // 页面即将出现时的回调
```

```
aboutToAppear(): void {
  this.callback = async (err, mapController) => {
    if (!err) {
      this.mapController = mapController;
      this.mapController?.setMyLocationEnabled(true); // 启用定位图层
      this.mapController?.setMyLocationControlsEnabled(true); // 启用定位控件

      // 获取当前位置
      let requestInfo: geoLocationManager.CurrentLocationRequest = {
        'priority': geoLocationManager.LocationRequestPriority.FIRST_FIX,
        'scenario': geoLocationManager.LocationRequestScenario.UNSET,
        'maxAccuracy': 0
      };
      let locationChange = async (): Promise<void> => {
      };
      geoLocationManager.on('locationChange', requestInfo, locationChange);
      geoLocationManager.getCurrentLocation(requestInfo).then(async (result) => {
        let mapPosition: mapCommon.LatLng = await map.
          convertCoordinate(mapCommon.CoordinateType.WGS84, mapCommon.
          CoordinateType.GCJ02, result);
        AppStorage.setOrCreate('longitude', mapPosition.longitude);
        AppStorage.setOrCreate('latitude', mapPosition.latitude);
        let cameraPosition: mapCommon.CameraPosition = {
          target: mapPosition,
          zoom: 15,
          tilt: 0,
          bearing: 0
        };
        let cameraUpdate = map.newCameraPosition(cameraPosition);
        mapController?.animateCamera(cameraUpdate, 1000); // 动画移动相机
      })

      // 地图点击事件
      this.mapController.on('mapClick', async (position) => {
        this.mapController?.clear();
        this.marker?.remove();
        let locationChange = async (location: geoLocationManager.Location):
          Promise<void> => {
          let wgs84Position: mapCommon.LatLng = {
            latitude: location.latitude,
            longitude: location.longitude
          };
          let gcj02Posion: mapCommon.LatLng = await map.
            convertCoordinate(mapCommon.CoordinateType.WGS84, mapCommon.
            CoordinateType.GCJ02, wgs84Position);
          this.myPosition = gcj02Posion;
```

```
      };
      geoLocationManager.on('locationChange', requestInfo,
        locationChange);

      this.marker = await MapUtil.addMarker(position, this.mapController);
                            // 添加标记
      const walkingRoutes = await MapUtil.walkingRoutes(position, this.
        myPosition);     // 获取步行路线
      await MapUtil.paintRoute(walkingRoutes!, this.mapPolyline, this.
        mapController);  // 绘制路线
    });
    }
  };
}


// 页面隐藏时的回调
onPageHide(): void {
  this.mapController?.clear(); // 清除地图
}


// 构建页面
build() {
  Navigation() {
    Stack({ alignContent: Alignment.Bottom }) {
      MapComponent({ mapOptions: this.mapOption, mapCallback: this.callback
        }) // 地图组件
        .width(CyclingConstants.FULL_PERCENT)
        .height(CyclingConstants.FULL_PERCENT)

      Column() {
        // 页面布局代码，包括文本和图片
        // ...

        // 扫码按钮
        Button({ type: ButtonType.Capsule, stateEffect: true }) { // 胶囊按钮
          Row({ space: CyclingConstants.FIND_BIKE_ROW_SPACE }) {
            Image($r('app.media.input_scan')) // 扫码图标
              .width($r('app.float.find_button_size'))
              .height($r('app.float.find_button_size'))
            Text($r('app.string.find_scan')) // 扫码文本
              .fontSize($r('app.float.find_button_text_fontSize'))
              .fontColor(Color.White)
          }
        }
        .margin({ bottom: $r('app.float.find_button_margin') })
        .width(CyclingConstants.FULL_PERCENT)
```

```
        .height($r('app.float.button_height'))
        .backgroundColor($r('app.color.blue'))
        .onClick(() => { // 按钮点击事件
          ScanUtil.scan(this); // 调用扫码工具
        })
      }
      .padding({ left: $r('app.float.terms_margin'), right: $r('app.float.
        terms_margin') })
      .borderRadius({
        topLeft: $r('app.float.find_border_radius'),
        topRight: $r('app.float.find_border_radius')
      })
      .alignItems(HorizontalAlign.Center)
      .height($r('app.string.find_column_height'))
      .width(CyclingConstants.FULL_PERCENT)
      .backgroundColor(Color.White)
    }
    .height(CyclingConstants.FULL_PERCENT)
    .width(CyclingConstants.FULL_PERCENT)
    .backgroundColor($r('app.color.white'))
  }
  .titleMode(NavigationTitleMode.Mini)
  .mode(NavigationMode.Stack)
  .title($r('app.string.navigation_title'))
  .width(CyclingConstants.FULL_PERCENT)
  .height(CyclingConstants.FULL_PERCENT)
  }
}
```

（7）文件src/main/ets/pages/Pay.ets定义了一个名为 Pay 的组件类，用于实现共享单车骑行系统的支付页面。该页面提供了地图组件以显示用户当前位置、骑行时间和费用信息，并提供了完成支付的按钮。当用户点击"完成支付"按钮时，页面将跳转到支付完成页面，并更新实况窗以反映支付状态。

```
@Entry
@Component
struct Pay {
  // 经度
  @StorageLink('longitude') longitude: number = CyclingConstants.LONGITUDE;
  // 纬度
  @StorageLink('latitude') latitude: number = CyclingConstants.LATITUDE;
  mapOption?: mapCommon.MapOptions = { // 地图选项
    position: {
      target: {
        latitude: this.latitude,
```

```
      longitude: this.longitude
    },
    zoom: CyclingConstants.ZOOM
  },
  mapType: mapCommon.MapType.STANDARD
};
private callback?: AsyncCallback<map.MapComponentController>; // 地图回调
private liveViewContext?: LiveViewContext; // 实况窗上下文

// 页面即将出现时回调
aboutToAppear(): void {
  const context = getContext(this) as common.UIAbilityContext;
  const bundleName = context.abilityInfo.bundleName;
  const abilityName = context.abilityInfo.name;
  this.liveViewContext = {
    want: {
      bundleName,
      abilityName
    },
  }

  this.callback = async (err, mapController) => {
    if (!err) {
      MapUtil.initializeMapWithLocation(mapController) // 初始化地图
    }
  };
}

// 处理返回键事件
onBackPress(): boolean | void {
  return true;
}

// 构建页面
build() {
  Navigation() {
    Stack({ alignContent: Alignment.Bottom }) {
      MapComponent({ mapOptions: this.mapOption, mapCallback: this.callback
        }) // 地图组件
        .width(CyclingConstants.FULL_PERCENT)
        .height(CyclingConstants.FULL_PERCENT)

      Column() {
        // 支付信息列
        Column({ space: CyclingConstants.PAY_COLUMN_SPACE }) {
          Text($r('app.string.pay_text'))
```

```
            .fontSize($r('app.float.pay_text_fontSize'))
            .fontWeight(FontWeight.Bold)
            .opacity($r('app.float.pay_text_opacity'))
            .height($r('app.float.pay_text_height'))
          // ... 其他支付信息文本
        }
        // ... 其他页面布局代码

        // 支付按钮行
        Row() {
          // ... 文本和按钮布局代码
          Button($r('app.string.pay_text_ninth'))
            .width($r('app.float.pay_button_height'))
            .height($r('app.float.pay_button_width'))
            .backgroundColor($r('app.color.blue'))
            .fontColor(Color.White)
            .onClick(async () => { // 支付按钮点击事件
              router.replaceUrl({   // 跳转到支付完成页面
                url: 'pages/PayCompleted'
              })
              await liveViewController.updateLiveView(CyclingStatus.PAYMENT_
                COMPLETED, this.liveViewContext!); // 更新实况窗状态
            })
            .margin({ right: $r('app.float.pay_margin_right_third') })
        }
        .margin({ bottom: $r('app.float.pay_margin_top_third') })
        .width(CyclingConstants.FULL_PERCENT)
      }
      .borderRadius({
        topLeft: $r('app.float.pay_border_radius'),
        topRight: $r('app.float.pay_border_radius')
      })
      .height($r('app.string.pay_column_height'))
      .width(CyclingConstants.FULL_PERCENT)
      .backgroundColor(Color.White)
    }

  }
  .hideBackButton(true)
  .mode(NavigationMode.Stack)
  .titleMode(NavigationTitleMode.Mini)
  .title($r('app.string.pay_title'))
  .width(CyclingConstants.FULL_PERCENT)
  .height(CyclingConstants.FULL_PERCENT)
  }
}
```

至此，本项目的核心功能介绍完毕。代码执行后，将显示主页面，如图5-6所示。

图5-6　共享单车骑行系统主界面

第6章

系统开发实战

　　系统开发是指对操作系统底层架构和核心组件进行设计、实现、测试和优化的过程，包括内核开发、系统服务、驱动程序、安全机制及分布式能力的实现等，旨在为应用开发提供基础框架和稳定、安全、高效的运行环境。在华为鸿蒙系统中，系统开发还特别关注跨设备协同和分布式计算的能力，以支持全场景智能设备的顺畅连接和操作。

案例1 文件的压缩/解压

在HarmonyOS中，@ohos.zlib和@ohos.fileio是用于压缩/解压和处理文件的接口，具体说明如下。

- @ohos.zlib：这个接口提供了压缩和解压文件的功能。它既支持将文件压缩成.zip格式，也支持将.zip格式的文件解压。具体的接口包括zipFile()和unzipFile()，分别用于执行压缩和解压操作。

- @ohos.fileio：这个接口提供了基础的文件操作能力，包括文件的基本管理、文件目录管理、文件信息统计、文件流式读写等常用功能。它从API version 9开始支持，涵盖打开文件openSync()、创建文件createFile()、读取文件readFileSync()、写入文件writeFileSync()、关闭文件close()等操作。此外，如果想实现文件的复制和移动操作，可以使用@ohos.file.fs模块中的copyDir()和moveFile()。

上述接口为开发者在HarmonyOS上进行文件操作和数据压缩提供了强大的支持，使开发者可以方便地在应用中实现文件的增删改查及压缩/解压功能。本案例演示了使用@ohos.zli和@ohos.fileio实现文件的添加、压缩和解压功能的过程。本案例的功能如下。

- 添加文件：用户可以通过一个弹窗界面输入文件名和内容，创建一个新的文本文件。
- 压缩文件：用户可以选中一个文件，将其压缩成.zip格式的压缩文件。
- 解压文件：用户可以选中一个压缩文件，将其解压成原始文件。

案例6-1 文件的压缩/解压（源码路径：codes\6\Zip）

（1）文件src/main/ets/common/AddDialog.ets定义了HarmonyOS应用中的一个弹窗组件，用于创建新文件。它包含两个输入框，分别用于输入文件名和文件内容，以及两个按钮（一个用于确认创建文件，另一个用于取消操作）。该弹窗可以通过CustomDialog装饰器标记，使其成为一个自定义对话框。点击"确认"按钮后会调用createFile函数，并将输入的文件名和内容作为参数传递，同时会记录日志信息。

（2）文件src/main/ets/model/DataSource.ets定义了类BasicDataSource和类ZipLibSource，用于管理数据源并在数据发生变化时通知监听器。

（3）文件src/main/ets/pages/Index.ets定义了本项目的首页组件，允许用户通过一个对话框添加新文件，并将文件压缩成.zip格式或解压.zip文件。它使用ZipLibSource数据源来管理文件列表，并通过fileIo和zlib模块进行文件的读写和压缩/解压操作。页面中显示了文件列表，每个文件旁边都有"压缩"和"解压"按钮，用户可以点击这些按钮来执行相应的操作。

```
const TAG: string = '[Index]';
let fileList: preferences.Preferences | null = null;

@Entry
```

```
@Component
struct Index {
  @State isInserted: boolean = false;
  @State files: ZipLibSource = new ZipLibSource([]); // 文件数据源
  @State fileName: string = '';
  @State fileContent: string = '';
  private path: string = ''; // 文件路径
  private title: Resource = $r('app.string.MainAbility_label');
  private dialogController: CustomDialogController = new CustomDialogController({
    builder: AddDialog({
      fileName: this.fileName,
      fileContent: this.fileContent,
      isInserted: this.isInserted,
      createFile: async (isInserted: boolean, fileName: string, fileContent:
        string) => {
        Logger.info(TAG, `enter the createFile`);
        this.fileName = `${fileName}.txt`;
        let isDuplication = this.files.fileData.includes(this.fileName);
        Logger.info(TAG, `isInserted = ${isInserted}  isDuplication =
          ${isDuplication}`);
        if (!isInserted || isDuplication) {
          return;
        }
        let fd = fileIo.openSync(`${this.path}/${this.fileName}`, fileIo.
          OpenMode.CREATE | fileIo.OpenMode.READ_WRITE).fd;
        let number = fileIo.writeSync(fd, fileContent);
        Logger.info(TAG, `fd = ${fd} number = ${number}`);
        this.files.pushData(this.fileName);
        Logger.info(TAG, `this.files = ${JSON.stringify(this.files.
          fileData)}`);
        if (fileList) {
          await fileList.put('fileName', JSON.stringify(this.files.fileData));
          await fileList.flush();
        }
      }
    }),
    autoCancel: true,
    alignment: DialogAlignment.Default
  })

  async aboutToAppear() {
    fileList = await preferences.getPreferences(getContext(this), 'fileList');
    let ctx = getContext(this) as common.Context;
    this.path = ctx.filesDir;
    let value = await fileList.get('fileName', '');
```

```
    this.files.fileData = JSON.parse(`${value}`);
    this.files.notifyDataReload();
}

async zipHandler(path: string, fileName: string): Promise<void> {
  let zipFile = `${path}/${fileName}`;
  Logger.debug(TAG, `zipFile = ${zipFile}`);
  let tempName = fileName.split('.');
  let newName = `${tempName[0]}.zip`;
  let zipOutFile = `${this.path}/${newName}`;
  Logger.debug(TAG, `zipOutFile = ${zipOutFile}`);

  let options: zlib.Options = {
    level: zlib.CompressLevel.COMPRESS_LEVEL_DEFAULT_COMPRESSION,
    memLevel: zlib.MemLevel.MEM_LEVEL_DEFAULT,
    strategy: zlib.CompressStrategy.COMPRESS_STRATEGY_DEFAULT_STRATEGY
  }
  if (this.files.fileData.includes(newName)) {
    promptAction.showToast({
      message: $r('app.string.warning_failed')
    })
    return;
  }
  try {
    zlib.compressFile(zipFile, zipOutFile, options).then(data => {
      Logger.info(TAG, `data = ${JSON.stringify(data)}`);
      promptAction.showToast({
        message: $r('app.string.tip_complete')
      })
      this.files.pushData(`${newName}`);
    })
  } catch {
    promptAction.showToast({
      message: $r('app.string.warning_failure')
    })
  }
  if (fileList) {
    await fileList.put('fileName', JSON.stringify(this.files.fileData));
    await fileList.flush();
  }
}

async unzipHandler(path: string, fileName: string): Promise<void> {
  let zipFile = `${path}/${fileName}`;
  Logger.debug(TAG, `zipFile = ${zipFile}`);
  let tempName = fileName.split('.');
```

```
  let newName = tempName[0];
  let zipOutFile = `${this.path}`;
  Logger.debug(TAG, `zipOutFile = ${zipOutFile}`);
  if (this.files.fileData.includes(newName)) {
    promptAction.showToast({
      message: $r('app.string.warning_failed')
    })
    return;
  }
  let options: zlib.Options = {
    level: zlib.CompressLevel.COMPRESS_LEVEL_DEFAULT_COMPRESSION,
    memLevel: zlib.MemLevel.MEM_LEVEL_DEFAULT,
    strategy: zlib.CompressStrategy.COMPRESS_STRATEGY_DEFAULT_STRATEGY
  }

  zlib.decompressFile(zipFile, zipOutFile, options).then(data => {
    Logger.info(TAG, `data = ${JSON.stringify(data)}`);
  }).catch((error: BusinessError) => {
    Logger.error(TAG, `decompressFile failed, error = ${JSON.stringify(error)}`);
  })
  promptAction.showToast({
    message: $r('app.string.tip_complete')
  })
  this.files.pushData(`${newName}`);
  if (fileList) {
    await fileList.put('fileName', JSON.stringify(this.files.fileData));
    await fileList.flush();
  }
}

build() {
  Flex({ direction: FlexDirection.Column,
         justifyContent: FlexAlign.Start,
         alignItems: ItemAlign.Center }) {
    Column() {
      Row() {
        Text(this.title)
          .width('90%')
          .fontColor(Color.White)
          .fontSize(28)

        Button() {
          Image($r('app.media.add'))
            .height(45).width('100%')
            .objectFit(ImageFit.Contain)
            .align(Alignment.End)
```

```
    }
    .id('addFileBtn')
    .width('10%')
    .type(ButtonType.Normal)
    .backgroundColor($r('app.color.button_bg'))
    .align(Alignment.End)
    .onClick(() => {
      this.dialogController.open();
    })
}
.width('100%')
.height('8%')
.constraintSize({ minHeight: 70 })
.padding({ left: 10, right: 10 })
.backgroundColor($r('app.color.button_bg'))

List({ space: 20, initialIndex: 0 }) {
  LazyForEach(this.files, (item: string, index) => {
    ListItem() {
      Row() {
        Image(item.includes('.zip') ? $r('app.media.zip') : $r('app.
          media.file'))
          .width('10%')
          .margin({ left: 15, top: 5, bottom: 5 })
          .objectFit(ImageFit.Contain)
        Column() {
          Text(item)
            .width('50%')
            .fontSize(18)
            .margin({ left: 15 })
        }

        Row() {
          Button(item.includes('.zip') ? $r('app.string.unzip') :
            $r('app.string.zip'))
            .fontSize(18)
            .onClick(() => {
              item.includes('.zip') ? this.unzipHandler(this.path,
                item) : this.zipHandler(this.path, item);
            })
            .id('compress_' + index)
        }
        .width('25%')
        .margin({ left: '15' })
      }
    }
```

```
            .width('95%')
            .borderRadius(10)
            .margin({ top: '1%', left: '2.5%' })
            .align(Alignment.Center)
            .backgroundColor(Color.White)
        }, (item: string) => item)
      }
      .width('100%')
      .layoutWeight(1)
    }
    .height('100%')
    .width('100%')
    .backgroundColor($r('app.color.index_bg'))
  }
}
```

代码执行后，在主页点击屏幕右上角的"+"按钮，会弹出创建文件的窗口，如图 6-1 所示。在弹窗中输入文件名称和内容，然后点击"确认"按钮创建文件。创建成功后，文件会以 .txt 后缀显示在主页的文件列表中，同时在设备的文件系统中也会创建相应的文件。点击文件旁边的"压缩"按钮，应用会提示"文件压缩成功"，并在文件列表中创建一个同名的 .zip 文件。点击 .zip 文件旁边的"解压"按钮，应用会提示"文件解压成功"，并在文件列表中创建一个同名的文件夹，其中包含解压后的文件，如图 6-2 所示。

图 6-1　创建文件

图 6-2　压缩文件和解压文件

案例2　网络性能分析系统

在华为鸿蒙系统中，PerformanceTiming API 是用于分析网络性能的重要工具，它可以帮助开发者监控和分析应用的网络请求性能，从而优化用户体验。对 PerformanceTiming API 的具体说明如下。

（1）功能介绍：PerformanceTiming API 能够展示从请求发送到各个阶段完成的耗时，这些数据以表格形式呈现，帮助开发者深入了解网络请求的详细性能数据。

（2）运行网络性能分析的步骤如下。

- 创建 HTTP 请求，并设置监听回调，如 headersReceive。
- 设置请求参数，包括请求方法（method）、头部信息（header）等。
- 发起网络请求 request。
- 解析响应 response，其中 PerformanceTiming 提供了请求过程中各阶段的耗时数据。

（3）相关权限：使用 PerformanceTiming 可能需要以下权限。

- 网络连接权限：ohos.permission.INTERNET。
- 获取网络状态权限：ohos.permission.GET_NETWORK_INFO。
- 修改网络状态权限：ohos.permission.SET_NETWORK_INFO。

本案例展示了使用 PerformanceTiming API 实现网络性能分析的过程。用户可以通过表格形式清晰地看到从发送请求到各个阶段完成所需的时间，这对于优化网络请求和提高应用性能非常有帮助。

案例6-2　网络性能分析系统（源码路径：codes\6\Network）

（1）文件 src/main/ets/constants/Constants.ets 定义了类 Constants，包含一系列静态只读属性。这些属性代表了应用中的各种尺寸、高度、宽度和字体大小等 UI 相关的常量。此外，该类还定义了两个接口 Route 和 ChildRoute，用于定义应用中的路由结构，其中包含路由的标题、子路由的文本和目标路径等信息。

（2）文件 src/main/ets/pages/Index.ets 使用了 http 模块来发送 HTTP 请求，并利用 hilog 模块来记录性能日志。同时，文件定义了结构体 Index，用于构建用户界面，并处理用户的输入和 HTTP 请求。

```
struct Index {
  // 定义输入的 URL 地址状态变量，初始值为华为开发者网站的链接
  @State inputUrl: string = 'https://developer.huawei.com/consumer/cn/
develop/';
  // 定义用于存储请求结果的状态变量，初始为空字符串
  @State result: string = '';
  // 定义用于存储性能计时信息的状态变量，初始值为 null
  @State timing: http.PerformanceTiming | null = null;
  // 创建 TextAreaController 对象，用于控制文本区域
  controller: TextAreaController = new TextAreaController();

  // 发送 HTTP 请求的函数，返回一个 Promise 对象
  requestHttp(url: string, method: http.RequestMethod): Promise<string> {
    // 返回一个新的 Promise 对象
    return new Promise((resolve, reject) => {
      // 创建 HTTP 请求对象
      let httpRequest = http.createHttp();
```

```
    // 设置当接收到响应头时的回调函数
    httpRequest.on('headersReceive', (header) => {
      // 使用 hilog 记录信息，如果请求出错，记录错误信息
      hilog.info(0x0000, TAG, `url=${url} is error ${JSON.stringify(header)}`);
    });

    // 发起 HTTP 请求
    httpRequest.request(
      url,
      {
        // 设置期望的数据类型为字符串
        expectDataType: http.HttpDataType.STRING,
        // 设置请求方法
        method: method,
        // 设置请求头部，这里设置内容类型为 multipart/form-data
        header: {
          "content-type": "multipart/form-data"}
        },
        // 设置额外的数据
        extraData: {},
        // 设置不使用缓存
        usingCache: false,
        // 设置请求的优先级
        priority: 1,
        // 设置连接超时时间
        connectTimeout: 10000,
        // 设置读取超时时间
        readTimeout: 10000,
      }, (err, data) => {
      // 使用 hilog 记录请求 URL
      hilog.info(0x0000, TAG, `------------ requestUrl: ${JSON.
        stringify(url)}----------`);
      // 如果请求成功，没有错误
      if (!err) {
        // 设置请求结果，包括响应码、头部信息和 cookies
        this.result =
          `---------- connect Result : ----------
          responseCode:${JSON.stringify(data.responseCode)}
          header:${JSON.stringify(data.header)}
          cookies:${JSON.stringify(data.cookies)}
          --------------------------------------*/
        // 使用 hilog 记录请求结果、响应码、头部信息和 cookies
        hilog.info(0x0000, TAG, `Result:${JSON.stringify(data.result)}`);
        hilog.info(0x0000, TAG, `responseCode:${JSON.stringify(data.
          responseCode)}`);
        hilog.info(0x0000, TAG, `header:${JSON.stringify(data.header)}`);
```

```
    hilog.info(0x0000, TAG, `cookies:${JSON.stringify(data.cookies)}`);

        // 存储性能计时信息
        this.timing = data.performanceTiming;
        // 使用 resolve 函数解析 Promise, 返回请求结果
        resolve(JSON.stringify(data.result));
      } else {
        // 如果请求失败, 设置错误信息并记录
        this.result = `url=${url} is error ${JSON.stringify(err)}`;
        hilog.info(0x0000, TAG, `url=${url} is error ${JSON.
          stringify(err)}`);
        // 移除 headersReceive 事件监听
        httpRequest.off('headersReceive');
        // 使用 reject 函数解析 Promise, 返回错误信息
        reject(JSON.stringify(err));
      }
    })
  });
}

// 构建用户界面的函数
build() {
  // ...（省略构建 UI 的代码, 与请求逻辑无关）
}
}
```

至此，本项目的核心功能介绍完毕。代码执行效果如图 6-3 所示。

 案例3 **华为穿戴服务**

在 HarmonyOS 中，华为穿戴服务模块 WearEngine 提供了手机与穿戴设备之间的交互能力。通过这个模块，应用程序可以调用一系列接口来实现以下功能。

- 获取已与手机连接的穿戴设备列表。
- 查询穿戴设备的信息和状态，如设备名称、充电状态和佩戴状态等。
- 向穿戴设备发送模板化通知。
- 与穿戴设备进行消息和文件传输。

网络性能分析

测试地址：

https://developer.huawei.com/consumer/cn/develop/

请求

从 request 到对应阶段完成的耗时：

阶段名称	耗时(ms)
dns	21.377
tcp	30.421
tls	63.274
firstSend	66.766
firstReceive	213.448
totalFinish	236.745
redirect	0
responseHeader	236.07

图 6-3　网络性能分析界面

- 接收穿戴设备传感器的相关数据。

在使用 WearEngine 之前，需要先通过如下代码导入这个模块：

```
import { wearEngine } from '@kit.wearEngine';
```

然后，可以通过以下接口进行操作。

- wearEngine.getAuthClient(context)：获取权限管理的客户端。
- wearEngine.getDeviceClient(context)：获取设备模块的客户端。
- wearEngine.getMonitorClient(context)：获取监控模块的客户端。
- wearEngine.getP2pClient(context)：获取 P2P（点对点）通信模块的客户端。
- wearEngine.getNotifyClient(context)：获取通知模块的客户端。
- wearEngine.getSensorClient(context)：获取传感器模块的客户端。

每个客户端提供的特定功能如下。

- 使用 requestAuthorization 和 getAuthorization 来申请和获取用户授权。
- 使用 getConnectedDevices 获取已连接的设备列表。
- 使用 isWearEngineCapabilitySupported 和 isDeviceCapabilitySupported 来检查设备是否支持特定的 WearEngine 能力集。
- 使用 queryStatus 和 subscribeEvent 来查询设备状态和订阅设备状态变化事件。
- 使用 sendMessage 和 transferFile 来进行消息和文件传输。
- 使用 notify 发送模板化通知。
- 使用 getSensorList 和 subscribeSensor 来获取传感器列表和订阅传感器数据并上报。

上述接口都需要在华为的系统能力 SystemCapability.Health.WearEngine 下使用，并且只能在 Stage 模型下使用。下面的案例演示了使用 WearEngine 模块实现穿戴服务功能的过程。

案例6-3　华为穿戴服务（源码路径：codes\6\WearEngine）

（1）进入华为开发者联盟的"管理中心"，点击"应用服务"页签下的"Wear Engine"卡片。

（2）点击"申请 Wear Engine 服务"，同意协议后，进入权限申请页面。

（3）点击"HarmonyOS 应用"并选择产品后，勾选必需的权限（个人开发者当前只可申请设备基础信息、消息通知等基本的权限）。

（4）上传申请数据权限及使用说明、用户授权路径说明，选择授权入口是否展示华为品牌 LOGO 后提交。

（5）等待申请通过：权限审批一般需要1到2周，具体取决于申请的权限类型和应用发布地区的相关要求。

（6）登录 AppGallery Connect 平台，在"我的项目"中选择目标应用，获取"项目设置 > 常规 > 应用"中的 Client ID。

（7）在 entry 模块的 module.json5 文件中新增 metadata，配置 name 为 client_id，value 为上一步获

取的Client ID的值。

```
"module": {
  "name": "xxxx",
  "type": "entry",
  "description": "xxxx",
  "mainElement": "xxxx",
  "deviceTypes": [],
  "pages": "xxxx",
  "abilities": [],
  "metadata": [ // 配置如下信息
    {
      "name": "client_id",
      "value": "xxxxxx"
    }
  ]}
```

（8）申请应用证书（.cer）、Profile（.p7b）文件，打开申请到的Profile文件，打开后在文件内搜索"development-certificate"（调试证书，调试时使用）或"distribution-certificate"（发布证书，发布时使用），将"-----BEGIN CERTIFICATE-----"和"-----END CERTIFICATE-----"及中间的信息复制到新的文本中，注意换行并去掉换行符（\n），保存为一个新的.cer文件，如命名为xxx.cer。

（9）使用keytool工具（在DevEco Studio安装目录下的jbr/bin文件夹内），执行如下命令，通过.cer文件获取证书指纹的SHA256值。

```
keytool -printcert -file xxx.cer
```

（10）登录AppGallery Connect平台，在"我的项目"中选择目标应用，在"项目设置 > 常规 > 应用"中点击"添加证书指纹"，配置上一步获得的证书指纹的SHA256值。

（11）文件src/main/ets/util/Constant.ets定义了一个名为Constant的模块，包含一些常量字符串和百分比枚举，用于在应用程序的不同页面和组件中保持一致的布局和样式。代码中导出了页面路径常量以及枚举类型STRING_PERCENT和STRING_MARGIN，分别用于定义布局中的百分比值和边距大小。

（12）文件src/main/ets/pages/P2pPage.ets定义了华为鸿蒙应用的一个页面组件，用于展示和操作与穿戴设备之间的P2P（点对点）通信功能。该页面提供了一个用户界面，允许用户选择已连接的穿戴设备、检测设备上应用的安装状态、获取应用版本号、拉起远程应用、发送消息，以及接收来自设备的应用文件和消息的回调函数。此外，该页面还包括清除打印内容和获取已连接设备列表的按钮。代码中使用了wearEngine模块来与穿戴设备进行交互，并利用了Constant模块中定义的样式常量来保持界面的一致性。

（13）文件src/main/ets/pages/AuthPage.ets用于处理和展示与穿戴设备相关的授权流程，该页面提供了一个用户界面，允许用户选择所需的权限，发送授权请求，并获取当前已授权的权限列表。页面中包含权限选择的复选框、申请授权和获取授权的按钮，以及用于显示操作结果和日志的滚动文本区域。

（14）文件src/main/ets/pages/DevicePage.ets用于展示和管理与穿戴设备相关的信息。该页面提供了一个用户界面，允许用户查看已连接的穿戴设备列表、选择设备，并查询设备的WearEngine能力和设备能力支持情况。页面中包含设备列表的展示、用于输入能力ID的输入框、用于查询能力支持情况的按钮，以及用于显示操作结果和日志的滚动文本区域。

（15）文件src/main/ets/pages/Index.ets定义了本项目的主页组件，它提供了一个按钮列表，用于导航到应用内的其他页面，包括授权（Auth）页面、设备（Device）页面和点对点通信（P2P）页面。每个按钮对应一个页面，点击按钮时会使用router.pushUrl方法跳转到相应的页面。

```
import {
  DEVICE_PAGE,
  P2P_PAGE,
  STRING_MARGIN,
  STRING_PERCENT,
  AUTH_PAGE
} from '../util/Constant';
import { router } from '@kit.ArkUI';

@Entry
@Component
struct MainPage {
  // 定义页面数组，包含授权、设备和 P2P 页面的路径
  @State pages: string[] = [AUTH_PAGE, DEVICE_PAGE, P2P_PAGE]
  // 定义页面名称数组，用于显示按钮文本
  @State pageNames: string[] = ['Auth', 'Device', 'P2P']

  build() {
    Scroll() {
      Column() {
        // 使用 ForEach 循环创建按钮，每个按钮对应一个页面
        ForEach(this.pages, (item: string, index: number | undefined) => {
          Button(this.pageNames[index as number], { type: ButtonType.Normal })
            // 设置按钮样式
            .fontSize(STRING_MARGIN.BUTTON_FONT_SIZE)
            .width(STRING_PERCENT.NINETY_PERCENT)
            .height(STRING_PERCENT.TEN_PERCENT)
            .fontWeight(FontWeight.Medium)
            .backgroundColor($r("app.color.base_button_color"))
            .margin({ top: 25 })
            // 设置按钮点击事件，跳转到对应的页面
            .onClick(() => {
```

```
            router.pushUrl({
                url: item
            })
        })
    }, (item: number) => JSON.stringify(item))
  }.width('100%')
}
// 设置滚动方向为垂直
.scrollable(ScrollDirection.Vertical)
}
}
```

至此，本项目的核心功能介绍完毕，代码执行后，显示按钮列表界面，效果如图6-4所示。

案例4 **网络管理工具**

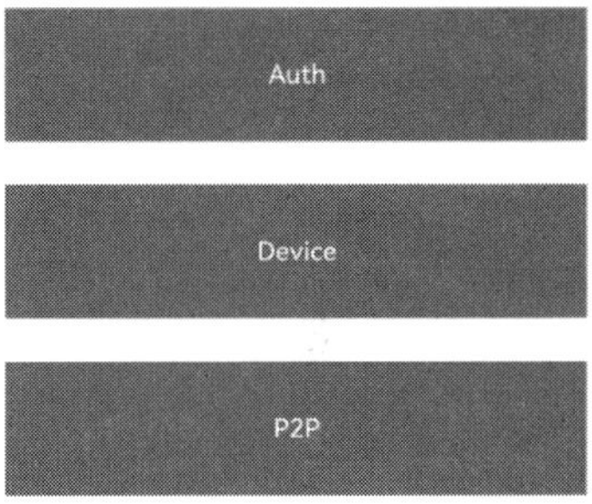

图6-4 按钮列表界面

本案例实现了一个网络管理工具，该工具提供了网络详情查询、域名解析和网络状态监听等功能。

- 网络详情查询：用户可以查看当前网络的详细信息。
- 域名解析：用户可以输入一个域名，工具会解析并显示该域名对应的IP地址。
- 网络状态监听：工具可以监听网络状态的变化，并展示当前监听到的网络信息。

案例6-4 网络管理工具（源码路径：codes\6\Manager）

（1）文件src/main/ets/common/Constant.ets定义了一个名为 CommonConstant 的类，该类包含一系列的常量，用于网络管理工具的界面布局和样式设计。

（2）文件src/main/ets/pages/Index.ets是本项目的前端页面实现。它使用@Entry 和 @Component装饰器来定义一个名为Index的页面组件。Index组件包含一系列状态变量和私有成员，用于存储网络信息、域名解析结果和网络监听状态。另外，该组件还引入了网络连接管理、错误处理、提示操作、资源管理和日志记录等必要的模块和工具。页面布局通过Column、Row、Tabs和Button等UI组件来构建，提供了网络状态检查、网络详情查询、域名解析和网络状态监听等功能，允许用户通过界面操作来获取网络信息、解析域名和监听网络状态变化。此外，该组件还实现了网络监听的注册和注销功能，以及相关事件的处理逻辑。

```
// 检查网络连接是否可用
isNetworkAccess() {
  connection.hasDefaultNet((error: BusinessError) => { // 检查是否有默认网络连接
    if (error) { // 如果有错误发生
```

```
      this.networkId = $r('app.string.network_error'); // 设置网络 ID 为错误信息
      Logger.error('hasDefaultNet error:' + error.message); // 记录错误日志
      return;
    }
    this.netHandle = connection.getDefaultNetSync(); // 获取默认网络连接句柄
    // 设置网络 ID 为资源文件中的字符串加上网络句柄的 JSON 字符串
    this.networkId = this.myResourceManager.getStringSync($r('app.string.
      network_id').id) + JSON.stringify(this.netHandle);
  })
}

// 获取网络信息
getNetworkMessage() {
  if (this.netHandle) { // 如果有网络句柄
    connection.getNetCapabilities(this.netHandle, (error, netCap) => { // 获取
      网络能力
      if (error) { // 如果有错误发生
        this.netMessage = this.myResourceManager.getStringSync($r('app.
          string.network_type_error')); // 设置网络信息为错误信息
        Logger.error('getNetCapabilities error:' + error.message); // 记录错误
          日志
        return;
      }
      let netType = netCap.bearerTypes; // 获取承载类型
      for (let i = 0; i < netType.length; i++) { // 遍历承载类型
        if (netType[i] === 0) {
          this.netMessage = this.myResourceManager.getStringSync($r('app.
            string.cellular_network')); // 蜂窝网络
        } else if (netType[i] === 1) {
          this.netMessage = this.myResourceManager.getStringSync($r('app.
            string.wifi_network'));     // Wi-Fi 网络
        } else {
          this.netMessage = this.myResourceManager.getStringSync($r('app.
            string.other_network'));    // 其他网络
        }
      }
      // 添加网络能力信息
      this.netMessage += 'networkCap:' + JSON.stringify(netCap.networkCap) + '\n';
    })
  }
}

// 获取连接属性
getConnectionProperties() {
  // 获取默认网络连接句柄
  connection.getDefaultNet().then((netHandle: connection.NetHandle) => {
```

```
      connection.getConnectionProperties(netHandle, // 获取连接属性
        (error: BusinessError, connectionProperties: connection.
          ConnectionProperties) => {
          if (error) { // 如果有错误发生
            this.connectionMessage = $r('app.string.connection_properties_
              error'); // 设置连接信息为错误信息
            Logger.error('getConnectionProperties error:' + error.code + error.
              message); // 记录错误日志
            return;
          }
          // 设置连接信息为接口名称、域名、链路地址、路由、DNS 和 MTU
          this.connectionMessage =
            this.myResourceManager.getStringSync($r('app.string.connection_
              properties_interface_name').id) +
            connectionProperties.interfaceName
              + this.myResourceManager.getStringSync($r('app.string.connection_
                properties_domains').id) +
            connectionProperties.domains
              + this.myResourceManager.getStringSync($r('app.string.connection_
                properties_link_addresses').id) +
            JSON.stringify(connectionProperties.linkAddresses)
              + this.myResourceManager.getStringSync($r('app.string.connection_
                properties_routes').id) +
            JSON.stringify(connectionProperties.routes)
              + this.myResourceManager.getStringSync($r('app.string.connection_
                properties_link_addresses').id) +
            JSON.stringify(connectionProperties.dnses)
              + this.myResourceManager.getStringSync($r('app.string.connection_
                properties_mtu').id) +
            connectionProperties.mtu + '\n';
        })
    });
}


// 解析域名获取 IP 地址
parseHostName(hostName: string) {
  this.ip = '';
  connection.getAddressesByName(hostName).then((data) => { // 通过域名获取 IP 地址
    for (let i = 0; i < data.length; i++) { // 遍历 IP 地址
      this.ip += data[i].address + '\n';        // 添加 IP 地址
    }
  })
    .catch((error: BusinessError) => {           // 如果有错误发生
      this.ip = $r('app.string.get_addresses_error'); // 设置 IP 为错误信息
      Logger.error('getAddressesByName error:' + error.message); // 记录错误日志
    })
```

```
}

// 注册网络状态监听
useNetworkRegister() {
  this.netCon = connection.createNetConnection();    // 创建网络连接
  this.netStateMessage += this.myResourceManager.getStringSync($r('app.
    string.register_network_listener').id);          // 添加注册监听信息
  this.netCon.register((error) => {                  // 注册网络状态监听
    if (error) {
      Logger.error('register error:' + error.message); // 记录错误日志
      return;
    }
    promptAction.showToast({ // 显示注册成功的提示
      message: $r('app.string.register_network_listener_message'),
      duration: 1000
    });
  })
  // 监听网络状态变化事件
  this.netCon.on('netAvailable', (netHandle) => {
    this.netStateMessage += this.myResourceManager.getStringSync($r('app.
      string.net_available')) + netHandle.netId + '\n';
  })
  this.netCon.on('netBlockStatusChange', (data) => {
    this.netStateMessage += this.myResourceManager.getStringSync($r('app.
      string.net_block_status_change')) + data.netHandle.netId + '\n';
  })
  this.netCon.on('netCapabilitiesChange', (data) => {
    this.netStateMessage += this.myResourceManager.getStringSync($r('app.
      string.net_capabilities_change_id')) + data.netHandle.netId
      + this.myResourceManager.getStringSync($r('app.string.net_capabilities_
        change_cap')) +
      JSON.stringify(data.netCap) + '\n';
  })
  this.netCon.on('netConnectionPropertiesChange', (data) => {
    this.netStateMessage += this.myResourceManager.getStringSync($r('app.
      string.net_connection_properties_change_id')) + data.netHandle.netId
      + this.myResourceManager.getStringSync($r('app.string.net_connection_
        change_connection_properties')) +
      JSON.stringify(data.connectionProperties) + '\n';
  })
}

// 注销网络状态监听
unUseNetworkRegister() {
  if (this.netCon) { // 如果有网络连接
    this.netCon.unregister((error: BusinessError) => {        // 注销网络状态监听
```

```
    if (error) {
      Logger.error('unregister error:' + error.message); // 记录错误日志
      return;
    }
    promptAction.showToast({                          // 显示注销成功的提示
      message: this.myResourceManager.getStringSync($r('app.string.
        unregister_network_listener_message')),
      duration: 1000
    });
    this.netStateMessage += this.myResourceManager.getStringSync($r('app.
      string.unregister_network_listener'));       // 添加注销监听信息
  })
  } else {
    this.netStateMessage += this.myResourceManager.getStringSync($r('app.
      string.unregister_network_listener_fail')); // 添加注销失败信息
  }
}
```

至此，本项目的核心功能介绍完毕，代码执行后，将显示网络详情界面，效果如图6-5所示。启动应用后，用户可以点击相应的按钮来检查网络、获取网络详情和网络连接信息。在域名解析模块，用户输入域名并点击"解析"按钮，应用会显示解析后的IP地址。在网络监听模块，用户可以开启或关闭网络监听功能，以展示或停止监听网络信息。

 案例5 华为账号一键登录系统

Account Kit 是 HarmonyOS 提供的一种账号服务，允许开发者在应用中快速集成华为账号登录功能。通过使用 Account Kit，用户不必输入账号、密码和进行烦琐验证，就能通过华为账号快速登录应用，从而极大地提升了用户体验并简化了登录流程。具体来说，Account Kit 的主要功能如下。

• 一键授权登录：用户可以通过华为账号快速登录应用，无须注册和验证步骤。

• 用户信息授权：应用可以请求用户授权其信息，如头像、昵称、手机号码等，以便更深入地了解用户。

• 全球化服务：支持全球190多个国家和地区，服务超10亿用户，支持60多种语言。

• 安全性：提供双因素认证、风险实时通知，并遵循GDPR隐私规范。

网络管理

网络详情	域名解析	网络监听

检查网络   检查
网络ID: {"netId":100}

网络详情   查看
网络类型:以太网网络
networkCap:[12,15,16]

网络连接信息   查看
网卡名称:eth0
所属域:
链路信息:[{"address":
{"address":"10.0.2.15","family":
1,"port":0},"prefixLength":24}]
路由信息:
[{"interface":"eth0","destinatio
n":{"address":
{"address":"0.0.0.0","family":2,"
port":0},"prefixLength":0},"gat
eway":
{"address":"10.0.2.2","prefixLe
ngth":0},"hasGateway":true,"is
DefaultRoute":false}]
链路信息:
[{"address":"10.0.2.3","family":
0,"port":0},
{"address":"*","family":0,"port":
0}]
最大传输单元:1500

图6-5　网络详情界面

此外，Account Kit 还提供了登录按钮和登录面板两种一键登录组件，以适应不同应用的界面风格。开发者可以根据需求自由定制登录按钮，确保应用页面风格的一致性。用户只需点击一次，即可完成登录和手机号授权。

1. 核心组件和概念

- authentication：这是华为账号应用的统一认证服务，负责处理用户的身份验证流程。
- LoginWithHuaweiIDButton：这是一个UI组件，用于在应用界面上展示"华为账号一键登录"按钮。用户点击这个按钮后，可以触发登录流程。
- loginComponentManager：这是华为账号登录组件的逻辑管理模块，负责管理登录流程和处理登录相关的逻辑。
- scope权限申请：在使用华为账号的一键登录功能之前，需要在AppGallery Connect上完成特定的scope权限申请。例如，quickLoginMobilePhone权限允许应用获取用户的手机号。

2. 所需权限

- ohos.permission.INTERNET：为了调用一键登录组件，应用需要访问网络。因此，需要在配置文件module.json5中添加此权限。
- ohos.permission.GET_NETWORK_INFO：在跳转到华为账号用户认证协议页面之前，应用需要检查设备是否已连接网络。因此，需要在配置文件module.json5中添加此权限。

本案例实现了华为账号一键登录系统，该系统基于OAuth 2.0协议标准和OpenID Connect协议标准，可以通过华为账号一键登录功能获取用户的身份标识和手机号，快速建立应用内的用户体系。

案例6-5 华为账号一键登录系统（源码路径：codes\6\AccountKit）

（1）文件src/main/ets/common/ShowToast.ets定义了一个名为ShowToast.ets的ETS模块，该模块包含两个函数：getErrorHint 和 showToast。函数getErrorHint用于从 BusinessError 对象中提取错误代码和主要错误信息，而函数showToast则用于显示提示信息。无论是直接传入的字符串还是从BusinessError 对象中获取的错误信息，都可以通过这两个函数以弹出提示（Toast）的方式向用户展示。这个模块的作用是简化错误信息的展示过程。

（2）文件src/main/ets/pages/QuickLoginPage.ets用于实现华为账号一键登录功能。该页面包含"登录"按钮的UI组件、逻辑管理模块及隐私政策和用户协议的展示。页面中提供了一个"登录"按钮，用户点击后会触发登录流程，并需要用户同意相关的隐私政策和用户协议。如果用户未同意协议，则会显示一个弹出提示。此外，页面中还包含网络状态的检查，以确保在跳转到华为账号用户认证协议页面前设备已连接网络。此外，代码还处理了登录成功和失败的情况，以及后退按钮的逻辑。

```
// 华为账号用户认证协议链接的键值
const PRIVACY_URL = 'privacy_url';
```

```
@Component
export struct QuickLoginPage {
  logTag: string = 'QuickLoginPage';
  domainId: number = 0x0000;
  // 配置华为账号用户认证协议链接的文件
  private readonly srcPath = 'data.json';
  params?: Record<string, Object>;
  privacyText: loginComponentManager.PrivacyText[] = [{
    text: $r('app.string.read_and_agree'),
    type: loginComponentManager.TextType.PLAIN_TEXT
  }, {
    text: $r('app.string.app_user_agreement'),
    type: loginComponentManager.TextType.RICH_TEXT,
    // 将链接更改为您自己的隐私政策链接
    // ...
    tag: ''
  }, {
    text: $r('app.string.app_privacy_policy'),
    type: loginComponentManager.TextType.RICH_TEXT,
    // 将链接更改为您自己的隐私政策链接
    // ...
    tag: ''
  }, {
    text: $r('app.string.and'),
    type: loginComponentManager.TextType.PLAIN_TEXT
  }, {
    text: $r('app.string.huaweiId_user_authentication_protocol'),
    type: loginComponentManager.TextType.RICH_TEXT,
    tag: this.getProtocolUrl(PRIVACY_URL)
  }, {
    text: $r('app.string.end'),
    type: loginComponentManager.TextType.PLAIN_TEXT
  }];
  controller: loginComponentManager.LoginWithHuaweiIDButtonController =
    new loginComponentManager.LoginWithHuaweiIDButtonController()
      // 用户在接受相关协议后才能使用华为账号登录。先设置协议状态为 NOT_ACCEPTED, 一旦用
      //   户接受协议, 将协议状态更改为 ACCEPTED 以完成华为账号登录
      .setAgreementStatus(loginComponentManager.AgreementStatus.NOT_ACCEPTED)
      .onClickLoginWithHuaweiIDButton((error: BusinessError, response:
        loginComponentManager.HuaweiIDCredential) => {
        // 处理一键登录按钮的点击逻辑
        this.handleLoginWithHuaweiIDButton(error, response);
      });
  @State quickLoginAnonymousPhone: string = '';
  // 指定是否接受协议
  @State isSelected: boolean = false;
```

```
// 指定是否显示消息提示用户接受协议
@State showPopUp: boolean = false;
// 变量，用于确定在登录过程中协议和复选框是否不可点击
@State enableStatus: boolean = true;
@Consume('pageInfos') pageInfos?: NavPathStack;

aboutToAppear() {
  hilog.info(this.domainId, this.logTag, 'aboutToAppear');
  // 获取传递的参数对象
  if (this.params !== undefined && this.params !== null) {
    this.quickLoginAnonymousPhone = (this.params['anonymousPhone'] ?? '')
      as string;
  }
}


// 处理手势操作后返回的处理逻辑
onBackPress(): boolean | void {
  if (this.pageInfos && this.pageInfos.size() > 0) {
    this.pageInfos.pop();
    return true;
  }
}


// 处理一键登录按钮的点击逻辑
handleLoginWithHuaweiIDButton(error: BusinessError | undefined, response:
  loginComponentManager.HuaweiIDCredential) {
  this.enableStatus = false;
  if (error) {
    hilog.error(this.domainId, this.logTag,
      `Failed to click LoginWithHuaweiIDButton. ErrCode is ${error.code},
        errMessage is ${error.message}`);
    if (error.code === ErrorCode.ERROR_CODE_AGREEMENT_STATUS_NOT_ACCEPTED) {
      // 如果协议未被接受，则显示弹出消息
      this.showPopUp = true;
    } else {
      showToast(error);
    }
    this.enableStatus = true;
    return;
  }
  try {
    if (this.isSelected) {
      if (response) {
        hilog.info(this.domainId, this.logTag, 'Succeed in clicking
          LoginWithHuaweiIDButton.');
        const authCode = response.authorizationCode;
```

```
        const openID = response.openID;
        const unionID = response.unionID;
        const idToken = response.idToken;
        // 登录成功后，在这里处理服务器登录执行逻辑
        // 登录服务器成功后，返回主屏幕要显示的数据
        // ...
        // 例如，成功登录后显示个人信息屏幕
        this.pageInfos?.pushPathByName('PersonalInfoPage', null, true);
      }
    } else {
      // 如果协议未被接受，则显示弹出消息
      this.showPopUp = true;
    }
  } catch (error) {
    hilog.error(this.domainId, this.logTag,
      `Failed to LoginWithHuaweiIDButton. ErrCode is ${error.code},
        errMessage is ${error.message}`);
    showToast(error as BusinessError);
  } finally {
    this.enableStatus = true;
  }
}


// 跳转到华为账号用户认证协议页面
jumpToPrivacyWebView(privacyText: loginComponentManager.PrivacyText) {
  const hasNet: boolean = connection.hasDefaultNetSync();
  if (!hasNet) {
    const hint: string = getContext().resourceManager.getStringSync($r('app.
      string.hwid_no_internet_connect'));
    showToast(hint);
    return;
  }
  if (privacyText.tag !== undefined && privacyText.tag !== '') {
    // 获取系统多语言环境信息
    const systemLanguage: string = (getContext() as abilityCommon.
      UIExtensionContext).config.language ?? '';
    hilog.info(this.domainId, this.logTag, `systemLanguage is
      ${systemLanguage}`);
    const params: Record<string, Object> = { 'protocolUrl': privacyText.tag
      + systemLanguage };
    // 链接参数
    this.pageInfos?.pushPathByName('ProtocolWebView', params, true);
  }
}


// 从 rawfile 获取隐私政策地址
```

```
getProtocolUrl(privacyUrl: string): string {
  try {
    // 从 /AppScope/resources/rawfile 读取文件
    const value: Uint8Array = getContext().resourceManager.
      getRawFileContentSync(this.srcPath);
    // 返回华为账号用户认证协议的链接
    return JSON.parse(buffer.from(value.buffer).toString())[privacyUrl] as
      string;
  } catch (error) {
    hilog.error(this.domainId, this.logTag,
      `getProtocolUrl Error. ErrCode is ${error.code}, errMessage is ${error.
        message}`);
    return '';
  }
}
```

（3）文件 src/main/ets/pages/ProtocolWebView.ets 用于显示一个 WebView，以便用户查看华为
账号的用户认证协议。它包含一个后退按钮，用于让用户返回到
前一个页面，以及一个进度条，用于显示 WebView 加载网页的进
度。页面在加载 WebView 时会尝试打开传入的协议链接，如果加
载失败，则会显示一个提示信息。

（4）文件 src/main/ets/pages/PrepareLoginPage.ets 用于准备华
为账号的一键登录流程，它尝试获取匿名手机号，如果成功获取，
则会跳转到一键登录页面（QuickLoginPage），并将匿名手机号作
为参数传递过去。如果获取失败，则显示错误提示。页面上有一
个"登录"按钮，用户点击后会触发获取匿名手机号的操作。此外，
当用户按下返回键时，会直接退出应用。

（5）文件 src/main/ets/pages/PersonalInfoPage.ets 用于展示用
户的个人信息，包括手机号码。页面提供了一个"退出"登录的按
钮，用户点击后会跳转回登录准备页面（PrepareLoginPage）。另
外，页面中还包含一些基本的设置，如背景颜色、标题栏隐藏等。

至此，本项目的核心功能介绍完毕。代码执行后，会使用华
为账号实现一键登录功能，效果如图 6-6 所示。

图 6-6　华为账号一键登录界面

案例6　设备安全检测服务

DeviceSecurityKit 是华为鸿蒙系统提供的一个设备安全服务接口，它主要用于帮助应用开发者
实现设备的系统完整性检测、URL 威胁检测等安全相关的功能。该接口能够有效提高应用程序对潜

在安全威胁的检测能力，从而保障用户数据和设备的安全。

DeviceSecurityKit 的主要功能如下。

- 应用设备状态检测（DeviceVerify）：可以对应用在特定设备上的使用状态进行管理和检测，例如，判断应用是否在该设备上首次安装，或用户是否已获取了优惠券等状态检测，支持业务进行新用户营销活动。
- 安全检测（SafetyDetect）：能够判断设备环境是否安全，例如，检测设备是否被越狱、被模拟等。此外，还可以判断用户访问的 URL 是否为恶意网址，并根据检测结果评估如何响应，从而降低安全风险。
- 可信应用服务（TrustedAppService）：提供数据的安全证明服务，主要用于为安全摄像头和安全地理位置功能提供基础的安全证明能力，确保图像或位置数据未被篡改。
- 业务风险检测（BusinessRiskIntelligentDetection）：提供基于场景（如防作弊、反欺诈、违规内容检测等）的业务风险决策能力。
- 安全审计（SecurityAudit）：为应用提供获取当前设备上的审计数据能力，如窗口截屏、USB 插拔、剪切板复制粘贴等操作记录，以支持审计相关业务。

本项目展示了在鸿蒙应用中使用设备安全服务来进行系统完整性检测和 URL 安全性检测的过程。通过使用 @kit.DeviceSecurityKit 接口集成了华为安全检测服务，帮助开发者检测设备系统的完整性并检查 URL 是否存在威胁。本项目的功能如下。

- 系统完整性检测：通过 checkSysIntegrity() 方法，应用能够检测设备的系统是否被篡改或存在不一致性。
- URL 检测：通过 checkUrlThreat() 方法，应用可以检测指定的 URL 是否存在潜在的安全威胁。

案例6-6　设备安全检测服务（源码路径：codes\6\DeviceSecurityKit）

（1）项目配置：创建并配置鸿蒙应用，使用 AppGallery Connect 配置的应用包名替换 app.json5 文件中的 bundleName。在 AppGallery Connect 中开通安全检测服务，并添加应用的 SHA256 签名证书指纹。

（2）文件 src/main/ets/model/SafetyDetectModel.ts 通过鸿蒙的设备安全服务接口 DeviceSecurityKit 实现了两个功能：系统完整性检测和 URL 威胁检测。类 SafetyDetectModel 封装了这两项检测功能，分别使用 checkSysIntegrity() 和 checkUrlThreat() 方法进行检测。在检测完成后，结果会通过回调函数传递给调用者。通过异步 Promise 机制，能够捕获并处理检测过程中可能出现的错误，如检测失败或网络问题，并返回相应的错误码。

```
import { hilog } from '@kit.PerformanceAnalysisKit';
import { safetyDetect } from '@kit.DeviceSecurityKit';
import { BusinessError } from '@kit.BasicServicesKit';

const TAG: string = '[SafetyDetectModel]';
```

```
function generateRandomString(length: number): string {
  const charset = "ABCDEFGHIJKLMNOPQRSTUVWXYZabcdefhijklmnopqrstuvwxyz0123456789";
  return Array.from({ length }, () => charset.charAt(Math.floor(Math.random()
    * charset.length))).join('');
}

async function checkSysIntegrityPromise(): Promise<string> {
  const sysIntegrityRequest: safetyDetect.SysIntegrityRequest = {
    nonce: generateRandomString(16),
  };
  hilog.info(0x0000, TAG, 'CheckSysIntegrity begin.');
  try {
    const sysIntegrityResponse = await safetyDetect.checkSysIntegrity(sysInte
      grityRequest);
    hilog.info(0x0000, TAG, 'Succeeded in checkSysIntegrity: %{public}s',
      sysIntegrityResponse.result);
    return sysIntegrityResponse.result;
  } catch (err) {
    hilog.error(0x0000, TAG, 'CheckSysIntegrity failed: %{public}d %{public}s',
      err.code, err.message);
    throw err;
  }
}

async function checkUrlThreatPromise(): Promise<string> {
  const urlCheckRequest: safetyDetect.UrlCheckRequest = {
    urls: ['https://an.example.test', 'https://www.huawei.com'],
  };
  hilog.info(0x0000, TAG, 'CheckUrlThreat begin.');
  try {
    const urlCheckResponse = await safetyDetect.checkUrlThreat(urlCheckRequest);
    const resultStr = urlCheckResponse.results.map(result =>
      `url: ${result.url} threat: ${result.threat}`
    ).join('\n');
    hilog.info(0x0000, TAG, 'Succeeded in checkUrlThreat: %{public}s', resultStr);
    return resultStr;
  } catch (err) {
    hilog.error(0x0000, TAG, 'CheckUrlThreat failed: %{public}d %{public}s',
      err.code, err.message);
    throw err;
  }
}

export class SafetyDetectModel {
  private displayText: string = '';
```

```
async checkSysIntegrity(callback: Function) {
  try {
    this.displayText = await checkSysIntegrityPromise();
  } catch (err: BusinessError) {
    this.displayText = `Check SysIntegrity failed, errCode: ${err.code}`;
  }
  callback(this.displayText);
}

async checkUrlThreat(callback: Function) {
  try {
    this.displayText = await checkUrlThreatPromise();
  } catch (err: BusinessError) {
    this.displayText = `Check UrlThreat failed, errCode: ${err.code}`;
  }
  callback(this.displayText);
}
}

export default new SafetyDetectModel();
```

（3）文件src/main/ets/pages/Index.ets实现了一个简单的UI界面，提供了系统完整性检测和URL威胁检测的功能。通过两个按钮（CheckSysIntegrity 和 CheckUrlThreat）触发检测操作，并将结果显示在页面上。点击相应按钮后，程序会调用SafetyDetectModel中的检测方法，获取检测结果并更新显示内容 (DispalyText)。界面采用了HarmonyOS的组件和布局，使用Column、Text、Button等控件构建整体结构。

至此，本项目的核心功能介绍完毕。代码执行效果如图6-7所示。

应用账号管理系统

案例7

图6-7　安全监测界面

应用账号是指在特定应用程序中，用户通过注册获取的身份凭证，用于访问该应用的个性化服务和数据。应用账号通常包含用户名、邮箱、密码等信息，并可能与个性签名、头像、偏好设置等相关联。通过应用账号，用户可以登录应用、同步数据、管理个人信息，享受跨设备的同步体验。开发者通过应用账号管理系统，可以实现账号的创建、查询、修改和删除等，确保数据安全，并为用户提供个性化的服务。

本案例展示了在华为鸿蒙系统中实现应用账号管理功能的过程，该功能涵盖音频、视频、地图三个模块，并通过注册、登录、修改信息、切换应用等操作来管理每个应用的账号。具体来说，本项目的功能如下。

- 注册功能：允许用户为应用创建一个新账号，设置用户名、邮箱、签名和密码。
- 登录功能：使用注册的账号进行登录。
- 修改信息功能：在登录后，允许用户修改账号的个人信息。
- 切换应用功能：允许用户在不同应用之间切换，每个应用都需要相应的账号。
- 删除账号功能：允许用户删除账号及其所有关联信息。

案例6-7　应用账号管理系统（源码路径：codes\6\App-account）

（1）文件src/main/ets/common/LoginInfo.ets用于实现用户登录界面和登录验证逻辑。用户可以输入用户名和密码，点击"登录"或"注册"按钮进行相应操作。系统会验证用户名和密码的有效性，若信息匹配，则会提取用户的电子邮箱和个性签名，登录成功后跳转到账号详情页面。若用户名或密码为空或不匹配，系统会弹出提示框提醒用户补充或修正信息。此外，登录页面还提供跳转到注册页面的功能。

（2）文件src/main/ets/common/RegisterInfo.ets定义了一个用户注册界面，该界面通过ArkUI框架实现，涉及输入验证、数据存储及注册信息的提交等功能，具体功能如下。

- 数据源设计（BasicDataSource 和 MyDataSource 类）：BasicDataSource 是一个基础数据源类，提供对数据变化的监听机制，包括监听数据重载、添加、删除、变更和移动等操作。MyDataSource继承自 BasicDataSource，定义了一组注册表单的数据源，涉及用户名、邮箱、个性签名、密码和确认密码等。
- 组件结构和布局：通过 Column 和 Row 布局构建表单页面，使用 Text 显示字段标签（如用户名、密码等），使用 TextInput 负责用户的输入。每个输入框的类型（如普通文本或密码）由 MyDataSource 中定义的数据源控制。
- 输入验证：验证机制包含基本的非空检查、邮箱格式校验和密码长度的限制。密码输入框使用正则表达式来检查邮箱格式，并检查两次输入的密码是否一致。
- 用户交互与注册逻辑：在用户点击"注册"按钮后，系统会根据用户输入进行一系列检查，如用户名是否为空、邮箱格式是否正确、密码长度是否符合要求等。若所有条件都满足，用户信息会通过 AccountModel 和 AccountData 类存储到数据库中。
- 用户提示：使用 AlertDialog 显示错误或成功消息。若用户名为空时，则会弹出提示框提示用户输入用户名。
- 导航：注册完成后，用户会被导航到登录页面，使用 router.replaceUrl 实现页面跳转。

（3）文件src/main/ets/common/AccountInfo.ets实现了应用账号的详情展示和管理功能。通过显示账号的用户名、邮箱、个性签名和应用名称，用户可以查看账号信息。页面中提供了修改账号信息、切换应用和删除账号的操作按钮，并使用弹出框确认关键操作。在点击"修改"按钮后，用户将跳转到信息修改页面；在点击切换应用按钮后，可以返回首页；在点击"删除"按钮后，删除账号数据并返回登录页面。

（4）文件 src/main/ets/common/ModifyInfo.ets 定义了修改用户信息的界面，包括邮箱、个性签名、密码等字段。通过 ModifyInfo 组件，用户可以输入并修改这些信息，并通过点击按钮保存更改。该页面还通过 AlertDialog 弹窗处理错误验证，如邮箱格式错误、密码长度不足、两次密码输入不一致等。此外，该页面使用 MyDataSource 管理数据展示和交互，并通过 AccountModel 处理与账户相关的数据存储和更新，最后将修改结果反馈到用户界面。

（5）文件 src/main/ets/model/AccountData.ets 实现了类 AccountData，用于管理存储（preferences）的读取、写入、删除操作。类 AccountData 提供了一些异步方法，可以将数据存储到指定的偏好存储（preferences），并支持获取、删除键值对及检查某个键是否存在的功能。类 AccountData 通过 Logger 记录操作日志，方便调试和问题追踪。

```
export class AccountData {

  // 获取并存储偏好数据的实例（单例模式，暂时注释掉）
  /*  static instance: AccountData = null

  public static getInstance() {
    if (this.instance === null) {
      this.instance = new AccountData()
    }
    return this.instance
  }*/

  // 从存储中获取数据
  async getFromStorage(context: common.Context, url: string) {
    let name = url;
    Logger.info(TAG, `Name is ${name}`); // 打印存储名称
    try {
      // 获取偏好存储
      storage = await preferences.getPreferences(context, `${name}`);
    } catch (err) {
      // 如果获取失败，记录错误日志
      Logger.error(`getStorage failed, code is ${err?.code}, message is ${err?.
        message}`);
    }
    if (storage) {
      Logger.info(TAG, `Create stroage is fail.`); // 如果创建存储失败，记录信息
    }
  }

  // 返回当前的存储实例
  async getStorage(context: common.Context, url: string) {
```

```
    storage = storageTemp; // 临时存储
    await this.getFromStorage(context, url);        // 获取存储
    return storage; // 返回存储实例
}


// 存储键值对数据
async putStorageValue(context: common.Context, key: string, value: string,
  url: string) {
    storage = await this.getStorage(context, url); // 获取存储实例
    try {
      await storage.put(key, value); // 将键值对存储到偏好中
      await storage.flush();           // 刷新存储数据到磁盘
      Logger.info(TAG, `put key && value success`); // 成功日志
    } catch (err) {
      Logger.info(TAG, `aaaaaa put failed`); // 失败日志
    }
    return;
}


// 检查存储中是否包含某个键
async hasStorageValue(context: common.Context, key: string, url: string) {
    storage = await this.getStorage(context, url); // 获取存储实例
    let result: boolean = false;
    try {
      result = await storage.has(key);     // 检查键是否存在
    } catch (err) {
      Logger.error(`hasStorageValue failed, code is ${err?.code}, message is
        ${err?.message}`);               // 记录错误信息
    }
    Logger.info(TAG, `hasStorageValue success result is ${result}`); // 成功日志
    return result;                       // 返回结果
}


// 从存储中获取键对应的值
async getStorageValue(context: common.Context, key: string, url: string) {
    storage = await this.getStorage(context, url); // 获取存储实例
    let getValue: preferences.ValueType = 'null';
    try {
      getValue = await storage.get(key, 'null');      // 获取指定键的值
    } catch (err) {
      Logger.error(`getStorageValue failed, code is ${err?.code}, message is
        ${err?.message}`);                         // 记录错误信息
    }
    Logger.info(TAG, `getStorageValue success`);     // 成功日志
    return getValue; // 返回值
}
```

```
// 删除存储中的键值对
async deleteStorageValue(context: common.Context, key: string, url: string) {
  storage = await this.getStorage(context, url); // 获取存储实例
  try {
    await storage.delete(key); // 删除指定键的值
    await storage.flush();      // 刷新存储数据到磁盘
  } catch (err) {
    Logger.error(`deleteStorageValue failed, code is ${err?.code}, message
      is ${err?.message}`);      // 记录错误信息
  }
  Logger.info(TAG, `delete success`); // 成功日志
  return;
}
```

总之，类AccountData主要用于处理用户账户数据或配置信息的持久化管理，适合应用程序中需要保存用户设置或状态的场景。

至此，本项目的核心功能介绍完毕。代码执行后，将显示应用账号管理界面。当用户单击"音乐""视频""地图"这些应用模块时，都会跳转到相应的登录界面，用户可以在这些界面上分别实现登录或注册功能，效果如图6-8所示。

主界面

登录界面

图6-8 应用账号管理界面

 案例8 华为手写笔服务

HarmonyOS的Pen Kit（手写笔服务）是华为提供的一个手写套件，旨在为用户提供优质的手写体验，并为开发者创造丰富的手写应用场景。Pen Kit支持多种设备，包括手机、平板和2in1设备。

Pen Kit 的主要功能如下。

- 手写套件：提供多样化的笔刷选择、笔迹编辑功能以及低时延的手写体验。用户可以在手写应用中进行笔记记录和批注。此外，Pen Kit 还提供双击手写笔快速切换绘制工具的功能。

- 报点预测：通过优化应用绘制跟手性，提升手写应用中的书写跟手性体验。手写套件默认开启报点预测功能，开发者也可以在应用中单独集成此功能。

- 一笔成形：提供将手绘原始图形识别为规整图形的能力，从而丰富手写功能并提升手写体验。Pen Kit 支持多种图形的识别，包括线段、圆形、多边形、曲线等。

开发者通过集成 Pen Kit，可以快速搭建手写场景，并持续提升手写体验。Pen Kit 主要成员如下。

（1）HandwriteController：这是手写套件的主要功能入口类，包含手写能力的主要方法。

- load(path: string): void：从指定路径加载笔记文件，通常在手写套件初始化后调用。

- save(path: string): Promise<void>：保存笔记到指定路径，使用 Promise 异步回调。

- onLoad(callback: AsyncCallback<string>): void：注册回调，加载完成后将会触发此回调。

（2）PointPredictor（报点预测功能）：允许应用预测手写笔或手指在屏幕上移动时的下一个位置，从而提高手写应用的跟手性（手写笔或手指移动与屏幕上笔迹的同步性）。

（3）InstantShapeGenerator（一笔成形功能）：允许应用识别用户的手绘图形，并将其转换成规整的图形，如直线、圆形、三角形等。

- processTouchEvent(event: TouchEvent): void：传递触摸事件。

- getPathFromString(shapeString: string, penSize: number): Path2D：从给定的形状字符串中提取形状信息，并使用该信息生成 Path2D 对象。

- notifyAreaChange(width: number, height: number): void：通知组件大小更改。形状的大小（如圆的半径）会根据组件尺寸而变化。

- setPauseTime(time: number): void：设置触发识别的暂停时间。

- release(): void：销毁一笔成形工具。

- onShapeRecognized(callback: Callback<ShapeInfo>): InstantShapeGenerator：注册识别完成时的回调方法。

在本案例中，我们将展示如何利用华为的 Pen Kit 服务快速搭建一个高效的手写功能应用。

案例6-8　华为手写笔服务（源码路径：codes\6\Pen-kit）

（1）文件 src/main/ets/utils/ContextConfig.ts 用于在应用程序的全局上下文中存储和访问 UIAbilityContext。通过类 GlobalContext 提供 getContext 和 setContext 方法，分别用于获取和设置全局的手写笔引擎上下文（_brushEngineContext）。通过这种方式使不同组件或模块能够方便地共享和访问应用的上下文信息。

```
import type common from '@ohos.app.ability.common'; // 导入公共模块类型

// 声明全局命名空间，用于在全局环境中定义上下文
```

```
declare namespace globalThis {
  // 定义全局变量 _brushEngineContext，用于存储 UIAbilityContext
  let _brushEngineContext: common.UIAbilityContext;
}

// 定义 GlobalContext 类，用于获取和设置全局的手写引擎上下文
export default class GlobalContext {

  // 静态方法，获取全局的 UIAbilityContext
  static getContext(): common.UIAbilityContext {
    return globalThis._brushEngineContext;      // 返回全局上下文
  }

  // 静态方法，设置全局的 UIAbilityContext
  static setContext(context: common.UIAbilityContext): void {
    globalThis._brushEngineContext = context; // 设置全局上下文
  }
}
```

（2）文件src/main/ets/pages/HandWritingDemo.ets实现了手写功能的初始化和渲染。通过HandwriteController控制手写文件的加载和保存，并提供了对画布缩放的支持。在设备加载页面时，检查设备是否支持手写功能，并在页面消失时自动保存手写内容。整个过程采用了回调机制，便于在加载和缩放时进行自定义处理。

```
import { HandwriteComponent, HandwriteController } from '@kit.Penkit';

@Entry
@Component
struct HandWritingComponent {
  controller: HandwriteController = new HandwriteController();
  initPath: string = "aa"; // 示例手写文件保存路径

  aboutToAppear() {
    // 设置手写文件加载完毕后的回调
    this.controller.onLoad(this.callback);

    // 检查设备是否支持手写功能
    const handwriteSupportMsg = canIUse("SystemCapability.Stylus.Handwrite")
      ? "该设备支持 SystemCapability.Stylus.Handwrite"
      : "该设备不支持 SystemCapability.Stylus.Handwrite";

    console.log(handwriteSupportMsg);
  }

  // 手写文件加载完成后的回调函数
```

```
callback = () => {
    // 自定义行为，如在文件加载完成后向用户展示指导
}

aboutToDisappear() {
    // 退出时保存手写文件内容到指定路径
    const path: string = `savePath`; // 需根据应用需求设置实际保存路径
    this.controller?.save(path);
}

build() {
    Row() {
        Column() {
            HandwriteComponent({
                handwriteController: this.controller,
                onInit: () => {
                    // 初始化完成时加载手写文件内容
                    this.controller?.load(this.initPath);
                },
                onScale: (scale: number) => {
                    // 画布缩放时的回调，提供当前缩放比例
                }
            })
        }
        .width('100%')
    }
    .height('100%')
}
}
```

 ## 案例9　在线认证服务

　　FIDO（Fast IDentity Online，快速在线身份认证）是一种旨在提供更安全、更简单用户体验的身份验证解决方案。它通过使用标准公钥加密技术，允许用户利用本地设备（如智能手机或其他个人设备）进行身份验证，从而替代传统的密码方式。这种方法不仅增加了安全性，还简化了用户的登录流程。

　　在 HarmonyOS 中，@hms.security.fido 是华为移动服务（HMS Core）提供的一项功能，它允许开发者在应用中集成 FIDO 协议，从而实现无密码的身份认证。通过 FIDO 协议，用户可以利用生物特征识别（如指纹或面部识别）或安全密钥来安全地登录应用和服务，而无须输入传统的密码。在实现 @hms.security.fido 功能时，开发者需要导入相应的 FIDO API 接口，并通过一系列

的接口调用来实现注册、认证和注销等功能。例如，使用 discover() 接口来初始化认证器，使用 processUAFOperation() 接口来处理认证操作，以及使用 notifyUAFResult() 接口来注册结果通知。

本案例实现了一个基于FIDO协议的免密身份认证系统，展示了如何在应用中集成FIDO免密认证接口来实现用户身份的开通、认证和注销。本案例的主要功能和步骤如下。

（1）免密身份认证：通过FIDO协议，用户可以使用生物特征（如指纹或面部识别）或安全密钥来代替传统的密码进行身份验证。

（2）端侧操作：所有的认证操作都在用户的设备端进行，确保用户生物特征数据的安全，不会将敏感信息上传到服务器。

（3）初始化认证器：在应用的主界面，用户需要点击"Discover"按钮来初始化认证器数据，这是进行后续操作的前提。

（4）生物特征认证：用户在设备上录入指纹或人脸信息后，可以通过点击"Enable"按钮来启动生物特征认证过程，认证成功后会提示开启成功。

（5）查询服务状态：用户可以通过点击"Check policy"按钮来查询FIDO服务的开通状态，了解服务是否可用。

（6）认证操作：在服务开启后，点击"Authenticate"按钮，应用会弹出弹窗要求用户进行生物特征认证，认证成功后会提示认证成功。

（7）注销操作：点击"Disable"按钮可以注销当前的认证状态，提示关闭成功后，用户需要重新进行认证才能再次使用服务。

（8）接口实现：本案例使用了 @hms.security.fido 提供的API接口，具体如下。

• discover(context: common.Context): Promise用于初始化认证器。

• processUAFOperation(context: common.Context, uafRequest: UAFMessage, channelBindings: ChannelBinding): Promise用于处理用户的认证请求。

• notifyUAFResult(context: common.Context, uafResponse: UAFMessage): Promise用于通知认证结果。

案例6-9　在线认证服务（源码路径：codes\6\Online）

（1）文件src/main/ets/util/Util.ets定义了一个名为 Util 的实用工具类，提供了与 FIDO 服务器通信和处理 HTTP 请求的相关功能。Util类的主要功能包括通过 HTTP 请求传递认证信息，与服务器进行通信，并处理服务器返回的结果。此外，它还包含一些日志输出功能，用于调试请求和响应过程中的数据。

（2）文件src/main/ets/ConnectService.ets定义了类ConnectService，负责与 FIDO 服务器和远程服务进行通信，处理用户认证相关的操作。通过 FIDO 服务器提供的接口，该类实现了注册、认证和注销等功能。通过调用 connectService 方法连接到远程服务，发送用户身份验证的请求，接收响应，并基于不同的请求类型（如注册、认证、注销）处理相应的逻辑。此外，该类还提供了一个 selectType 方法，根据传入的连接类型进行 FIDO 操作，如用户注册 (UAF_REG)、认证 (UAF_AUTH) 和注销 (UAF_DEREG) 等。

```
// 枚举定义认证类型
export enum AuthType {
  Face = '16',          // 面部识别
  Fingerprint = '2',    // 指纹识别
}

const SERVER_URL = 'FIDO server URL'     // FIDO 服务器的 URL，格式为 http://xxxx.
const AUTHTYPE = AuthType.Face;          // 使用的生物识别认证类型（此处为面部识别）

export class ConnectService {
  static base64 = new util.Base64Helper; // Base64 编码 / 解码工具
  static url = SERVER_URL;                // FIDO 服务器的 URL
  static userAuthType = AUTHTYPE;         // 用户认证类型

  /**
   * 连接远程服务
   * @param uiContext - 用户界面上下文
   * @param strUAFConnectType - FIDO 连接类型
   */
  async connectService(uiContext: common.UIAbilityContext, strUAFConnectType:
    string) {
    let want: Want = {
      bundleName: 'com.huawei.hmos.fido', // 服务包名
      abilityName: 'ServiceExtAbility'    // 服务能力名
    };

    let options: common.ConnectOptions = {
      // 连接成功时的回调函数
      onConnect(elementName, remote) {
        elementName;
        hilog.info(0x0000, 'TAG', 'onConnect...');
        let option: rpc.MessageOption = new rpc.MessageOption(0);
        // 创建消息序列
        let data: rpc.MessageSequence = rpc.MessageSequence.create();
        // 创建回复消息序列
        let reply: rpc.MessageSequence = rpc.MessageSequence.create();

        data.writeString(strUAFConnectType); // 写入连接类型
        hilog.info(0x0000, 'TAG', 'before sendMessage...');
        remote.sendMessageRequest(0, data, reply, option) // 发送消息请求
          .then(async (result: rpc.RequestResult) => {
            if (result.errCode != 0) {
              hilog.error(0x0000, 'TAG', `send request failed, errCode:
```

```
              ${result.errCode}`);
            return;
          }
          hilog.info(0x0000, 'TAG', 'get result');
        })
        .catch((err: BusinessError) => {
          hilog.error(0x0000, 'TAG', `send request got exception: ${JSON.
            stringify(err)}`);
        })
        .finally(() => {
          data.reclaim();   // 回收数据
          reply.reclaim(); // 回收回复
        })
    },
    // 连接断开时的回调函数
    onDisconnect(elementName) {
      elementName;
      hilog.info(0x0000, 'TAG', 'onDisconnect...');
    },
    // 连接失败时的回调函数
    onFailed(code) {
      code;
      hilog.info(0x0000, 'TAG', 'onFailed...');
    }
  };
  try {
    // 连接服务扩展能力
    uiContext.connectServiceExtensionAbility(want, options);
  } catch (err) {
    let code = (err as BusinessError).code;
    let message = (err as BusinessError).message;
    hilog.error(0x0000, 'TAG', `connectServiceExtensionAbility failed, code
      is ${code}, message is ${message}`);
  }
}


/**
 * 选择 FIDO 连接类型并处理相应的逻辑
 * @param strUAFConnectType - FIDO 连接类型
 * @returns 返回 FIDO 消息
 */
async selectType(strUAFConnectType: string): Promise<string> {
  let uafMessage: string = ''
  switch (strUAFConnectType) {
    case 'DISCOVER':                  // 发现服务
      strUAFConnectType = 'DISCOVER';
```

```
      break;
    case 'UAF_REG':                  // 注册
      strUAFConnectType = 'UAF_REG';
      let regReq = Util.fidoParameter('regReq', ConnectService.
        userAuthType);          // 获取注册参数
      let reg: string = await Util.connectFidoServer(ConnectService.url +
        'fidoreg', regReq);     // 发送注册请求
      let isReg = reg.includes('fidoreg');
      if (isReg) {
        let regPar: FidoReg = JSON.parse(reg); // 解析注册响应
        let fidoreg = ConnectService.base64.decodeSync(regPar.fidoreg);
          // 解码响应
        uafMessage = Util.uint8ArrayToString(fidoreg); // 转换为字符串
      }
      break;
    case 'UAF_AUTH': // 认证
      strUAFConnectType = 'UAF_AUTH';
      let authReq = Util.fidoParameter('authReq', ConnectService.
        userAuthType); // 获取认证参数
      let auth: string = await Util.connectFidoServer(ConnectService.url +
        'fidoauth', authReq); // 发送认证请求
      let isAuth = auth.includes('fidoauth');
      if (isAuth) {
        let authPar: FidoAuth = JSON.parse(auth);        // 解析认证响应
        let fidoAuth = ConnectService.base64.decodeSync(authPar.fidoauth);
          // 解码响应
        uafMessage = Util.uint8ArrayToString(fidoAuth); // 转换为字符串
      }
      break;
    case 'UAF_DEREG': // 注销
      strUAFConnectType = 'UAF_DEREG';
      let deReg = Util.fidoParameter('deReg', ConnectService.userAuthType);
        // 获取注销参数
      let dereg: string = await Util.connectFidoServer(ConnectService.url +
        'fidodereg', deReg); // 发送注销请求
      let isDereg = dereg.includes('fidodereg');
      if (isDereg) {
        let deregPar: FidoDereg = JSON.parse(dereg); // 解析注销响应
        let fidoDereg = ConnectService.base64.decodeSync(deregPar.
          fidodereg); // 解码响应
        uafMessage = Util.uint8ArrayToString(fidoDereg); // 转换为字符串
        hilog.error(0x0000, 'TAG', `UAF_DEREG---uafMessage: ${uafMessage}`);
      }
      break;
    case 'CHECK_POLICY': // 检查策略
      strUAFConnectType = 'CHECK_POLICY';
```

```
        break;
    }
    return uafMessage
}
}
```

（3）文件src/main/ets/pages/Index.ets展示了一个基于FIDO协议的前端页面组件的实现。它使用了多种按钮来处理不同的身份认证相关操作，如发现FIDO设备、启用、认证、禁用和检查策略等。文件Index.ets是通过HarmonyOS提供的UI和服务工具包构建的，涉及身份认证、注册、注销等功能。文件Index.ets的具体功能如下。

● Discover（发现）：通过FIDO协议发现设备，调用fido.discover()接口，并显示发现的设备信息。

● Enable（启用）：向FIDO服务器请求启用注册操作，调用fido.processUAFOperation()，并通知FIDO服务器启用结果。注册过程包括从服务器获取消息、处理UAF操作并发送通知。

● Authenticate（认证）：使用FIDO身份验证，通过fido.processUAFOperation()进行身份验证操作，将结果传回服务器，确认是否成功。

● Disable（禁用）：注销操作，取消已注册的设备，调用FIDO协议进行注销。

● Check policy（检查策略）：检查FIDO的注册策略，判断是否已经启用身份验证。

至此，本项目的核心功能介绍完毕。代码执行后，将显示一个基于FIDO协议的用户身份认证界面，效果如图6-9所示。用户可以通过按钮进行FIDO操作，如设备发现、启用身份认证、验证身份、禁用身份认证等。

图6-9　用户身份认证界面

 将图标添加到状态栏中

在华为鸿蒙操作系统中，@kit.StatusBarExtensionKit 提供了一系列接口，允许开发者在应用中接入状态栏图标，实现与用户的交互功能。@kit.StatusBarExtensionKit 的主要功能和内置成员如下。

（1）StatusBarViewExtensionAbility：这是一个状态栏扩展Ability，继承自 UIExtensionAbility，用于给应用提供接入状态栏图标左键业务弹窗的能力。开发者可以通过继承这个类来创建自定义的状态栏扩展功能。

（2）statusBarManager：该模块提供了管理状态栏图标的方法，包括添加、移除图标，更新图标信息等。其包含的方法如下。

● addToStatusBar(context: common.Context, statusbarItem: StatusBarItem): void：将应用图标添加

到状态栏。

- removeFromStatusBar(context: common.Context): void：从状态栏移除应用图标。

- updateQuickOperationHeight(context: common.Context, height: number): void：更新状态栏图标左键弹窗应用定制区域的高度。

- updateStatusBarMenu(context: common.Context, statusBarGroupMenus: Array<StatusBarGroupMenu>): void：更新接入状态栏图标的右键菜单内容。

- updateStatusBarIcon(context: common.Context, statusBarIcon: StatusBarIcon): void：更新状态栏图标。

- on(event: string, callback: Callback<emitter.EventData>): void：订阅事件。

- off(event: string, callback?: Callback<emitter.EventData>): void：取消订阅事件 。

（3）自定义状态栏图标：开发者可以通过配置 StatusBarItem 对象来自定义状态栏图标的样式和行为，包括图标的图片资源、左键被点击时的操作（如显示自定义弹窗），以及右键被点击时的菜单内容 。

（4）状态栏图标的动态更新：应用可以在运行时动态更新状态栏图标的信息，如更改图标、调整弹窗高度或更新菜单项，以适应不同的应用状态或用户交互需求。

通过使用 @kit.StatusBarExtensionKit，开发者可以增强应用的用户体验，提供快速便捷的操作方式，同时保持应用的可见性和用户关注度。

下面的案例演示了使用 @kit.StatusBarExtensionKit 将图标添加到状态栏的过程。

案例6-10　将图标添加到状态栏中（源码路径：codes\6\Status-bar）

（1）文件 src/main/ets/statusbarviewextensionability/MyStatusBarViewAbility.ets 定义了一个自定义的状态栏视图扩展类 MyStatusBarViewAbility，它继承自 StatusBarViewExtensionAbility。类 MyStatusBarViewAbility 实现了一些基本的生命周期方法，用于处理状态栏扩展的创建、进入前台、进入后台、会话创建和销毁等事件。

（2）文件 src/main/ets/pages/StatusBarPage.ets 定义了一个状态栏页面 StatusBarPage，使用 @Entry 注解标记为入口组件。页面内部包含一个状态 message，并在 build 方法中创建了一个相对容器，显示了一段文本内容。文本的样式被设置为粗体和特定的字体大小，并通过对齐规则居中显示。

```
@Entry
@Component
struct StatusBarPage {
  // 状态变量，用于存储消息内容
  @State message: string = 'StatusBarExtension Demo';

  // 构建组件
  build() {
```

```
RelativeContainer() {
    // 显示状态消息
    Text(this.message)
        .id('HelloWorld')                   // 设置文本的唯一标识
        .fontSize(25)                       // 设置字体大小
        .fontWeight(FontWeight.Bold)        // 设置字体加粗
        .alignRules({
            center: { anchor: '__container__', align: VerticalAlign.Center },
                                            // 垂直居中对齐
            middle: { anchor: '__container__', align: HorizontalAlign.Center }
                                            // 水平居中对齐
        })
    }
    .height('100%')                         // 设置容器高度为100%
    .width('100%')                          // 设置容器宽度为100%
}
}
```

（3）文件src/main/ets/pages/Index.ets定义了一个
Index 组件，用于管理和操作状态栏的图标及菜单项。
Index组件可以更新状态栏图标的尺寸，添加图标和相关
的菜单项到状态栏，以及提供删除图标的功能。代码执
行后，将显示状态栏管理和操作界面，如图6-10所示。

图6-10　状态栏管理和操作界面

用户可以通过界面上的按钮来添加或删除状态栏中的图标和菜单，增强了应用的交互性和功能性。

 字符串的加密和解密

在HarmonyOS中，cryptoFramework接口是一个专门用于处理加密和解密操作的安全框架，它
支持多种加密算法和安全功能，广泛应用于数据保护和安全通信等场景。cryptoFramework封装了
一些常用的密码学算法，简化了开发者对加密和解密功能的调用。

cryptoFramework接口主要通过一些核心类和方法来实现具体的加密操作，以下是常用的成员
和功能类。

（1）类Cipher：这是cryptoFramework中的核心类，负责执行加密和解密操作，它包含以下成员
方法。

● Cipher.getInstance(String transformation)：获取一个指定转换方式（如"RSA/ECB/PKCS1
Padding"或"AES/CBC/PKCS5Padding"）的Cipher实例。

● init(int mode, Key key)：初始化Cipher实例，其中mode可以是加密模式（Cipher.ENCRYPT_
MODE）或解密模式（Cipher.DECRYPT_MODE），key是用于加密和解密的密钥。

- doFinal(byte[] input)：执行加密或解密操作，返回加密或解密后的结果。

（2）类KeyPairGenerator：用于生成非对称密钥对（如RSA的公钥和私钥），它包含以下成员方法。

- KeyPairGenerator.getInstance(String algorithm)：获取一个指定算法（如"RSA"）的密钥对生成器实例。

- initialize(int keysize)：初始化密钥对生成器，指定密钥的长度（如2048位）。

- generateKeyPair()：生成并返回一个密钥对。

（3）类SecretKeySpec：用于生成对称加密算法所需的密钥对象（如AES的密钥）。

（4）类Signature：用于生成和验证数字签名，它包含以下成员方法。

- initSign(PrivateKey privateKey)：使用私钥初始化签名实例，准备生成签名。

- initVerify(PublicKey publicKey)：使用公钥初始化签名实例，准备验证签名。

- Verify(PublicKey publicKey)：使用公钥初始化签名实例，准备验证签名。

- update(byte[] data)：将要签名或验证的数据传递给签名对象。

- sign()：生成签名并返回结果。

- verify(byte[] signature)：验证签名是否匹配。

（5）类MessageDigest：用于生成数据的摘要（哈希值），它包含以下成员方法。

- MessageDigest.getInstance(String algorithm)：获取指定算法的摘要对象（如"SHA-256"）。

- update(byte[] input)：更新摘要，输入数据。

- digest()：计算并返回最终的摘要。

下面的案例演示了使用cryptoFramework接口实现字符串的加密和解密的过程。

案例6-11　字符串的加密和解密（源码路径：codes\6\Cipher）

（1）文件src/main/ets/model/CipherModel.ts实现了一个加密和解密模型。该模型通过crypto Framework接口生成公钥、私钥、对称密钥，并使用 PKCS1 和 PKCS7 填充模式进行加密和解密。RSA 主要用于公钥加密和私钥解密，而 AES 则用于对称加密。加密和解密的核心流程是将输入的消息转换为字节数组，通过加密算法生成密文或明文，并利用 Base64 编码/解码以适应不同格式的消息传输。

```
// 将 Uint8Array 转换为字符串
uint8ArrayToString(array: Uint8Array) {
  let out: string = '';
  let index: number = 0;
  let len: number = array.length;
  while (index < len) {
    let character = array[index++];
    switch (character >> 4) {
    case 0: case 1: case 2: case 3: case 4: case 5: case 6: case 7:
      // 单字节字符，直接转换
```

```
        out += String.fromCharCode(character);
        break;
      case 12: case 13:
        // 双字节字符，拼接转换
        out += String.fromCharCode(((character & 0x1F) << 6) | (array[index++]
          & 0x3F));
        break;
      case 14:
        // 三字节字符，拼接转换
        out += String.fromCharCode(((character & 0x0F) << 12) |
          ((array[index++] & 0x3F) << 6) |
          ((array[index++] & 0x3F) << 0));
        break;
      default:
        break;
    }
  }
  return out;
}


// RSA 加密函数
rsaEncrypt(message: string, callback) {
  let rsaGenerator = cryptoFramework.createAsyKeyGenerator(RSA512_PRIMES_2);
  let cipher = cryptoFramework.createCipher(RSA512_PKCS1);
  let that = new util.Base64Helper();
  let pubKey = that.decodeSync(RSA_ENCRYPT_KEY);
  let pubKeyBlob: cryptoFramework.DataBlob = { data: pubKey };
  rsaGenerator.convertKey(pubKeyBlob, null, (err, keyPair) => {
    if (err) {
      Logger.error("convertKey: error." + (err as BusinessError).code);
      return;
    }
    cipher.init(cryptoFramework.CryptoMode.ENCRYPT_MODE, keyPair.pubKey,
      null, (err, data) => {
      let input: cryptoFramework.DataBlob = { data: this.
        stringToUint8Array(message) };
      cipher.doFinal(input, (err, data) => {
        Logger.info(TAG, "EncryptOutPut is " + data.data);
        let result = that.encodeToStringSync(data.data);
        Logger.info(TAG, "result is " + result);
        callback(result);
      });
    });
  });
}
```

```
// RSA 解密函数
rsaDecrypt(message: string, callback) {
  let rsaGenerator = cryptoFramework.createAsyKeyGenerator(RSA512_PRIMES_2);
  let cipher = cryptoFramework.createCipher(RSA512_PKCS1);
  let that = new util.Base64Helper();
  let priKey = that.decodeSync(RSA_DECRYPT_KEY);
  let priKeyBlob: cryptoFramework.DataBlob = { data: priKey };
  rsaGenerator.convertKey(null, priKeyBlob, (err, keyPair) => {
    if (err) {
      Logger.error(TAG, "convertKey: error." + (err as BusinessError).code);
      return;
    }
    cipher.init(cryptoFramework.CryptoMode.DECRYPT_MODE, keyPair.priKey,
      null, (err, data) => {
      try {
        let newMessage = that.decodeSync(message);
        let input: cryptoFramework.DataBlob = { data: newMessage };
        cipher.doFinal(input, (err, data) => {
          if (err) {
            Logger.error(TAG, "cipher doFinal." + (err as BusinessError).code);
            return;
          }
          Logger.info(TAG, "DecryptOutPut is " + data.data);
          let result = this.uint8ArrayToString(data.data);
          Logger.info(TAG, "result is " + result);
          callback(result);
        });
      } catch (err) {
        Logger.info(TAG, "cipher init error: " + (err as BusinessError).code);
        return err;
      }
    });
  });
}

// AES 加密函数
aesEncrypt(message: string, callback) {
  let aesGenerator = cryptoFramework.createSymKeyGenerator(AES128);
  let cipher = cryptoFramework.createCipher(AES128_PKCS7);
  let that = new util.Base64Helper();
  let pubKey = that.decodeSync(AES_ENCRYPT_KEY);
  let pubKeyBlob: cryptoFramework.DataBlob = { data: pubKey };
  aesGenerator.convertKey(pubKeyBlob, (err, symKey) => {
    if (err) {
      console.error("convertKey: error." + (err as BusinessError).code);
      return;
```

```
  }
    cipher.init(cryptoFramework.CryptoMode.ENCRYPT_MODE, symKey, null, (err,
      data) => {
      let input: cryptoFramework.DataBlob = { data: this.stringToUint8Array
        (message) };
      cipher.doFinal(input, (err, data) => {
        Logger.info(TAG, "EncryptOutPut is " + data.data);
        let result = that.encodeToStringSync(data.data);
        Logger.info(TAG, "result is " + result);
        callback(result);
      });
    });
  });
}


// AES 解密函数
aesDecrypt(message: string, callback) {
  let aesGenerator = cryptoFramework.createSymKeyGenerator(AES128);
  let cipher = cryptoFramework.createCipher(AES128_PKCS7);
  let that = new util.Base64Helper();
  let pubKey = that.decodeSync(AES_ENCRYPT_KEY);
  let pubKeyBlob: cryptoFramework.DataBlob = { data: pubKey };
  aesGenerator.convertKey(pubKeyBlob, (err, symKey) => {
    if (err) {
      console.error("convertKey: error." + (err as BusinessError).code);
      return;
    }
    cipher.init(cryptoFramework.CryptoMode.DECRYPT_MODE, symKey, null, (err,
      data) => {
      try {
        let newMessage = that.decodeSync(message);
        let input: cryptoFramework.DataBlob = { data: newMessage };
        cipher.doFinal(input, (err, data) => {
          if (err) {
            Logger.error(TAG, "cipher doFinal." + (err as BusinessError).
              code);
            return;
          }
          Logger.info(TAG, "DecryptOutPut is " + data?.data);
          let result = this.uint8ArrayToString(data?.data);
          Logger.info(TAG, "result is " + result);
          callback(result);
        });
      } catch (err) {
        Logger.info(TAG, "cipher init error: " + (err as BusinessError).code);
        return err;
```

```
        }
    });
  });
}
```

（2）文件 src/main/ets/common/Encrypt.ets 实现了一个加密页面，用户可以在页面中选择加密算法（RSA 或 AES），输入待加密的内容，并点击"加密"按钮进行加密操作。加密结果会显示在页面下方的文本框中。该页面使用类 CipherModel 来处理加密逻辑，并使用日志记录和提示框显示错误信息。

（3）文件 src/main/ets/common/Decrypt.ets 实现了一个解密页面，用户可以选择解密算法（RSA 或 AES），输入待解密的内容，并通过点击"解密"按钮进行解密操作，解密结果会显示在页面下方。该页面使用类 CipherModel 来处理解密逻辑，并提供了提示框来显示错误信息。

（4）文件 src/main/ets/pages/Index.ets 实现了本项目的主界面。该页面包含两个按钮："加密"和"解密"。页面的上方是一个标题文本，显示应用的主要能力。每个按钮被点击时，会通过 router.pushUrl 导航到相应的加密或解密页面，并传递必要的参数。页面布局使用了 Column、Row 和 Stack 组件，页面的背景颜色设置为浅灰色。

（5）文件 src/main/ets/pages/Second.ets 实现了一个加密或解密功能界面。在页面顶部有一个"返回"按钮和一个标题，标题根据传入参数 flag 的值动态显示"加密"或"解密"。如果 flag 为 true，则调用 Encrypt 组件来显示加密界面；如果 flag 为 false，则调用 Decrypt 组件来显示解密界面。点击"返回"按钮会通过 router.back() 返回到之前的页面。页面布局简单，使用了 Column 和 Row 组件，背景为浅灰色。

至此，整个项目的核心功能介绍完毕。代码执行后，会显示状态栏管理和操作界面，如图 6-11 所示。

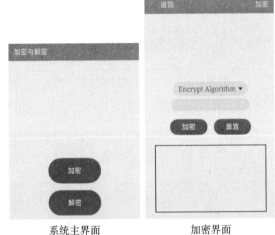

系统主界面　　　　　　加密界面

图 6-11　状态栏管理和操作界面

案例12　业务风险检测

随着移动支付、电子商务、社交平台的广泛应用，移动设备上的诈骗行为（如钓鱼攻击、恶意软件、诈骗电话等）日益增多。业务风险检测能够实时识别应用程序或其交互中的可疑行为，帮助用户避免受到诈骗、财产损失或隐私泄露的风险。

华为鸿蒙系统提供了一组设备安全服务的接口 @kit.DeviceSecurityKit，用于保障移动设备和应用的安全性。它提供了一些安全相关的功能，如风险检测、涉诈剧本检测、设备可信状态验证等，帮助开发者在应用中实现安全防护，预防潜在的安全威胁和恶意行为。本项目展示了在鸿蒙系统应用中集成并使用业务风险检测接口的过程，提高了应用程序的安全性。

案例6-12　业务风险检测（源码路径：codes\6\Device-security）

（1）创建项目和应用：通过 DevEco Studio 创建一个新的项目。

（2）替换包名：将项目中的 app.json5 文件的 bundleName 属性值替换为 AppGallery Connect 中配置的应用包名。

（3）配置 Client ID：将 module.json5 中的 client_id 替换为 AppGallery Connect 中对应的值。

（4）添加签名证书指纹：通过生成 SHA256 应用签名证书指纹，并将其添加到 AppGallery Connect 中对应的应用配置中。

（5）开通涉诈剧本检测服务：在 AppGallery Connect 中启用业务风险检测服务，参考 Device Security Kit 的开发指南进行配置。

（6）文件 src/main/ets/model/BusinessRiskIntelligentDetectionModel.ets 定义了类 BusinessRiskIntelligentDetectionModel，用于进行涉诈剧本检测。通过调用 businessRiskIntelligentDetection.detectFraudRisk 方法向设备安全服务发出检测请求，并根据检测结果进行相应处理。最后通过回调函数将检测结果返回给调用方。同时，使用随机数生成器和日志系统进行辅助操作。

（7）文件 src/main/ets/pages/Index.ets 定义了组件 Index，用于展示涉诈剧本检测界面，如图 6-12 所示。在界面中点击"FraudRiskDetect"按钮，会调用 businessRiskIntelligentDetectionModel.fraudRiskDetect 方法来进行涉诈检测，并将检测结果显示在页面上。页面布局包括文本、按钮以及检测结果的显示区域。

图 6-12　涉诈剧本检测界面

案例13　证书算法库框架

在 HarmonyOS 中，@ohos.security.cert 接口主要用于证书管理与处理，特别是涉及数字签名、数据加密和验证身份的场景。@ohos.security.cert 提供了一套 API，帮助开发者在应用中生成和处理 X.509 证书，获取证书的相关信息，并结合加密框架（如 @ohos.security.cryptoFramework）进行签名校验和数据加密操作。

本案例展示了使用 @ohos.security.cert 接口实现签名校验功能的过程，具体场景包括校验原始数据和签名数据的真实性，以及在原始数据或签名被篡改时的校验失败。本项目依赖我们前面介绍

的 @ohos.security.cryptoFramework（加解密算法库），目的是让大家学会使用 @ohos.security.cer 实现证书的创建、解析和验证。

案例6-13　证书算法库框架（源码路径：codes\6\Certificate）

（1）文件 src/main/ets/model/CertFrameworkModel.ets 实现了与证书和加密功能相关的操作，导入了三个库，其中库 @kit.DeviceCertificateKit 用于实现设备证书操作，库 @kit.CryptoArchitectureKit 用于实现加密架构，库 @kit.ArkTS 提供了一些工具方法。此外，该文件还包含一个日志记录器 Logger，用于记录调试信息。

```
const TAG: string = '[CertFramework]';

// 证书数据，以字节数组形式表示
let CERT_DATA = new Uint8Array([
  0x30, 0x82, 0x01, 0xb6, 0x30, 0x82, 0x01, 0x1f, 0x02, 0x14, 0x53, 0x19,
    0x8b, 0x14, 0x84, 0xb7, 0xab, 0xca, 0xe2, 0x13, 0x05, 0x16, 0xcb, 0xd6,
      0x92, 0x4f, 0x9d, 0x34, 0xa6, 0x76, 0x30, 0x0d,
// 省略部分代码
// 将字符串转换为 Uint8Array
function stringToUint8Array(str: String): Uint8Array {
  // 如果字符串长度为 0，记录错误并返回空的 Uint8Array
  if (str.length === 0) {
    Logger.error(TAG, 'str length is 0');
    return new Uint8Array;
  }

  let len = str.length;                   // 获取字符串长度
  let tempArray: number[] = [];           // 临时数组存放字符的 Unicode 编码
  for (let i = 0; i < len; ++i) {
    tempArray.push(str.charCodeAt(i));    // 将每个字符的 Unicode 编码加入临时数组
  }
  let array = new Uint8Array(tempArray);  // 将临时数组转换为 Uint8Array
  return array; // 返回结果
}

/**
 * 功能模型
 */
export class CertFrameworkModel {
  // 证书数据
  private certEncodingBlob: certEncodingBlob = {
    data: CERT_DATA, // 证书数据
    encodingFormat: cert.EncodingFormat.FORMAT_DER // 编码格式
  };
```

```
// 原始数据
private originText: string = 'Dear Tom, can we go for a spring outing on
  Sunday at the Central Garden?';

private originData: cryptoFramework.DataBlob = { data:
  stringToUint8Array(this.originText) };            // 将原始文本转换为 Uint8Array

private stainOriginText: string = 'Dear Tom, can we go for a spring outing
  together on Monday at the lakeside garden?'; // 修改后的原始文本

// 签名数据
private signature: cryptoFramework.DataBlob = { data: SIGNATURE_TEXT };
  // 签名数据

// 数据展示
async dataDisplay(callback: Function): Promise<void> {
  this.originData.data = stringToUint8Array(this.originText); // 更新原始数据
  this.signature.data = SIGNATURE_TEXT;                // 更新签名数据

  let utilBase = new util.Base64Helper();              // 创建 Base64 工具实例
  let data: callbackData = new callbackData();         // 创建回调数据实例
  data.certInfo = utilBase.encodeToStringSync(CERT_DATA); // 证书信息进行
    Base64 编码
  data.originInfo = this.originText;                   // 原始信息
  data.signatureInfo = utilBase.encodeToStringSync(SIGNATURE_TEXT); // 签名
    信息进行 Base64 编码

  callback(data); // 回调返回数据
}

// 修改原始数据
async modifyOriginData(callback: Function): Promise<void> {
  this.originData.data = stringToUint8Array(this.stainOriginText); // 更新原
    始数据
  this.signature.data = SIGNATURE_TEXT;                // 更新签名数据

  let utilBase = new util.Base64Helper();              // 创建 Base64 工具实例
  let data: callbackData = new callbackData();         // 创建回调数据实例
  data.originInfo = this.stainOriginText;              // 修改后的原始信息
  data.signatureInfo = utilBase.encodeToStringSync(SIGNATURE_TEXT); // 签名
    信息进行 Base64 编码
  callback(data); // 回调返回数据
}

// 修改签名数据
```

```
async modifySignatureData(callback: Function): Promise<void> {
  this.originData.data = stringToUint8Array(this.originText); // 更新原始数据
  this.signature.data = STAIN_SIGNATURE_TEXT;  // 更新签名数据

  let utilBase = new util.Base64Helper();        // 创建 Base64 工具实例
  let data: callbackData = new callbackData(); // 创建回调数据实例
  data.originInfo = this.originText; // 原始信息
  data.signatureInfo = utilBase.encodeToStringSync(STAIN_SIGNATURE_TEXT);
    // 修改后的签名信息进行 Base64 编码
  callback(data); // 回调返回数据
}


// 获取公钥
private async getPubKey(callback: Function): Promise<void> {
  let certObject: cert.X509Cert | null = null; // 证书对象
  let pubKey: cryptoFramework.PubKey; // 公钥

  // 创建 x509 证书对象
  await cert.createX509Cert(this.certEncodingBlob).then((x509Cert) => {
    Logger.info(TAG, 'create x509 cert object success.'); // 成功创建证书对象
    certObject = x509Cert; // 保存证书对象
  }).catch((err: Error) => {
    Logger.error(TAG, `create x509 cert object failed, ${JSON.
      stringify(err)}: ${JSON.stringify(err.message)}`); // 记录错误信息
  });

  // 从证书中获取公钥
  try {
    if (certObject == null) {
      Logger.error(TAG, `getPubKey failed, certObject == null`); // 如果证书
        对象为空，记录错误
      return;
    }
    let pubKeyObject: cryptoFramework.PubKey = (certObject as cert.
      X509Cert).getPublicKey(); // 获取公钥对象
    let pubKeyBlob: cryptoFramework.DataBlob = pubKeyObject.getEncoded();
      // 获取公钥编码
    let keyGenerator: cryptoFramework.AsyKeyGenerator = cryptoFramework.cre
      ateAsyKeyGenerator('RSA1024'); // 创建 RSA1024 密钥生成器

    await keyGenerator.convertKey(pubKeyBlob, null).then((keyPair) => {
      Logger.info(TAG, 'get keyPair success.'); // 成功获取密钥对
      pubKey = keyPair.pubKey; // 保存公钥
      callback(pubKey); // 回调返回公钥
    }).catch((err: Error) => {
      Logger.error(TAG, `get keyPair failed, ${JSON.stringify(err)}: ${JSON.
```

```
stringify(err.message)}`); // 记录错误信息
      });
      Logger.info(TAG, 'get pubKey success.'); // 成功获取公钥
  } catch (err) {
      Logger.error(TAG, `get pubKey failed, ${JSON.stringify(err)}`); // 记录
        错误信息
  }
}


// 验证签名
async verify(callback: Function): Promise<void> {
    // 获取公钥
    let pubKey: cryptoFramework.PubKey | null = null;
    await this.getPubKey((result: cryptoFramework.PubKey) => {
      pubKey = result; // 保存公钥
    });


    // 创建验证器
    let verifier: cryptoFramework.Verify | null = null;
    try {
      verifier = cryptoFramework.createVerify('RSA1024|PKCS1|SHA256'); // 创建
        RSA1024 验证器
      Logger.info(TAG, 'create verifier success.'); // 成功创建验证器
    } catch (err) {
      Logger.error(TAG, `create verifier, ${JSON.stringify(err)}`); // 记录错误
        信息
    }


    // 验证初始化
    if (verifier == null) {
      Logger.error(TAG, `verify init failed, verifier == null`); // 如果验证器
        为空，记录错误
      return;
    }
    await verifier.init(pubKey).then(() => {
      Logger.info(TAG, 'verify init success.'); // 成功初始化验证器
    }).catch((err: Error) => {
      Logger.error(TAG, `verify init failed, ${JSON.stringify(err)}: ${JSON.
        stringify(err.message)}`); // 记录错误信息
    });


    // 验证操作
    await verifier.verify(this.originData, this.signature).then((res) => {
      Logger.info(TAG, 'verify operation success.'); // 验证操作成功
      let result = res; // 获取结果
```

```
    callback(result);  // 回调返回结果
  }).catch((err: Error) => {
    Logger.error(TAG, `verify operation failed, ${JSON.stringify(err)}:
      ${JSON.stringify(err.message)}`);    // 记录错误信息
  });
  }
}


// 证书编码对象
class certEncodingBlob {
  data: Uint8Array = new Uint8Array();          // 数据
  encodingFormat: number = 0;                   // 编码格式
}


// 回调数据对象
class callbackData {
  certInfo: string = '';                        // 证书信息
  originInfo: string = '';                      // 原始信息
  signatureInfo: string = '';                   // 签名信息
}
```

（2）文件 src/main/ets/pages/Index.ets 实现了一个证书验证的用户界面，用于展示证书数据、原始数据和签名数据，并通过按钮操作进行数据展示、验证、修改。用户可以点击"数据显示"按钮来加载证书信息，点击"签名校验"按钮进行证书的有效性验证，并通过提示框显示验证结果。同时，用户还可以修改原始数据和签名数据，界面使用了多列布局和滚动视图来展示数据内容。代码执行后，会显示证书算法库操作界面，如图 6-13 所示。

案例14 人脸和指纹认证登录系统

华为 HarmonyOS 提供了先进的人脸和指纹认证功能，用于用户身份验证。这一技术结合生物特征识别，确保了用户登录的安全性与便捷性。用户可以通过简单的面部扫描或指纹触控快速访问应用，

图 6-13　证书算法库操作界面

同时系统支持密码保险箱功能，实现密码的自动填充，进一步提升了用户体验。此外，HarmonyOS 还具备防截屏和录屏的安全保护措施，确保用户隐私信息不被泄露。这种高效的身份验证机制广泛应用于各类应用程序中，提升了安全性和便利性。

本项目实现了一个基于华为 HarmonyOS 人脸和指纹认证的用户身份验证系统，并结合密码保

险箱实现密码自动填充。同时，本项目还实现了应用界面的防截屏和录屏功能。本项目的核心功能如下。

- 身份认证：使用人脸识别和指纹认证来验证用户身份。
- 密码管理：通过密码保险箱实现密码的自动填充。
- 安全性：实现了口令输入界面的防截屏和录屏功能，以保护用户隐私。

案例6-14 **人脸和指纹认证登录系统（源码路径：codes\6\UserAuth）**

（1）文件src/main/ets/common/constants/CommonConstants.ets定义了类CommonConstants，用于存储应用中使用的常量值，以便统一管理和维护。类CommonConstants中包括与用户身份验证相关的多个常量，如账户和密码的输入长度、模拟登录的时延时间、用户认证对话框的提示持续时间等。此外，该文件还定义了一些布局和样式相关的常量，如组件间距、网格模板、页面路由地址（登录、注册和主页）等。这些常量提供了开发过程中所需的基础配置，确保在不同模块间的一致性和可读性。

（2）文件src/main/ets/model/HuksModel.ets定义了类HuksModel，用于处理基于华为 Universal Keystore 的密钥生成、加密和解密操作。类HuksModel包含多个方法，包括生成密钥、检查密钥是否存在、加密和解密数据，以及处理 Huks 会话的逻辑。在生成密钥时，类通过设置相关属性（如算法、用途、密钥大小、块模式等）来配置密钥选项。加密和解密方法接收密钥别名和数据，通过调用 huksProcess 方法实现实际的加密和解密操作，返回处理结果。

（3）文件src/main/ets/model/PreferenceModel.ets定义了类PreferenceModel，用于管理应用程序的持久化偏好设置。类PreferenceModel中包含以下三个主要方法。

- getPreferencesFromStorage：用于从指定的持久化文件加载偏好设置数据。
- putPreference：用于保存指定键的值到偏好设置中。
- getPreference：用于根据键获取偏好设置的值，并提供默认值作为备选。

类PreferenceModel利用华为 ArkData 的 preferences 模块，确保应用的用户偏好设置能够被保存和恢复。

（4）文件src/main/ets/model/UserAuthModel.ets定义了类UserAuthModel，用于管理用户身份认证功能。类UserAuthModel使用华为的 UserAuthenticationKit提供了一系列方法来检查和执行身份验证功能，包括支持的人脸识别和指纹识别的查询、获取认证实例、启动和取消认证等。该类中还包括错误处理和日志记录，以便在认证过程中追踪和处理潜在问题。

```
class UserAuthModel {
  /**
   * 用户认证对象
   */
  private userAuth?: userAuth.UserAuthInstance;

  /**
```

```
 * 检查是否支持指定的能力
 *
 * @param type UserAuthType。
 * @returns 返回能力是否可用
 */
queryAvailable(type: userAuth.UserAuthType): boolean {
  let isAvailable: boolean = false;
  if (!type) {
    return false;
  }
  try {
    userAuth.getAvailableStatus(type, userAuth.AuthTrustLevel.ATL1);
    isAvailable = true;
  } catch (error) {
    Logger.error(CommonConstants.TAG, `认证信任级别不支持，原因 ${error.code}
      ${error.message}`);
    isAvailable = false;
  }
  return isAvailable;
}

/**
 * 查询人脸识别是否可用
 *
 * @returns 返回人脸识别是否可用
 */
isFaceAvailable(): boolean {
  return this.queryAvailable(userAuth.UserAuthType.FACE)
}

/**
 * 查询指纹识别是否可用
 *
 * @returns 返回指纹识别是否可用
 */
isFingerprintAvailable(): boolean {
  return this.queryAvailable(userAuth.UserAuthType.FINGERPRINT);
}

/**
 * 获取人脸识别对象
 *
 * @param callback 回调函数，认证成功与否的结果
 */
getFaceAuth(callback: (isSuccess: boolean) => void) {
  if (!callback) {
```

```
      return;
    }
    let authType = userAuth.UserAuthType.FACE;
    let authTrustLevel = userAuth.AuthTrustLevel.ATL1;
    this.getAuth(authType, authTrustLevel, callback);
  }


  /**
   * 获取指纹识别对象
   *
   * @param callback 回调函数，认证成功与否的结果
   */
  getFingerprintAuth(callback: (isSuccess: boolean) => void) {
    if (!callback) {
      return;
    }
    let authType = userAuth.UserAuthType.FINGERPRINT;
    let authTrustLevel = userAuth.AuthTrustLevel.ATL1;
    this.getAuth(authType, authTrustLevel, callback);
  }


  /**
   * 获取用户认证对象
   *
   * @param authType 用户认证类型
   * @param authTrustLevel 认证信任级别
   * @param callback 回调函数，认证成功与否的结果
   */
  getAuth(authType: userAuth.UserAuthType, authTrustLevel: userAuth.
    AuthTrustLevel, callback: (isSuccess: boolean) => void) {
    // 设置认证参数
    const authParam: userAuth.AuthParam = {
      challenge: new Uint8Array([49, 49, 49, 49, 49, 49]),
      authType: [authType],
      authTrustLevel: authTrustLevel,
    }
    // 配置认证界面
    const widgetParam: userAuth.WidgetParam = {
      title: '请进行身份认证',
    };

    try {
      this.userAuth = userAuth.getUserAuthInstance(authParam, widgetParam);
      this.userAuth.on('result', {
        onResult(result) {
          console.info(`userAuthInstance 回调结果：${JSON.stringify(result)}`);
```

```
        if (result.result === userAuth.UserAuthResultCode.SUCCESS) {
          callback(true);
        }
      }
    });
  } catch (error) {
    Logger.error(CommonConstants.TAG, `获取认证实例失败，原因 ${error.code}
      ${error.message}`);
  }
}


/**
 * 将毫秒转换为秒
 *
 * @param milliseconds 毫秒
 * @returns 转换后的秒数
 */
convertToSeconds(milliseconds: number): number {
  return Math.ceil(milliseconds / CommonConstants.MILLISECONDS_TO_SECONDS);
}


/**
 * 开始认证
 */
start() {
  if (!this.userAuth) {
    Logger.error(CommonConstants.TAG, `userAuth 未定义`);
    return;
  }
  try {
    this.userAuth.start();
  } catch (error) {
    Logger.error(CommonConstants.TAG, `authV9 启动认证失败，错误 ${error.code}
      ${error.message}`);
  }
}


/**
 * 取消认证
 */
cancel() {
  if (!this.userAuth) {
    Logger.error(CommonConstants.TAG, `userAuth 未定义`);
    return;
  }
  try {
```

```
        this.userAuth.cancel();
    } catch (error) {
        Logger.error(CommonConstants.TAG, `取消认证失败 ${error.code} ${error.
          message}`);
    }
  }
}

export default new UserAuthModel();
```

（5）文件src/main/ets/view/RegisterPage.ets实现了一个注册页面的功能，用户可以在该页面输入用户名和密码，并选择是否使用面部或指纹识别进行身份验证。页面使用了多种组件，如文本输入框、复选框和按钮，以便用户交互。注册过程包括输入验证、检查密钥及对用户输入的密码进行加密存储。通过调用相关模型，如HuksModel和UserAuthModel，页面还支持检查和生成加密密钥功能，并确认面部和指纹识别功能的可用性。

```
@Extend(TextInput)
function inputStyle() {
  // 设置输入框的占位符颜色
  .placeholderColor($r('app.color.placeholder_color'))
  // 设置输入框的高度
  .height($r('app.float.login_input_height'))
  // 设置输入框的字体大小
  .fontSize($r('app.float.big_text_size'))
  // 设置输入框的背景颜色为白色
  .backgroundColor(Color.White)
  // 设置输入框的宽度为全屏
  .width(CommonConstants.FULL_PARENT)
  // 设置输入框的左侧内边距
  .padding({ left: CommonConstants.INPUT_PADDING_LEFT })
  // 设置输入框的顶部外边距
  .margin({ top: $r('app.float.input_margin_top') })
}

@Extend(Line)
function lineStyle() {
  // 设置分隔线的宽度为全屏
  .width(CommonConstants.FULL_PARENT)
  // 设置分隔线的高度
  .height($r('app.float.line_height'))
  // 设置分隔线的背景颜色
  .backgroundColor($r('app.color.line_color'))
}

@Component
```

```
export struct RegisterPage {
  // 定义状态, 表示是否显示面部识别选项
  @State isShowFace: boolean = false;
  // 定义状态, 表示是否显示指纹识别选项
  @State isShowFingerprint: boolean = false;
  // 定义状态, 表示注册按钮是否可用
  @State isRegisterAvailable: boolean = false;
  // 消费导航路径栈
  @Consume('pageInfos') pageInfos: NavPathStack;
  // 存储用户输入的用户名、密码和确认密码
  private name: string = '';
  private passWord: string = '';
  private confirmPassWord: string = '';
  // 通过消费共享状态来检查面部识别和指纹识别功能的可用性
  @Consume('isFace') isFace: boolean;
  @Consume('isFingerprint') isFingerprint: boolean;
  // 密钥别名
  private keyAlias: string = CommonConstants.LOGIN_KEYS;

  /**
   * 检查注册按钮是否可以点击
   */
  isRegister() {
    this.isRegisterAvailable = false; // 初始状态为不可用
    // 检查用户名、密码和确认密码的长度
    if (this.name.length > 0 && this.passWord.length > 0 && this.
      confirmPassWord.length > 0) {
      this.isRegisterAvailable = true; // 如果都有效, 设置为可用
    }
  }

  /**
   * 处理注册过程
   */
  async register() {
    // 检查用户名是否为空
    if (!this.name) {
      PromptUtil.promptMessage($r('app.string.message_user_name'),
        CommonConstants.PROMPT_DURATION);
      return;
    }
    // 检查密码和确认密码是否匹配
    if (!this.passWord || this.passWord !== this.confirmPassWord) {
      PromptUtil.promptMessage($r('app.string.message_password_prompt'),
        CommonConstants.PROMPT_DURATION);
      return;
```

```
  }
  let isExist = false;
  // 检查密钥是否存在
  await HuksModel.isKeyItemExist(this.keyAlias)
    .then((value: boolean) => {
      isExist = value; // 更新密钥存在状态
    })
    .catch((error: BusinessError) => {
      Logger.error(CommonConstants.TAG, `huks keys not generate cause
        ${error.code} ${error.message}`);
    });
  // 如果密钥不存在，提示用户
  if (!isExist) {
    PromptUtil.promptMessage($r('app.string.message_application_prompt'),
      CommonConstants.PROMPT_DURATION);
    return;
  }
  // 加密密码
  await HuksModel.encrypt(this.keyAlias, this.passWord).then((value?:
    Uint8Array) => {
    if (value) {
      let base64Helper = new util.Base64Helper();
      // 将加密后的密码转为 Base64 字符串
      let password = base64Helper.encodeToStringSync(value);
      // 保存加密后的密码和用户名
      PreferenceModel.putPreference(CommonConstants.CRYPTO_PASSWORD, password);
      PreferenceModel.putPreference(CommonConstants.USER_NAME, this.name);
      PreferenceModel.putPreference(CommonConstants.IS_SHOW_FACE, this.isFace);
      PreferenceModel.putPreference(CommonConstants.IS_SHOW_FINGERPRINT,
        this.isFingerprint);
      // 返回上一个页面
      this.pageInfos.pop();
    }
  });
}


// 构建页面
build() {
  NavDestination() {
    Row() {
      Column() {
        // 显示应用 logo
        Image($r('app.media.ic_logo'))
          .width($r('app.float.logo_image_size'))
          .height($r('app.float.logo_image_size'))
          .margin({
```

```
      top: $r('app.float.logo_margin_top'),
      bottom: $r('app.float.logo_margin_bottom')
  });
// 显示注册页面标题
Text($r('app.string.register_page'))
  .fontSize($r('app.float.title_text_size'))
  .fontWeight(FontWeight.Medium)
  .fontColor($r('app.color.title_text_color'));

// 输入框区域
Column() {
  // 用户名输入框
  TextInput({ placeholder: $r('app.string.register_name')})
    .maxLength(CommonConstants.INPUT_ACCOUNT_LENGTH)
    .type(InputType.USER_NAME)
    .inputStyle()
    .onChange((value: string) => {
      this.name = value; // 更新用户名
      this.isRegister(); // 检查注册按钮状态
    });

  // 分隔线
  Line().lineStyle();

  // 密码输入框
  TextInput({ placeholder: $r('app.string.register_password')})
    .maxLength(CommonConstants.INPUT_PASSWORD_LENGTH)
    .type(InputType.NEW_PASSWORD)
    .inputStyle()
    .onChange((value: string) => {
      this.passWord = value; // 更新密码
      this.isRegister();        // 检查注册按钮状态
    });

  // 分隔线
  Line().lineStyle();

  // 确认密码输入框
  TextInput({ placeholder: $r('app.string.register_confirm_password')})
    .maxLength(CommonConstants.INPUT_PASSWORD_LENGTH)
    .type(InputType.NEW_PASSWORD)
    .inputStyle()
    .onChange((value: string) => {
      this.confirmPassWord = value; // 更新确认密码
      this.isRegister(); // 检查注册按钮状态
    });
```

```
}
// 设置输入框的样式
.backgroundColor(Color.White)
.borderRadius($r('app.float.input_border_radius'))
.padding({
  top: $r('app.float.input_padding_top'),
  bottom: $r('app.float.input_padding_top'),
  left: $r('app.float.input_padding_left'),
  right: $r('app.float.input_padding_left')
})
.margin({
  top: $r('app.float.register_margin_top')
});


// 如果需要显示面部识别选项
if (this.isShowFace) {
  Row() {
    Checkbox()
      .selectedColor($r('app.color.register_checkbox'))
      .onChange((value: boolean) => {
        this.isFace = value; // 更新面部识别状态
      });
    Text($r('app.string.register_face_checkbox'))
      .fontSize($r('app.float.small_text_size'))
      .fontWeight(FontWeight.Medium)
      .fontColor($r('app.color.register_text_color'));
  }
  .width(CommonConstants.FULL_PARENT)
  .margin({
    top: $r('app.float.face_margin_top'),
    left: $r('app.float.face_margin_left')
  });
}


// 如果需要显示指纹识别选项
if (this.isShowFingerprint) {
  Row() {
    Checkbox()
      .selectedColor($r('app.color.register_checkbox'))
      .onChange((value: boolean) => {
        this.isFingerprint = value; // 更新指纹识别状态
      });
    Text($r('app.string.register_fingerprint_checkbox'))
      .fontSize($r('app.float.small_text_size'))
      .fontWeight(FontWeight.Medium)
      .fontColor($r('app.color.register_text_color'));
```

```
      }
      .width(CommonConstants.FULL_PARENT)
      .margin({
        top: $r('app.float.fingerprint_margin_top'),
        left: $r('app.float.face_margin_left')
      });
    }

    // 注册按钮
    Button($r('app.string.register_button'), { type: ButtonType.Capsule })
      .width(CommonConstants.BUTTON_WIDTH)
      .height($r('app.float.login_button_height'))
      .fontSize($r('app.float.normal_text_size'))
      .fontWeight(FontWeight.Medium)
      .backgroundColor(
        this.isRegisterAvailable ? $r('app.color.login_button_color') :
          $r('app.color.button_color_unavailable')
      )
      .margin({
        top: $r('app.float.register_button_top'),
        bottom: $r('app.float.button_bottom')
      })
      .enabled(this.isRegisterAvailable)          // 设置按钮可用状态
      .onClick(async () => {
        await this.register();                    // 调用注册方法
      });
    }
    .backgroundColor($r('app.color.background'))    // 设置页面背景颜色
    .height(CommonConstants.FULL_PARENT)            // 设置页面高度为全屏
    .width(CommonConstants.FULL_PARENT);            // 设置页面宽度为全屏
    }
  }
  }
}
```

（6）文件 src/main/ets/pages/LoginPage.ets 实现了一个用户登录界面，用户可以输入账户和密码进行身份验证。页面通过 ArkUI 构建，包含用户界面元素，如输入框、按钮和图像。代码中定义了样式扩展和状态管理，包括是否显示面部识别和指纹登录选项。登录逻辑通过将解密存储的密码与用户输入进行比对来实现，同时提供相应的错误提示。成功登录后，用户将被重定向到主页面。此外，用户还可以选择注册新账户或使用其他登录方式（如面部识别和指纹）。

（7）文件 src/main/ets/pages/MainPage.ets 实现了登录成功后主页面的结构，该主页面包含多个选项卡（Tab），允许用户在不同的视图之间切换，包括首页和设置页面，能够在用户未登录时自动重定向到登录页面。通过使用 TabsController 来管理选项卡的状态，并在选项卡发生变化时更新当前选中的索引。

至此，整个项目的核心功能介绍完毕。代码执行后，显示登录界面，如图6-14所示。

案例15 基于IFAA的在线认证服务

IFAA（Internet Finance Authentication Alliance，互联网金融身份认证联盟）在线认证服务是一种基于先进生物识别技术的身份验证系统，旨在为用户提供安全、便捷的身份认证解决方案。通过IFAA在线认证服务，企业和用户可以享受到更安全、更便捷的身份验证体验，从而提升服务质量和用户满意度。

在HarmonyOS中，@kit.OnlineAuthenticationKit提供了

图6-14 登录界面

一系列接口，用于实现在线身份认证功能，特别适用于免密身份认证的场景。本案例展示了在HarmonyOS中使用@kit.OnlineAuthenticationKit开发IFAA在线认证服务的过程，实现了免密身份认证功能，该功能主要利用生物特征（如指纹或3D人脸）进行用户身份验证。本项目通过简单的接口调用，实现了身份认证的快速、便捷和安全。

案例6-15 **基于IFAA的在线认证服务（源码路径：codes\6\OnlineAuthenticationKit）**

（1）文件 src/main/ets/model/IfaaModel.ts 定义了类 IfaaModel，提供了对 IFAA 免密身份认证接口的封装，包括用户注册、认证、注销和获取挑战参数等功能。通过调用 @kit.OnlineAuthenticationKit 中的相关接口，类 IfaaModel 实现了对不同生物特征（如人脸、指纹）的处理，并使用示例数据模拟与 IIFAA（国际互联网金融身份认证联盟）中央服务器的交互。

```
import { ifaa } from '@kit.OnlineAuthenticationKit';

/* 示例数据 */
const tlvRegisterReqFace = "Registration packet (face) signed and delivered
  by the IIFAA central server.";
const tlvRegisterReqFp = "Registration packet (fingerprint) signed and
  delivered by the IIFAA central server.";
const tlvAuthReqFace = "Authentication packet (face) signed and delivered by
  the IIFAA central server.";
const tlvAuthReqFp = "Authentication packet (fingerprint) signed and delivered
  by the IIFAA central server.";
const tlvDeregisterReqFace = "Deregistration packet (face) signed and
  delivered by the IIFAA central server.";
const tlvDeregisterReqFp = "Deregistration packet (fingerprint) signed and
  delivered by the IIFAA central server.";
const queryReqFace = "Face token delivered by the IIFAA central server.";
```

```
const queryReqFp = "Fingerprint token delivered by the IIFAA central server.";

// 数据对类型定义
type DataPair = Record<string, [string, string, string, string]>;

// 示例数据集合
const sampleData: DataPair = {
  "face": [tlvRegisterReqFace, tlvAuthReqFace, tlvDeregisterReqFace, queryReqFace],
  "fp": [tlvRegisterReqFp, tlvAuthReqFp, tlvDeregisterReqFp, queryReqFp],
};

export class IfaaModel {
  // 注册用户
  public register(dataType: string): Promise<Uint8Array | null> {
    // 检查 IIFAA 免密认证能力是否启用
    if (sampleData[dataType] === null) {
      console.error("无效参数 !");
      throw new Error("无效参数 ");
    }
    let data = sampleData[dataType];
    let registerRes = ifaa.queryStatusSync(this.stringToUint8Array(data[3]));
    if (registerRes === true) {
      throw new Error("已注册 IIFAA");
    }

    // 用 IIFAA 中央服务器签名的数据替换以下代码中的数据
    return ifaa.register(this.hexToBytes(data[0]));
  }

  // 用户认证
  public auth(dataType: string, authToken: Uint8Array): Promise<Uint8Array | null> {
    if (authToken === null) {
      console.error("无效参数 !");
      throw new Error("无效参数 !");
    }
    let data = sampleData[dataType];
    // 用 IIFAA 中央服务器签名的数据替换以下代码中的数据
    return ifaa.auth(authToken, this.hexToBytes(data[1]));
  }

  // 注销用户
  public deregister(dataType: string): Promise<void> {
    if (sampleData[dataType] === null) {
      console.error("无效参数 !");
      throw new TypeError("错误信息 ");
    }
    let data = sampleData[dataType];
```

```
  // 用 IIFAA 中央服务器签名的数据替换以下代码中的数据
  return ifaa.deregister(this.hexToBytes(data[2]));
}


// 获取挑战参数
public getChallenge(): Uint8Array {
  return ifaa.preAuthSync();
}


// 将字符串转换为 Uint8Array
private stringToUint8Array(str: string): Uint8Array {
  var arr = [];
  var ss = "";
  console.info("IIFAA: " + str.length);
  for (var i = 0, j = str.length + 1; i < j; ++i) {
    arr.push(str.charCodeAt(i));
    ss += str.charCodeAt(i);
  }
  var tmpArray = new Uint8Array(arr);
  console.info("IIFAA: value: " + ss);
  return tmpArray;
}


// 将十六进制字符串转换为 Uint8Array
private hexToBytes(hex: string): Uint8Array {
  let bytes: number[] = [];
  for (let c = 0; c < hex.length; c += 2)
    bytes.push(parseInt(hex.substring(c, c + 2), 16));
  return new Uint8Array(bytes);
}
}


// 创建 IfaaModel 实例并导出
let ifaaWrapper = new IfaaModel();
export default ifaaWrapper as IfaaModel;
```

（2）文件src/main/ets/pages/Index.ets实现了本项目的主界面组件Index，该组件为用户提供了 IFAA 免密身份认证的用户界面，主要包含三个功能：用户注册、身份认证和用户注销，如图6-15所示。用户可以通过点击相应的按钮来完成注册、认证和注销操作，同时，在每个操作的结果上显示相应的提示信息。在身份认证步骤中，系统使用了生物特征（指纹）进行初步验证，成功认证后，会调用 IFAA 进行进一步的身份认证。

图6-15　IFAA 身份认证的用户界面

案例16　使用剪贴板控件

在 HarmonyOS 中，PasteButton 和 @ohos.pasteboard 是用于实现剪贴板功能的组件和 API，允许应用程序在用户界面中与剪贴板进行交互。

1. PasteButton

PasteButton 是一个用户界面组件，通常用于在应用程序中提供粘贴功能。用户可以通过点击这个按钮将剪贴板中的内容粘贴到指定的位置。例如，在文本输入框旁边放置一个 PasteButton，用户可以点击这个按钮将剪贴板中的文本直接粘贴到输入框中。

2. @ohos.pasteboard

@ohos.pasteboard 提供了与剪贴板交互的 API，开发者可以使用这个模块来获取剪贴板内容、设置剪贴板内容及监听剪贴板的变化等操作。@ohos.pasteboard 的主要功能如下。

- 获取剪贴板内容：通过 API 获取当前剪贴板中的数据，如文本或图像。
- 设置剪贴板内容：将文本、图像等数据设置到剪贴板中，方便用户在其他地方粘贴。
- 监听剪贴板变化：监听剪贴板内容的变化事件，实时响应用户的剪贴板操作。

本案例使用 PasteButton 和 @ohos.pasteboard 实现了基本的复制粘贴功能。用户可以在应用的首页输入文本，并通过点击"复制"按钮将文本复制到剪贴板，然后通过粘贴按钮将剪贴板中的内容粘贴到结果文本框中。

案例6-16　使用剪贴板控件（源码路径：codes\6\Pasteboard）

（1）文件 src/main/ets/common/CommonConstants.ets 定义了类 CommonConstants，包含两个静态常量：FULL_PERCENT 和 TEXTAREA_HEIGHT。FULL_PERCENT 表示完整的百分比值（100%），而 TEXTAREA_HEIGHT 则定义了文本区域的高度为 35%。

（2）文件 src/main/ets/pages/Index.ets 定义了本项目的主界面组件 Index，实现了简单的剪贴板功能。用户可以在文本区域输入文本，通过点击"复制"按钮将输入的文本复制到剪贴板，再通过点击"粘贴"按钮从剪贴板中获取文本并显示在结果文本区域。代码中使用了 @kit.BasicServicesKit 和 @kit.ArkData 中的相关 API 来实现剪贴板的基本功能。

```
@Entry
@Component
struct Index {
  @State copyText: string = '';   // 用于保存要复制的文本
  @State text: string = '';       // 用于保存粘贴后的文本

  build() {
    Column() {
```

```
Text($r('app.string.title')) // 显示标题
  .fontSize($r('app.float.title_font_size'))
  .fontWeight(FontWeight.Bold)
  .height($r('app.float.title_height'))
  .margin({
    top: $r('app.float.title_margin'),
    left: $r('app.float.title_left'),
    bottom: $r('app.float.title_margin')
  });

Column() {
  // 文本输入框，用于输入要复制的文本
  TextArea({ placeholder: $r('app.string.input_tip'), text: this.copyText })
    .width(CommonConstants.FULL_PERCENT)
    .height(CommonConstants.TEXTAREA_HEIGHT)
    .onChange((value: string) => {
      this.copyText = value; // 更新 copyText 状态
    });

  // 文本区域，用于显示粘贴的结果
  TextArea({ placeholder: $r('app.string.result_tip'), text: this.text })
    .width(CommonConstants.FULL_PERCENT)
    .height(CommonConstants.TEXTAREA_HEIGHT)
    .onChange((value: string) => {
      this.text = value; // 更新 text 状态
    })
    .margin({
      top: $r('app.float.space'),
      bottom: $r('app.float.space')
    });

  Column() {
    // 粘贴按钮，用于从剪贴板获取文本
    PasteButton()
      .width(CommonConstants.FULL_PERCENT)
      .height($r('app.float.button_height'))
      .onClick((_event: ClickEvent, result: PasteButtonOnClickResult) => {
        if (result === PasteButtonOnClickResult.SUCCESS) {
          // 从系统剪贴板获取数据
          pasteboard.getSystemPasteboard().getData((err: BusinessError,
            pasteData: pasteboard.PasteData) => {
            if (err && err.code !== 0) {
              Logger.error('Get system pasteboard error:' + JSON.
                stringify(err)); // 记录错误日志
            } else {
              this.text = pasteData.getPrimaryText(); // 将剪贴板文本赋值
```

```
                              给 text
                          }
                    });
                }
            });

        // 复制按钮, 用于将文本复制到剪贴板
        Button($r('app.string.copy'))
          .width(CommonConstants.FULL_PERCENT)
          .height($r('app.float.button_height'))
          .margin({
            top: $r('app.float.button_space')
          })
          .onClick(() => {
            let plainTextData = new unifiedDataChannel.UnifiedData(); // 创
                建统一数据通道
            let plainText = new unifiedDataChannel.PlainText(); // 创建文本数据
            plainText.details = {
              key: 'delayPlaintext',
              value: this.copyText // 将 copyText 赋值给 plainText
            };
            plainText.textContent = this.copyText;
            plainText.abstract = 'delayTextContent';
            plainTextData.addRecord(plainText); // 将文本记录添加到统一数据通道中
            let systemPasteboard: pasteboard.SystemPasteboard = pasteboard.
              getSystemPasteboard();
            systemPasteboard.setUnifiedData(plainTextData); // 设置系统剪贴板
                的数据
          });
      }
    }
    .justifyContent(FlexAlign.SpaceBetween)
    .layoutWeight(1)
    .padding({
      left: $r('app.float.column_side_padding'),
      right: $r('app.float.column_side_padding')
    });
  }
  .alignItems(HorizontalAlign.Start)
  .height(CommonConstants.FULL_PERCENT)
  .width(CommonConstants.FULL_PERCENT)
  .padding({
    bottom: $r('app.float.column_side_padding')
  });
  }
}
```

代码执行后，显示复制和粘贴操作界面，如图6-16所示。

案例17 通用密钥库功能合集

在HarmonyOS中，安全模块@ohos.security.huks提供了HUKS（HarmonyOS Universal Key Store，通用密钥库系统）服务，为应用程序提供了一种安全的方式来存储和管理用户密钥和敏感数据，确保数据的机密性和完整性。

本案例使用@ohos.security.huks模块实现了加解密、签名验签和密钥协商等功能，为开发者和用户提供了一个直观、易用的工具，以满足加解密、签名验签和密钥协商的需求。具体来说，本项目的主要功能如下。

图6-16　复制和粘贴操作界面

1. 加解密功能

● 用户可以选择不同的加密算法进行数据的加密和解密。

● 在加密页面，用户可以输入待加密的文本，点击"加密"按钮后，系统会对文本进行加密，并弹出提示框显示加密结果，同时将加密后的内容展示在界面上。

● 用户也可以输入已加密的文本，点击"解密"按钮进行解密，解密结果会在界面上显示，并且会弹出提示框告知用户解密的结果。

2. 签名验签功能

● 用户可以选择不同的算法进行数据的签名和验签。

● 点击"签名"按钮后，系统会对用户输入的数据进行签名，并弹出提示框显示签名结果。

● 若用户在未完成签名的情况下进行验签，系统会提示"签名为空，无法通过验签"，确保用户能够清晰理解当前状态。

3. 密钥协商功能

● 用户可以根据选择的算法进行密钥协商，分别生成非对称密钥A和B。

● 当密钥A和B都存在时，点击"密钥协商"按钮后，系统会弹出提示框显示"协商通过"；如果缺少任何一个密钥，系统会提示"密钥缺失，协商失败"。

案例6-17　通用密钥库功能合集（源码路径：codes\6\UniversalKeystoreCollection）

（1）文件src/main/ets/common/constants/CommonConstants.ets定义了类CommonConstants，该类包含多个静态常量，主要用于存储在加解密、签名验签和密钥协商等操作中使用的算法、页面路由以及UI相关的常量和参数。

（2）文件src/main/ets/common/constants/HuksPropertiesConstants.ets定义了类HuksProperties

Constants，用于配置与 HUKS 相关的各种常量和选项，特别是在进行密钥协商时。其具体功能如下。

- 密钥别名：定义了两个密钥别名，分别是 SRC_KEY_ALISA_FIRST 和 SRC_KEY_ALISA_SECOND，用于表示不同的密钥。
- X25519 密钥协商属性：通过 PROPERTIES 静态数组定义了 X25519 密钥协商所需的各类参数，包括算法、用途、密钥大小、摘要方式、填充模式等。
- 密钥协商选项：定义了 HUKS_OPTIONS，用于指定密钥协商的属性和输入数据。
- DH 密钥协商属性：定义了 DH 算法的密钥协商属性和选项，包含算法和用途等信息。
- 密钥协商完成属性：定义了完成密钥协商后使用的属性，如存储标志、算法、密钥大小等。
- 其他常量：包括输入数据示例、密钥别名、明文文本等。

（3）文件 src/main/ets/common/utils/EncodingUtils.ets 定义了工具类 EncodingUtils，主要提供了字符串和字节流之间的转换方法，便于在处理文本和二进制数据时进行编码和解码，以支持数据的存储和传输。

（4）文件 src/main/ets/common/utils/EncryptAndDecryptUtils.ets 定义了一个用于加密和解密的工具类，主要功能是使用华为的 Universal Keystore Kit（@kit.UniversalKeystoreKit）来实现加密功能。文件 EncryptAndDecryptUtils.ets 中包含以下成员方法。

- getGenerateProperties(mode: number)：根据模式返回生成密钥所需的属性配置。
- getEncryptProperties(mode: number)：根据模式返回加密数据所需的属性配置。
- getDecryptProperties(mode: number)：根据模式返回解密数据所需的属性配置。
- generateKey(mode: number)：生成指定模式的密钥。
- encryptData(plainText: string, mode: number): Promise<string>：加密明文并返回加密后的字符串。
- decryptData(mode: number): Promise<string>：解密已加密的数据并返回明文。
- deleteKey()：删除存储中的密钥。

（5）文件 src/main/ets/common/utils/KeyNegotiationUtils.ets 实现了密钥协商的功能，通过 Diffie-Hellman 密钥交换算法与华为的 HUKS 进行交互。

（6）文件 src/main/ets/common/utils/SignatureVerificationUtils.ets 实现了数字签名和验证的功能，使用 HUKS API 实现。其主要功能包括生成签名密钥、对数据进行签名、验证签名和删除签名密钥。另外，代码中还定义了多个辅助函数以设置签名和验证的参数，这些参数包括算法类型、密钥大小、目的和摘要方式。generateSignKey 函数用于生成密钥，sign 函数用于创建签名并展示结果，verify 函数用于验证签名的有效性，并在成功时显示相应的提示信息，deleteSignKey 函数则用于删除指定的签名密钥。

（7）文件 src/main/ets/entrybackupability/EntryBackupAbility.ets 定义了类 EntryBackupAbility，继承自 BackupExtensionAbility，用于实现数据备份和恢复的功能。类 EntryBackupAbility 中重写了以下两个异步方法。

● onBackup：当系统触发备份操作时调用。此方法通过 hilog 记录一条信息，表示备份操作成功。

● onRestore：当系统触发恢复操作时调用。此方法接受一个 BundleVersion 参数，记录恢复操作成功的消息，并将传入的 BundleVersion 对象转为 JSON 字符串进行日志记录。

（8）文件 src/main/ets/pages/Index.ets 定义了本项目的主界面组件 Index，使用了 @kit.ArkUI 框架来构建用户界面。其主要功能如下。

● 使用 Column 布局来垂直排列文本和按钮，第一个 Text 组件显示一个标签，其内容通过 $r 方法国际化，从 app.string. EntryAbility_label 获取。

● 创建了三个按钮，分别对应加解密、签名验签和密钥协商的功能。这些按钮的文本同样通过 $r 方法获取，并根据常量设置宽度、高度和边距。每个按钮的点击事件通过 onClick 方法定义，使用 router.pushUrl 方法导航到指定的页面，页面 URL 从 CommonConstants.ROUTER_PAGES 数组中获取。

● 整个组件的 Column 采用了 justifyContent 和 alignItems 属性进行布局，使内容在组件内居中，并保持一定的间隔。

整体上，组件 Index 提供了一个基本的用户界面，允许用户通过按钮导航到不同的功能页面，同时展示了一些文本信息。代码执行效果如图 6-17 所示。

图 6-17　主界面的执行效果

案例18　车联服务系统

HarmonyOS 的车联服务是华为为智能汽车提供的一种连接和管理服务，旨在提升智能汽车的互联互通能力和用户体验。华为车联服务的主要功能如下。

● 智能互联：车联服务实现了汽车与移动设备、云端服务及其他智能设备的流畅连接，支持数据共享和交互。

● 远程控制：用户可以通过手机或其他设备远程控制汽车的各种功能，如远程启动、车门解锁、空调调节等。

● 信息共享：车主可以实时获取汽车状态信息，如电池电量、油量及行驶里程等，便于管理和维护。

@kit.CarKit 是 HarmonyOS 中用于开发汽车应用的一个核心组件，该组件提供了一系列 API 和工具，用于实现汽车状态管理、控制功能、智能驾驶支持及车载娱乐系统。@kit.CarKit 允许开发者获取车辆的实时状态信息（如电池电量和速度），同时控制车门、空调等功能。此外，CarKit 还支持导航、驾驶辅助和多媒体播放，并通过语音识别提升用户体验。它还具备数据安全和隐私保护机制，便于与云端和第三方服务进行数据交互，推动智能交通的发展。本案例使用@kit.CarKit实现了导航信息服务和出行分布式引擎服务功能。

在使用@kit.CarKit前，需要检查是否已经获取以下权限，如果未获得授权，需要在应用中声明相应权限。

- ohos.permission.ACCESS_SERVICE_NAVIGATION_INFO：用于访问导航信息服务的API。
- ohos.permission.ACCESS_CAR_DISTRIBUTED_ENGINE：用于访问出行分布式引擎服务的API。

案例6-18　车联服务系统（源码路径：codes\6\Car-kit）

（1）文件src/main/ets/common/CommonUtils.ets定义了工具类 CommonUtils，用于处理导航和出行服务相关的数据格式化。类 CommonUtils 提供了多个静态方法，用于将导航状态、导航元数据、出行业务事件和出行连接状态转化为字符串格式，以便在用户界面中显示。

（2）文件src/main/ets/pages/NavInfoServicePage.ets实现了一个导航信息服务页面，提供了更新导航状态、注册和注销系统信号监听、更新导航元数据等功能。页面包含多个按钮，用户可以通过点击这些按钮执行相应的导航操作。另外，该页面还使用了自定义对话框来显示操作结果和信息。

```
// 自定义对话框组件示例
@CustomDialog
struct CustomDialogExample {
  @Link title: string; // 对话框标题
  @Link message: string; // 对话框消息
  controller?: CustomDialogController; // 对话框控制器
  cancel: () => void = () => { }        // 取消按钮的回调
  confirm: () => void = () => { }       // 确认按钮的回调

  // 构建对话框内容
  build() {
    Column() {
      Text(this.title)
        .fontSize(px2vp(70))
        .fontWeight(700)
        .height(px2vp(196));
      Text(this.message)
        .fontSize(px2vp(56))
        .fontWeight(400)
        .textAlign(TextAlign.Start)
        .margin({ left: px2vp(84), right: px2vp(84), top: px2vp(28) })
        .width('90%');
      Button('OK', { buttonStyle: ButtonStyleMode.TEXTUAL, role: ButtonRole.NORMAL })
```

```
        .onClick(() => {
          if (this.controller != undefined) {
            this.controller.close(); // 关闭对话框
          }
        })
        .stateEffect(false)
        .fontSize(px2vp(56))
        .fontWeight(500)
        .margin(px2vp(28));
    }
  }
}


// 导航信息服务页面组件
@Component
struct NavInfoServicePage {
  @State titleValue: string = '';    // 对话框标题值
  @State messageValue: string = ''; // 对话框消息值
  private mSysLanguage: string = I18n.System.getSystemLanguage(); // 系统语言
  index: number = 0;         // 索引值
  state: boolean = false; // 状态标志
  // Location 对象 location0 赋值
  location0: navigationInfoMgr.Location = {
    name: 'location0',      // 地址名称
    coordType: navigationInfoMgr.LocationCoordType.GCJ02, // 位置坐标编码类型
    longitude: 29.53851890563965, // 经度
    latitude: 106.50643920898438, // 纬度
    altitude: 3.00015949516846,    // 海拔高度
  };
  // Location 对象 location1 赋值
  location1: navigationInfoMgr.Location = {
    name: 'location1',
    coordType: navigationInfoMgr.LocationCoordType.WGS84,
    longitude: 4.4445874651238,
    latitude: 5.55565329843751,
    altitude: 6.66641578943265,
  };
  // NavigationStatus 对象 navStatus0 赋值
  navStatus0: navigationInfoMgr.NavigationStatus = {
    status: navigationInfoMgr.MapStatus.CRUISE,      // 地图状态
    naviType: navigationInfoMgr.NaviType.WALKING,   // 导航类型
    destLocation: this.location0,                    // 目的地址
    passPoint: [this.location1, this.location0],     // 途径点
    routeIndex: 101,                                 // 路由索引
    routePreference: [navigationInfoMgr.RoutePreference.MAIN_ROAD_FIRST,
      navigationInfoMgr.RoutePreference.TIME_FIRST],    // 路由优先级
```

```
·theme: navigationInfoMgr.ThemeType.DARK,              // 地图主题颜色
  customData: 'navStatus0 test custom data 0'          // 自定义数据
};
// NavigationStatus 对象 navStatus1 赋值
navStatus1: navigationInfoMgr.NavigationStatus = {
  status: navigationInfoMgr.MapStatus.ROUTE,
  naviType: navigationInfoMgr.NaviType.MOTORCYCLE,
  destLocation: this.location1,
  passPoint: [this.location0, this.location1],
  routeIndex: 202,
  routePreference: [navigationInfoMgr.RoutePreference.HIGHWAY_FIRST,
    navigationInfoMgr.RoutePreference.INTELLIGENT_RECOMMENDATION],
  theme: navigationInfoMgr.ThemeType.LIGHT,
  customData: 'navStatus1 test custom data 1'
};

// 自定义按钮构建器
@Builder
customButton(text: string | Resource, clickCall: (() => void)) {
  Row() {
    Button(text)
      .backgroundColor(Color.White)
      .fontColor($r('sys.color.ohos_dialog_text_alert_dark'))
      .fontWeight(500)
      .fontSize(this.mSysLanguage == 'zh-Hans' ? px2vp(56) : px2vp(42))
      .align(Alignment.Start)
      .type(ButtonType.Capsule)
      .margin({ left: px2vp(56), right: px2vp(56), top: px2vp(42) })
      .height(px2vp(168))
      .type(ButtonType.Normal)
      .borderRadius(px2vp(56))
      .layoutWeight(1)
      .onClick(() => {
        clickCall?.(); // 执行点击回调
      });
  }
}

// 自定义对话框控制器
dialogController: CustomDialogController | null = new CustomDialogController({
  builder: CustomDialogExample({
    cancel: () => {
      Logger.info(TAG, 'Callback when the first button is clicked'); // 取消
        按钮回调
    },
    confirm: () => {
```

```
      Logger.info(TAG, 'Callback when the second button is clicked'); // 确
        认按钮回调
    },
    title: this.titleValue, // 弹窗标题
    message: this.messageValue, // 提示消息
  }),
  autoCancel: false, // 点击遮罩层是否关闭弹窗
  alignment: DialogAlignment.Center, // 对话框对齐方式
  customStyle: false,
  backgroundColor: Color.White, // 背景颜色
});


// 在自定义组件销毁之前清空 dialogController
aboutToDisappear() {
  this.dialogController = null; // 将 dialogController 置空
}


// 显示警告对话框
showAlertDialog(title: string, message: string) {
  this.titleValue = title; // 设置标题
  this.messageValue = message; // 设置消息
  if (this.dialogController != null) {
    this.dialogController.open(); // 打开对话框
  }
}


// 构建页面内容
build() {
  NavDestination() {
    Column() {
      this.customButton($r('app.string.update_navigation_status_1'), () => {
        this.updateNavStatusMsg(this.navStatus0); // 更新导航状态按钮
      });

      this.customButton($r('app.string.update_navigation_status_2'), () => {
        this.updateNavStatusMsg(this.navStatus1); // 更新导航状态按钮
      });

      this.customButton($r('app.string.register_system_signal_listener'), ()
        => {
        this.registerSystemListener(); // 注册系统信号监听按钮
      });

      this.customButton($r('app.string.unregister_system_signal_listener'),
        () => {
        this.unregisterSystemListener(); // 解注册系统信号监听按钮
```

```
    });

    this.customButton($r('app.string.update_navigation_metadata'), () => {
      this.sendNavigationMetaDataCmd(); // 更新导航元数据按钮
    });
  }
  .height('100%')
  .width('100%');
}
.title(CommonUtils.resourceToString($r('app.string.navigation_
  information_interaction_examples'), this))
.backgroundColor($r('app.color.start_window_background'));
}


// 更新导航状态
updateNavStatusMsg(status: navigationInfoMgr.NavigationStatus) {
  // 获取导航控制器的单例
  let controller: navigationInfoMgr.NavigationController =
    navigationInfoMgr.getNavigationController();
  // 设置导航状态，包括导航类型、导航目的地、导航经过点和路线
  controller.updateNavigationStatus(status);
  this.showAlertDialog('更新导航状态', CommonUtils.
    getNavStatusString(status)); // 显示更新状态对话框
}


// 注册系统信号监听
registerSystemListener() {
  // 获取导航控制器的单例
  let controller: navigationInfoMgr.NavigationController =
    navigationInfoMgr.getNavigationController();
  // 实现系统导航事件监听器
  let listenerImpl: navigationInfoMgr.SystemNavigationListener = {
    // 监听系统查询事件
    onQueryNavigationInfo(query: navigationInfoMgr.QueryType,
      args: Record<string, object>): Promise<navigationInfoMgr.ResultData> {
      promptAction.showToast({ message: `收到查询信号: [${query}],` + `返回处
        理结果 \n` });
      return new Promise(resolve => {
        let data: navigationInfoMgr.ResultData = {
          code: 1111,
          message: `查询 [${query}] 处理结果 Success` + `,接口处理结果返回成功! `,
          extraData: {} // 额外数据
        };
        resolve(data); // 返回结果
      });
    },
```

```
      // 监听系统事件
      onNotifyNavigationInfo(status: navigationInfoMgr.NavigationStatus) {
        promptAction.showToast({ message: `收到系统通知信号: [${JSON.
          stringify(status)}]` });
      }
    };
    // 注册系统信号监听
    controller.registerSystemNavigationListener(listenerImpl);
    this.state = true; // 设置状态标志
  }

  // 解注册系统信号监听
  unregisterSystemListener() {
    // 获取导航控制器的单例
    let controller: navigationInfoMgr.NavigationController =
      navigationInfoMgr.getNavigationController();
    controller.unregisterSystemNavigationListener(); // 解注册系统信号监听
    this.state = false; // 设置状态标志
    promptAction.showToast({ message: '解注册系统信号监听成功! ' }); // 显示解注册
      成功的消息
  }

  // 更新导航元数据
  sendNavigationMetaDataCmd() {
    // 获取导航控制器的单例
    let controller: navigationInfoMgr.NavigationController =
      navigationInfoMgr.getNavigationController();
    controller.updateNavigationMetadata({ title: 'My Navigation Title',
      subtitle: 'My Navigation Subtitle' }); // 更新导航元数据
    this.showAlertDialog('更新导航元数据', '导航元数据更新成功! '); // 显示更新导航
      元数据对话框
  }
}

// 注册导航信息服务页面
page.register(NavInfoServicePage, 'NavInfoServicePage');
```

（3）文件src/main/ets/pages/TravelServicePage.ets实现了一个出行服务页面（TravelServicePage），允许用户注册和解注册出行事件监听器和连接状态监听器，获取相关的事件和状态信息。页面中包含自定义对话框（CustomDialogExample）用于显示操作结果和提示信息，用户可以通过按钮触发相应的功能，如注册事件监听、解注册事件监听、获取事件信息、注册连接状态监听、解注册连接状态监听和获取连接状态。通过使用 promptAction 和 Logger 进行消息提示和日志记录，增强了用户体验和可调试性。

（4）文件src/main/ets/pages/Index.ets定义了本项目的主界面组件 Index，用于构建应用的主页面。该页面使用 NavPathStack 进行导航管理，包含一个标题和两个按钮。用户可以通过点击"导航信息交互接口"按钮跳转到 NavInfoServicePage 页面，或点击"出行业务交互接口"按钮跳转到 TravelServicePage 页面。页面布局采用了 Column 和 Row 组件，设置了适当的边距和对齐方式，确保良好的用户界面和交互体验，同时调整了背景颜色和高度。代码执行效果如图6-18所示。

CarKit—交互接口用法示例

导航信息交互接口

出行业务交互接口

图6-18　车联服务主界面

案例19　基于可信应用服务的安全相机系统

在 HarmonyOS 中，可信应用服务（TrustedAppService）提供了应用数据的安全证明服务，支持创建证明密钥、销毁证明密钥、初始化证明会话、结束证明会话和获取安全地理位置等功能。这些功能能够为安全摄像头和安全地理位置服务提供安全证明能力，确保图像或位置数据在传输过程中未被篡改。

开发者可以通过导入 @kit.DeviceSecurityKit模块来使用可信应用服务。例如，使用createAttestKey接口创建证明密钥，使用initializeAttestContext接口初始化证明会话，以及使用finalizeAttestContext接口结束证明会话。此外，还可以通过SecureLocation接口来获取安全地理位置信息，包括纬度、经度、高度、精度和时间戳等数据。

本案例展示了使用可信应用服务来开发安全摄像头和安全地理位置功能的过程。具体来说，使用 initCamera 方法初始化安全摄像头，并在 image.ImageReceiver 的 imageArrival 事件中处理安全图像。同时，使用 LocationService.getVerifiedSecureLocation 获取验证签名后的安全地理位置信息。为了实施本项目，需要申请以下权限。

- 相机权限：ohos.permission.CAMERA。
- 设备位置信息权限：ohos.permission.LOCATION。
- 设备模糊位置信息权限：ohos.permission.APPROXIMATELY_LOCATION。

案例6-19　基于可信应用服务的安全相机系统（源码路径：codes\6\Device）

（1）文件src/main/ets/Common/CertChain.ets定义了一个证书链处理类CertChain，该类主要用于解析、验证PEM格式的证书链，并从中提取公钥。类CertChain首先将证书链字符串分割成单独的证书，然后提供方法来对这些证书进行编码、验证和公钥提取。

```
import { cert } from '@kit.DeviceCertificateKit';
import { util } from '@kit.ArkTS';
import { BusinessError } from '@kit.BasicServicesKit';
import { cryptoFramework } from '@kit.CryptoArchitectureKit';

// 证书链处理类
export class CertChain {
  private certs: Array<string>; // 存储证书链中的各个证书
  private beginString: string = '-----BEGIN CERTIFICATE-----'; // PEM格式证书的
    开始标识
  private pemRootCert = ''; // PEM格式的根证书

  // 构造函数，解析传入的证书链字符串
  constructor(certChain: string) {
    const certArray = certChain.split(this.beginString);
    if (certArray.length !== 4) {
      throw new Error(' 证书数量不足 ');
    }
    this.certs = [
      this.beginString + certArray[1], // 叶子证书（最终实体证书）
      this.beginString + certArray[2], // 中间证书
      this.beginString + certArray[3]  // 根证书
    ];
  }

  // 获取编码后的证书链数据
  private getEncodingCertChain(certs: Array<string>): cert.CertChainData {
    const textEncoder = new util.TextEncoder(); // 文本编码器
    // 将证书编码为字节序列，并添加长度前缀
    const thirdCert = textEncoder.encodeInto(certs[0]);
    const thirdCertLength = new Uint8Array(new Uint16Array([thirdCert.
      byteLength]).buffer);
    const secondCert = textEncoder.encodeInto(certs[1]);
    const secondCertLength = new Uint8Array(new Uint16Array([secondCert.
      byteLength]).buffer);
    const rootCert = textEncoder.encodeInto(certs[2]);
    const rootCertLength = new Uint8Array(new Uint16Array([rootCert.
      byteLength]).buffer);
    // 组合证书链数据
    let encodingData =
      new Uint8Array(thirdCertLength.length + thirdCert.length +
        secondCertLength.length + secondCert.length +
      rootCertLength.length + rootCert.length);
    let offset = 0;
    encodingData.set(thirdCertLength, offset);
    offset += thirdCertLength.length;
```

```
    encodingData.set(thirdCert, offset);
    offset += thirdCert.length;
    encodingData.set(secondCertLength, offset);
    offset += secondCertLength.length;
    encodingData.set(secondCert, offset);
    offset += secondCert.length;
    encodingData.set(rootCertLength, offset);
    offset += rootCertLength.length;
    encodingData.set(rootCert, offset);
    return {
      data: encodingData,
      count: 3,
      encodingFormat: cert.EncodingFormat.FORMAT_PEM // 证书编码格式为 PEM
    };
  }


  // 验证证书链的有效性
  public async validate(): Promise<void> {
    if (this.certs[2] !== this.pemRootCert) {
      throw new Error('证书不足');
    }
    const encodingData = this.getEncodingCertChain(this.certs);
    try {
      const validator = cert.createCertChainValidator('PKIX'); // 创建 PKIX 证书
        链验证器
      await validator.validate(encodingData);               // 验证证书链
    } catch (err) {
      throw new Error((err as BusinessError).message); // 抛出验证错误信息
    }
  }


  // 从证书链中提取公钥
  public async getPubKey(): Promise<cryptoFramework.PubKey> {
    try {
      const textEncoder = new util.TextEncoder();          // 文本编码器
      const encodingBlob: cert.EncodingBlob = {
        data: textEncoder.encodeInto(this.certs[0]),      // 编码第一个证书
        encodingFormat: cert.EncodingFormat.FORMAT_PEM // 证书编码格式为 PEM
      };
      const x509Cert = await cert.createX509Cert(encodingBlob); // 创建 X509 证
        书对象
      const asyKeyGenerator = cryptoFramework.createAsyKeyGenerator('ECC256');
        // 创建 ECC256 非对称密钥生成器
      const keyPair = asyKeyGenerator.convertKeySync(x509Cert.getPublicKey().
        getEncoded(), null); // 转换公钥
```

```
        return keyPair.pubKey;  // 返回公钥
    } catch (err) {
        throw new Error((err as BusinessError).message);  // 抛出错误信息
    }
    }
}
```

（2）文件src/main/ets/Common/Permission.ets实现了类Permission，用于管理和检查应用的权限，特别是相机和位置权限。类Permission提供了方法来检查应用是否已经获得了所需的权限，并且提供了请求用户授予这些权限的方法。如果应用未获得权限，会抛出错误提示。

（3）文件src/main/ets/Common/TrustedServiceOption.ets定义了一个名为 TrustedServiceOption 的模块，该模块提供了创建可信应用服务所需的参数和选项。这些参数和选项被用来配置和初始化可信应用服务，这对于创建证明密钥（Attest Key）时配置的安全算法和密钥大小等参数特别有用。

（4）文件src/main/ets/model/SecureCamera.ets定义了类CameraService，用于管理安全摄像头服务。类CameraService提供了初始化和关闭安全摄像头会话的方法，包括创建安全的摄像头输入和输出对象、启动和结束安全摄像头的认证会话，以及处理安全图像数据。此外，类CameraService还负责验证图像的签名，确保图像在传输过程中未被篡改，从而提供一种安全的方式来捕获和处理图像数据。

（5）文件src/main/ets/model/SecureLocation.ets定义了类LocationService，用于获取和验证安全地理位置信息。类LocationService中的方法能够初始化安全位置证明会话，获取当前的安全位置信息，并验证该信息的真实性。这一过程涉及从设备获取位置数据，并使用设备的安全证书链对位置数据进行签名验证，以确保位置数据的安全性和准确性。

```
import { trustedAppService } from '@kit.DeviceSecurityKit';
import { BusinessError } from '@kit.BasicServicesKit';
import { util } from '@kit.ArkTS';
import { cryptoFramework } from '@kit.CryptoArchitectureKit';
import { CertChain } from '../Common/CertChain';

// 安全地理位置服务类
class LocationService {
  private timeout: number;    // 超时时间
  private challenge: string;  // 用户数据，用于安全证明
  private certChainObj: CertChain | undefined;  // 证书链对象

  // 构造函数，初始化超时时间和用户数据
  constructor(timeout: number, userData: string) {
    this.challenge = userData;
    this.timeout = timeout;
  }
```

```
// 初始化安全地理位置证明会话
private async initSecureLocationAttestContext(): Promise<void> {
  try {
    const seqId = 0; // 设备序列 ID
    const initProperties: Array<trustedAppService.AttestParam> = [
      {
        tag: trustedAppService.AttestTag.ATTEST_TAG_DEVICE_TYPE,
        value: trustedAppService.AttestType.ATTEST_TYPE_LOCATION
      },
      {
        tag: trustedAppService.AttestTag.ATTEST_TAG_DEVICE_ID,
        value: BigInt(seqId)
      }
    ];
    const initOptions: trustedAppService.AttestOptions = {
      properties: initProperties
    };
    const certChainResult = await trustedAppService.
      initializeAttestContext(this.challenge, initOptions);
    if (certChainResult.certChains.length < 1) {
      throw new Error('empty returned cert chain');
    }
    this.certChainObj = new CertChain(certChainResult.certChains[0]);
    await this.certChainObj.validate(); // 验证证书链
  } catch (err) {
    throw new Error((err as BusinessError).message);
  }
}


// 验证安全地理位置信息
private async verifySecureLocation(secureLocation: trustedAppService.
  SecureLocation): Promise<void> {
  try {
    // 拼接原始位置信息字符串
    const originString = secureLocation.originalLocation.latitude.
      toFixed(15) + ',' +
      secureLocation.originalLocation.longitude.toFixed(15) + ',' +
      secureLocation.originalLocation.altitude.toFixed(15) + ',' +
      secureLocation.originalLocation.accuracy.toFixed(6) + ',' +
      secureLocation.originalLocation.timestamp + ',' + secureLocation.
        userData.toString();
    // 获取签名结果
    const base64Helper = new util.Base64Helper();
    const signature = base64Helper.decodeSync(secureLocation.signature.
      toString());
```

```
    // 验证签名
    const textEncoder = new util.TextEncoder();
    const inputData: cryptoFramework.DataBlob = {
      data: new Uint8Array(textEncoder.encodeInto(originString))
    };
    const signatureData: cryptoFramework.DataBlob = {
      data: new Uint8Array(signature)
    }
    const pubKey = await this.certChainObj?.getPubKey(); // 获取公钥
    const verifier = cryptoFramework.createVerify('ECC256|SHA256'); // 创建
      验证器
    verifier.initSync(pubKey);
    if (!verifier.verifySync(inputData, signatureData)) {
      throw new Error('secure location validation failed'); // 签名验证失败
    }
  } catch (err) {
    throw new Error((err as BusinessError).message);
  }
}


// 获取经过验证的安全地理位置信息
public async getVerifiedSecureLocation(priority: trustedAppService.
  LocatingPriority): Promise<string> {
  try {
    await this.initSecureLocationAttestContext(); // 初始化证明会话
    const secureLocation = await trustedAppService.
      getCurrentSecureLocation(this.timeout, priority); // 获取安全位置信息
    // 验证安全位置信息
    await this.verifySecureLocation(secureLocation);
    return JSON.stringify(secureLocation.originalLocation); // 返回位置信息的
      JSON 字符串
  } catch (err) {
    throw new Error((err as BusinessError).message);
  }
  }
}


// 默认导出 LocationService 类的实例，超时时间设置为 10000 毫秒，用户数据为默认值
export default new LocationService(10000, 'trusted_app_service_default_
  userdata');
```

（6）文件src/main/ets/pages/Index.ets实现了本项目的主界面，允许用户通过安全摄像头获取图像，并获取和显示经过安全验证的地理位置信息。主界面包含摄像头预览组件、控制摄像头开启和关闭的按钮，以及获取优先考虑速度或精度的位置信息的按钮。此外，还包括权限检查和请求处

理，确保应用在访问摄像头和位置服务之前已获得用户的授权。页面上还显示了操作的结果信息，包括成功消息或错误消息。代码执行后的效果如图6-19所示。

案例20 华为支付服务

@kit.PaymentKit 是华为鸿蒙系统中提供的支付功能API，旨在帮助开发者在应用中集成支付功能，简化支付流程。具体来说，@kit.PaymentKit的主要功能如下。

- 支付接口：提供对多种支付方式的支持，包括银行卡支付、二维码支付等，帮助开发者实现不同类型的支付体验。

- 支付流程管理：通过 PaymentKit，开发者可以管理支付的整个流程，包括创建订单、发起支付请求、处理支付结果等。

- 安全性：采用多种安全机制，确保用户支付信息和交易数据的安全性，严格遵循行业标准。

- 用户体验优化：提供简洁的接口设计，方便开发者快速集成支付功能，同时，支持多种UI组件，以提升用户的支付体验。

图6-19　安全相机系统主界面

- 多币种和多语言支持：支持多种货币和语言，满足不同地区和国家的应用需求。

- 交易记录管理：允许开发者访问和管理交易记录，提供相关的查询和统计功能。

本案例展示了使用华为支付服务实现单次支付和签约代扣功能的过程。利用华为提供的 @kit.PaymentKit 接口，开发者能够轻松集成支付解决方案。

案例6-20　华为支付服务（源码路径：codes\6\Payment）

（1）包名配置：在文件 AppScope/app.json5 中，确保 bundleName 的值与开发者在 AppGallery Connect 中为应用创建的包名保持一致。

（2）更新文件 entry/src/main/module.json5 中的［module -> metadata］配置项。

首先，配置 app_id。

- app_id：value 的值为开发者的 APP ID。

- 获取方法：登录 AppGallery Connect 网站，点击"我的项目"，在项目列表中找到对应项目，进入"项目设置 > 常规"页面，查看"应用"区域的"APP ID"值。

然后，配置 client_id。

- client_id："value" 的值为开发者的 OAuth 2.0 客户端 ID。

- 获取方法：登录 AppGallery Connect 网站，点击"我的项目"，找到对应项目，在"项目设置 > 常规"页面，查看"应用"区域的"OAuth 2.0 客户端 ID（凭据）：Client ID"值。

（3）文件 src/main/ets/entryability/EntryAbility.ets 定义了类 EntryAbility，该类扩展自 UIAbility，用于处理应用程序的主要入口功能。类 EntryAbility 实现了一些生命周期回调方法，包括创建、销毁、加载主窗口以及处理前台/后台状态。通过使用 hilog 记录相关事件，开发者可以跟踪应用的生命周期状态。

（4）文件 src/main/ets/pages/Index.ets 定义了一个名为 Index 的组件，实现了与华为支付服务相关的功能，包括发起支付请求和签约请求。组件 Index 提供了四个主要方法：requestPaymentPromise、requestPaymentCallBack、requestContractPromise 和 requestContractCallBack，分别用于处理不同的支付和签约请求。这些方法通过调用 paymentService 中的相应方法来实现支付功能，并妥善处理支付成功和错误的响应。

```
@Entry
@Component
struct Index {
  context: common.UIAbilityContext = getContext(this) as common.UIAbilityContext;

  // 使用 Promise 方式发起支付请求
  requestPaymentPromise() {
    // 使用自己的 orderStr
    const orderStr = '{"app_id":"***","merc_no":"***","prepay_id":"xxx","time
      stamp":"1680259863114","noncestr":"1487b8a60ed9f9ecc0ba759fbec23f4f","s
      ign":"****","auth_id":"***"}';
    paymentService.requestPayment(this.context, orderStr)
      .then(() => {
        // 支付成功
        console.info('succeeded in paying');
      })
      .catch((error: BusinessError) => {
        // 支付失败
        console.error(`failed to pay, error.code: ${error.code}, error.
message: ${error.message}`);
      });
  }

  // 使用回调方式发起支付请求
  requestPaymentCallBack() {
    // 使用自己的 orderStr
    const orderStr = '{"app_id":"***","merc_no":"***","prepay_id":"xxx","time
stamp":"1680259863114","noncestr":"1487b8a60ed9f9ecc0ba759fbec23f4f","sign":"
****","auth_id":"***"}';
```

```
  paymentService.requestPayment(this.context, orderStr, (error:
    BusinessError) => {
    if (error) {
      // 支付失败
      console.error(`failed to pay, error.code: ${error.code}, error.
        message: ${error.message}`);
      return;
    }
    // 支付成功
    console.info('succeeded in paying');
  })
}


// 使用 Promise 方式发起签约请求
requestContractPromise() {
  // 使用自己的 contractStr
  const contractStr = '{"appId":"***","preSignNo":"***"}';
  paymentService.requestContract(this.context, contractStr)
    .then(() => {
      // 签约成功
      console.log('succeeded in signing');
    })
    .catch((error: BusinessError) => {
      // 签约失败
      console.error(`failed to sign, error.code: ${error.code}, error.
        message: ${error.message}`);
    });
}


// 使用回调方式发起签约请求
requestContractCallBack() {
  // 使用自己的 contractStr
  const contractStr = '{"appId":"***","preSignNo":"***"}';
  paymentService.requestContract(this.context, contractStr, (error:
    BusinessError) => {
    if (error) {
      // 签约失败
      console.error(`failed to sign, error.code: ${error.code}, error.
        message: ${error.message}`);
      return;
    }
    // 签约成功
    console.info('succeeded in signing');
  })
}
```

```
// 构建 UI 界面
build() {
  Column() {
    // 发起支付请求（Promise 方式）
    Button('requestPaymentPromise')
      .type(ButtonType.Capsule)
      .width('50%')
      .margin(20)
      .onClick(() => {
        this.requestPaymentPromise();
      })
    // 发起支付请求（回调方式）
    Button('requestPaymentCallBack')
      .type(ButtonType.Capsule)
      .width('50%')
      .margin(20)
      .onClick(() => {
        this.requestPaymentCallBack();
      })
    // 发起签约请求（Promise 方式）
    Button('requestContractPromise')
      .type(ButtonType.Capsule)
      .width('50%')
      .margin(20)
      .onClick(() => {
        this.requestContractPromise();
      })
    // 发起签约请求（回调方式）
    Button('requestContractCallBack')
      .type(ButtonType.Capsule)
      .width('50%')
      .margin(20)
      .onClick(() => {
        this.requestContractCallBack();
      })
  }
  .justifyContent(FlexAlign.Center)
  .width('100%')
  .height('100%')
}
}
```

至此，整个项目的核心功能介绍完毕。代码执行后，显示支付主界面，用户通过点击按钮可以完成支付，效果如图6-20所示。

支付主界面

支付界面

图6-20　华为支付系统界面

 案例21　应用内支付服务

在HarmonyOS中，IAP Kit（应用内支付服务）为开发者提供了一种高效便捷的方式，以在应用内实现支付功能。借助IAP Kit，用户可以在应用内购买各种类型的虚拟商品，包括消耗型商品、非消耗型商品和自动续期订阅商品。IAP Kit支持的商品类型具体说明如下。

● 消耗型商品：这类商品在使用一次后即被消耗，数量会随之减少，用户若需再次使用则需再次购买。例如，游戏内的货币或一次性道具。

● 非消耗型商品：用户一次性购买，即可永久拥有，不会因使用而消耗。例如，游戏中的额外关卡或应用中的高级会员权限等。

● 自动续期订阅商品：用户购买这类商品后，可以在一定时间内访问增值功能或内容，当订阅周期结束时，服务会自动续期，用户无须再次手动购买。例如，视频应用的月度会员服务。

IAP Kit的优势在于其简化了支付服务的接入流程，使开发者可以更专注于应用核心业务的开发。此外，IAP Kit还提供了全球化的商品管理服务，支持多种语言和货币，配备丰富的订单管理接口，确保了支付的便捷性和安全性。值得一提的是，IAP Kit还支持沙盒测试环境，帮助开发者在模拟环境中测试支付流程，而无须进行实际的金钱交易。

开发者可以通过华为提供的系统级API快速启动IAP收银台，实现应用内支付。在用户购买过程中，IAP Kit会处理订单创建、支付、发货状态更新等环节，确保用户体验的流畅性。在购买成功后，开发者需要通过finishPurchase接口确认发货，以更新商品的发货状态，从而完成购买流程。IAP Kit的集成不仅优化了用户的支付体验，还提高了支付转化率和用户满意度，从而推动开发者的商业增长。本案例展示了利用IAP Kit开发应用内支付服务程序的过程。

案例6-21　应用内支付服务（源码路径：codes\6\Iapkit）

（1）开通商户服务：要使用华为应用内支付服务的应用必须打开应用内购买服务(HarmonyOS NEXT)开关。此开关是应用级别的，每个需要使用华为应用内支付服务的应用都需要执行此步骤。

（2）打开应用内购买服务开关后，需要进行服务激活。

（3）华为服务器要求对每个服务端API请求进行JSON Web Token（JWT）授权。开发者可以使用从AppGallery Connect下载的API密钥对Token进行签名，以生成JWT，从而授权发起的服务端API请求。

（4）登录AppGallery Connect平台，在"我的项目"中选择目标应用，获取"项目设置 > 常规 > 应用"的APP ID和Client ID，如图6-21所示。

图6-21　配置APP ID和Client ID

（5）在工程文件entry/src/main/module.json5中的module节点增加client_id和app_id配置信息。

```
"module":{
   "type": "***",
   "name": "***",
   "description": "***",
   "mainElement": "***",
   "deviceTypes": [***],
   // ...
   "metadata": [
     {
       "name": "client_id",
       "value": "***"
     },
     {
       "name": "app_id",
       "value": "***"
     },
```

```
    // ...
  ]
}
```

（6）工程文件 AppScope/app.json5 中的 bundleName 需要与开发者在 AppGallery Connect 中创建应用时的包名保持一致。配置内容示例如下。

```
{
  "app": {
    // bundleName 需要与开发者在 AppGallery Connect 中创建应用时的包名保持一致
    "bundleName": "com.huawei.***.***.demo",
    // ...
  }
}
```

（7）开发者需要在 AppGallery Connect 中提前录入商品信息，包括商品 ID、商品类型、不同国家的商品价格及商品名称等。在客户端调用购买接口时，只需传入此处配置的商品 ID 和商品类型，IAP Kit 会根据用户当前的账号服务地展示对应国家/地区的商品信息（如商品价格、商品名称等），而无须开发者自行管理商品价格。

（8）文件 src/main/ets/common/JWTUtil.ts 定义了工具类 JWTUtil，该类提供了处理 JWT（JSON Web Tokens）所需的解码功能。类 JWTUtil 中包含两个私有静态方法 base64Decode 和 base64UrlDecode，分别用于解码标准的 Base64 和 URL 安全的 Base64 编码字符串。此外，该类还包含一个公共静态方法 decodeJwtObj，该方法的功能是将 JWT 字符串分割成 3 部分（header、payload、signature），并尝试解码第 2 部分（payload），通常包含 JWT 的负载数据。

```
import { util } from '@kit.ArkTS';
import Logger from './Logger';

// 正则表达式，用于替换 '-' 为 '+' 和 '_' 为 '/'，以符合 Base64 编码规则
const centerLineRegex: RegExp = new RegExp('-', 'g');
const underLineRegex: RegExp = new RegExp('_', 'g');
// 创建一个文本解码器，用于将二进制数据解码为 UTF-8 格式的字符串
const textDecoder = util.TextDecoder.create("utf-8", { ignoreBOM: true });
// 创建一个 Base64 辅助工具，用于处理 Base64 编码和解码
const base64 = new util.Base64Helper();
// 定义一个标签，用于日志记录时标识类名
const TAG: string = 'JWTUtil';

// 定义 BASE64 编码的补位模数和无效补位值
const BASE64_PAD_MOD = 4;
const BASE64_PAD_INVALID = 1;

export class JWTUtil {
```

```
// 私有静态方法，用于解码标准的 Base64 编码字符串
private static base64Decode(input: string): string {
  return textDecoder.decodeWithStream(base64.decodeSync(input));
}

// 私有静态方法，用于解码 URL 安全的 Base64 编码字符串
private static base64UrlDecode(input: string): string {
  // 将 Base64URL 编码转换为标准 Base64 编码
  input = input.replace(centerLineRegex, '+').replace(underLineRegex, '/');
  // 计算补位长度
  const pad = input.length % BASE64_PAD_MOD;
  if (pad) {
    if (pad === BASE64_PAD_INVALID) {
      // 如果补位长度不正确，则抛出错误
      throw new Error('InvalidLengthError: Input base64url string is the
        wrong length to determine padding');
    }
    // 添加必要的补位字符 '='
    input += new Array(5 - pad).join('=');
  }
  // 使用 Base64 解码器解码字符串
  return this.base64Decode(input);
}

// 公共静态方法，用于解码 JWT 对象
public static decodeJwtObj(data: string): string {
  let jwt: string[] = data.split('.');
  let result: string = '';
  // 确保 JWT 字符串包含至少 3 部分（header、payload、signature）
  if (jwt.length < 3) {
    return result;
  }
  try {
    // 尝试解码第 2 部分（payload）
    result = JWTUtil.base64UrlDecode(jwt[1]);
  } catch (err) {
    // 如果解码过程中出现错误，使用 Logger 记录错误信息
    Logger.error(TAG, `decodeJwtObj parse err: ${JSON.stringify(err)}`);
  }
  // 返回解码后的 payload 字符串
  return result;
}
}
```

（9）文件src/main/ets/pages/ConsumablesPage.ets用于处理消耗型商品的购买流程，包含查询

环境状态、查询商品信息、发起购买请求、处理购买结果和完成购买等功能。页面会显示商品列表，用户可以点击购买按钮进行购买。购买成功后，会调用 finishPurchase 方法来确认发货。

```
// 定义页面标签，用于日志记录
const TAG: string = 'ConsumablesPage';

// 页面组件结构体
@Entry
@Component
struct ConsumablesPage {
  // UI 上下文环境
  private context: common.UIAbilityContext = {} as common.UIAbilityContext;
  // 查询状态
  @State querying: boolean = true;
  // 查询失败状态
  @State queryingFailed: Boolean = false;
  // 商品信息数组
  @State productInfoArray: iap.Product[] = [];
  // 查询失败时显示的文本
  @State queryFailedText: string = 'Query failed';

  // 页面即将显示时调用
  aboutToAppear() {
    Logger.setPrefix(TAG);
    this.context = getContext(this) as common.UIAbilityContext;
    this.onCase();
  }

  // 页面的主逻辑
  async onCase() {
    this.showLoadingPage();
    let queryEnvCode = await this.queryEnv();
    if (queryEnvCode !== 0) {
      let queryEnvFailedText = 'This app does not support iap';
      if (queryEnvCode === iap.IAPErrorCode.ACCOUNT_NOT_LOGGED_IN) {
        queryEnvFailedText = 'Go to Settings and log in to your Huawei ID and
          try again.';
      }
      this.showFailedPage(queryEnvFailedText);
      return;
    }
    await this.queryPurchases();
    this.queryProducts();
  }

  // 查询环境状态
```

```
async queryEnv(): Promise<number> {
  return new Promise((resolve) => {
    iap.queryEnvironmentStatus(this.context).then(() => {
      Logger.info('Succeeded in querying environment status.');
      resolve(0);
    }).catch((err: BusinessError) => {
      Logger.error(`Failed to query environment status. Code is ${err.
        code}, message is ${err.message}`);
      resolve(err.code);
    })
  });
}


// 查询购买记录
async queryPurchases(): Promise<void> {
  return new Promise((resolve) => {
    let param: iap.QueryPurchasesParameter = {
      productType: iap.ProductType.CONSUMABLE,
      queryType: iap.PurchaseQueryType.UNFINISHED
    };
    iap.queryPurchases(this.context, param).then((res: iap.
      QueryPurchaseResult) => {
      Logger.info('Succeeded in querying purchases.');
      let purchaseDataList: string[] = res.purchaseDataList;
      if (purchaseDataList === undefined || purchaseDataList.length <= 0) {
        Logger.info('queryPurchases, purchaseDataList empty');
        resolve();
        return;
      }
      for (let i = 0; i < purchaseDataList.length; i++) {
        // 建议将 purchaseData 发送至服务器进行签名验证
        let purchaseData = purchaseDataList[i];
        let jwsPurchaseOrder = (JSON.parse(purchaseData) as PurchaseData).
          jwsPurchaseOrder;
        if (!jwsPurchaseOrder) {
          Logger.error('queryPurchases, jwsPurchaseOrder invalid');
          continue;
        }
        // 解码 jwsPurchaseOrder 并进行签名验证
        let purchaseStr = JWTUtil.decodeJwtObj(jwsPurchaseOrder);
        let purchaseOrderPayload = JSON.parse(purchaseStr) as
          PurchaseOrderPayload;
        // 如果验证成功, 交付商品
        // ...
        // 发货成功后, 向 IAP Kit 发送 finishPurchase 请求以确认发货并完成购买
        this.finishPurchase(purchaseOrderPayload);
```

```
      }
      resolve();
    }).catch((err: BusinessError) => {
      Logger.error(`Failed to query purchases. Code is ${err.code}, message
        is ${err.message}`);
      resolve();
    });
  });
}

// 查询商品信息
queryProducts() {
  let queryProductParam: iap.QueryProductsParameter = {
    productType: iap.ProductType.CONSUMABLE,
    productIds: ['ohos_consume_001']
  };
  iap.queryProducts(this.context, queryProductParam).then((result) => {
    Logger.info('Succeeded in querying products.');
    // 显示商品详情
    this.productInfoArray = result;
    this.showNormalPage();
  }).catch((err: BusinessError) => {
    // queryProducts 错误处理
    Logger.error(`Failed to query products. Code is ${err.code}, message is
      ${err.message}`);
    this.showFailedPage();
  });
}

// 购买商品
buy(id: string, type: iap.ProductType) {
  try {
    let createPurchaseParam: iap.PurchaseParameter = {
      productId: id,
      productType: type,
    }
    iap.createPurchase(this.context, createPurchaseParam).then(async
      (result) => {
      const msg: string = 'Succeeded in creating purchase.';
      Logger.info(msg);
      promptAction.showToast({ message: msg });
      // 建议将 result.purchaseData 发送至服务器进行签名验证
      let jwsPurchaseOrder: string = JSON.parse(result.purchaseData).
        jwsPurchaseOrder;
      // 解码 jwsPurchaseOrder 并进行签名验证
      let purchaseStr = JWTUtil.decodeJwtObj(jwsPurchaseOrder);
```

```
      let purchaseOrderPayload = JSON.parse(purchaseStr) as
        PurchaseOrderPayload;
      // 如果验证成功，交付商品
      // ...
      // 发货成功后，向 IAP Kit 发送 finishPurchase 请求以确认发货并完成购买
      this.finishPurchase(purchaseOrderPayload);
    }).catch((err: BusinessError) => {
      const msg: string = `Failed to create purchase. Code is ${err.code},
        message is ${err.message}`;
      Logger.error(msg);
      promptAction.showToast({ message: msg });
      if (err.code === iap.IAPErrorCode.PRODUCT_OWNED || err.code === iap.
        IAPErrorCode.SYSTEM_ERROR) {
        this.queryPurchases();
      }
    })
  } catch (err) {
    const e: BusinessError = err as BusinessError;
    const msg: string = `Failed to create purchase. Code is ${e.code},
      message is ${e.message}`;
    Logger.error(msg);
    promptAction.showToast({ message: msg });
  }
}


// 完成购买
finishPurchase(purchaseOrder: PurchaseOrderPayload) {
  let finishPurchaseParam: iap.FinishPurchaseParameter = {
    productType: purchaseOrder.productType,
    purchaseToken: purchaseOrder.purchaseToken,
    purchaseOrderId: purchaseOrder.purchaseOrderId
  };
  iap.finishPurchase(this.context, finishPurchaseParam).then(() => {
    Logger.info('Succeeded in finishing purchase.');
  }).catch((err: BusinessError) => {
    Logger.error(`Failed to finish purchase. Code is ${err.code}, message
      is ${err.message}`);
  });
}


// 显示加载页面
showLoadingPage() {
  this.queryingFailed = false;
  this.querying = true;
}
```

```
// 显示失败页面
showFailedPage(failedText?: string) {
  if (failedText) {
    this.queryFailedText = failedText;
  }
  this.queryingFailed = true;
  this.querying = false;
}

// 显示正常页面
showNormalPage() {
  this.queryingFailed = false;
  this.querying = false;
}

// 构建页面
build() {
  // 页面布局代码，使用 ArkUI 库进行布局
  // ...
  }
}

// 购买订单负载接口
interface PurchaseOrderPayload {
  productType: number;
  purchaseOrderId: string;
  purchaseToken: string;
}

// 购买数据接口
interface PurchaseData {
  type: number;
  jwsPurchaseOrder?: string;
  jwsSubscriptionStatus?: string;
}
```

（10）文件 src/main/ets/pages/NonConsumablesPage.ets 用于处理非消耗型商品的展示和购买流程，允许用户查看非消耗型商品列表，检查商品购买状态，触发购买流程，并在购买后更新商品信息以反映用户的购买状态。页面还提供了加载指示、失败提示及商品列表的展示，同时包含购买按钮的启用状态，以防止重复购买。

（11）文件 src/main/ets/pages/SubscriptionsPage.ets 专门用于管理自动续期订阅商品的购买和显示功能，允许用户查看可用的订阅商品，检查购买状态，启动购买流程，并在购买后更新订阅状态。页面还提供了加载指示、失败提示及订阅商品列表的展示功能，同时包含购买按钮，以及一个显示

订阅管理页面的按钮。

（12）文件src/main/ets/pages/EntryPage.ets是本项目的主页面组件，提供了一个简洁的界面。该界面包含三个自定义按钮，分别用于导航到处理消耗型商品、非消耗型商品和订阅服务的页面。这些按钮在被用户点击时会触发页面跳转，使用router.pushUrl方法来实现路由导航。页面的背景色设置为浅灰色，按钮之间有适当的间隔，并且按钮具有胶囊形状和蓝色背景，整体逻辑清晰且易于操作。

至此，本项目的核心功能介绍完毕，代码执行效果如图6-22所示。

包含三个按钮的主界面

消耗型商品界面　　　　　　　　支付界面

图6-22　执行效果

第7章

AI开发实战

华为HarmonyOS通过集成原生智能架构和AI能力，为开发者提供了强大的开发工具和服务，其中包括HiAI Foundation和昇腾AI全栈软件平台，使开发者能够便捷地开发多种AI程序，并能够在多种设备上部署。与此同时，华为持续推进激励计划，鼓励开发者开发出功能强大的鸿蒙应用程序，进一步推动了鸿蒙生态的繁荣发展。本章将详细讲解在HarmonyOS中开发AI程序的知识。

案例1　人脸识别系统

在 HarmonyOS 中，@hms.ai.face.faceDetector 是一个提供 2D 人脸检测能力的 API，它能够检测给定图片中的人脸数量、位置、特征点（如左右眼中心、鼻子、左右嘴角）及姿态（包括 pitch、roll、yaw 等角度信息）。@hms.ai.face.faceDetector 支持同时检测多个人脸，并且能够按照人脸大小进行排序，它适用于图片中的人脸检测，而 Vision Kit 中的活体检测功能则更多地应用于视频流中的人脸检测。

在使用 @hms.ai.face.faceDetector 时，开发者需要导入相应的模块，并调用其 detect 方法来异步返回人脸检测的结果。

```
import { faceDetector } from '@kit.CoreVisionKit';

async function detectFaces() {
    const initResult = await faceDetector.init();
    if (initResult) {
        try {
            const visionInfo = { /* ... */ };
            const faces = await faceDetector.detect(visionInfo);
            // 处理检测到的人脸数据
        } catch (error) {
            // 处理错误
        }
        await faceDetector.release();
    } else {
        // 初始化失败的处理
    }
}

detectFaces();
```

在实际应用中，@hms.ai.face.faceDetector 可以用于多种场景，如用户身份验证、图像编辑、安全监控等。通过这个 API，开发者可以轻松地在 HarmonyOS 应用中集成人脸检测功能，为用户提供更加丰富和智能的使用体验。

本案例基于 HarmonyOS 基础视觉服务的人脸识别系统，展示了如何在应用程序中使用人脸识别功能。用户可以从手机图库中选择一张图片进行识别，该系统可以识别出图片中的多个人脸信息，并展示人脸框、五官点位、置信度及人脸朝向。

案例7-1　人脸识别系统（源码路径：codes\7\Core-vision）

文件 src/main/ets/pages/Index.ets 用于实现人脸识别功能，允许用户从图库中选择一张图片或使用相机拍摄照片，然后调用人脸识别接口 @hms.ai.face.faceDetector 来检测图片中的人脸信息，并将检测结果显示在界面上。

```
import { faceDetector } from '@kit.CoreVisionKit'; // 导入人脸识别功能模块
import { image } from '@kit.ImageKit'; // 导入图片处理功能模块
import { hilog } from '@kit.PerformanceAnalysisKit'; // 导入日志功能模块
import { BusinessError } from '@kit.BasicServicesKit'; // 导入业务错误处理模块
import { fileIo } from '@kit.CoreFileKit'; // 导入文件 I/O 功能模块
import { photoAccessHelper } from '@kit.MediaLibraryKit'; // 导入相册访问功能模块

@Entry // 声明为入口组件
@Component // 定义组件
struct Index {
  @State chooseImage: PixelMap | undefined = undefined // 存储选择的图片
  @State dataValues: string = '' // 存储人脸检测结果

  build() {
    Column() { // 垂直布局
      Image(this.chooseImage) // 显示选择的图片
        .objectFit(ImageFit.Fill)
        .height('60%')

      Scroll() { // 可滚动视图
        Text(this.dataValues)
          .copyOption(CopyOptions.LocalDevice)
          .margin(10)
          .width('60%')
      }
      .height('15%')
      .scrollable(ScrollDirection.Vertical)

      Button('Select image') // "选择图片" 按钮
        .type(ButtonType.Capsule)
        .fontColor(Color.White)
        .alignSelf(ItemAlign.Center)
        .width('80%')
        .margin(10)
        .onClick(() => {      // 按钮点击事件
          this.selectImage() // 调用选择图片的方法
        })

      Button('Start detection') // "开始识别" 按钮
        .type(ButtonType.Capsule)
        .fontColor(Color.White)
        .alignSelf(ItemAlign.Center)
        .width('80%')
```

```
        .margin(10)
        .onClick(() => { // 按钮点击事件
          if(!this.chooseImage) {
            hilog.error(0x0000, 'faceDetectorSample', "Failed to detect face.");
            return;
          }
          faceDetector.init(); // 初始化人脸识别
          let visionInfo: faceDetector.VisionInfo = { // 构建视觉信息对象
            pixelMap: this.chooseImage,
          };
          // 调用人脸检测 API
          faceDetector.detect(visionInfo)
            .then((data: faceDetector.Face[]) => {
              if (data.length === 0) {
                this.dataValues = "No face is detected in the image. Select
                  an image that contains a face.";
              } else {
                let faceString = JSON.stringify(data); // 将检测结果转换为字符串
                hilog.info(0x0000, 'faceDetectorSample', "faceString data is
                  " + faceString);
                this.dataValues = faceString; // 更新数据显示
              }
            })
            .catch((error: BusinessError) => {
              hilog.error(0x0000, 'faceDetectorSample', `Face detection
                failed. Code: ${error.code}, message: ${error.message}`);
              this.dataValues = `Error: ${error.message}`; // 显示错误信息
            });
          faceDetector.release(); // 释放人脸识别资源
        })
    }
    .width('100%')
    .height('100%')
    .justifyContent(FlexAlign.Center) // 居中布局
  }

  private async selectImage() {
    let uri = await this.openPhoto() // 打开相册选择图片
    if (uri === undefined) {
      hilog.error(0x0000, 'faceDetectorSample', "Failed to get uri.");
    }
    this.loadImage(uri); // 加载选择的图片
  }

  private openPhoto(): Promise<string> { // 打开相册的方法
    return new Promise<string>((resolve) => {
```

```
    let photoPicker: photoAccessHelper.PhotoViewPicker = new
      photoAccessHelper.PhotoViewPicker();
    photoPicker.select({
      MIMEType: photoAccessHelper.PhotoViewMIMETypes.IMAGE_TYPE,
      maxSelectNumber: 1
    }).then(res => {
      resolve(res.photoUris[0])
    }).catch((err: BusinessError) => {
      hilog.error(0x0000, 'faceDetectorSample', `Failed to get photo image
        uri.code: ${err.code}, message: ${err.message}`);
      resolve('');
    })
  })
}

private loadImage(name: string) { // 加载图片的方法
  setTimeout(async () => {
    let imageSource: image.ImageSource | undefined = undefined;
    let fileSource = await fileIo.open(name, fileIo.OpenMode.READ_ONLY);
    imageSource = image.createImageSource(fileSource.fd);
    this.chooseImage = await imageSource.createPixelMap(); // 创建图片像素映射
    this.dataValues = "";
    hilog.info(0x0000, 'faceDetectorSample', 'this.chooseImage:', this.
      chooseImage);
  }, 100)
}
}
```

代码执行后显示主界面，点击"faceDetectorDemo"启动应用；点击"Select image"按钮，可以在图库中选择图片，或者通过相机拍照；点击"Start detection"按钮，识别人脸信息，识别结果通过文本展示，如图7-1所示。

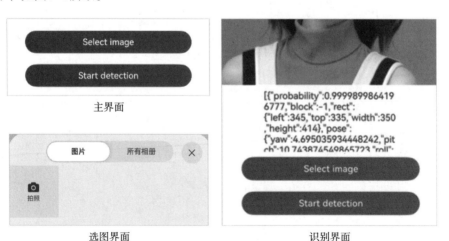

图7-1　人脸识别界面

案例2 拍照识别文字

拍照识别文字功能，通常被称为OCR（Optical Character Recognition，光学字符识别）技术，通过计算机软件和硬件设备对印刷或手写文本进行自动识别和转换。这项技术利用光学原理将印刷或手写文本转换为计算机可读的数字格式，然后通过特定的算法对这些数字格式进行处理和识别，最终生成可编辑的文本格式。

随着智能手机的普及，拍照识别文字已经成为我们日常生活和工作中的常用功能。本案例使用@ohos.multimedia.camera（相机管理）和textRecognition（文字识别）接口来实现识别并提取照片内文字功能的过程。

1. @ohos.multimedia.camera 介绍

@ohos.multimedia.camera 是 HarmonyOS 提供的相机服务模块，允许应用访问和控制设备的相机功能。这个模块支持预览、拍照、录像等多种相机操作，并提供了丰富的相机参数配置选项。multimedia.camera中的常用方法如下。

- getCameraManager(context)：获取相机管理器实例，用于访问相机设备和执行相关操作。
- getSupportedCameras()：获取设备支持的相机设备列表。
- createCameraInput(camera)：根据相机设备对象创建相机输入实例。
- createCameraInput(position, type)：根据相机位置和类型创建相机输入实例。
- createPreviewOutput(profile, surfaceId)：创建预览输出对象，用于实时显示相机捕获的图像。
- createPhotoOutput(profile, surfaceId)：创建拍照输出对象，用于捕获照片。
- createVideoOutput(profile, surfaceId)：创建录像输出对象，用于录制视频。
- createMetadataOutput(metadataObjectTypes)：创建元数据输出对象，用于获取图像的元数据信息。
- createCaptureSession()：创建拍照会话实例，管理相机资源和执行相机功能。

2. textRecognition

在HarmonyOS中，textRecognition用于识别图像中的文字，属于基础视觉服务（Core Vision Kit）的一部分。textRecognition功能支持将图像中的文本信息转化为计算机可以处理的字符信息，适用于票据、卡证、表格、报刊、书籍等多种场景的文字识别。它能够处理特定角度范围内的文本倾斜、拍摄角度倾斜、复杂光照条件及复杂文本背景等场景的文字识别，并支持中、英等十多个语种的识别。

在使用textRecognition时，开发者需要执行以下步骤。

- 实例化VisionInfo对象，并传入待检测图片的PixelMap。VisionInfo是待OCR检测识别的输入项，目前仅支持PixelMap类型的视觉信息。

- 配置通用文本识别的配置项 TextRecognitionConfiguration，用于配置是否支持朝向检测等选项。

- 调用 textRecognition 的 recognizeText 接口，对识别到的结果进行处理。在调用成功时，返回结果码 0；在调用失败时，将返回对应错误码。

案例7-2 拍照识别文字（源码路径：codes\7\Aicharacter）

（1）文件 src/main/ets/common/constants/CommonConstants.ets 定义了类 CommonConstants，包含一系列的静态常量，用于在 HarmonyOS 应用中定义常用的数值和字符串。这些常量包括数组缓冲区大小、设备输出和输入序列编号、图像接收流的宽高、全屏宽高、布尔值的数字表示、表面宽高、XComponent 类型和 ID、其他高度、对话框宽度、对话框遮罩颜色、字体权重等。

（2）文件 src/main/ets/common/utils/PermissionUtils.ets 定义了一个名为 PermissionUtils 的模块，其中包含一个名为 grantPermission 的异步函数，用于检查和请求应用所需的权限。该函数首先获取应用的 accessTokenId，然后遍历所需权限列表，检查每个权限的状态。如果权限未被授予，则将这些权限添加到一个列表中，并请求用户授予这些权限。根据用户的响应，函数 grantPermission 记录权限请求的结果，并返回一个表示是否成功获得所有权限的布尔值。

```
import { abilityAccessCtrl, PermissionRequestResult, Permissions,
bundleManager, common } from '@kit.AbilityKit';
import Logger from './Logger';

// 定义权限标签
const TAG: string = '[Permission]';
// 定义需要的权限数组
const PERMISSIONS: Array<Permissions> = [
  'ohos.permission.CAMERA'
];

// 获取当前上下文
const context = getContext(this) as common.UIAbilityContext;

/**
 * 请求应用所需的权限
 * @returns Promise<boolean> 权限请求结果，true 表示成功，false 表示失败
 */
export default async function grantPermission(): Promise<boolean> {
  try {
    // 获取应用的 BundleInfo
    let bundleInfo: bundleManager.BundleInfo =
      await bundleManager.getBundleInfoForSelf(
        bundleManager.BundleFlag.GET_BUNDLE_INFO_WITH_APPLICATION
      );
```

```
// 获取应用信息
let appInfo: bundleManager.ApplicationInfo = bundleInfo.appInfo;
// 获取 accessTokenId
let tokenId = appInfo.accessTokenId;
// 创建 ATManager 实例
let atManager = abilityAccessCtrl.createAtManager();
// 定义一个数组用于存储未被授予的权限
let pems: Array<Permissions> = [];
// 遍历权限数组，检查每个权限的状态
for (let i = 0; i < PERMISSIONS.length; i++) {
  let state = await atManager.checkAccessToken(tokenId, PERMISSIONS[i]);
  // 记录权限检查结果
  Logger.info(TAG, `grantPermission checkAccessToken ${PERMISSIONS[i]} +:
    ${JSON.stringify(state)}`);
  // 如果权限未被授予，则添加到 pems 数组中
  if (state !== abilityAccessCtrl.GrantStatus.PERMISSION_GRANTED) {
    pems.push(PERMISSIONS[i]);
  }
}
// 如果有未被授予的权限，则请求用户授予这些权限
if (pems.length > 0) {
  // 记录请求权限的日志
  Logger.info(TAG, 'grantPermission requestPermissionsFromUser:' + JSON.
    stringify(pems));
  let result: PermissionRequestResult = await atManager.requestPermission
    sFromUser(context, pems);
  // 获取权限请求的结果数组
  let grantStatus: Array<number> = result.authResults;
  // 遍历结果数组，检查是否有权限请求失败
  let length: number = grantStatus.length;
  for (let i = 0; i < length; i++) {
    Logger.info(TAG, `grantPermission requestPermissionsFromUser ${result.
      permissions[i]} +: ${grantStatus[i]}`);
    if (grantStatus[i] !== 0) {
      Logger.info(TAG, 'grantPermission fail');
      return false;
    }
  }
}
// 如果所有权限都已被授予，记录成功日志并返回 true
Logger.info(TAG, 'grantPermission success');
return true;
} catch (error) {
// 如果发生异常，记录错误日志并返回 false
Logger.error(TAG, 'grantPermission fail');
return false;
```

```
  }
}
```

（3）文件 src/main/ets/common/utils/DeviceScreen.ets 定义了类 DeviceScreen，它提供了两个静态方法来获取设备的屏幕高度和宽度。通过 display.getDefaultDisplaySync() 获取默认显示器的同步对象，然后分别计算并返回基于 DPI 的屏幕高度和宽度。计算方法是将像素值乘以 160/DPI 值，这样可以将像素值转换为基于标准 DPI（160DPI）的设备独立像素，从而得到一个与屏幕像素密度无关的尺寸值，使其适用于不同设备屏幕的显示。

```
import { display } from '@kit.ArkUI';

/**
 * 设备屏幕工具类，提供获取设备屏幕高度和宽度的方法
 */
export class DeviceScreen {
  /**
   * 获取设备的屏幕高度（基于标准 DPI）。
   * @returns number 屏幕高度，单位为基于标准 DPI 的设备独立像素
   */
  public static getDeviceHeight(): number {
    // 获取默认显示器的同步对象
    let displayObject = display.getDefaultDisplaySync();
    // 获取屏幕的像素高度
    let screenPixelHeight = displayObject.height;
    // 获取屏幕的密度 DPI
    let screenDensityDPI = displayObject.densityDPI;
    // 计算并返回基于标准 DPI 的屏幕高度
    return screenPixelHeight * (160 / screenDensityDPI);
  }

  /**
   * 获取设备的屏幕宽度（基于标准 DPI）
   * @returns number 屏幕宽度，单位为基于标准 DPI 的设备独立像素
   */
  public static getDeviceWidth(): number {
    // 获取默认显示器的同步对象
    let displayObject = display.getDefaultDisplaySync();
    // 获取屏幕的像素宽度
    let screenPixelWidth = displayObject.width;
    // 获取屏幕的密度 DPI
    let screenDensityDPI = displayObject.densityDPI;
    // 计算并返回基于标准 DPI 的屏幕宽度
    return screenPixelWidth * (160 / screenDensityDPI);
  }
}
```

（4）文件src/main/ets/common/utils/Camera.ets定义了类Camera，封装了 HarmonyOS 中相机
功能的初始化、使用和释放等操作。类Camera中包含初始化相机、拍照、释放相机资源、获取相
机设备列表、创建相机输入输出、开始和配置拍照会话等方法。此外，还集成了图像识别功能，使
用 textRecognition 模块来识别拍摄照片中的文本。

• 类Camera 封装了相机功能，包含初始化相机、配置拍照会话、拍照、预览、图像接收、照
片输出处理及释放相机资源等操作。该类提供了一个接口，使开发者可以在HarmonyOS应用中方
便地调用相机进行拍照和图像处理，同时支持文本识别功能，能够将拍摄到的照片中的文字识别
出来。

```
// 定义相机模块的标签
const TAG: string = '[CameraModel]';

/**
 * 相机类，封装了相机功能的初始化、使用和释放等操作
 */
export default class Camera {
  // 定义相机管理器、相机设备、相机输出能力、相机输入、预览输出、图像接收器、照片输出和拍照
会话等成员变量
  private cameraMgr: camera.CameraManager | undefined = undefined;
  private cameraDevice: camera.CameraDevice | undefined = undefined;
  private capability: camera.CameraOutputCapability | undefined = undefined;
  private cameraInput: camera.CameraInput | undefined = undefined;
  public previewOutput: camera.PreviewOutput | undefined = undefined;
  private receiver: image.ImageReceiver | undefined = undefined;
  private photoSurfaceId: string | undefined = undefined;
  private photoOutput: camera.PhotoOutput | undefined = undefined;
  public captureSession: camera.PhotoSession | undefined = undefined;
  public result: string = '';
  private imgReceive: Function | undefined = undefined;
```

• 方法initCamera负责初始化相机功能，该方法接收一个 surfaceId 参数，用于将相机预览输
出到指定的界面元素上。初始化过程包括获取相机管理器实例、选择相机设备、创建并打开相机
输入、获取相机输出能力、创建预览输出和照片输出、监听照片可用事件、初始化拍照会话、配
置并开始会话。当照片可用时，会触发一个事件，该事件会提取JPEG格式的照片数据，并调用
recognizeImage 方法来识别照片中的文本。这个方法返回一个Promise，表示异步操作的结果，从而
确保相机初始化操作的完整性和正确性。

```
/**
 * 初始化相机
 * @param surfaceId 预览输出的 surfaceId
 * @returns Promise<void> 异步操作的结果
 */
```

```
async initCamera(surfaceId: string): Promise<void> {
  // 获取相机管理器实例
  this.cameraMgr = camera.getCameraManager(getContext(this) as common.
    UIAbilityContext);
  // 获取相机设备列表
  let cameraArray = this.getCameraDevices(this.cameraMgr);
  // 选择相机设备
  this.cameraDevice = cameraArray[CommonConstants.INPUT_DEVICE_INDEX];
  // 创建相机输入
  this.cameraInput = this.getCameraInput(this.cameraDevice, this.cameraMgr)
    as camera.CameraInput;
  // 打开相机输入
  await this.cameraInput.open();
  // 获取相机输出能力
  this.capability = this.cameraMgr.getSupportedOutputCapability(this.
    cameraDevice, camera.SceneMode.NORMAL_PHOTO);

  // 创建预览输出
  this.previewOutput = this.getPreviewOutput(this.cameraMgr, this.
    capability, surfaceId) as camera.PreviewOutput;
  // 创建照片输出
  this.photoOutput = this.getPhotoOutput(this.cameraMgr, this.capability)
    as camera.PhotoOutput;

  // 监听照片可用事件
  this.photoOutput.on('photoAvailable', (errCode: BusinessError, photo:
    camera.Photo): void => {
    let imageObj = photo.main;
    // 获取 JPEG 格式的照片数据
    imageObj.getComponent(image.ComponentType.JPEG, async (errCode:
      BusinessError, component: image.Component) => {
      if (errCode || component === undefined) {
        return;
      }
      let buffer: ArrayBuffer;
      buffer = component.byteBuffer;
      // 识别照片中的文本
      this.result = await this.recognizeImage(buffer);
    })
  });

  // 初始化拍照会话
  this.captureSession = this.getCaptureSession(this.cameraMgr) as camera.
    PhotoSession;
  this.beginConfig(this.captureSession);
```

```
  // 开始会话
  this.startSession(this.captureSession, this.cameraInput, this.
    previewOutput, this.photoOutput);
}
```

● takePicture方法用于触发相机进行拍照。该方法首先清空之前的拍照结果，然后调用 photoOutput 对象的 capture 方法来执行拍照操作。这个方法返回一个 Promise，表示拍照操作的异步结果，从而确保拍照动作能够正确执行并处理后续的照片数据。

```
/**
 * 拍照
 * @returns Promise<void> 异步操作的结果
 */
async takePicture() {
  this.result = '';
  this.photoOutput!.capture();
}
```

● recognizeImage方法负责识别照片中的文本。该方法接收一个包含照片数据的 buffer 参数，创建一个 imageResource 和 pixelMapInstance。接着，它配置了文本识别的 visionInfo 和 textConfiguration，并检查设备是否支持文本识别功能，若支持，则调用 textRecognition.recognizeText 接口来异步执行文本识别，并处理识别结果；若不支持，则记录错误并返回一个提示字符串。最后，无论识别成功与否，它都会释放相关的资源，并返回识别结果或错误信息的字符串。这个方法返回一个 Promise，解析为包含识别文本的字符串。

```
/**
 * 识别照片中的文本
 * @param buffer 照片数据的缓冲区
 * @returns Promise<string> 识别结果的字符串
 */
async recognizeImage(buffer: ArrayBuffer): Promise<string> {
  let imageResource = image.createImageSource(buffer);
  let pixelMapInstance = await imageResource.createPixelMap();
  let visionInfo: textRecognition.VisionInfo = {
    pixelMap: pixelMapInstance
  };
  let textConfiguration: textRecognition.TextRecognitionConfiguration = {
    isDirectionDetectionSupported: true
  };
  let recognitionString: string = '';
  // 检查设备是否支持文本识别
  if (canIUse("SystemCapability.AI.OCR.TextRecognition")) {
    // 调用文本识别接口
    await textRecognition.recognizeText(visionInfo, textConfiguration).
```

```
  then((TextRecognitionResult) => {
    if (TextRecognitionResult.value === '') {
      let context = getContext(this) as common.UIAbilityContext
      recognitionString = context.resourceManager.getStringSync($r('app.
        string.unrecognizable').id);
    } else {
      recognitionString = TextRecognitionResult.value;
    }
  })
  pixelMapInstance.release();
  imageResource.release();
} else {
  let context = getContext(this) as common.UIAbilityContext
  recognitionString = context.resourceManager.getStringSync($r('app.
    string.Device_not_support').id);
  Logger.error(TAG, `device not support`);
}
return recognitionString;
}
```

- releaseCamera方法用于释放相机使用过程中所占用的资源。该方法异步执行，依次关闭并释放相机输入、预览输出、图像接收器、照片输出和拍照会话等资源，以确保应用在不再使用相机时能够正确地清理占用的系统资源。此外，它还记录了每个资源释放的日志信息，并通过返回一个Promise来表示释放操作的异步结果，从而确保资源能够被安全且完全地释放。

```
/**
 * 释放相机资源
 * @returns Promise<void> 异步操作的结果
 */
async releaseCamera(): Promise<void> {
  // 释放相机输入
  if (this.cameraInput) {
    await this.cameraInput.close();
    Logger.info(TAG, 'cameraInput release');
  }
  // 释放预览输出
  if (this.previewOutput) {
    await this.previewOutput.release();
    Logger.info(TAG, 'previewOutput release');
  }
  // 释放图像接收器
  if (this.receiver) {
    await this.receiver.release();
    Logger.info(TAG, 'receiver release');
  }
```

```
    // 释放照片输出
    if (this.photoOutput) {
      await this.photoOutput.release();
      Logger.info(TAG, 'photoOutput release');
    }
    // 释放拍照会话
    if (this.captureSession) {
      await this.captureSession.release();
      Logger.info(TAG, 'captureSession release');
      this.captureSession = undefined;
    }
    this.imgReceive = undefined;
  }
```

- getCameraDevices 方法用于获取设备上支持的相机列表。该方法接收一个 cameraManager 对象作为参数，通过调用 cameraManager 的 getSupportedCameras 方法来获取相机设备数组。如果获取到的数组非空，那么方法将返回这个数组；如果数组为空或未定义，那么方法将记录一条错误日志，并返回一个空数组。这个过程确保了即使在无法获取相机列表的情况下，方法也能以一致的方式返回一个数组，从而便于调用者处理异常情况。

```
  // 获取相机设备列表
  getCameraDevices(cameraManager: camera.CameraManager): Array<camera.
    CameraDevice> {
    let cameraArray: Array<camera.CameraDevice> = cameraManager.
      getSupportedCameras();
    if (cameraArray != undefined && cameraArray.length > 0) {
      return cameraArray;
    } else {
      Logger.error(TAG, `getSupportedCameras faild`);
      return [];
    }
  }
```

- getCameraInput 方法用于根据指定的相机设备创建相机输入对象。该方法接收两个参数：cameraDevice（camera.CameraDevice 对象），代表要使用的相机设备；cameraManager（camera.CameraManager 对象），用于管理相机设备。

```
  // 创建相机输入
  getCameraInput(cameraDevice: camera.CameraDevice, cameraManager: camera.
    CameraManager): camera.CameraInput | undefined {
    let cameraInput: camera.CameraInput | undefined = undefined;
    cameraInput = cameraManager.createCameraInput(cameraDevice);
    return cameraInput;
  }
```

- getPreviewOutput 方法用于创建相机的预览输出。该方法接收三个参数：cameraManager（camera.CameraManager 实例），用于访问相机功能；cameraOutputCapability（包含相机输出的能力信息）；surfaceId（字符串），表示预览画面要显示的 Surface 的 ID。

```
// 创建预览输出
getPreviewOutput(cameraManager: camera.CameraManager,
  cameraOutputCapability: camera.CameraOutputCapability,
                surfaceId: string): camera.PreviewOutput | undefined {
  let previewProfilesArray: Array<camera.Profile> = cameraOutputCapability.
    previewProfiles;
  let previewOutput: camera.PreviewOutput | undefined = undefined;
  previewOutput = cameraManager.createPreviewOutput(previewProfilesArray[Co
    mmonConstants.OUTPUT_DEVICE_INDEX], surfaceId);
  return previewOutput;
}
```

- getImageReceiverSurfaceId 方法用于异步获取图像接收器的 SurfaceId。这个方法接收一个 image.ImageReceiver 类型的参数 receiver，该参数代表图像数据的接收器。

```
// 获取图像接收器的 SurfaceId
async getImageReceiverSurfaceId(receiver: image.ImageReceiver):
  Promise<string | undefined> {
  let photoSurfaceId: string | undefined = undefined;
  if (receiver !== undefined) {
    photoSurfaceId = await receiver.getReceivingSurfaceId();
    Logger.info(TAG, `getReceivingSurfaceId success`);
  }
  return photoSurfaceId;
}
```

- 方法 getPhotoOutput 用于创建照片输出对象，从 cameraOutputCapability 中获取照片配置文件数组，尝试使用数组中指定索引的配置文件创建一个 camera.PhotoOutput 实例。如果创建过程中出现错误，那么将记录错误日志并返回未定义值。

```
// 创建照片输出
getPhotoOutput(cameraManager: camera.CameraManager, cameraOutputCapability:
  camera.CameraOutputCapability): camera.PhotoOutput | undefined {
  let photoProfilesArray: Array<camera.Profile> = cameraOutputCapability.
    photoProfiles;
  Logger.info(TAG, JSON.stringify(photoProfilesArray));
  if (!photoProfilesArray) {
    Logger.info(TAG, `createOutput photoProfilesArray == null || undefined`);
  }
  let photoOutput: camera.PhotoOutput | undefined = undefined;
  try {
```

```
    photoOutput = cameraManager.createPhotoOutput(photoProfilesArray[Common
      Constants.OUTPUT_DEVICE_INDEX]);
  } catch (error) {
    Logger.error(TAG, `Failed to createPhotoOutput. error: ${JSON.
      stringify(error as BusinessError)}`);
  }
  return photoOutput;
}
```

- 方法 getCaptureSession 用于创建拍照会话，尝试使用 cameraManager 的 createSession 方法创建一个 camera.PhotoSession 实例。如果创建过程中出现错误，那么将记录错误日志并返回未定义值。

```
// 创建拍照会话
getCaptureSession(cameraManager: camera.CameraManager): camera.PhotoSession
  | undefined {
  let captureSession: camera.PhotoSession | undefined = undefined;
  try {
    captureSession = cameraManager.createSession(1) as camera.PhotoSession;
  } catch (error) {
    Logger.error(TAG, `Failed to create the CaptureSession instance. error:
      ${JSON.stringify(error as BusinessError)}`);
  }
  return captureSession;
}

// 开始配置拍照会话
```

- 方法 beginConfig 用于开始配置拍照会话，接收一个 camera.PhotoSession 实例作为参数，并调用该实例的 beginConfig 方法来开始配置。如果配置过程中出现错误，那么将记录错误日志。

```
beginConfig(captureSession: camera.PhotoSession): void {
  try {
    captureSession.beginConfig();
    Logger.info(TAG, 'captureSession beginConfig')
  } catch (error) {
    Logger.error(TAG, `Failed to beginConfig. error: ${JSON.stringify(error
      as BusinessError)}`);
  }
}
```

- 方法 startSession 用于启动拍照会话，接收多个参数，包括 camera.PhotoSession 实例、camera.CameraInput 实例、camera.PreviewOutput 实例和 camera.PhotoOutput 实例。该方法首先将这些输入和输出添加到会话中，然后异步调用 commitConfig 和 start 方法来提交配置并启动会话。在成功启动会话或出现错误时，都会记录相应的日志。

```
async startSession(captureSession: camera.PhotoSession, cameraInput: camera.
  CameraInput, previewOutput:
  camera.PreviewOutput, photoOutput: camera.PhotoOutput): Promise<void> {
  captureSession.addInput(cameraInput);
  captureSession.addOutput(previewOutput);
  captureSession.addOutput(photoOutput);
  await captureSession.commitConfig().then(() => {
    Logger.info(TAG, 'Promise returned to captureSession the session start
      success.')
  }).catch((err: BusinessError) => {
    Logger.info(TAG, 'captureSession error')
    Logger.info(TAG, JSON.stringify(err))
  });
  await captureSession.start().then(() => {
    Logger.info(TAG, 'Promise returned to indicate the session start success.')
  }).catch((err: BusinessError) => {
    Logger.info(TAG, JSON.stringify(err))
  })
}
```

（5）文件 src/main/ets/pages/Index.ets 实现了本项目的主界面组件 Index，使用类 Camera 来控制相机的启动、拍照和文本识别功能。页面包含一个 XComponent 用于显示相机预览，并有一个按钮用于触发拍照。在拍照后，页面将识别结果显示在对话框中。同时，页面监听相机状态的变化，以更新识别结果，并在页面显示和隐藏时分别初始化和释放相机资源。

```
const TAG: string = '[IndexPage]';

@Entry
@Component
struct Index {
  @State private recognitionResult: string = ''; // 存储识别结果
  @Watch('watchedCamera') @State private camera: Camera = new Camera(); // 相
    机实例
  private surfaceId: string = ''; // 预览输出的 surfaceId
  private xcomponentController: XComponentController = new
XComponentController(); // XComponent 控制器
  private screenHeight: number = DeviceScreen.getDeviceHeight(); // 设备屏幕高度
  private xcomponentHeight: number = this.screenHeight - CommonConstants.
    OTHER_HEIGHT; // XComponent 高度

  // 监听相机状态变化，更新识别结果
  watchedCamera() {
    if (this.camera.result !== this.recognitionResult) {
      this.recognitionResult = this.camera.result;
      if (this.recognitionResult) {
```

```
      this.dialogController.open(); // 显示对话框
    }
  }
}


// 页面即将显示时，请求权限并初始化相机
async aboutToAppear() {
  await grantPermission().then(async () => {
    this.XComponentinit();
  }).catch((err: BusinessError) => {
    Logger.info(TAG, `grantPermission faild ${JSON.stringify(err.code)}`);
  })
}


// 页面即将消失时，释放相机资源并关闭对话框
async aboutToDisappear() {
  await this.camera.releaseCamera();
  this.dialogController.close()
}


// 页面显示时，初始化 XComponent
onPageShow() {
  this.XComponentinit();
}


// 页面隐藏时，释放相机资源
onPageHide() {
  this.camera.releaseCamera();
  this.dialogController.close()
}


// 初始化 XComponent 和相机
async XComponentinit() {
  this.xcomponentController.setXComponentSurfaceRect({
    surfaceWidth: CommonConstants.SURFACE_WIDTH,
    surfaceHeight: CommonConstants.SURFACE_HEIGHT
  });
  this.surfaceId = this.xcomponentController.getXComponentSurfaceId();
  await this.camera.initCamera(this.surfaceId);
}


// 刷新相机预览
async refresh() {
  this.camera.captureSession!.start();
}
```

```
// 对话框控制器
dialogController: CustomDialogController = new CustomDialogController({
  builder: CustomDialogExample({
    text: this.recognitionResult,
  }),
  cancel: this.refresh
})

// 构建页面布局
build() {
  // ...省略布局代码...
}
}
```

至此，本项目的核心功能介绍完毕，代码执行效果如图 7-2 所示。

 案例3 卡证识别系统

卡证识别是一种利用 OCR 技术，通过拍摄或扫描身份证、银行卡、驾驶证等卡证类文档，自动提取卡证上的文本信息（如姓名、号码、有效期等）并转化为可编辑电子文本的功能。这项技术广泛应用于金融、电信、政务、安防等领域，旨在快速录入用户信息，提高工作效率，减少手动输入错误，并增强信息采集的安全性和便捷性。

在 HarmonyOS 中，@kit.VisionKit.d.ts 为开发者提供了一套视觉相关的 AI 能力，这些能力被封装在 Vision Kit 组件中。Vision Kit 使开发者能够在应用中快速集成并使用文档扫描、卡证识别、活体检

图 7-2　拍照识别文字界面

测等视觉服务，同时确保在 HarmonyOS 设备上提供一致且优质的用户体验。

开发者可以通过导入 @kit.VisionKit.d.ts 中的相应模块和接口来实现上述功能。例如，使用 startLivenessDetection 和 getInteractiveLivenessResult 接口进行人脸活体检测，或者使用 CardRecognition 接口进行卡证识别。随着 HarmonyOS 的不断迭代和升级，@kit.VisionKit.d.ts 也会相应地更新和扩展，以支持更多的视觉 AI 能力。开发者可以关注华为开发者联盟的官方文档，获取最新的 API 参考和开发指南，确保应用能够充分利用 Vision Kit 提供的能力。

下面的案例演示了使用 @kit.VisionKit.d.ts 来实现一个卡证识别系统的过程。

案例7-3 卡证识别系统（源码路径：codes\7\Visionkit）

（1）文件 src/main/ets/pages/CardDemoPage.ets 实现了一个名为 CardDemoPage 的 HarmonyOS 页

面组件，该组件使用@kit.VisionKit 中的 CardRecognition 控件来实现卡证识别功能。CardDemoPage 提供了一个列表来展示识别结果，并使用 CardRecognition 控件来处理银行卡等卡证的识别。识别结果会通过回调函数返回，并存储在 cardDataSource 数组中，然后显示在页面上。

```
import { CardRecognition, CallbackParam, CardType } from "@kit.VisionKit"
import { hilog } from '@kit.PerformanceAnalysisKit'

// 定义日志标签
const TAG: string = 'CardRecognitionPage'

/**
 * 卡证识别页面，用于加载 uiExtensionAbility。
 *
 * @since 2024-02-27
 */
@Component
export struct CardDemoPage {
  @State cardDataSource: Record<string, string>[] = [] // 存储识别结果的数据源
  @Consume('pathStack') pathStack: NavPathStack          // 导航路径堆栈

  build() {
    NavDestination() {
      Stack({ alignContent: Alignment.Top }) {
        Stack() {
          this.cardDataShowBuilder() // 构建显示识别结果的 UI
        }
        .width('80%')
        .height('80%')

        CardRecognition({
          // 选择银行卡类型作为示例
          supportType: CardType.CARD_BANK,
          callback: ((params: CallbackParam) => {
            hilog.info(0x0001, TAG, `params code: ${params.code}`)
            if (params.code === -1) {
              this.pathStack.pop() // 如果识别完成，弹出当前页面
            }
            hilog.info(0x0001, TAG, `params cardType: ${params.cardType}`)
            // 如果识别到卡证的正面信息，添加到数据源
            if (params.cardInfo?.front !== undefined) {
              this.cardDataSource.push(params.cardInfo?.front)
            }

            // 如果识别到卡证的背面信息，添加到数据源
            if (params.cardInfo?.back !== undefined) {
```

```
                this.cardDataSource.push(params.cardInfo?.back)
            }

            // 如果识别到卡证的主要信息，添加到数据源
            if (params.cardInfo?.main !== undefined) {
              this.cardDataSource.push(params.cardInfo?.main)
            }
            hilog.info(0x0001, TAG, `params cardInfo front: ${JSON.
              stringify(params.cardInfo?.front)}`)
            hilog.info(0x0001, TAG, `params cardInfo back: ${JSON.
              stringify(params.cardInfo?.back)}`)
          })
        })
      }
      .width('100%')
      .height('100%')
  }
  .width('100%')
  .height('100%')
  .hideTitleBar(true) // 隐藏标题栏
}


@Builder
cardDataShowBuilder() {
  List() {
    ForEach(this.cardDataSource, (cardData: Record<string, string>) => {
      ListItem() {
        Column() {
          // 显示识别到的卡证图片
          Image(cardData.uri)
            .objectFit(ImageFit.Contain)
            .width(100)
            .height(100)

          // 显示识别到的卡证信息
          Text(JSON.stringify(cardData))
            .width('100%')
            .fontSize(12)
        }
      }
    })
  }
  .listDirection(Axis.Vertical) // 列表方向为垂直
  .alignListItem(ListItemAlign.Center) // 列表项居中对齐
  .margin({
    top: 50
```

```
    })
    .width('100%')
    .height('100%')
  }
}
```

（2）文件src/main/ets/pages/MainPage.ets是本项目的主界面，其中包含一个按钮用于启动卡证识别功能。当用户点击按钮时，系统会导航到CardDemoPage，该页面用于展示卡证识别功能。

```
import { CardDemoPage } from './CardDemoPage' // 导入卡证识别页面

@Entry        // 标记为主入口
@Component // 定义为组件
struct MainPage {
  @Provide('pathStack') pathStack: NavPathStack = new NavPathStack() // 提供导
    航路径堆栈

  @Builder
  PageMap(name: string) { // 构建页面映射
    if (name === 'cardRecognition') {
      CardDemoPage()        // 如果名称匹配，返回卡证识别页面
    }
  }

  build() {
    Navigation(this.pathStack) { // 使用导航路径堆栈
      Button('CardRecognition', { stateEffect: true, type: ButtonType.Capsule
        }) // 创建按钮
        .width('50%')     // 宽度设置为50%
        .height(40)       // 高度设置为40
        .onClick(() => { // 点击事件处理
          this.pathStack.pushPath({ name: 'cardRecognition' }) // 推送新路径到堆栈
        })
    }.title('Card recognition demo') // 设置页面标题
    .navDestination(this.PageMap)    // 设置导航目的地
    .mode(NavigationMode.Stack)      // 设置导航模式为栈模式
  }
}
```

至此，本项目的核心功能介绍完毕。在手机的主屏幕上点击"CardRecognition"应用图标启动系统，然后点击拍照按钮识别卡证图片，在拍摄完成后，将卡证信息显示在屏幕中。代码执行效果如图7-3所示。

图 7-3　识别卡证图片

 文本转语音系统

TTS（Text-to-Speech，文本转语音）系统是一种将书面文本转换为口语输出的技术。这项技术的起源可以追溯到 20 世纪初，当时人们对于能够模仿人类语音的机械装置充满了兴趣。随着时间的推移，TTS 技术经历了从机械模拟到电子合成的转变，并在 20 世纪 80 年代至 90 年代，随着深度学习和机器学习技术的兴起，实现了质的飞跃。

Core Speech Kit 是 HarmonyOS 提供的基础语音服务套件，它集成了文本转语音和语音识别等基础 AI 能力。这些能力使用户能够与设备进行语音交互，实现语音与文本之间的相互转换。使用 Core Speech Kit 的基本步骤如下。

（1）在使用文本转语音功能时，将实现文本转语音相关的类添加至工程。

```
import { textToSpeech } from '@kit.CoreSpeechKit';
import { BusinessError } from '@kit.BasicServicesKit';
```

（2）调用 createEngine 接口，创建 textToSpeechEngine 实例。

```
let ttsEngine: textToSpeech.TextToSpeechEngine;

// 设置创建引擎参数
let extraParam: Record<string, Object> = {"style": 'interaction-broadcast',
"locate": 'CN', "name": 'EngineName'};
let initParamsInfo: textToSpeech.CreateEngineParams = {
  language: 'zh-CN',
```

```
  person: 0,
  online: 1,
  extraParams: extraParam
};

// 调用 createEngine 方法
textToSpeech.createEngine(initParamsInfo, (err: BusinessError,
textToSpeechEngine: textToSpeech.TextToSpeechEngine) => {
  if (!err) {
    console.info('Succeeded in creating engine');
    // 接收创建引擎的实例
    ttsEngine = textToSpeechEngine;
  } else {
    // 创建引擎失败时返回错误码 1003400005，可能原因：引擎不存在、资源不存在、创建引擎超时
    console.error(`Failed to create engine. Code: ${err.code}, message: ${err.
      message}.`);
  }
});
```

（3）在得到 TextToSpeechEngine 实例对象后，需要实例化 SpeakParams 对象、SpeakListener 对象，并传入待合成及播报的文本 originalText，然后调用 speak 接口进行播报。

```
// 设置 speak 的回调信息
let speakListener: textToSpeech.SpeakListener = {
  // 开始播报回调
  onStart(requestId: string, response: textToSpeech.StartResponse) {
    console.info(`onStart, requestId: ${requestId} response: ${JSON.
      stringify(response)}`);
  },
  // 合成完成及播报完成回调
  onComplete(requestId: string, response: textToSpeech.CompleteResponse) {
    console.info(`onComplete, requestId: ${requestId} response: ${JSON.
      stringify(response)}`);
  },
  // 停止播报回调
  onStop(requestId: string, response: textToSpeech.StopResponse) {
    console.info(`onStop, requestId: ${requestId} response: ${JSON.
      stringify(response)}`);
  },
  // 返回音频流
  onData(requestId: string, audio: ArrayBuffer, response: textToSpeech.
    SynthesisResponse) {
    console.info(`onData, requestId: ${requestId} sequence: ${JSON.
      stringify(response)} audio: ${JSON.stringify(audio)}`);
  },
  // 错误回调
```

```
  onError(requestId: string, errorCode: number, errorMessage: string) {
    console.error(`onError, requestId: ${requestId} errorCode: ${errorCode}
      errorMessage: ${errorMessage}`);
  }
};
// 设置回调
ttsEngine.setListener(speakListener);
let originalText: string = '你好，鸿蒙';
// 设置播报相关参数
let extraParam: Record<string, Object> = {"queueMode": 0, "speed": 1,
  "volume": 2, "pitch": 1, "languageContext": 'zh-CN',
"audioType": "pcm", "soundChannel": 3, "playType": 1 };
let speakParams: textToSpeech.SpeakParams = {
  requestId: '123456', // requestId 在同一实例内仅能用一次，请勿重复设置
  extraParams: extraParam
};
// 调用播报方法
ttsEngine.speak(originalText, speakParams);
```

（4）当需要停止合成及播报时，可以调用 stop 接口。

```
ttsEngine.stop();
```

（5）当需要查询文本转语音服务是否处于忙碌状态时，可以调用 isBusy 接口。

```
ttsEngine.isBusy();
```

（6）当需要查询支持的语种音色信息时，可以调用 listVoices 接口。

```
// 在组件中声明并初始化字符串 voiceInfo
@State voiceInfo: string = "";

// 设置查询相关参数
let voicesQuery: textToSpeech.VoiceQuery = {
  requestId: '12345678', // requestId 在同一实例内仅能用一次，请勿重复设置
  online: 1
};
// 调用 listVoices 方法，以 callback 返回
ttsEngine.listVoices(voicesQuery, (err: BusinessError, voiceInfo:
textToSpeech.VoiceInfo[]) => {
  if (!err) {
    // 接收目前支持的语种音色等信息
    this.voiceInfo = JSON.stringify(voiceInfo);
    console.info(`Succeeded in listing voices, voiceInfo is ${this.voiceInfo}`);
  } else {
    console.error(`Failed to list voices. Code: ${err.code}, message: ${err.
message}`);
```

```
  }
});
```

下面的案例演示了使用Core Speech Kit实现文本转语音系统的过程。

案例7-4 **文本转语音系统（源码路径：codes\7\Core-speech）**

（1）文件src/main/ets/pages/UuidBasic.ts定义了类UuidBasic，用于生成唯一的标识符（UUID）。类UuidBasic包含一个静态方法 createUUID 来生成 UUID，并可以为每个前缀生成唯一的序列号。类UuidBasic还定义了一个 baseChar 数组，包含数字、小写字母和大写字母，用于生成UUID 的字符集。

```
// 定义基础字符集，包括数字 0～9、小写字母 a～z 和大写字母 A～Z
const baseChar: string[] = (() => {
  const array: string[] = [];
  // 添加数字 0～9 到基础字符集
  for (let i = 0; i < 10; i++) {
    array.push(i.toString(10));
  }
  // 添加小写字母 a～z 到基础字符集
  for (let i = 0; i < 26; i++) {
    array.push(String.fromCharCode('a'.charCodeAt(0) + i));
  }
  // 添加大写字母 A～Z 到基础字符集
  for (let i = 0; i < 26; i++) {
    array.push(String.fromCharCode('A'.charCodeAt(0) + i));
  }
  return array;
})();

// 定义 UUID 参数集合，用于确保 UUID 在本地环境中的唯一性
const UuidObject: Record<string, { prefix: string; count: number }> = {};

/**
 * UuidBasic 类提供生成 UUID 的功能
 */
export class UuidBasic {

  /**
   * 将数字转换为指定基数的字符串表示
   * @param value 要转换的数字
   * @param base 转换的基数，默认为 baseChar
   * @returns 转换后的字符串
   */
  private static scaleTransition(value: number, base = baseChar): string {
```

```
    if (value < 0) {
      throw new Error('scaleTransition Error, value < 0');
    }
    if (value === 0) {
      return base[0];
    }
    const radix = base.length;
    let result = '';
    let resValue = value;
    while (resValue > 0) {
      result = base[resValue % radix] + result;
      resValue = Math.floor(resValue / radix);
    }
    return result;
  }

  /**
   * 生成一个随机 UUID
   * @param prefix UUID 的前缀，默认为空
   * @returns 生成的 UUID 字符串
   */
  public static createUUID(prefix = '') {
    let uuidObject = UuidObject[prefix];
    if (uuidObject === undefined) {
      const str = `${this.scaleTransition(Date.now())}-${this.scaleTransition(
        Math.floor(Math.random() * 10000000000),
      )}-`;
      if (prefix) {
        uuidObject = {
          prefix: `${prefix}-${str}`,
          count: 0,
        };
      } else {
        uuidObject = {
          prefix: str,
          count: 0,
        };
      }
      UuidObject[prefix] = uuidObject;
    }
    return uuidObject.prefix + this.scaleTransition(uuidObject.count++);
  }
}
```

（2）文件 src/main/ets/pages/Index.ets 使用了 @kit.CoreSpeechKit 提供的文本转语音功能，创建

了一个语音合成引擎，支持创建引擎、播放语音、查询语音信息、停止播放和关闭引擎等操作。该文件提供了一个用户界面，允许用户输入文本，并通过点击不同的按钮来执行创建引擎、播放语音、查询可用语音、停止播放和关闭引擎等操作，同时通过日志输出和提示信息来反馈操作结果。Index.ets 的具体实现流程如下。

- 实现了多个状态变量，用于跟踪创建引擎的次数、结果、语音信息、文本内容、播放ID、原始文本和非法文本等。

```
@Entry
@Component
struct Index {
  @State createCount: number = 0;
  @State result: boolean = false;
  @State voiceInfo: string = "";
  @State text: string = "";
  @State textContent: string = "";
  @State utteranceId: string = "123456";
  @State originalText: string = "\n\t\tThe ancients had no strength in
    learning, and the young were old and old. \n\t\t"
    + "They finally felt shallow on paper. They knew that this matter had to
      be done.\n\t\t";
  @State illegalText: string = "";
  private pcmData: TreeMap<number, Uint8Array> = new TreeMap();
```

- 下面的代码实现了一个HarmonyOS页面的布局和用户交互逻辑，用于演示文本转语音功能。页面包含一个文本输入区域，允许用户输入原始文本，以及多个按钮分别用于创建TTS引擎、播放语音、查询语音信息、停止播放、检查引擎状态和关闭引擎等。每个按钮的点击事件都会触发相应的TTS操作，并通过提示信息来反馈操作结果。

```
build() {
  Column() {
    Scroll() {
      Column() {
        TextArea({ placeholder: 'Please enter tts original text', text:
          `${this.originalText}` })
          .margin(20)
          .focusable(false)
          .border({ width: 5, color: 0x317AE7, radius: 10, style:
            BorderStyle.Dotted })
          .onChange((value: string) => {
            this.originalText = value;
            hilog.info(0x0000, TAG, "original text: " + this.originalText);
          })

        Button() {
```

```
    Text("CreateEngine")
      .fontColor(Color.White)
      .fontSize(20)
}
.type(ButtonType.Capsule)
.backgroundColor("#0x317AE7")
.width("80%")
.height(50)
.margin(10)
.onClick(() => {
  this.createCount++;
  console.log(`createByCallback: createCount:${this.createCount}`);
  this.createByCallback();
  promptAction.showToast({
    message: 'CreateEngine success!',
    duration: 2000
  });
})

Button() {
  Text("CreateEngineByPromise")
    .fontColor(Color.White)
    .fontSize(20)
}
.type(ButtonType.Capsule)
.backgroundColor("#0x317AE7")
.width("80%")
.height(50)
.margin(10)
.onClick(() => {
  this.createCount++;
  console.log(`createByPromise: createCount:${this.createCount}`);
  this.createByPromise();
  promptAction.showToast({
    message: 'CreateEngineByPromise success!',
    duration: 2000
  });
})

Button() {
  Text("createOfErrorLanguage")
    .fontColor(Color.White)
    .fontSize(20)
}
.type(ButtonType.Capsule)
.backgroundColor("#0x317AE7")
```

```
          .width("80%")
          .height(50)
          .margin(10)
          .onClick(() => {
            this.createCount++;
            console.log(`createOfErrorLanguage: createCount:${this.createCount}`);
            this.createOfErrorLanguage();
            promptAction.showToast({
              message: 'createOfErrorLanguage success!',
              duration: 2000
            });
          })
// 省略部分代码
```

• 下面的代码定义了一个名为 createByCallback 的私有方法，用于通过回调方式创建一个文本转语音（TTS）引擎。该方法先设置了引擎创建参数，包括语言、音色、在线模式和额外参数，然后调用 createEngine 方法来异步创建 TTS 引擎。如果创建成功，将接收引擎实例并将其赋值给 ttsEngine 变量。如果创建失败，将捕获错误并打印错误代码和消息。

```
private createByCallback() {
  // 设置引擎创建参数
  let extraParam: Record<string, Object> = { "style": 'interaction-broadcast',
    "locate": 'CN', "name": 'EngineName' };
  let initParamsInfo: textToSpeech.CreateEngineParams = {
    language: 'zh-CN',          // 指定语言为中文
    person: 0,                  // 指定音色编号
    online: 1,                  // 指定在线模式
    extraParams: extraParam     // 额外参数
  };
  try {
    // 调用创建引擎方法
    textToSpeech.createEngine(initParamsInfo, (err: BusinessError,
      textToSpeechEngine: textToSpeech.TextToSpeechEngine) => {
      if (!err) {
        console.log('createEngine is success');
        // 接收创建引擎的实例
        ttsEngine = textToSpeechEngine;
      } else {
        /*
        当引擎创建失败时，返回错误码 1002300005
        可能的原因包括：引擎不存在、资源不存在或引擎创建超时
         */
        console.error("errCode is " + JSON.stringify(err.code));
        console.error("errMessage is " + JSON.stringify(err.message));
      }
```

```
      });
    } catch (error) {
      let message = (error as BusinessError).message;
      let code = (error as BusinessError).code;
      console.error(`createEngine failed, error code: ${code}, message:
${message}.`);
    }
}
```

下面的代码定义了一个名为 createByPromise 的私有方法，用于通过 Promise 方式创建一个文本转语音（TTS）引擎。该方法先设置了引擎创建参数，包括语言、音色、在线模式和额外参数，然后调用 createEngine 方法传入这些参数。如果创建成功，Promise 的 then 方法会被调用，并将引擎实例赋值给 ttsEngine 变量，同时打印出引擎实例的信息。如果创建失败，会调用 Promise 的 catch 方法打印出错误信息。

```
/**
  * 通过 Promise 方式创建引擎
  */
private createByPromise() {
  // 设置引擎创建参数
  let extraParam: Record<string, Object> = { "style": 'interaction-broadcast',
    "locate": 'CN', "name": 'EngineName' };
  let initParamsInfo: textToSpeech.CreateEngineParams = {
    language: 'zh-CN',          // 设置语言为中文
    person: 0,                  // 设置音色编号
    online: 1,                  // 设置为在线模式
    extraParams: extraParam     // 设置额外参数
  };

  // 调用创建引擎的方法
  textToSpeech.createEngine(initParamsInfo).then((res: textToSpeech.
    TextToSpeechEngine) => {
    ttsEngine = res; // 将创建的引擎实例赋值给 ttsEngine 变量
    console.log('result:' + JSON.stringify(res)); // 打印引擎实例的信息
  }).catch((res: Object) => {
    console.log('result' + JSON.stringify(res));   // 如果创建失败，打印错误信息
  });
}
```

下面的代码定义了一个名为 speak 的私有异步方法，用于调用文本转语音（TTS）引擎的播放方法。该方法先设置了播放相关的参数，如队列模式、速度、音量、音高、语言上下文、音频类型、声音通道和播放类型，然后创建了一个 SpeakParams 对象，包含请求 ID 和额外的播放参数。在设置回调监听之后，调用 ttsEngine 的 speak 方法来播放原始文本。如果 speak 方法在引擎初始化之前被调用，将返回错误码1002300007，表示合成和播放失败。

```
/**
 * 调用播放方法
 * 如果在引擎初始化之前调用了 speak 方法, 将返回错误码 1002300007
 * 表示合成和播放失败
 */
private async speak() {
    // 设置播放相关的参数
    let extraParam: Record<string, Object> = {
        "queueMode": 0,             // 队列模式
        "speed": 1,                 // 播放速度
        "volume": 2,                // 播放音量
        "pitch": 1,                 // 播放音高
        "languageContext": 'zh-CN', // 语言上下文
        "audioType": "pcm",         // 音频类型
        "soundChannel": 1,          // 声音通道
        "playType": 1               // 播放类型
    }
    let speakParams: textToSpeech.SpeakParams = {
        requestId: UuidBasic.createUUID(), // 请求 ID
        extraParams: extraParam            // 额外参数
    }
    // 设置回调监听
    this.setListener();
    // 调用播放方法
    ttsEngine.speak(this.originalText, speakParams);
}
```

下面的代码定义了一个名为 listVoicesCallback 的私有方法, 用于以回调方式查询特定语言的音色信息。该方法先设置了一个查询参数对象 voicesQuery, 包括一个唯一的请求 ID 和在线模式标志, 然后调用了 ttsEngine 的 listVoices 方法, 传递查询参数并提供一个回调函数来处理查询结果。如果查询成功, 回调函数将接收一个包含音色信息的数组 voiceInfo, 将这些信息转换为 JSON 字符串存储在 this.voiceInfo 变量中, 并在控制台打印出来。如果查询失败, 回调函数将接收一个错误对象 err, 并在控制台打印出错误信息。

```
/**
 * 此接口用于查询某个语言的音色信息, 信息通过回调方式返回
 */
private listVoicesCallback() {
    // 设置查询相关的参数
    let voicesQuery: textToSpeech.VoiceQuery = {
        requestId: UuidBasic.createUUID(), // 生成唯一的请求 ID
        online: 1 // 设置为在线模式
    }
```

```
// 调用 listVoices 方法，并以回调方式返回结果
ttsEngine.listVoices(voicesQuery, (err: BusinessError, voiceInfo:
  textToSpeech.VoiceInfo[]) => {
  if (!err) {
    // 接收当前支持的语言的音色信息
    this.voiceInfo = JSON.stringify(voiceInfo);
    console.log('voiceInfo is ' + JSON.stringify(voiceInfo));
  } else {
    // 如果查询失败，打印错误信息
    console.error("error is " + JSON.stringify(err));
  }
});
};
```

下面的代码定义了一个名为 listVoicesPromise 的私有方法，用于以 Promise 方式查询特定语言的音色信息。该方法先设置了一个查询参数对象 voicesQuery，包括一个唯一的请求 ID 和在线模式标志，然后调用 ttsEngine 的 listVoices 方法传递查询参数，并使用 Promise 来处理查询结果。如果查询成功，Promise 的 then 方法会被调用，并打印出包含音色信息的数组。如果查询失败，Promise 的 catch 方法会被调用，并打印出错误信息。

```
/**
 * 此接口用于查询某个语言的音色信息，信息通过 Promise 方式返回
 */
private listVoicesPromise() {
  // 设置查询相关的参数
  let voicesQuery: textToSpeech.VoiceQuery = {
    requestId: UuidBasic.createUUID(), // 生成唯一的请求 ID
    online: 1 // 设置为在线模式
  };

  // 调用 listVoices 方法
  ttsEngine.listVoices(voicesQuery).then((res: textToSpeech.VoiceInfo[]) => {
    // 查询成功，打印出音色信息
    console.log('voiceInfo:' + JSON.stringify(res));
  }).catch((res: Object) => {
    // 查询失败，打印出错误信息
    console.error('error is ' + JSON.stringify(res));
  });
}
```

下面的代码定义了一个名为 setListener 的私有方法，用于为文本转语音（TTS）引擎设置事件监听器。该方法创建了一个 speakListener 对象，该对象包含多个回调函数，分别用于处理 TTS 引擎在不同阶段的事件。

- onStart：当开始播放时触发，打印出播放 ID 和响应信息。

- onComplete：当播放完成时触发，打印出播放 ID 和响应信息。

- onStop：当播放被停止时触发，打印出播放 ID 和响应信息。

- onData：当返回音频流时触发，打印出播放 ID、序列信息和音频数据。

- onError：当播放过程中发生错误时触发，打印出播放 ID、错误码和错误消息。

通过方法 ttsEngine.setListener 设置监听器，以便在相应的事件发生时能够接收到回调。

```
private setListener() {
  let speakListener: textToSpeech.SpeakListener = {
    // 开始播放回调
    onStart(utteranceId: string, response: textToSpeech.StartResponse) {
      console.log('speakListener onStart: ' + ' utteranceId: ' + utteranceId
        + ' response: ' + JSON.stringify(response));
    },
    // 完成播放回调
    onComplete(utteranceId: string, response: textToSpeech.CompleteResponse) {
      console.log('speakListener onComplete: ' + ' utteranceId: ' +
        utteranceId + ' response: ' + JSON.stringify(response));
    },
    // 停止播放完成回调
    onStop(utteranceId: string, response: textToSpeech.StopResponse) {
      console.log('speakListener onStop: ' + ' utteranceId: ' + utteranceId +
        ' response: ' + JSON.stringify(response));
    },
    // 返回音频流回调
    onData(utteranceId: string, audio: ArrayBuffer, response: textToSpeech.
      SynthesisResponse) {
      console.log('speakListener onData: ' + ' utteranceId: ' + utteranceId
        + ' sequence: ' + JSON.stringify(response) + ' audio: ' + audio);
    },
    /*
    错误回调。当播放过程中发生错误时触发。
    如果在未创建引擎的情况下调用了 speak 方法，将返回错误码 1002300007,
    表示合成和播放失败。
    连续两次调用 speak。如果第二次调用 speak,
    将返回错误码 1002300006, 表示服务正忙。
     */
    onError(utteranceId: string, errorCode: number, errorMessage: string) {
      console.error('speakListener onError: ' + ' utteranceId: ' + utteranceId
        + ' errorCode: ' + errorCode + ' errorMessage: ' + errorMessage);
    }
  };
  // 设置回调监听
  ttsEngine.setListener(speakListener);
}
```

下面的代码定义了一个名为 createOfErrorLanguage 的私有方法，用于尝试创建一个不受支持的语言的文本转语音（TTS）引擎。该方法先设置了引擎创建参数，包括一个不受支持的语言代码 ZH-CN（通常语言代码应该为小写的zh-CN）、音色编号和在线模式，然后调用 createEngine 方法来异步创建TTS引擎。

```
/**
 * 当尝试创建一个不支持的语言的引擎时，将返回错误码 1002300002
 * 表示该语言不受支持
 */
private createOfErrorLanguage() {
  // 设置引擎创建参数
  let initParamsInfo: textToSpeech.CreateEngineParams = {
    // 语言不受支持
    language: 'ZH-CN',
    person: 0,
    online: 1
  };
  try {
    // 调用创建引擎方法
    textToSpeech.createEngine(initParamsInfo, (err: BusinessError,
      textToSpeechEngine: textToSpeech.TextToSpeechEngine) => {
      if (!err) {
        console.log('createEngine is success');
        // 接收创建的引擎实例
        ttsEngine = textToSpeechEngine;
      } else {
        // 返回错误码 1002300002。语言不受支持
        console.error("errCode is " + JSON.stringify(err.code));
        console.error("errMessage is " + JSON.stringify(err.message));
      }
    });
  } catch (error) {
    let message = (error as BusinessError).message;
    let code = (error as BusinessError).code;
    console.error(`createEngine failed, error code: ${code}, message:
${message}.`);
  }
}
```

下面的代码定义了一个名为 createOfErrorPerson 的私有方法，用于尝试创建一个不受支持的音色的文本转语音（TTS）引擎。该方法先设置了引擎创建参数，包括一个不受支持的语言代码zh-CN、音色编号和在线模式，然后调用 createEngine 方法来异步创建TTS引擎。

```
/**
 * 当尝试创建一个不支持的音色的引擎时，将返回错误码 1002300003
```

```
 *  表示该音色不受支持
 */
private createOfErrorPerson() {
  // 设置引擎创建参数
  let initParamsInfo: textToSpeech.CreateEngineParams = {
    language: 'zh-CN', // 支持的语言
    // 不支持的音色
    person: 1, // 音色编号
    online: 1 // 在线模式
  };
  try {
    // 调用创建引擎方法
    textToSpeech.createEngine(initParamsInfo, (err: BusinessError,
      textToSpeechEngine: textToSpeech.TextToSpeechEngine) => {
      if (!err) {
        console.log('createEngine is success');
        // 接收创建的引擎实例
        ttsEngine = textToSpeechEngine;
      } else {
        // 返回错误码 1002300003，表示音色不受支持
        console.error("errCode is " + JSON.stringify(err.code));
        console.error("errMessage is " + JSON.stringify(err.message));
      }
    });
  } catch (error) {
    let message = (error as BusinessError).message;
    let code = (error as BusinessError).code;
    console.error(`createEngine failed, error code: ${code}, message:
${message}.`);
  }
}
```

下面的代码定义了一个名为 illegalSpeak 的私有方法，用于尝试使用无效文本调用文本转语音（TTS）引擎的播放方法。该方法先设置了播放相关的参数，如速度、音量、音高和音频类型，然后创建了一个 SpeakParams 对象，包含请求 ID 和额外的播放参数。在设置监听器之后，调用 ttsEngine 的 speak 方法来尝试播放无效的文本。如果文本无效（如长度不符合要求或其他原因），调用将失败，并返回错误码 1002300001 表示文本无效。

```
/**
 *  当使用无效文本时，调用播放方法，将返回错误码 1002300001
 *  表示文本长度无效或文本无效
 */
private illegalSpeak() {
  this.setListener(); // 设置监听器
  // 设置播放相关的参数
```

```
let extraParam: Record<string, Object> = {
  "speed": 1,   // 播放速度
  "volume": 1,  // 播放音量
  "pitch": 1,   // 播放音高
  "audioType": "pcm" // 音频类型
}
let speakParams: textToSpeech.SpeakParams = {
  requestId: UuidBasic.createUUID(), // 请求 ID
  extraParams: extraParam // 额外参数
}
// 调用播放方法
ttsEngine.speak(this.illegalText, speakParams);
}
```

至此，本项目的核心功能介绍完毕。代码执行效果如图 7-4 所示。

 案例5 语音识别系统

本案例基于 Core Speech Kit 实现了一个语音识别系统，该系统通过创建和管理语音识别引擎，支持多种语言的语音转文本操作。本项目提供了丰富的回调机制，以便实时反馈识别状态、结果和错误信息，确保用户能够方便地进行语音交互。此外，项目还包括对不支持语言的错误处理示例，从而提升了系统的健壮性和用户体验。

本项目的主要功能模块如下。

• 引擎创建：支持通过回调和 Promise 方式创建语音识别引擎，并处理对不同语言的支持情况。

• 语音识别：实现实时语音转文本功能，包括开始识别、写入音频数据和结束识别等。

图 7-4 语音识别主界面

• 回调机制：通过设置监听器，提供识别过程中的状态更新、结果反馈和错误处理功能。

• 语言查询：支持查询可识别语言的信息，确保用户可以选择合适的语言进行识别。

• 错误处理：包括对不支持语言和其他错误情况的处理，增强系统稳定性和用户体验。

案例7-5 语音识别系统（源码路径：codes\7\Album）

（1）文件 src/main/ets/pages/AsrConstants.ts 定义了一个枚举 LISTENER_CODE 和一个常量类 AsrConstants。LISTENER_CODE 枚举包含了与语音识别回调事件相关的代码值，如初始化、检测

到人声、音量变化等。而 AsrConstants 类则存储了一些与语音识别相关的常量，包括语音活动检测（VAD）前后的时间参数、ASR 超时阈值以及每次发送的音频大小。

```
/**
 * 与监听器回调事件对应的代码值
 */
export enum LISTENER_CODE {
  /**
   * 初始化
   */
  METHOD_ON_INIT = 1,

  /**
   * 检测到人声时的回调
   */
  METHOD_ON_BEGINNING_OF_SPEECH = 2,

  /**
   * 实时返回音量能量值
   */
  METHOD_ON_RMS_CHANGED = 3,

  /**
   * 用户结束说话
   */
  METHOD_ON_END_OF_SPEECH = 4,

  /**
   * 网络或识别错误
   */
  METHOD_ON_ERROR = 5,

  /**
   * 当识别场景为听写时触发
   */
  METHOD_ON_PARTIAL_RESULTS = 6,

  /**
   * 识别结果
   */
  METHOD_ON_RESULTS = 7,

  /**
   * 触发语义 VAD 或多模态 VAD
   */
  METHOD_ON_SUB_TEXT = 8,
```

```
   /**
    * 当前会话识别结束
    */
  METHOD_ON_END = 9,

   /**
    * 词典更新完成
    */
  METHOD_ON_LEXICON_UPDATED = 10,

   /**
    * 参数更新结束
    */
  METHOD_ON_UPDATE_PARAMS = 11
}

/**
 * 常量类
 */
export class AsrConstants {
   /**
    * VAD 前端等待时间（毫秒）
    */
  public static readonly ASR_VAD_FRONT_WAIT_MS: string = "vad_front_wait_ms";

   /**
    * VAD 结束后的等待时间（毫秒）
    */
  public static readonly ASR_VAD_END_WAIT_MS: string = "vad_end_wait_ms";

   /**
    * ASR 超时间隔（毫秒）
    */
  public static readonly ASR_TIMEOUT_THRESHOLD_MS: string = "timeout_
    threshold_ms";

   /**
    * 每次发送的音频大小（字节）
    */
  public static readonly SEND_SIZE: number = 1280;
}
```

（2）文件src/main/ets/pages/Util.ts定义了一个工具类 Util，包含两个静态方法：countDownLatch 和 sleep。方法 countDownLatch 实现了一个倒计时功能，循环等待直到计数器归零，每次等待40毫秒。而方法sleep则用于创建一个延迟，返回一个在指定毫秒后解析的 Promise。

```
export class Util {
  /**
   * 等待器
   * @param count 计数器初始值
   */
  public static async countDownLatch(count: number) {
    while (count > 0) {
      await this.sleep(40); // 每次等待 40 毫秒
      count--;
    }
  }

  /**
   * 睡眠
   * @param ms 毫秒数
   * @returns 返回一个 Promise，延迟指定的时间
   */
  private static sleep(ms: number) {
    return new Promise(resolve => setTimeout(resolve, ms)); // 返回延迟后的 Promise
  }
}
```

（3）文件src/main/ets/pages/AudioCapturer.ts实现了一个音频收集工具类AudioCapturer，负责从麦克风实时录音，并将音频数据通过回调函数传递给应用程序。类AudioCapturer支持初始化、开始和停止录音功能，并在录音过程中动态获取音频数据，确保在合适的状态下进行操作。同时，增强了错误处理功能和代码的可读性，使代码更易于维护和理解。

```
import { audio } from '@kit.AudioKit';
import { ICapturerInterface } from './ICapturerInterface';

const TAG = 'AudioCapturer';

/**
 * 音频收集工具
 */
export default class AudioCapturer implements ICapturerInterface {
  private mAudioCapturer: any = null; // 收集器对象
  private mDataCallBack: (data: ArrayBuffer) => void = null; // 音频数据回调方法
  private mCanWrite: boolean = true;   // 是否可以获取录音数据

  // 音频流信息
  private audioStreamInfo = {
    samplingRate: audio.AudioSamplingRate.SAMPLE_RATE_16000,
```

```
    channels: audio.AudioChannel.CHANNEL_1,
    sampleFormat: audio.AudioSampleFormat.SAMPLE_FORMAT_S16LE,
    encodingType: audio.AudioEncodingType.ENCODING_TYPE_RAW,
  };

  // 音频收集器信息
  private audioCapturerInfo = {
    source: audio.SourceType.SOURCE_TYPE_MIC,
    capturerFlags: 0,
  };

  // 音频收集器选项信息
  private audioCapturerOptions = {
    streamInfo: this.audioStreamInfo,
    capturerInfo: this.audioCapturerInfo,
  };

  /**
   * 初始化
   * @param dataCallBack 音频数据回调函数
   */
  public async init(dataCallBack: (data: ArrayBuffer) => void) {
    if (this.mAudioCapturer) {
      console.warn(TAG, 'AudioCapturerUtil already initialized');
      return;
    }

    this.mDataCallBack = dataCallBack;

    try {
      this.mAudioCapturer = await audio.createAudioCapturer(this.audioCapturerOptions);
    } catch (error) {
      console.error(TAG, `Initialization failed: ${error.message}`);
    }
  }

  /**
   * 开始录音
   */
  public async start() {
    console.info(TAG, 'Starting AudioCapturerUtil');

    const validStates = [
      audio.AudioState.STATE_PREPARED,
      audio.AudioState.STATE_PAUSED,
      audio.AudioState.STATE_STOPPED,
```

```
  ];

  if (!validStates.includes(this.mAudioCapturer.state)) {
    console.error(TAG, 'Start failed: invalid state');
    return;
  }

  this.mCanWrite = true;
  await this.mAudioCapturer.start();

  while (this.mCanWrite) {
    const bufferSize = await this.mAudioCapturer.getBufferSize();
    const buffer = await this.mAudioCapturer.read(bufferSize, true);
    this.mDataCallBack(buffer);
  }
}

/**
 * 停止录音
 */
public async stop() {
  if (![audio.AudioState.STATE_RUNNING, audio.AudioState.STATE_PAUSED].
    includes(this.mAudioCapturer.state)) {
    console.error(TAG, 'Stop failed: Capturer is not running or paused');
    return;
  }

  this.mCanWrite = false;
  await this.mAudioCapturer.stop();

  if (this.mAudioCapturer.state === audio.AudioState.STATE_STOPPED) {
    console.info(TAG, 'Capturer stopped');
  } else {
    console.error(TAG, 'Stop failed');
  }
}

/**
 * 释放资源
 */
public async release() {
  if ([audio.AudioState.STATE_RELEASED, audio.AudioState.STATE_NEW].
    includes(this.mAudioCapturer.state)) {
    console.error(TAG, 'Capturer already released');
    return;
  }
```

```
    await this.mAudioCapturer.release();
    this.mAudioCapturer = null;

    console.info(TAG, 'Capturer released');
  }
}
```

（4）文件 src/main/ets/pages/FileCapturer.ts 实现了一个音频采集器类 FileCapturer，用于从文件中读取音频数据。类 FileCapturer 提供了初始化、开始读取、停止读取及释放资源的功能，允许通过指定的文件路径读取音频数据，并通过回调函数将这些数据逐块传递出去。音频数据会按照设定的块大小进行读取，并通过异步机制逐步传输给调用方。该工具还提供了文件访问、同步读取、异常处理等功能，确保文件的正确处理和关闭。

```
import { ICapturerInterface } from './ICapturerInterface';
import { fileIo } from '@kit.CoreFileKit';
import { Util } from './Util';
import { AsrConstants } from './AsrConstants';

const TAG = 'FileCapturer';

/**
 * 文件收集工具
 */
export default class FileCapturer implements ICapturerInterface {
  /**
   * 表示音频是否正在写入
   */
  private isWriting: boolean = false;

  /**
   * 文件路径
   */
  private filePath: string = '';

  /**
   * 打开的文件对象
   */
  private file: fileIo.File = null;

  /**
   * 表示文件是否可以被读取
   */
  private isReadFile: boolean = true;
```

```
/**
 * 音频数据回调方法
 */
private dataCallBack: (data: ArrayBuffer) => void = null;

/**
 * 设置文件路径
 * @param filePath 文件路径
 */
public setFilePath(filePath: string) {
  this.filePath = filePath;
}

/**
 * 初始化文件收集器
 * @param dataCallBack 音频数据回调函数
 */
async init(dataCallBack: (data: ArrayBuffer) => void) {
  // 如果回调函数已设置，直接返回
  if (this.dataCallBack) return;

  this.dataCallBack = dataCallBack;
  // 检查文件访问权限
  if (!fileIo.accessSync(this.filePath)) return;

  console.info(TAG, 'init started');
}

/**
 * 开始从文件中读取和捕获音频数据
 */
async start() {
  // 如果正在写入或回调函数未设置，直接返回
  if (this.isWriting || !this.dataCallBack) return;

  this.isWriting = true;
  this.isReadFile = true;

  try {
    // 打开文件进行读写
    this.file = fileIo.openSync(this.filePath, fileIo.OpenMode.READ_WRITE);
    let buffer: ArrayBuffer = new ArrayBuffer(AsrConstants.SEND_SIZE);
    let offset: number = 0;

    // 持续读取文件数据
    while (AsrConstants.SEND_SIZE === fileIo.readSync(this.file.fd, buffer, {
```

```
        offset }) && this.isReadFile) {
        // 调用回调函数传递数据
        this.dataCallBack(buffer);
        offset += AsrConstants.SEND_SIZE;
        await Util.countDownLatch(1); // 等待一段时间
      }
    } catch (error) {
      console.error(TAG, `Error reading file: ${error}`);
    } finally {
      this.closeFile(); // 关闭文件
      this.isWriting = false; // 标记为不再写入
    }
  }

  /**
   * 停止读取文件
   */
  stop() {
    // 如果回调函数未设置，直接返回
    if (!this.dataCallBack) return;

    this.isReadFile = false; // 标记为不可读取
  }

  /**
   * 释放资源
   */
  release() {
    // 如果回调函数未设置，直接返回
    if (!this.dataCallBack) return;

    this.dataCallBack = null; // 清空回调函数
    this.isReadFile = false; // 标记为不可读取
  }

  /**
   * 辅助方法，用于关闭文件
   */
  private closeFile() {
    if (this.file) {
      fileIo.closeSync(this.file); // 关闭文件
      this.file = null; // 清空文件对象
    }
  }
}
```

（5）文件 src/main/ets/pages/ICapturerInterface.ts 定义了接口 ICapturerInterface，实现了音频捕获工具的基本操作，包括初始化、开始捕获、停止捕获和释放资源的方法，以便实现不同的音频捕获机制。

```
export interface ICapturerInterface {
  /**
   * 初始化方法
   * @param dataCallBack 音频数据回调函数
   */
  init(dataCallBack: (data: ArrayBuffer) => void);

  /**
   * 启动捕获
   */
  start();

  /**
   * 停止捕获
   */
  stop();

  /**
   * 释放资源
   */
  release();
}
```

（6）文件 src/main/ets/pages/Index.ets 实现了一个语音识别应用的界面。用户可以通过多个按钮来使用创建语音识别引擎、开始录音、将音频转换为文本、查询支持的语言等功能。它使用了状态管理来更新界面，显示识别结果，并通过回调和 Promise 处理异步操作，确保用户体验流畅。文件 Index.ets 的具体实现流程如下。

● 下面的代码定义了一个语音识别应用的组件，用于管理语音识别引擎和音频捕获工作。通过状态管理、代码跟踪创建次数、识别结果、语音信息和会话 ID 等，并初始化了文件和音频捕获器，以便处理语音输入并生成文本输出。

```
const TAG: string = 'AsrDemo';
let asrEngine: speechRecognizer.SpeechRecognitionEngine;

@Entry
@Component
struct Index {
  @State createCount: number = 0;
  @State result: boolean = false;
  @State voiceInfo: string = "";
```

```
@State sessionId: string = "123456";
@State generatedText: string = "Default Text";


private capturers: ICapturerInterface[] = [new FileCapturer(), new
AudioCapturer()];
}
```

• 下面的代码构建了一个用户界面，提供多种按钮以控制语音识别引擎的功能，包括创建引擎、开始录音、转换音频为文本、查询语言、完成或取消识别等操作。用户可以通过点击相应按钮来执行不同的任务，同时界面会显示相关提示信息。

```
build() {
  Column() {
    Scroll() {
      Column() {
        Row() {
          Column() {
            Text(this.generatedText)
              .fontColor($r('sys.color.ohos_id_color_text_secondary'))
          }
          .width('100%')
          .constraintSize({ minHeight: 100 })
          .border({ width: 1, radius: 5 })
          .backgroundColor('#d3d3d3')
          .padding(20)
          .alignItems(HorizontalAlign.Start)
        }
        .width('100%')
        .padding({ left: 20, right: 20, top: 20, bottom: 20 })

        Button() {
          Text("CreateEngine")
            .fontColor(Color.White)
            .fontSize(20)
        }
        .type(ButtonType.Capsule)
        .backgroundColor("#0x317AE7")
        .width("80%")
        .height(50)
        .margin(10)
        .onClick(() => {
          this.createCount++;
          console.info(`CreateasrEngine: createCount:${this.createCount}`);
          this.createByCallback();
          promptAction.showToast({
```

```
      message: 'CreateEngine success!',
      duration: 2000
    });
  })

  Button() {
    Text("CreateEngineByPromise")
      .fontColor(Color.White)
      .fontSize(20)
  }
  .type(ButtonType.Capsule)
  .backgroundColor("#0x317AE7")
  .width("80%")
  .height(50)
  .margin(10)
  .onClick(() => {
    this.createCount++;
    console.info(`CreateasrEngine: createCount:${this.createCount}`);
    this.createByPromise();
    promptAction.showToast({
      message: 'CreateEngineByPromise success!',
      duration: 2000
    });
  })

  Button() {
    Text("isBusy")
      .fontColor(Color.White)
      .fontSize(20)
  }
  .type(ButtonType.Capsule)
  .backgroundColor("#0x317AE7")
  .width("80%")
  .height(50)
  .margin(10)
  .onClick(() => {
    console.info(TAG, "isBusy click:-->");
    let isBusy: boolean = asrEngine.isBusy();
    console.info(TAG, "isBusy: " + isBusy);
    if (isBusy) {
      promptAction.showToast({
        message: 'is busy!',
        duration: 2000
      });
    } else {
      promptAction.showToast({
```

```
      message: 'not busy',
      duration: 2000
    })
  }
})

Button() {
  Text("startRecording")
    .fontColor(Color.White)
    .fontSize(20)
}
.type(ButtonType.Capsule)
.backgroundColor("#0x317AE7")
.width("80%")
.height(50)
.margin(10)
.onClick(() => {
  this.startRecording();
  promptAction.showToast({
    message: 'start Recording!',
    duration: 2000
  });
})

Button() {
  Text("audioToText")
    .fontColor(Color.White)
    .fontSize(20)
}
.type(ButtonType.Capsule)
.backgroundColor("#0x317AE7")
.width("80%")
.height(50)
.margin(10)
.onClick(() => {
  this.writeAudio();
  promptAction.showToast({
    message: 'audioToText!',
    duration: 2000
  });
})

Button() {
  Text("queryLanguagesCallback")
    .fontColor(Color.White)
    .fontSize(20)
```

```
    }
    .type(ButtonType.Capsule)
    .backgroundColor("#0x317AE7")
    .width("80%")
    .height(50)
    .margin(10)
    .onClick(() => {
      this.queryLanguagesCallback();
      promptAction.showToast({
        message: 'queryLanguagesCallback success!',
        duration: 2000
      });
    })

    Button() {
      Text("queryLanguagesPromise")
        .fontColor(Color.White)
        .fontSize(20)
    }
    .type(ButtonType.Capsule)
    .backgroundColor("#0x317AE7")
    .width("80%")
    .height(50)
    .margin(10)
    .onClick(() => {
      this.queryLanguagesPromise();
      promptAction.showToast({
        message: 'queryLanguagesPromise success!',
        duration: 2000
      });
    })

    Button() {
      Text("finish")
        .fontColor(Color.White)
        .fontSize(20)
    }
    .type(ButtonType.Capsule)
    .backgroundColor("#0x317AE7")
    .width("80%")
    .height(50)
    .margin(10)
    .onClick(async () => {
      console.info("finish click:-->");
      await this.mFileCapturer.stop();
      asrEngine.finish(this.sessionId);
```

```
    promptAction.showToast({
      message: 'finish!',
      duration: 2000
    });
})

Button() {
  Text("cancel")
    .fontColor(Color.White)
    .fontSize(20)
}
.type(ButtonType.Capsule)
.backgroundColor("#0x317AE7")
.width("80%")
.height(50)
.margin(10)
.onClick(() => {
  console.info("cancel click:-->");
  asrEngine.cancel(this.sessionId);
  promptAction.showToast({
    message: 'cancel',
    duration: 2000
  });
})

Button() {
  Text("shutdown")
    .fontColor(Color.White)
    .fontSize(20)
}
.type(ButtonType.Capsule)
.backgroundColor("#0x317AA7")
.width("80%")
.height(50)
.margin(10)
.onClick(() => {
  asrEngine.shutdown();
  promptAction.showToast({
    message: 'shutdown!',
    duration: 2000
  });
})

Button() {
  Text("createOfErrorLanguage")
    .fontColor(Color.White)
```

```
            .fontSize(20)
        }
        .type(ButtonType.Capsule)
        .backgroundColor("#0x317AE7")
        .width("80%")
        .height(50)
        .margin(10)
        .onClick(() => {
          this.createCount++;
          console.info(`CreateasrEngine: createCount:${this.createCount}`);
          this.createOfErrorLanguage();
          promptAction.showToast({
            message: 'createOfErrorLanguage success!',
            duration: 2000
          });
        })

        Button() {
          Text("createOfErrorOnline")
            .fontColor(Color.White)
            .fontSize(20)
        }
        .type(ButtonType.Capsule)
        .backgroundColor("#0x317AE7")
        .width("80%")
        .height(50)
        .margin(10)
        .onClick(() => {
          this.createCount++;
          console.info(`CreateasrEngine: createCount:${this.createCount}`);
          this.createOfErrorOnline();
          promptAction.showToast({
            message: 'createOfErrorOnline success!',
            duration: 2000
          });
        })

      }
      .layoutWeight(1)
    }
    .width('100%')
    .height('100%')

  }
}
```

● 方法 createByCallback()实现了创建语音识别引擎的功能,采用回调模式来处理引擎的初始化过程。首先设置引擎的语言和其他参数,然后调用 createEngine 方法。如果引擎创建成功,则代码会记录成功信息并保存引擎实例;如果出现错误,则捕获并记录错误信息,以便进行调试和问题排查。

```
// 创建一个引擎, 以回调模式返回
private createByCallback() {
  // 设置引擎创建参数
  const extraParam: Record<string, Object> = { "locate": "CN",
    "recognizerMode": "short" };
  const initParamsInfo: speechRecognizer.CreateEngineParams = {
    language: 'zh-CN',
    online: 1,
    extraParams: extraParam
  };

  try {
    // 调用 createEngine 方法
    speechRecognizer.createEngine(initParamsInfo, (err: BusinessError,
      speechRecognitionEngine: speechRecognizer.SpeechRecognitionEngine) => {
      if (err) {
        // 错误处理: 引擎无法创建
        console.error(`Error Code: ${err.code}, Message: ${JSON.stringify(err.
          message)}`);
        return; // 提前返回, 避免后续代码执行
      }

      console.info(TAG, 'createEngine is success');
      // 获取创建的引擎实例
      asrEngine = speechRecognitionEngine;
    });
  } catch (error) {
    // 捕获异常并记录错误信息
    const { code, message } = error as BusinessError;
    console.error(`createEngine failed, Error Code: ${code}, Message:
${message}.`);
  }
}
```

● 方法 createByPromise 用于创建语音识别引擎并以 Promise 方式返回。该方法设置了引擎的参数,并调用 createEngine 方法。如果引擎创建成功,则保存引擎实例并输出相关信息;如果创建失败,则输出错误信息。

```
// 创建引擎, 返回 Promise 模式
private createByPromise() {
```

```
// 设置引擎创建参数
let extraParam: Record<string, Object> = { "locate": "CN", "recognizerMode":
  "short" }; // 附加参数
let initParamsInfo: speechRecognizer.CreateEngineParams = { // 初始化参数
  language: 'zh-CN', // 语言设置为中文
  online: 1, // 设置为在线识别
  extraParams: extraParam // 附加参数
};

// 调用 createEngine 方法
speechRecognizer.createEngine(initParamsInfo)
  .then((speechRecognitionEngine: speechRecognizer.SpeechRecognitionEngine) => {
    asrEngine = speechRecognitionEngine; // 保存引擎实例
    console.info('result:' + JSON.stringify(speechRecognitionEngine));
      // 输出引擎创建结果
  })
  .catch((err: BusinessError) => {
    console.error('result' + JSON.stringify(err)); // 输出错误信息
  });
}
```

- 方法queryLanguagesCallback用于查询支持的语言信息。该方法设置了查询参数并调用listLanguages 方法获取语言列表。如果查询成功，将输出支持的语言；如果出错，则记录错误信息。整体优化了错误处理的清晰度与可读性。

```
// 查询语言信息，返回回调模式
private queryLanguagesCallback() {
  // 设置查询相关的参数
  let languageQuery: speechRecognizer.LanguageQuery = {
    sessionId: '123456' // 会话 ID
  };

  // 调用 listLanguages 方法
  try {
    console.info(TAG, 'listLanguages 开始');
    asrEngine.listLanguages(languageQuery, (err: BusinessError, languages:
      Array<string>) => {
      if (!err) {
        // 接收当前支持的语言信息
        console.info(TAG, 'listLanguages 结果：' + JSON.stringify(languages));
      } else {
        console.error(" 错误代码：" + JSON.stringify(err)); // 输出错误信息
      }
    });
  } catch (error) {
```

```
    // 捕获并处理错误
    let message = (error as BusinessError).message;
    let code = (error as BusinessError).code;
    console.error(`listLanguages 失败，错误代码：${code}，消息：${message}.`);
        // 输出捕获的错误
    }
}
```

• 下面的代码用于查询语音识别引擎支持的语言信息，通过 Promise 模式处理异步请求。当请求成功时，打印支持的语言列表；若出现错误，则打印详细的错误信息。

```
// 查询语言信息，并以 Promise 模式返回结果
private queryLanguagesPromise() {
  // 设置查询相关的参数
  const languageQuery: speechRecognizer.LanguageQuery = {
    sessionId: '123456' // 使用常量定义 sessionId，便于管理
  };

  // 调用 listLanguages 方法
  asrEngine.listLanguages(languageQuery)
    .then((languages: Array<string>) => {
      console.info('支持的语言信息：' + JSON.stringify(languages)); // 打印支持
        的语言信息
    })
    .catch((err: BusinessError) => {
      console.error('查询语言时出错：' + JSON.stringify(err)); // 打印错误信息
    });
}
```

• 方法 startRecording() 用于启动音频录制并进行语音识别操作。首先设置相关的音频参数和识别参数，然后调用语音识别引擎的 startListening 方法开始识别。同时，初始化音频捕获器以接收音频数据，并将捕获到的音频流写入语音识别引擎。

```
// 开始录音并进行语音识别
private async startRecording() {
  this.setListener();        // 设置监听器

  // 设置与识别开始相关的参数
  const audioParam: speechRecognizer.AudioInfo = {
    audioType: 'pcm',       // 音频类型
    sampleRate: 16000,      // 采样率
    soundChannel: 1,        // 声道数
    sampleBit: 16           // 采样位数
  };

  const extraParam: Record<string, Object> = {
```

```
      recognitionMode: 0,    // 识别模式
      vadBegin: 2000,                   // 语音活动检测开始时间
      vadEnd: 3000,                     // 语音活动检测结束时间
      maxAudioDuration: 20000           // 最大音频持续时间
    };

    const recognizerParams: speechRecognizer.StartParams = {
      sessionId: this.sessionId,    // 会话 ID
      audioInfo: audioParam,        // 音频信息
      extraParams: extraParam       // 额外参数
    };

    // 调用开始识别的方法
    console.info(TAG, 'startListening start');
    asrEngine.startListening(recognizerParams);

    // 初始化音频捕获
    this.mFileCapturer = this.mAudioCapturer;
    console.info(TAG, 'create capture success');

    this.mFileCapturer.init((dataBuffer: ArrayBuffer) => {
      console.info(TAG, '开始写入音频数据');
      console.info(TAG, '捕获的 ArrayBuffer: ' + JSON.stringify(dataBuffer));

      const unit8Array: Uint8Array = new Uint8Array(dataBuffer); // 转换为 Uint8Array
      console.info(TAG, '转换后的 Uint8Array: ' + JSON.stringify(unit8Array));

      // 写入音频流
      asrEngine.writeAudio(this.sessionId, unit8Array);
    });
}
```

• 下面这段代码的功能是将指定文件中的音频数据转换为文本。首先设置了音频识别的相关参数，然后从文件系统中获取音频文件，并初始化音频捕获器。通过捕获音频数据并将其写入语音识别引擎，实现了音频到文本的转换，并在代码中添加了适当的错误处理，以确保在没有找到音频文件时能够给出相应的提示。

```
// 将音频转换为文本
private async writeAudio() {
  this.setListener(); // 设置监听器

  // 设置与识别开始相关的音频参数
  const audioParam: speechRecognizer.AudioInfo = {
    audioType: 'pcm',
    sampleRate: 16000,
```

```
    soundChannel: 1,
    sampleBit: 16
  };

  // 定义识别参数
  const recognizerParams: speechRecognizer.StartParams = {
    sessionId: this.sessionId,
    audioInfo: audioParam
  };

  // 调用开始识别的方法
  asrEngine.startListening(recognizerParams);

  // 从文件中获取音频
  let filenames: string[] = fileIo.listFileSync(getContext(this).filesDir);
  if (filenames.length === 0) {
    console.error(' 文件列表为空 ');
    return; // 如果没有文件，返回
  }

  const filePath: string = `${getContext(this).filesDir}/${filenames[0]}`; //
    获取第一个文件的路径
  (this.mFileCapturer as FileCapturer).setFilePath(filePath); // 设置文件捕获器
    的文件路径

  // 初始化文件捕获器
  this.mFileCapturer.init((dataBuffer: ArrayBuffer) => {
    const unit8Array: Uint8Array = new Uint8Array(dataBuffer); // 转换为
Uint8Array
    asrEngine.writeAudio(this.sessionId, unit8Array); // 写入音频流
  });

  await this.mFileCapturer.start(); // 开始捕获音频
}
```

- 方法 setListener() 用于设置语音识别的回调监听器。通过定义一系列回调方法，包括识别开始、事件触发、结果返回、识别完成和错误处理，能够实时跟踪语音识别的各个状态和结果。每当识别过程中的状态发生变化时，相关的信息会被记录，并在需要时更新生成的文本。这种结构化的回调机制使语音识别过程更加清晰和易于管理。

```
// 设置识别回调
private setListener() {
  // 创建回调对象
  let recognitionListener: speechRecognizer.RecognitionListener = {
    // 识别开始的回调
```

```
  onStart: (sessionId: string, eventMessage: string) => {
    this.generatedText = ''; // 重置生成的文本
    console.info(TAG, "setListener onStart sessionId: " + sessionId + ",
      eventMessage: " + eventMessage);
  },
  // 事件回调
  onEvent: (sessionId: string, eventCode: number, eventMessage: string) => {
    console.info(TAG, "setListener onEvent sessionId: " + sessionId + ",
      eventCode: " + eventCode + ", eventMessage: " + eventMessage);
  },
  // 识别结果回调，包括中间结果和最终结果
  onResult: (sessionId: string, res: speechRecognizer.
    SpeechRecognitionResult) => {
    let isFinal: boolean = res.isFinal; // 是否为最终结果
    let isLast: boolean = res.isLast;   // 是否为最后一个结果
    let result: string = res.result;    // 识别结果
    this.generatedText = result;        // 更新生成的文本
    console.info('setListener onResult: sessionId: ' + sessionId + ',
      isFinal: ' + isFinal + ', isLast: ' + isLast + ', result: ' + result);
  },
  // 识别完成的回调
  onComplete: (sessionId: string, eventMessage: string) => {
    console.info(TAG, "setListener onComplete sessionId: " + sessionId + ",
      eventMessage: " + eventMessage);
  },
  // 错误回调
  onError: (sessionId: string, errorCode: number, errorMessage: string) => {
    console.error(TAG, "setListener onError sessionId: " + sessionId + ",
      errorCode: " + errorCode + ", errorMessage: " + errorMessage);
  }
};

// 调用回调方法
asrEngine.setListener(recognitionListener);
}
```

• 下面的代码用于创建语音识别引擎，特意使用不支持的语言（zh-CNX）来演示错误处理机制。如果引擎创建失败，将会返回错误代码 1002200001，表示该语言不被支持。在处理过程中，代码捕获并记录了可能发生的异常，确保能够有效跟踪问题。这种方式对调试引擎和用户反馈非常有帮助。

```
// 创建引擎时如果使用不支持的语言，将返回错误代码 1002200001，表示语言不受支持
private createOfErrorLanguage() {
  // 设置引擎创建参数
  let initParamsInfo: speechRecognizer.CreateEngineParams = {
    // 使用不支持的语言
    language: 'zh-CNX',
```

```
    online: 1
  };

  try {
    // 调用 createEngine 方法
    speechRecognizer.createEngine(initParamsInfo, (err: BusinessError,
      speechRecognitionEngine: speechRecognizer.SpeechRecognitionEngine) => {
      if (!err) {
        console.info(TAG, 'createEngine 成功');
        // 接受创建引擎的实例
        asrEngine = speechRecognitionEngine;
      } else {
        // 返回错误代码 1002200001，表示语言不支持，初始化失败
        console.error("errCode: " + err.code + " errMessage: " + JSON.
          stringify(err.message));
      }
    });
  } catch (error) {
    // 捕获并处理可能的错误
    let message = (error as BusinessError).message;
    let code = (error as BusinessError).code;
    console.error(`createEngine 失败，错误代码：${code}，消息：${message}.`)
  }
}
```

至此，本项目的核心功能介绍完毕。语音识别主界面的效果如图7-5所示。在该界面可以进行如下操作：

- 点击"CreateEngine"按钮进行能力初始化。
- 点击"startRecording"按钮开始识别。
- 点击"audioToText"按钮对写入的音频流进行识别（前提是需要开发者准备好音频流）。若demo中采用从音频文件中读取的方式获取音频流，则优先执行如下命令：hdc file send 001.pcm /data/app/el2/100/base/com.huawei.hms.asrdemo/haps/entry/files hdc shell chmod 777 –R /data/app/el2/100/base/com.huawei.hms.asrdemo/haps/entry/files/001.pcm。该命令将PCM格式的音频信息导入本demo的沙箱路径下。点击"audioToText"按钮即可从音频文件中获取音频信息并写入。

- 点击"finish"按钮对识别事件进行控制。
- 点击"queryLanguagesCallback"按钮或点击"queryLanguages Promise"按钮，查询支持的语种和音色。

图7-5 语音识别主界面